中国科学院中国孢子植物志编辑委员会　编辑

中 国 淡 水 藻 志

第二十三卷

硅 藻 门

舟形藻科（III）

李家英　齐雨藻　主编

中国科学院知识创新工程重大项目
国家自然科学基金重大项目
（国家自然科学基金委员会　中国科学院　科学技术部　资助）

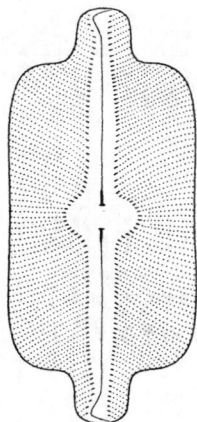

科 学 出 版 社

北 京

内 容 简 介

　　本卷是《中国淡水藻志》硅藻门舟形藻科 I, II 续编舟形藻科 III。此卷系统、全面总结近一百年来有关舟形藻所积累的研究成果,并参考国内外最新研究资料编写而成。本卷共 18 属,其中有 12 属是从舟形藻属中分出组建的新属,4 属是复原独立属,1 属是从长篦形藻属中分出组建的新属和舟形藻属。共 317 个分类单位,其中 37 种是新联合种,32 个是新联合变种以及 3 个是新联合变型。属于我国模式产地的新分类单位的有 30 种、27 变种和 3 变型。对每一个分类单位均以我国的标本进行形态特征和构造描述,并详细记录其生境、产地和地理分布,并附有根据我国的标本绘制的图和照片,或两者兼有,有些还在种之下附有简单的讨论和说明。同时还附有参考文献、英文和中文的各级分类检索和学名索引。

　　就一个国家而言,本卷舟形藻科(III)所收录的分类单位(包括种、变种、变型和变种变型)是目前全世界同类专著中最多的,也是最完整的。

　　本书可供从事生物学、植物学、藻类学、生态学、环境科学和地质学及有关学科的研究和教学人员参考。

图书在版编目（CIP）数据

中国淡水藻志. 第 23 卷, 硅藻门. 舟形藻科. III / 李家英, 齐雨藻主编. —北京: 科学出版社, 2018.9
（中国孢子植物志）
ISBN 978-7-03-058812-8

Ⅰ. ①中… Ⅱ. ①李… ②齐… Ⅲ. ①藻类–植物志–中国 ②硅藻门–植物志–中国　Ⅳ. ①Q949.2

中国版本图书馆 CIP 数据核字（2018）第 212745 号

责任编辑: 韩学哲　孙　青 / 责任校对: 郑金红
责任印制: 霍　兵 / 封面设计: 刘新新

科　学　出　版　社 出版
北京东黄城根北街 16 号
邮政编码: 100717
http://www.sciencep.com

中国科学院印刷厂　印刷
科学出版社发行　各地新华书店经销

*

2018 年 9 月第 一 版　　开本: 787×1092　1/16
2018 年 9 月第一次印刷　　印张: 15 1/2　插页: 24
字数: 368 000
定价: 198.00 元
（如有印装质量问题, 我社负责调换）

CONSILIO FLORARUM CRYPTOGAMARUM SINICARUM
ACADEMIAE SINICAE EDITA

FLORA ALGARUM SINICARUM AQUAE DULCIS

TOMUS XXIII

BACILLARIOPHYTA

Naviculaceae(III)

REDACTORES PRINCIPALES

LI JIAYING   QI YUZAO

**A Major Project of the Knowledge Innovation Program
of the Chinese Academy of Sciences**

A Major Project of the National Natural Science Foundation of China
(Supported by the National Natural Science Foundation of China,
the Chinese Academy of Sciences, and the Ministry of Science and Technology of China)

Science   Press
Beijing

《中国淡水藻志》第二十三卷

硅　藻　门
舟形藻科（III）

主　编

李家英　齐雨藻

编著者

(以姓氏笔画为序)

包文美　朱蕙忠　齐雨藻　李家英

张子安　陈嘉佑　范亚文　林碧琴

施之新　高淑贞　谢风君　谢淑琦

REDACTORES PRINCIPALIS

Li Jiaying　Qi Yuzao

AUCTORES

Bao Wenmei　Zhu Huizhong　Qi Yuzao

Li Jiaying　Zhang Zian　Chen Jiayou

Fan Yawen　Lin Biqin　Shi Zhixin

Gao Shuzhen　Xie Fengjun　Xie Shuqi

序

　　中国孢子植物志是非维管束孢子植物志，分《中国海藻志》、《中国淡水藻志》、《中国真菌志》、《中国地衣志》及《中国苔藓志》五部分。中国孢子植物志是在系统生物学原理与方法的指导下对中国孢子植物进行考察、收集和分类的研究成果；是生物物种多样性研究的主要内容；是物种保护的重要依据，对人类活动与环境甚至全球变化都有不可分割的联系。

　　中国孢子植物志是我国孢子植物物种数量、形态特征、生理生化性状、地理分布及其与人类关系等方面的综合信息库；是我国生物资源开发利用，科学研究与教学的重要参考文献。

　　我国气候条件复杂，山河纵横，湖泊星布，海域辽阔，陆生和水生孢子植物资源极其丰富。中国孢子植物分类工作的发展和中国孢子植物志的陆续出版，必将为我国开发利用孢子植物资源和促进学科发展发挥积极作用。

　　随着科学技术的进步，我国孢子植物分类工作在广度和深度方面将有更大的发展，对于这部著作也将不断补充、修订和提高。

中国科学院中国孢子植物志编辑委员会

1984 年 10 月·北京

中国孢子植物志总序

　　中国孢子植物志是由《中国海藻志》、《中国淡水藻志》、《中国真菌志》、《中国地衣志》及《中国苔藓志》所组成。至于维管束孢子植物蕨类未被包括在中国孢子植物志之内，是因为它早先已被纳入《中国植物志》计划之内。为了将上述未被纳入《中国植物志》计划之内的藻类、真菌、地衣及苔藓植物纳入中国生物志计划之内，出席 1972年中国科学院计划工作会议的孢子植物学工作者提出筹建"中国孢子植物志编辑委员会"的倡议。该倡议经中国科学院领导批准后，"中国孢子植物志编辑委员会"的筹建工作随之启动，并于 1973 年在广州召开的《中国植物志》、《中国动物志》和中国孢子植物志工作会议上正式成立。自那时起，中国孢子植物志一直在"中国孢子植物志编辑委员会"统一主持下编辑出版。

　　孢子植物在系统演化上虽然并非单一的自然类群，但是，这并不妨碍在全国统一组织和协调下进行孢子植物志的编写和出版。

　　随着科学技术的飞速发展，人们关于真菌的知识日益深入的今天，黏菌与卵菌已被从真菌界中分出，分别归隶于原生动物界和管毛生物界。但是，长期以来，由于它们一直被当作真菌由国内外真菌学家进行研究，而且，在"中国孢子植物志编辑委员会"成立时已将黏菌与卵菌纳入中国孢子植物志之一的《中国真菌志》计划之内并陆续出版，因此，沿用包括黏菌与卵菌在内的《中国真菌志》广义名称是必要的。

　　自"中国孢子植物志编辑委员会"于 1973 年成立以后，作为"三志"的组成部分，中国孢子植物志的编研工作由中国科学院资助；自 1982 年起，国家自然科学基金委员会参与部分资助；自 1993 年以来，作为国家自然科学基金委员会重大项目，在国家基金委资助下，中国科学院及科技部参与部分资助，中国孢子植物志的编辑出版工作不断取得重要进展。

　　中国孢子植物志是记述我国孢子植物物种的形态、解剖、生态、地理分布及其与人类关系等方面的大型系列著作，是我国孢子植物物种多样性的重要研究成果，是我国孢子植物资源的综合信息库，是我国生物资源开发利用、科学研究与教学的重要参考文献。

　　我国气候条件复杂，山河纵横，湖泊星布，海域辽阔，陆生与水生孢子植物物种多样性极其丰富。中国孢子植物志的陆续出版，必将为我国孢子植物资源的开发利用，为我国孢子植物科学的发展发挥积极作用。

中国科学院中国孢子植物志编辑委员会

主编　曾呈奎

2000 年 3 月北京

Preface to the Cryptogamic Flora of China

Cryptogamic Flora of China is composed of *Flora Algarum Marinarum Sinicarum*, *Flora Algarum Sinicarum Aquae Dulcis*, *Flora Fungorum Sinicorum*, *Flora Lichenum Sinicorum*, and *Flora Bryophytorum Sinicorum*, edited and published under the direction of the Editorial Committee of the Cryptogamic Flora of China, Chinese Academy of Sciences （CAS）. It also serves as a comprehensive information bank of Chinese cryptogamic resources.

Cryptogams are not a single natural group from a phylogenetic point of view which, however, does not present an obstacle to the editing and publication of the Cryptogamic Flora of China by a coordinated, nationwide organization. The Cryptogamic Flora of China is restricted to non-vascular cryptogams including the bryophytes, algae, fungi, and lichens. The ferns, a group of vascular cryptogams, were earlier included in the plan of *Flora of China*, and are not taken into consideration here. In order to bring the above groups into the plan of Fauna and Flora of China, some leading scientists on cryptogams, who were attending a working meeting of CAS in Beijing in July 1972, proposed to establish the Editorial Committee of the Cryptogamic Flora of China. The proposal was approved later by the CAS. The committee was formally established in the working conference of Fauna and Flora of China, including cryptogams, held by CAS in Guangzhou in March 1973.

Although myxomycetes and oomycetes do not belong to the Kingdom of Fungi in modern treatments, they have long been studied by mycologists. *Flora Fungorum Sinicorum* volumes including myxomycetes and oomycetes have been published, retaining for *Flora Fungorum Sinicorum* the traditional meaning of the term fungi.

Since the establishment of the editorial committee in 1973, compilation of Cryptogamic Flora of China and related studies have been supported financially by the CAS. The National Natural Science Foundation of China has taken an important part of the financial support since 1982. Under the direction of the committee, progress has been made in compilation and study of Cryptogamic Flora of China by organizing and coordinating the main research institutions and universities all over the country. Since 1993, study and compilation of the Chinese fauna, flora, and cryptogamic flora have become one of the key state projects of the National Natural Science Foundation with the combined support of the CAS and the National Science and Technology Ministry.

Cryptogamic Flora of China derives its results from the investigations, collections, and classification of Chinese cryptogams by using theories and methods of systematic and evolutionary biology as its guide. It is the summary of study on species diversity of cryptogams and provides important data for species protection. It is closely connected with human activities, environmental changes and even global changes. Cryptogamic Flora of China is a comprehensive information bank concerning morphology, anatomy, physiology, biochemistry, ecology, and phytogeographical distribution. It includes a series of special monographs for using the biological resources in China, for scientific research, and for teaching.

China has complicated weather conditions, with a crisscross network of mountains and rivers, lakes of all sizes, and an extensive sea area. China is rich in terrestrial and aquatic cryptogamic resources. The development of taxonomic studies of cryptogams and the publication of Cryptogamic Flora of China in concert will play an active role in exploration and utilization of the cryptogamic resources of China and in promoting the development of cryptogamic studies in China.

C.K. Tseng

Editor-in-Chief

The Editorial Committee of the Cryptogamic Flora of China

Chinese Academy of Sciences

March, 2000 in Beijing

《中国淡水藻志》序

　　中国是一个陆地国土面积 960 万平方公里的大国，地跨寒带、温带、亚热带和热带，不仅有陆地和海洋，还有 5000 多个岛屿，大陆地形十分复杂，海拔自西向东由高而低。中国西部海拔在 5000 m 以上的土地面积占全国总面积的 25.9%（其中世界最高峰珠穆朗玛峰海拔为 8844 m），往东依次为：海拔 2000—3000 m 的占 7%，海拔 1000—2000 m 的占 25%，海拔 500—1000 m 的占 16.9%，东部和东北部及沿海地带海拔都在 500 m 以下，约占 25.2%。这其间山地、高原、盆地、平原和丘陵等等连绵起伏。中国又是一个河流丰富的国家，仅流域面积超过 100 平方公里的就有 50 000 条以上；几条大的河流自西向东或向南流入大海。我国的湖泊也很多，已知的天然湖泊，面积在 1 平方公里以上的即有 2800 个，人工湖 86 000 个，还有难以计数的塘堰、水池、溪流、沟渠、沼泽、泉水等。这些地理特征使得我国各地在日照、气温和降水等方面有极大的差异，产生了种类丰富的植物。我国已知的高等植物，包括苔藓、蕨类和种子植物超过 30 000 种。无数的大小水坑，包括临时积水、稻田、水井，还有地下水、温泉、温地、草场，以及表面多少覆盖有土壤的或潮湿的岩石、道路和建筑物等，形成无法计算、情况各异的小生境，生长着各种藻类。

　　中国的淡水藻类，早期是由外国专家采集和研究的。其中，最先于 1884 年由俄国专家 J. Istvanffy 发表的一种绿球藻的报告，是由 N.M. Przewalski 在蒙古采得标本而由圣彼得堡植物园主任 K. Maximovicz 研究的。其后德国的 Schauinsland 和 Lemmermann 采集和研究了长江中下游的藻类（1903 年，1907 年）。瑞典学者和探险家 Sven-Hedin 曾在 1893—1901 年和 1927—1933 年，几次到我国新疆、青海、甘肃、西藏和北京，其所得材料分别由 Wille（1900，1922）、Borge（1934）和 Hustedt（1922，1927）研究发表。1913—1914 年，奥地利的植物学家 Handel-Mazzatti 曾深入我国云南、贵州、四川、湖南、江西、福建 6 省，所得藻类由 H. Skuja 于 1937 年正式发表。前东吴大学任教的美籍教授 Gee 于 1919 年发表了他研究苏州和宁波藻类的文章。俄国的 Skvortzow 自 1925 年起即定居我国，直到 20 世纪 60 年代，他采集和研究过我国东北数省的藻类，还为各地的许多专家研究过不少的中国标本。

　　中国科学家所发表的第一篇淡水藻类学论文，是 1916—1921 年毕祖高的题为"武昌长湖之藻类"一文，分 4 次在当时的《博物学杂志》上刊登。其后有王志稼（1893—1981年）、李良庆（1900—1952 年）、饶钦止（1900—1998 年）、朱浩然（1904—1999 年）

和黎尚豪（1917—1993 年）。到 1949 年，除西藏、宁夏、西康（今四川）外，所采标本大体上已遍及全国各个省、自治区和直辖市。研究的类群主要是蓝藻、绿藻、红藻、硅藻，兼及轮藻、黄藻和金藻。饶钦止还建立了腔盘藻科（Coelodiscaceae 1941），即今之饶氏藻科（Jaoaceae 1947）；又发现了两种采自四川的褐藻（1941 年）：层状石皮藻（*Lithoderma zonata*）和河生黑顶藻（*Sphacelaria fluviailis*）。

1949 年后，中国的藻类学发展很快，研究人员增加，所采标本遍及全国，研究的类群不断增加。1979 年饶钦止出版的《中国鞘藻目专志》中记述了在中国采集的 2 属 301 种，81 变种和 33 变型，其中的 96 种，38 变种和 32 变型的模式标本产于中国[①]。

1964 年我国决定编写《中国藻类志》。1973 年，编写工作正式开始。其后《中国藻类志》决定采用曾呈奎院士建立的分类系统，将藻类分成如下 12 门（Division）：①蓝藻门（Cyanophyta），②红藻门（Rhodophyta），③隐藻门（Cryptophyta），④甲藻门（Dinophyta），⑤黄藻门（Xanthophyta），⑥金藻门（Chrysophyta），⑦硅藻门（Bacillariophyta），⑧褐藻门（Phaeophyta），⑨原绿藻门（Prochlorophyta），⑩裸藻门（Euglenophyta），⑪绿藻门（Chlorophyta）和⑫轮藻门（Charophyta）。1984 年，为了工作方便，又决定将《中国藻类志》分为《中国海藻志》和《中国淡水藻志》两大部分，各自分开出版。由于各类群在我国原有的工作基础不一致，"志"的编写工作又由不同的主编负责进行，工作进度和交稿时间难以统一安排，因此《中国淡水藻志》的卷册编序，决定不以门、纲、目等分类学类群的次序为序，而以出版先后为序，即最先出版者为第一卷，以下类推。种类较多，必须分成若干册出版者，即在同一卷册号之下再分成若干册，依次编成册号。

1988 年，由饶钦止主编的《中国淡水藻志》第一卷"双星藻科"（Zygnemataceae）出版，此卷记录本科藻类 9 属 347 种，其中有 219 种的模式标本产于中国。到 1999 年，已先后出版 6 卷。这 6 卷中，所有的描述和附图，除极少数例外，几乎全是根据中国的标本作出的，所采标本覆盖了全国省、自治区、直辖市的 80%—100%。轮藻门、蓝藻门和褐藻门的分类系统经过了主编修订。包括鞘藻目在内，上述已出版的各类群中，中国记录的种的数目，绝大多数均占全国已知种数的 40% 以上，如色球藻纲的蓝藻已超过80%。特有种（endemic species）在许多类群中也很显著，如鞘藻目和双星藻科的中国特有种几乎占国内已记录的一半！

中国的淡水藻类，种类十分丰富，并有自己的区系特点。但是目前在编写和出版《中国淡水藻志》时，还存在一些问题。

第一，已出版的 6 个卷册，由于原来各类群的研究基础不同，所达到的水平和质量

---

①刘国祥与毕列爵于 1993 年正式报道了采自武汉的勃氏枝鞘藻（*Oedocladium prescotti* Islam），至此鞘藻目（科）所含的 3 个属，在中国已全有报道。

也不一样。例如，对有些省（自治区），所记种类太少，有一个省甚至只有一种；有许多报道较早的种类，特别是早期由外国专家发表的，已难以看到模式标本；还有许多种类，只在较早时期报告过一次，但描述非常简单，甚至没有附图，并且还未能第二次采到。对这些情况，我们尽量在适当的地方加以说明，更希望再版时有所改进。

第二，在12门藻类植物中，除原绿藻外，每一门都有淡水种类。但到目前为止，还有许多类群，尤其是门以下的某些纲、目和科，我国还没有开始进行调查研究，有的几乎是空白。金藻门、隐藻门、甲藻门还有许多种类是由动物学家进行研究的。

第三，藻类分类学是一门既古老又年轻的科学。百多年来，已积累了非常丰富的、极有价值的科学知识，但也存在很多问题。由于不断有许多新属种被发现；新的研究手段，特别是电镜研究、培养和分子生物学的研究，在增加了很多新知识的同时，也使藻类的系统学和分类学出现许多新问题。只有把传统的形态分类学与近代新兴的科学研究手段结合起来，才能使藻类分类学得到长足进步，才能编写出更高质量的《中国淡水藻志》。

总之，我们已取得不少成绩，但肯定还有缺点和不足，希望国内外读者不吝赐教。

毕列爵（湖北大学，武汉 430062）
胡征宇（中国科学院水生生物研究所，武汉 430072）
1997 年 8 月 18 日

FLORA ALGARUM SINICARUM AQUAE DULCIS
FOREWORD

China is a big country with an area of 9,600,000 km^2, covering not only land and ocean, but also 5 thousand islands, with a territory across the cold, temperate, subtropical and tropical belts of the northern Hemisphere. The topography of China is very complicated. In the main, the land runs from high to low gradually along the direction from the west to the east. Of the whole area of the country, 25.9% in the western part are at an altitude of 5,000 m, and then successively from the west to the east, 7% at 2,000 to 3,000 m, 25% at 1,000 to 2,000 m, 16.9% at 500 to 1,000 m, and 25.2% in the eastern, north-eastern and coastal regions below 500 m. There are countless rises and falls of the land to make the various topographical reliefs into mountains, plateaus, basins, plains and mounts. China is a country full of rivers and rivulets too. There are over 50,000 rivers with their basins of 100 km^2. The principal rivers overflow from the west to the eastern or southern seas of the country. The lakes and ponds are also numerous. The number of ever-known natural lakes of an area more than 1 km^2 is no less than 2,800, and the artificial reservoirs are believed to be 86,000. And the ponds, pools, streams, ditches, swamps and springs are uncountable. All the above fundamental characteristics comprehensively lead to a very complicated variation of the sunshine, temperature and precipitation in different localities in China, and thus produce a very rich flora of higher plants, including the bryophytes, ferns and seed plants of more than 30,000 species. In addition, there are innumerable pits of different size marshes, grasslands and rocks, roads and buildings with more or less moisture or soil, all of which forms quite a big number of niches for the freshwater algae inhabitants.

Chinese freshwater algae was collected and studied by foreign experts in the earlier years. The first paper published was written by Russian scientist（J. Istvanffy）in 1884 and the specimens were collected by Russian Military Officer N.M. Przewalski from Mongolia and studied by K. Maximovicz. Later two Germany phycologists, H. Schauinsland and E.Lemmermann, collected and studied the algae of the middle and lower reaches of Yangtze River（1903,1907）. Sven-Hedin, a Swedish scholar and explorer, traveled through Xinjiang, Qinghai, Gansu, Xizang （Tibet）, and Beijing for several times in 1893—1901 and 1927—1933. The specimens he obtained were studied and published separately by N. Wille （1900,1922）, O. Borge（1934）, and F. Hustedt（1922, 1927）. In 1913—1914, the famous Austrian botanist H. Handel-Mazzatti collected Chinese plants thoroughly in his journey in Yunnan, Guizhou, Sichuan, Hunan, Jiangxi and Fujian Provinces. Among those, the algal material were published formally by the phycologist, H. Skuja （1937）. About the same period, N. Gee, an American teacher of the Soochou University, Suzhou, Jiangsu province published his paper about the freshwater algae from Suzhou and Ningbo, Zhejiang province. And B.V. Skvortzow, a Russian naturalist, settled from Russia to China in 1925 till the 1960s of the 20th century. He collected and studied tremendous algal materials both collected from the NE-provinces from China and those presented by a number of experts from various localities of China.

The first paper of Chinese freshwater algae titled as "Algae from Changhu Lake, Wuchang, Hubei" by Bi Zugao, was published in *Journal of Natural History* separately in 4 volumes in 1916—1921. From then on, Wang Chichia （1893—1981）, Li Liangching （1900—1952）, Jao Chinchih （1900—1998）, Zhu Haoran （1904—1999） and Li Shanghao （1917—1993） were the successors. Up to 1949, specimens were collected almost over all the provinces, municipalities and autonomous regions of China with few exceptions as Xizang （Tibet） and Ningxia. The groups were examined carefully concerning the cyanophytes, chlorophytes, rhodophytes, diatoms; and at the same time some attention has been given to charophytes, xanthophytes and chrysophytes too. By C.C. Jao, a new family, the Coelodiscaceae （1941）, now the Jaoaceae （1947） was established, and two very rare freshwater brown algae, *Lithodera zonata* and *Sphacelaria fluviatilis* were discovered （1941）.

The development of phycology in China was more rapid than ever from 1949 on. The faculties were enlarged, specimens were obtained over all the country and the group's studies were increased. In 1979, Jao published his monograph *Monographia Oedogoniales Sinicae*. In his big volume Jao described 301 species, 81 varieties and 33 forms belonging to 2 of the 3 of the world genera from China. Among them, the types of 96 species, 38 varieties and 32 forms are inhabited in this country[1].

In 1964 a resolution of editing the *Flora of Chinese Algae* was made by the Chinese phycologists. The work was actually put into being since 1973. It was decided in 1978 that the system published by Academician Tseng Chenkui would be adopted in the FLORA. Accordingly, the algae are to be divided into 12 Divisions: （1） Cyanophyta, （2） Rhodophyta, （3） Cryptophyta, （4） Dinophyta，（5） Xanthophyta, （6） Chrysophyta, （7） Bacillariophyta, （8） Phaeophyta, （9） Prochlorophyta, （10） Euglenophyta, （11） Chlorophyta and （12） Charophyta. In 1984, for the convenience in practical work, phycologists agreed that the FLORA could be written separately into two parts, the FLORA of Marine Algae and that of the freshwater forms. Because the achievements of researches of the different algal groups are not at the same level, so the work could not be done according to the taxonomic sequence of the algal groups. We may try to publish first the group we have gotten more information and better

---

1） Liu Guoxiang and Bi Liejue reported *Oedocladium prescottii* Islam from Wuhan in 1993，so all the 3 genera of the Oedogoniales （-aceae） have been reported in China since then.

results about it. And, at the same time, the numbers of the sequence of the volumes of the FLORA are also arranged not basing upon the taxonomic series but upon the priority of publications. Thus one volume may be separated into two or more parts if necessary.

In 1988, the first volume of the *Flora Algarum Sinicarum Aquadulcis* "Zygnemataceae" edited by Jao Chinchih was published. In it, 347 species of 9 genera were described, and the types of 219 species were all collected from China. Up to 1999, six volumes of the FLORA had been published, from those we may know it may be concluded that the specimens collected and used are at least 80% and at most 100% from the provinces, municipalities and autonomous regions in China. The descriptions and drawings with very few exceptions are all based on Chinese materials. The taxonomic systems of Chroococophyceae, Charophyta and Euglenophyta had been more or less modified by the editors. The percentage of the number of species in each volume, including the Oedogoniales, to that of the world records is remarkably as large as over 40%. The extreme one is 80% in Chroococophyceae. The number of endemic species is also distinct, for example, in Oedogoniales and Zygnemataceae, they are both over 50%.

The flora of Chinese freshwater algae are plentiful, and the floral composition is evidently peculiar. However, there were still quite a lot of problems to be solved in the editing of the FLORA.

First, in some examples the record of provincial distribution of the country is insufficient. It is unreasonable for a big province to have recorded only a single species. In a number of old literatures, the species description is usually either too simple or lacking, and the drawings are also wanting. For many species, it is very hard to check up with more information because it was reported only once for a very long time. And, an unconquerable difficulty is that the majority of the types, especially in the earlier publications, could not hope some improvements can be made in the successive volumes.

Second, except the Prochlorophyta, freshwater algae could be found in each of the 12 Divisions of algae. Unfortunately, there are a number of subgroups under the Divisions which have not yet been studied especially in the Xanthophyta, Chrysophyta and Cryptophyta. Many dinophytes are investigated by zoologists. In addition, some genera with reputation as "big" taxa, such as the *Navicula*, *Cosmarium*, and *Scenedesmus*, etc., have yet not been collected and studied enough in China.

Third, the taxonomy of algae is a science both old and young. In the past hundreds of years, numerous and valuable information was accumulated. New conceptions in taxonomy and systematics are arising in proceedings of the additions of new taxa, and particularly new facts and ideas are appearing from the new means such as the electron microscopy, culture and molecular biology. The suitable way may be making comprehensive studies in these fields. Unfortunately, this is at present nearly a blank in the phycology research of freshwater algae in China. The combination of traditional and modern methodology is of course necessary and urgent. It is universally hope that more improvements could be achieved in the following volumes.

For the flaws and mistakes in both of the volumes ever published and those to follow, any suggestions and corrections are welcomed by the authors.

Bi Liejue（Hubei University, Wuhan, 430062）

Hu Zhengyu（Institute of Hydrobiology, CAS, Wuhan, 430072）

August 18, 1997

前　言

　　中国淡水硅藻志第一卷(中国淡水藻志之第四卷)自 1995 年出版以来已经历二十年有余了。这二十多年里硅藻分类学有了很大的改观。反观已出版的第一卷硅藻中心纲，可见在分类系统方面已明显落后在新的分类学的发展之后。

　　于此，我们首先简要地回顾一下硅藻分类的历史进程。自 1823 年 C.A. Agardh 创立了硅藻的分类系统以来[System in Algarum(1823—1828 年)]，硅藻分类学已经历了 3 个世纪的演进。C.A. Agardh 把所有的硅藻作为藻类的一个目。此后，Kützing 于 1848 年把硅藻分为 3 个族。至 1853 年，William Smith 在其 *Synopsis of the British Diatomaceae*(1853，1856)书中把硅藻分为两个族。

　　H.L. Smith 于 1872 年注意到硅藻壳面上的壳缝(raphe)及拟壳缝(pseudo-raphe)的特征，而把硅藻分为中心类(Centric)、无壳缝类(Araphid)及壳缝类(Raphid)，并把后两类称为羽纹类(Penates)。

　　H.L. Smith 的硅藻的三族分类一直被保持并由 Schütt(1896)和 Karsten(1928)分别载入于 Engler & Prantl 编著的 *Die natureichen pflazenfamilien* 的硅藻卷中第一版及第二版。Williams(2007)总结上述各分类要则如表 1 所示。

表 1　由 Williams(2007)总结的硅藻分类系统(自 Medlin，2016)

作者	硅藻的分类系统	分类要则
Agardh(1823—1828)	所有硅藻归为一个目	9 个属
Agardh(1830—1832)	根据硅藻壳体和群体形状分为 3 个族	Cymbelleae，Styllarieae and Fragilarieae(all pennates)
Kützing(1844)	基于壳面形状、群体形及穿孔分为 3 类	族群中的两个属 *Astomaticae*，*Stomaticae* 的 3 个族中的两个属 *Disciformes*，*Appendiculatae*
Meneghini(1846，1853)	在属水平上对 Kützing 分类的修改	
W. Smith(1853，1856)	根据群体形成得出 2 个族	
H.L. Smith(1872)	3 大类	Raphidiaeae，Pseudo-raphidiaeae，Cryptoraphidieae = Raphid，Araphid，Centric
Mereshkowsky(1901a，b，1902，1902—1903)	2 个群	运动的和不运动的两类，每类再分两个亚类(Raphideae + Carinatae；Bacilloideae+ Anaraphideae)
Mereshkowsky(1903)	2 个群	把 Archaideae 分为运动类
Schütt(1896)	3 个群	Centrics，Araphids，Raphids
Karsten(1928)	3 个群	Centrics，Araphids，Raphids
Peragallo & Peragallo (1897—1908)	3 个群：无壳缝类、伪壳缝类及有壳缝类	23 个科
Forti(1926)	11 个属的进化图	
Simonsen(1979)	2 个目	Centrics and Pennates，23 families
Round *et al.*(1990)	3 个纲	Centric，Araphid，Raphid
Medlin & Kaczmarska(2004)	3 个纲	Radial centric，Bipolar centric and Pennate

许多硅藻分类学的大类分类基本都沿用 Schütt 和 Karsten 的分类系统。此外，Hustedt（1927，1930）及由此而及近年的分类演进已在本志的第十九卷（2014 年）的前言中有所论叙，则不再赘述。

至 21 世纪，硅藻分类进入了后基因组时代，其代表性的工作，如 Kooistra 等（2003，2004，2006）；Sinninghe Damste 等（2004）；Medlin 和 Kaczmarska（2004）；Sorhannus（2004）；Alverson 和 Theriot（2005）以及 Mann（in Adl *et al.*，2005）等。

Medlin 和 Kaczmarska（2004）及 Mann（2005）基于分子系统学的研究，把硅藻合并为两个系列的四个节点，即两个亚门：圆筛藻亚门（Coscinodiscophytina）及硅藻亚门（Bacillariophytina），而把第二个亚门再分为两个纲：间生硅藻纲（Mediaphyceae）及硅藻纲（Bacillariophyceae），其中 Mediaphyceae 为新建的纲。同时将 Round 等（1990）建立的脆杆藻纲（Fragillarphyceae）纳入硅藻纲。

Mann 在由 Adl 等（2005）集体发表的《侧重于原生生物分类的真核生物的高阶元新的分类》（*The New higher level classification of Eukaryotes with emphasis on the taxonomy of Proties*）一文中仍沿用 Medlin 和 Kaczmarska（2004）的分类系统并稍加修改。Williams（2007）在由 Brodie 和 Lewis（2007）主编的《藻类释意》（*Unravelling of Algae*）一书中，硅藻的分类系统基本雷同 Mann 及 Medlin 和 Kaczmarska 的分类系统。Medlin（2016）在一篇最新论文中详细地讨论了硅藻的地史、分子生物钟，形态学、细胞学及分子生物学分析。硅藻仍作为门的地位及分为 3 个纲（表 2）。

最近的一些藻类系统学家多把硅藻置于异鞭毛藻门（Heterokontophyta）或杂色藻门（Chromophyta/Ochrophyta），或穗鞭藻门（Stramenopiles）等门下为硅藻纲（Bacillariophyceae），如 C. van den hook 等（1995）、Graham 等（2009，2017）及 Mann 等（2012）。但是，Medlin 和 Kaczmarska（2004）等坚持把硅藻列为门的阶元水平。

本卷所记叙的为中国舟形藻科（III）（Naviculaceae）分类专集，是传统分类中双壳缝类（diraphene）中最大、最常见的一类。

舟形藻属 1822 年由 Bory 建立，并于 1844 年由 Kützing 纳入舟形藻科（Naviculaceae）。

这一属已发表的种及种下单位共 7108 个，Kociolek 和 Spaulding（2003）则报告舟形藻属的种类（包括变种、变型）超过 10 000 个分类单位，其中 1290 种是被确认的。目前，这些被确认的种中也有一些原 *Navicula* 属的种类已被移入其他属。

舟形藻的分类特征涉及多个方面，经典分类主要基于形态学特征，包括壳面的形状，隔片（septa）和伪隔片（pseudosepta）之有无，眼点（stigma）（即壳面中部的穿孔）的有无，锥突（conopium）之有无，线纹（striae）和眼纹（areolae）的分布和型式，壳缝（raphae）的结构，环带的特征，质体的形状、数量和分布型式以及有性生殖和无性生殖的特征等。

本属各种名的厘定参考并见诸于 Kociolek 和 Spaulding（2003）的论文：《对称的硅藻舟形藻》（*Symmetrical Naviculoid Diatoms*），载于《北美的淡水藻类，其生态学和分类》一书中。

表 2　Medlin 和 Kaczmarska(2004)及 Medlin(2016)基于用 rRNA 及单个或多个界外基因的次生结构
分析建立的硅藻门分类

Subdivision	Class	Subclass	Order	Genera
Coscinodiscophytina	Coscinodiscophyceae		Order Asterolamprales	
			Order Arachnoidiscales	
			Order Aulacoseirales	
			Order Chrysanthemodiscales	
			Order Corethrales	
			Order Coscinodiscales	
			Order Ethmodiscales	
			Order Melosirales	
			Order Orthoseirales	
			Order Rhizosoleniales	
			Order Stictocyclales	
			Order Stictodiscales	
Bacillariophytina	Mediophyceae		Order Leptocylindrales	
			Order Anaulales	
			Order Biddulphiales	
			Order Chaetocerotales	
			Order Cymatosirales	
			Order Eupodiscales/Tricertiales	
			Order Hemiaulales	
			Order Lithodesmiales	
			Order Thalassiosirales	
			Order Toxariales	
	Bacillariophyceae	Urneidophycidae	Order Fragilariales in part	*Asteroplanus*
				Plagiogramma
				Glyphodesmis
				Psammogramma
				Psammoneis
				Striatella
				Asteroplanus
				Plagiogramma
				Glyphodesmis
				Neofragillaria
				Orizaformis
				Psammogramma
				Psammoneis
				Pseudostriatella
		Fragilariophycidae	Order Raphoneidales	
			Order Rhabdonematales	
			Order Fragilariales in part	
			Order Tabellariales	
			Order Licmophorales	
			Order Thalassionematales	
		Bacillariophycidae	Order Eunotiales	
			Order Lyrellales	
			Order Mastogloiales	
			Order Dictyoneidales	
			Order Cymbellales	
			Order Achnanthales	
			Order Naviculales	
			Order Thalassiophysales	
			Order Bacillariales	
			Order Rhopalodiales	
			Order Surirellales	

注：目(order)的界定根据 Round 等(1990)。

　　原已建立的舟形藻属的分类至今已发生了明显的变化，首先将以往归并至舟形藻属（*Navicula*）中的异名各属 *Craticula* Grunow(1876)、*Diadesmis* Kützing(1844)、*Placoneis* Mereschkowsky(1903)和 *Sellaphora* Mereschkowsky(1902)等属从舟形藻属分离并恢复原来的独立属的分类地位；其次，依据生物系统学原理，按照硅藻类的系统演化和亲缘关系、舟形藻的形态、细胞的超微构造特征、生物化学和分子系统学的研究对比结果，除多数种仍然保留在 *Navicula* 属中外，从广义的舟形藻属（*Navicula* sensu lato）中分移出多种，分别建立了 20 多个狭义的舟形藻（*Navicula* sensu striato）新属（表 3）。其中特别提及的有：Round 等(1990)一书中，建立了 9 个属。Lange-Bertalot(2001)在欧洲硅藻卷(Diatoms of Europe Vol. 2)中从 *Navicula* sensu lato 分离出 10 个新属以及其他一些不断建立的新属。

　　本志书在编写过程中，参照国际上广泛承认和使用的比较符合自然分类和演化规律的分类系统，将其中已发表的生长在淡水和半咸水中的原舟形藻属的种类进行了整理、对比，分别移入新建立的属或改变原来的分类并作为新联合种归于适合的属中，与原义的舟形藻总共有 18 个属。

表 3 　由舟形藻属和长篦藻属分出的新属以及恢复原建属的列表

Adlafia Moser，Lange-Bertalot & Metzeltin. D. 1998

　　Reference：Moser，G.，Lange-Bertalot，H. and Metzeltin，D.(1998). Insel der Endemiten Geobotanisches Phänomen Neukaledonien(Island of endemics New Caledonia - a geobotanical phenomenon). *Bibliotheca Diatomologica* 38：464 pp.

　　Type species：*Adlafia muscora* Moser，Lange-Bertalot and Metzeltin

Aneumastus Mann & Stickle *in* Round，Crawford & Mann 1990

　　Reference：Round，F.E.，Crawford，R.M. and Mann，D.G.(1990). The Diatoms. Biology and Morphology of the Genera. *Cambridge University Press*，*Cambridge*，747 pp.

　　Type species：*Aneumastus tusculus* Mann and Stickle in Round，Crawford and Mann

Cavinula Mann and Stickle *in* Round，Crawford and Mann 1990

　　Reference：Round，F.E.，Crawford，R.M. and Mann，D.G.(1990). The Diatoms. Biology and Morphology of the Genera. *Cambridge University Press*，*Cambridge*，747 pp.

　　Type species：*Cavinula cocconeiformis* Mann and Stickle *in* Round，Crawford and Mann

Cosmioneis Mann & Stickle 1990

　　Reference：Round，F.E.，Crawford，R. M. and　Mann，D.G. (1990) The diatoms Biology and Morphology of the Genera. Cambridge University press，Cambridge.

　　Type species：*Cosmioneis pusilla*(W. Smith) Mann & Strickl

Craticula Grunow 1867

　　Reference：Grunow，A.(1867). Reise seiner Majestät Fregatte Novara um die Erde. Botanischer Theil. 1. Algen. *Wein*，*aus der Kaiselich-Königlichen Hof-und Staasdruckerei*，pp. 1-104.，11 pls.

　　Type species：*Craticula perrotetii* Grunow

Decussata(Patrick) Lange-Bertalot 2000

　　Reference：Lange-Bertalot，H.(2000). Transfer to the generic rank of *Decussata* Patrick as a subgenus of *Navicula* Bory. *Iconographia Diatomologica* 9：670-673.

　　Type species：*Decussata placenta*(Patrick) Lange-Bertalot & Metzeltin *in* Lange-Bertalot

　　=*Navicula placenta* Ehrenberg 1854

Diadesmis Kützing 1844

　　Reference：Kützing，F.T.(1844) Die kieselschaligen Bacillarien oder Diatomeen. Nordhausen 152 pp. ；Round，F.E.，Crawford，R. M. and Mann，D.G.(1990). The Diatoms Biology and Morphology of the Genera. Cambidge University press，Cambridge 747 pp.

　　Type species：*Diadesmis confervacea* Kützing 1844

Envekadea Van de Vijver，Gligora，Hinz，Kralj and Cocquyt 2009

　　Reference：Gligora，M.，Kralj，K.，Plenkovic-Moraj，A.，Hinz，F. Acs，E.，Grigorszky，I.，& Van de Vijver，B.(2009). Observations on the diatom *Navicula hedinii* Hustedt(Bacillariophyceae)and its transfer to a new genus *Envekadea* Van de Vijver *et al*. gen. nov. European Jaurnal of Phycology，44(1)：123-138.

　　Type species：*Envekadea hedinii*(Hustedt) Van de Vijver *et al*.

　　= *Navicula hedinii* Hustedt 1922

Fallacia Stickle & Mann *in* Round，Crawford et Mann 1990

　　Reference：Round，F.E.，Crawford，R.M. and Mann，D.G.(1990). The Diatoms. Biology and Morphology of the Genera.

Cambridge University Press, Cambridge, 747 pp.

Type species: *Fallacia pygmaea* (Kützing) Stickle et Mann *in* Round, Crawford et Mann

=*Navicula pygmaea* Kützing

Geissleria Lange-Bertalot et Metzeltin 1996

Reference: Lange-Bertalot, H. and Metzeltin, D. (1996). Indicators of oligotrophy - 800 taxa representative of three ecologically distinct lake types, Carbonate buffered - Oligodystrophic - Weakly buffered soft water. Lange-Bertalot, H. (ed.), *Iconographia Diatomologica. Annotated Diatom Micrographs. Vol. 2. Ecology, Diversity, Taxonomy. Koeltz Scientific Books. Königstein, Germany,* 2: 390 pp.

Type species: *Geissleria moseri* Metzeltin Witkowski et Lange-Bertalot *in* Lange-Bertalot et Metzeltin

Hippodonta Lange-Bertalot, Witkowski and Metzeltin 1996

Reference: Lange-Bertalot, H., Metzeltin, D. and Witkowski, A. (1996). *Hippodonta* gen. nov. Umschreibung und Begrundung einer neuen Gattung der Naviculaceae. *Iconographia Diatomologica* 4: 247-275.

Type species: *Hippodonta lueneburgensis* (Grunow) Lange-Bertalot, Witkowski and Metzeltin

= *Navicula hungarica* var. *lueneburgensis* Grunow 1882

Luticola Mann *in* Round, Crawford & Mann 1990

Reference: Round, F.E., Crawford, R.M. and Mann, D.G. (1990). The Diatoms. Biology a nd Morphology of the Genera. *Cambridge University Press*, Cambridge, 747 pp.

Type species: *Luticola mutica* (Kützing) Mann in Round, Crawford & Mann

= *Navicula mutica* Kützing 1844

Mayamaea Lange-Bertalot 1997

Reference: Lange-Bertalot, H. (1997). *Frankophila, Mayamaea* und *Fistulifera*: drei neue Gattungen der Klasse Bacillariophyceae. *Archiv fur Protistenkunde* 148: 65-76.

Type species: *Mayamaea atomus* (Kützing) Lange-Bertalot

=*Amphora atomus* Kützing 1844

Microcostatus Johansen and Sray 1998

Reference: Johansen, J.R. and Sray, J.C. (1998). Microcostatus gen. nov., a new aerophilic Diatom genus based on Navicula krasskei Hustedt. Diatom research 13 (1): 93-101.

Type species: *Microcostatus krasskei* (Hustedt) Johansen and Sray

=*Navicula krasskei* Hustedt

Neidiomorpha Lange-Bertalot & Cantonati 2010, p. 196

Reference: Lange-Bertalot, H. & Cantonati, M. (2010), p. 196. Cantonati, M., Lange-Bertalot, H. & Angeli, N. 2010, p. 195.

Typus generis: *Neidiomorpha binodiformis* (Krammer) Cantonti, Lange-Bertalot & Angeli

Petroneis Stickle & Mann in Round, F.E., Crawford, R. M. and Mann D.G. 1990.

Reference: Round, F.E., Crawford, R.M. and Mann, D.G. (1990). The Diatoms Biology and Morphology of the genera. Cambridge University Press, Cambridge, 747 pp.

Type species: *Petroneis humerosa* (Brébisson) Stickel & Mann

=*Navicula humerosa* Brébisson

Placoneis Mereschkowsky 1903

Reference: Mereschkowsky, C. (1903). Über Placoneis, ein neues Diatomeengenus. Beih. Bot. Centralbl. 15,1-30.

Type species: *Placoneis gastrum* (Ehrenberg) Mereschkowsky

Pseudofallacia Liu, Kociolek and Wang 2012

Reference: Liu, Y., Kociolek, J.P., Fan, Y. and Wang, Q. (2012). *Pseudofallacia* gen. nov., a new freshwater diatom (Bacillariophyceae) genus based on *Navicula occulta* Krasske. *Phycologia* 51 (6): 620-626.

Type species: *Pseudofallacia occulta* (Krasske) Liu, Kociolek and Wang

=*Navicula occulata* Krasske

Sellaphora Mereschkowsky 1902

Reference: Mereschkowsky, D. (1902). On *Sellaphora*, a new genus of Diatoms. Ann. Mag. Nat. Hist., Ser. 7, 9: 186.

Type species: *Sellaphora pupula* (Kützing) Mereschkowsky (lectotype selected by D.G. Mann. 1989)

=*Navicula pupula* Kützing

除上述属外，还有与舟形藻属有关的一些属。

Boreozonacola Lange-Bertalot，Kulikovskiy et Witkowski 2010 new gen.

　　Reference: Kulikovskiy, M.S., Lange-Bertalot, H., Witkowski, A., Dorofeyuk, N.I. and Genkal, S.I. (2010). Diatom assemblages from Sphagnum bogs of the world，I. Nur bog in　innorthern Mongolia. Bibliotheca Diatomologica 55：1-326.

　　Type species: *Boreozonacola hustedtii* Lange-Bertalot，Kulikovskiy et Witkowski

Chamaepinnularia Lange-Bertalot and Krammer in Lange-Bertalot and Metzeltin 1996.

　　Reference：Lange-Bertalot，H. and Metzeltin，D. (1996) Indicators of oligotrophy-800 taxa representative of three ecologically distinct take types，Carbonate buffered-Oligodystrophic-Wenkly buffered soft water，Icongraphia Diatomoligica.2.390 pp.

　　Type species：*Chamaepinnularia vyvermanii* Lange-Bertalot and Krammer in lange- Bertalot and Metzeltin.

Envekadea Van de Vijver，Gligora，Hinz，Kralj and Cocqyyt 2009

　　Reference: Gligora，M.，Kralj，K.，Plenkovic-Moraj，A. Hinz.F.，Acs，E. Grigorszky，I.，& Van de Vijver，B. (2009). Observations on the diatom *Navicula hedini* Hustedt (Bacillariophyceae) and its transfer to a new genus Envekadea van de Vijver *et al*. gen.nov，European Journal of Phycology，44 (1)，123-138.

　　Type species：*Envekadea hedinii* (Hustedt) Van de Vijver *et al*.

　　=*Navicula hedini* Hustedt 1922

Eolimna Lange-Bertalot & Schiller 1997 nov. gen

　　Reference：Schiller，W. & Lange-Bertalot，H. (1997). Eolimna martini nov. gen.，(Bacillariophyceae) aus dem Unter-Oligozên von Sieblos/Rhön im Vergleich mit ähnlichen rezenten Taxa，Palaeontologische Zeitschrift. 71 (3-4)：163-172.

　　Type species：*Eolimna martini* Schiller and Lange-Bertalot

Fistukifera Lange-Bertalot (1977).

　　Reference: Lange-Bertalot, H. (1997)，*Frankophila*，*Mayamaea* und *Fistulifera*: drei neue Gattungen der Klasse Bacillariophyceae. Archiv fur Protistenkunde 148：65-76.

　　Type species：*Fistulifera saprophila* (Lange-Bertalot et Bonik) Lange-Bertalot

　　= *Navicula saprophila* Lange-Bertalot & Bonik 1976

Kobayasiella Lange-Bertalot 1999

　　Reference：Lange-Bertalot，H. (1999). Kobayasiella Lange-Bertalot nov. ein neuer Gattungsname für Kobayasia Lange-Bertalot 1996. Iconographia Diatomologica，6. 266-269.

　　Type species：*Kobayasiella bicuneus* (Lange-Bertalot) Lange-Bertalo

Microcostatus Johansen and Sray 1998

　　Refenence: Johansen and Sray 1998，Microcostatus gen. nov.，a new aerophilic diatom genus based on *Navicula krasskei* Hustedt，Diatom Research 13 (1)：93-101.

　　=*Navicula krasskei* Hustedt

Parlibellus Cox 1988

　　Reference：Cox，E.J. (1988). Taxonomic studies on the diatom genus *Navicula* V. The establishment of Paribellus gen. nov. for some members of *Navicula* sect. Microstigmaticae. Diatom Research 3：9-38.

　　Type species：Parlibelluss delongnei (Van Heurck) Cox

　　=*Navicula delongnei* Van Heurck 1880

　　上述这些属中，有 16 个属是从 *Navicula* 属中分移出的种而组建的新属，只有长篦形藻属 *Neidiomorpha* 是从 *Neidium* 属分移组建的新属。此外，还有一些新属：*Envekadea*，*Microcostatus* 等中的典型种也是从 *Navicula* 属中分移出的种组建的，这些种在中国的 *Navicula* 属中也有记录，是否移至新建的属中，还需进一步观察研究后确定。

　　本卷包含中国淡水舟形藻科 18 个属，6 个 Section (群/组)，共计 317 个分类单位，其中 37 种是新联合种，32 个是新联合变种以及 7 个是新联合变型。属于我国模式产地的新分类单位的有 30 种、27 变种和 3 变型。

至此，中国淡水硅藻志的舟形藻科编纂已全部完成（包括由王全喜教授主编的另两卷淡水硅藻志：管壳缝目）。

回顾中国淡水硅藻志的编纂过程，我们感谢中国孢子植物志编委会的支持及多位审核各卷的专家，感谢各协作单位的支持及编志小组成员的通力合作，缅怀参与本志各卷工作的已故硅藻学家：黎尚豪院士、谢淑琦教授、朱蕙忠研究员、陈嘉佑高级工程师、高淑贞教授、施之新研究员、蔡石勋先生。黎尚豪院士在百忙中校阅书稿，指导编志工作，谢淑琦教授七十高龄时仍只身在内蒙古大青山等地采样，陈嘉佑高级工程师编志及采样足迹遍及中国大江南北，青藏高原，新疆等，他的工作大大提升了硅藻志的质量。

感谢国际硅藻学会前会长，美国科罗拉多大学教授 J. Patrick Kociolek 在资料方面的支持。此外，感谢上海师范大学王全喜教授，中国科学院南京地理与湖泊研究所李艳玲研究员，哈尔滨师范大学刘研博士和山西大学刘琪博士提供她们的中国有关淡水硅藻分类研究的论文和有关资料。

特别感谢中国地质科学院地质研究所高联达研究员，他对多卷中国淡水硅藻志的编纂、文字校对、编排做了大量的工作，这些卷集的出版得力于高联达研究员的全力协助。

在编写本志书的过程中，由于舟形藻变化的特殊性，作者虽力求完善使其达到编志所要求的标准，但限于水平和经验，以及受某些条件的限制，编写内容和技术方法不免存在缺点和疏漏，诚恳读者不吝见教。

齐雨藻　李家英

2016 年 6 月

目　录

舟形藻科（III）

NAVICULACEAE（III）

分属检索表

拉菲亚属 Adlafia Moser，Lange-Bertalot and Metzeltin

Moser, Lange-Bertalot and Metzeltin 1998，p. 87—89

    细胞单个，不形成链状，已知的所有种均小于 25 μm 长。壳面线形至线状披针形或椭圆形，末端或多或少突然呈喙状，近头状，极少数呈窄的楔形。轴区很窄，中心区是可变的，但不扩大至壳缘。壳缝丝状，微弯，远缝端明显（强烈的）向侧面偏斜。壳面横线纹细密至很细密，在中部明显辐射排列，向壳面末端突然聚集排列。在 SEM 下观察：组成线纹中的孔纹单列，在壳表面是连续不断的，并越过壳缘至壳套，孔纹在内壳面开口，在外面覆盖有膜。

    壳环窄，每 1 个套由 2 个带（环）组成，环带上有 1 条双列的孔纹。

    本属是 Lange-Bertalot 在 1998 年，依据 LM 和 SEM 观察到的形态和构造特征，区别于从 *Navicula* 分出的其他的属。从线纹的致密、排列和孔纹的构造以及壳缝特征的不同，独立成为 1 个新属。

    模式种 *Adlafia muscora* Moser，Lange-Bertalot and Metzeltin 1998，p. 89.

    本志收编 6 种（包括 3 个新联合种）。

拉菲亚属分种检索表

1. 水生拉菲亚藻　图版（plate）I：1

Adlafia aquaeductae (Krasske 1923) Lange-Bertalot *in* Moser *et al.* 1998，p. 89；Lange-Bertalot 2001，p. 142，105/21—27.

Navicula pseudopupula var. *aquaeductae* Krasske 1923，p. 197，fig. 8.

Navicula aquaeductae(Krasske)Krasske 1925，p. 44，2/23.

Navicula bryophila var. *lapponica* Hustedt 1942，p. 114，figs. 11—15；Hustedt 1961，p. 92，
　　fig. 1238；Zhu et Chen(朱蕙忠，陈嘉佑)2000，p. 152，20/18.

　　壳面线形，两侧边缘直或略微凹入或凸出，末端近头状或几乎头状。轴区窄，中心区明显横向扩大靠近每边 3—4 条短线纹。壳缝丝状，近缝端微弯，中央孔不明显或清楚，远缝端强烈弯斜.壳面横线纹呈较强的辐射，向两端突然强烈的聚集状排列，线纹在 10 μm 内有 25—28 条。壳面长 19—24 μm，壳面宽 4—4.5 μm。

　　生境：淡水或气生种，生长在森林间的小水坑、水清、沙底、小水沟、水清而冷、小溪缓流的环境中。

　　产地：欧洲(德国，芬兰，斯堪的纳维亚半岛)。

　　本种曾在 Krammer 和 Lange-Bertalot(1999)描述的 *Navicula bryophila* 和 *N. brockmannii* 种中讨论了 *N. bryophila* var. *lapponica* 变种与其之间的关系，并认为 Hustedt(1942)所确定的该变种没有足够的说服力，因此不认同。Lange-Bertalot(2001)将 *N. bryophila* 移入至新建立的 *Adlafia* 属中，对 *N. bryophila* var. *lapponica* 则依据其形态、构造特征提升为种并归入 *Adlafia aquaeductae* 种中作为同异名。

2. 嗜苔藓拉菲亚藻　图版(plate)I：2；XXIII：1

Adlafia bryophila(Petersen 1928)Lange-Bertalot *in* Moser *et al.* 1998，p. 89；Lange-Bertalot
　　2001，p. 142，105/21—27.

Navicula bryophila Petersen 1928，p. 388，fig. 13；Cleve-Euler 1953，p. 147；Hustedt 1961，
　　p. 91，fig. 1237；Zhu et Chen(朱蕙忠，陈嘉佑)1989，p. 45；Krammer & Lange-Bertalot
　　1999，p. 181，79/1—8；Zhu et Chen(朱蕙忠，陈嘉佑)2000，p. 152，20/16.

Navicula bryophila var. *genuina* Cleve-Euler 1953，p. 174，figs. 865a—d.

Navicula maillardii Germain 1982，p. 107，figs. 19—23.

Navicula tridentula var. *parallela* Krasske 1925，p. 46，2/35.

　　壳面线形，两侧边缘最直或轻微凸出，亦或多少轻微凹入，末端是可变的，末端从非延长的钝圆形至近喙状或近头状。轴区很窄，中心区小或很小，不规则的横向扩大。壳缝丝状，近中心轻微弯曲，中央孔不明显或清楚，远缝端强烈的偏斜。壳面横线纹或多或少强烈辐射，向两端突然聚集排列，线纹细密，在 10 μm 内有 32—38 条。壳面长 13.5—19 μm，壳面宽 3.7—4 μm。

　　生境：淡水种，生长在森林中的小水坑、水清、沙底、湖边的小积水、江边岩石流水处、水池、流水岩壁、湿土表面、与苔藓植物共生的环境中。

　　产地：辽宁(沈阳、鞍山)；西藏(墨脱、错那、芒康、贡觉、类乌齐)；湖南(慈利索溪峪自然保护区)。

　　分布：欧洲(德国，冰岛，芬兰，瑞典)；北美洲(美国)；非洲(尼日利亚)。

3. 小型拉菲亚藻　图版(Plate)I：3

Adlafia minuscula(Grunow 1880)Lange-Bertalot *in* Lange-Bertalot & Genkal 1999，p. 32；

Lange-Bertalot 2001，p. 143，106/5-8，108/4—10.

Navicula minuscula Grunow *in* Van Heurck 1880，14/3；Van Heueck 1896，p. 228，27/777；
Meister 1912，p. 127，10/10；Hustedt 1930，p. 288，fig. 483；Sabelina *et al.* 1951，
p. 296，fig. 168，8；Cleve-Euler 1953，p. 164，fig. 833；Hustedt 1962，p. 254，fig. 1381；
Zhu et Chen(朱蕙忠，陈嘉佑)1994，p. 92；Krammer & Lange-Bertalot 1999，p. 207，
69/18—23；Zhu et Chen(朱蕙忠，陈嘉佑)2000，p. 166，25/1.

Navicula importuna Hustedt 1942，p. 67，figs. 24，25.

壳面窄椭圆形或菱形椭圆形至椭圆披针形，末端轻微延长呈钝圆形。轴区很窄，线形，中心区不扩大或缺如，壳缝骨在中节可显出轻微变窄。壳缝丝状，直形，近缝端简单，远缝端通常明显偏斜。壳面横线纹较强烈辐射，近末端可能突然聚集(在 LM 下观察不太清楚)，线纹在 10 μm 内有 30—36(—40)条。壳面长 11—12(—19)μm，壳面宽 3.5—5(—8)μm。

生境：淡水种，生长在湖边长有苔藓植物的小泉、山间小水塘、湖边沼泽化积水坑和草滩、泉边小溪流、瀑布岩石附着物、小河及河间草丛中、流动的浅水塘、长有苔藓植物的山泉等环境中。

产地：西藏(聂拉木、浪卡子、吉隆、墨脱、错那、隆子、错美、芒康、察雅、贡觉、类乌齐、班戈、申扎、扎达)；贵州(松桃、铜仁、江口、印江)；湖南(吉首、古丈、麻阳、永顺、凤凰)。

分布：欧洲(俄罗斯，德国，比利时，芬兰，奥地利，挪威等)。

Zhu 和 Chen(朱蕙忠，陈嘉佑，2000)在西藏记录的标本从形态和构造特征归入本种是无疑的，但所绘图的线纹排列特征有差异，种的线纹中部是辐射排列，近两端突然聚集排列。而西藏标本绘图壳面线纹均为辐射排列，末端未出现突然聚集，由于标本小，线纹细密，在 LM 下观察不清楚是可能的，有可能应进一步察看标本。

4. 峭壁拉菲亚藻 图版(plate)I：4

Adlafia muralis (Grunow *in* Van Heurck 1880) Li et Qi(李家英，齐雨藻)comb. nov.

Navicula muralis Grunow *in* Van Heurck 1880/27；Cleve 1895，p. 3；Dippel 1904，p. 74，
fig. 160；Mayer 1913，p. 148，28/31；Proschkina-Lavrenko 1950，p. 169，55/7；Sabelina
et al. 1951，p. 295，fig. 168，3；Cleve-Euler 1953，p. 164，fig. 836；Hustedt 1962，
p. 236，fig. 1359；Zhu et Chen(朱蕙忠，陈嘉佑)2000，p. 166，25/ 3.

Navicula muralis f. *minuta* Grunow *in* Van Heurck 1880，14/26.

Navicula muralis f. *sublanceolata* Grunow *in* Van Heurck 1880，14/28.

壳面椭圆形至线形椭圆形，末端钝圆形。轴区窄线形，无中心区或中心区不扩大。壳缝直线形，近缝端中央孔不明显。壳面横线纹垂直于轴区即线纹平行状排列，线纹在 10 μm 内有 26—28 条。壳面长 11—15.5 μm，壳面宽 4—5 μm。

生境：淡水种，生长在湖边农田小水坑、山沟流水石上附着物、山泉出口处与苔藓共生和草地积水坑等环境中。

产地：西藏(康马、芒康、申扎)。

分布：欧洲(俄罗斯，比利时，德国，法国，瑞典等)。

本种最明显的特征是外形、轴区和壳面横线纹的排列。Krammer 和 Lange-Bertalot(1999, p. 207)将该种移入 *N. minuscula* 种中成为一个新联合变种(Lange-Bertalot 于 1981 年)。事实上 *N. minuscula* 和 *N. muralis* 是有明显区别的，尤其是形态和构造特征，横线纹的排列 *N. minuscula* 呈显著的辐射状排列, *N. muralis* 呈明显的平列排列，形态特征也不同，因此，这两种应独立存在。从形态构造特征看，应将 *N. muralis* 种移入 *Adlafia* 属成为新联合种。

5. 疏线拉菲亚藻　图版(plate)I：5

Adlafia paucistriata(Zhu et Chen 2000)Li et Qi(李家英，齐雨藻)comb. nov.

Navicula bryophila var. *paucistriata* Zhu et Chen(朱蕙忠，陈嘉佑)2000, p. 52, 20/16.

壳面线形或线披针形，两侧边缘近平行，末端宽圆形或近头状。轴区窄线形，中心区扩大形成长椭圆形。壳缝丝状，近缝端向一侧弯斜，中央孔较明显，远缝端分叉弯斜。壳面横线纹明显稀疏，中部线纹明显辐射排列，向两端突然强烈聚集状排列，线纹在 10 μm 内有 11(—12)—14 条。壳面长 30—33 μm，壳面宽 6—7.3 μm。

生境：淡水种，生长在山溪与已经沼泽化草甸溪流会合处、水清的环境中。

产地：西藏(错那)。

本种是 Zhu 和 Chen(朱蕙忠，陈嘉佑，2000)依据西藏发现的标本确定的一个新变种 *Navicula bryophila* var. *paucistriata*，从绘制的图形看，形态特征与 *N. bryophila* 较为相近，构造差异明显。前者壳缝虽是直线形，但近缝端和远缝端有所区别。壳面横线纹的排列相似，但前者非常细密，后者横线纹稀疏。因此从 *N. bryophila* var. *paucistriata* 种分出提升为独立种归入 *Adlafia* 属成为 1 个新联合种。

6. 伪峭壁拉菲亚藻　图版(plate)I：6

Adlafia pseudomuralis(Hustedt 1936)Li et Qi(李家英，齐雨藻)comb. nov.

Navicula pseudomuralis Hustedt 1936 *in* Schmidt *et al.* 1874, 401/64—67；Hustedt 1937, p. 245, 19/25—27；Hustedt 1962, p. 236, fig. 1360；Zhu et Chen(朱蕙忠，陈嘉佑)2000, p. 172, 26/14.

壳面椭圆形至椭圆披针形，末端钝圆形。轴区窄线形，无中心区。壳缝直线形，近缝端直，中央孔不明显，远缝端似乎是直形。壳面横线纹平行排列或垂直于中轴区，在 10 μm 内有 24 条。壳面长 9.5 μm，壳面宽 3.6 μm。

生境：淡水种，生长在水清、水深的湖泊环境中。

产地：西藏(墨脱)。

分布：欧洲(德国，奥地利)。

本种的形态特征与 *Navicula kuelbsii* Lange-Bertalot(1999, p. 13, 78/29, 80/32—34)很相似，两者轴区很窄，无中心区。壳面横线纹排列也近似，但线纹数量有所区别，前者 10 μm 内有 24 条，后者在 10 μm 内有 35 条。

暗额藻属 Aneumastus Mann & Stickle

In Round, Crawford & Mann 1990，p. 464，663

细胞(壳体)单个，常见壳面观，生活时的细胞常呈壳面出现。细胞三轴对称。壳面平坦，舟状，椭圆披针形或线状披针形，末端头状或喙状。轴区窄，中心区扩大形成大的横向不规则区或近圆形区。壳面的壳缝呈波曲形或微波形。壳面横线纹构造复杂，粗糙，线纹在壳面中部靠近轴区是单线纹，近壳缘是单线纹或双线纹，线纹通常被几条纵向波曲透明空白的线切断，致使线纹呈短节状。细胞环带狭窄，由开口带组成。

细胞繁殖：由 2 个母细胞分裂，各形成 2 个配子，2 对配子结合，形成 2 个复大孢子。每个细胞有 2 个色素体或质体(plastids)，位于细胞中部横轴的每一边，色素体在壳环面观呈 H 型，有 2 个紧靠壳面的板片(plates)组成，经一通道连接，每一个色素体含 1 个大的蛋白核。

本属种类很少，主要生活在淡水或咸水湖泊中，仅个别种在海水中出现。本属的种包括现生种和化石种，但没有真正意义上的化石种(绝灭种)。

Aneumastus 属是 1990 年由 Mann 和 Stickle 重建的新属，属中的种以往包括在舟形藻属 *Navicula* 中的吐丝 Tuscula 亚属。亚属的特征：壳面横线纹在断面上呈凹凸不平的断续状或不连接的线条状或网孔状，线纹在壳面边缘有时由双点(双孔)组成。壳缝直或波曲，由此认为亚属与舟形藻属有亲缘关系。尽管吐丝亚属在线纹和壳缝的构造上有差异，以往在分类上仍归入舟形藻属中。Mann 和 Stickle 于 1992 年对吐丝藻亚属中的一些种采用扫描电镜(SEM)对壳体不同部位进行观察研究，从壳面横线纹、壳缝的构造、色素体形状与排列等特征看，与舟形藻有所不同，因此赞同 Hajos 在 1973 年的意见，从舟形藻属移出，重建 *Aneumastus* 新属，并认为其中的种除在壳体内缺乏复杂的鳞状隔室(bulbous chambers)构造外，其他特征与胸隔藻属 *Mastogloia* 非常相似，两者有明显的亲缘关系。

本属模式种 *Aneumastus tusculus*   Mann & Stickle *in* Round，Crawford and Mann 1990，p. 464。

本志收编 7 种。

暗额藻属分种检索表

1. 壳面宽披针形或椭圆形，末端长呈不明显的喙状或稍微延长的钝圆形。均为小型，壳面宽小于 11 μm
··· **2. 小暗额藻 *A. minor***

1. 特征的组合不同··· 2
　　2. 线纹从壳面中部至边缘呈现均一的点纹··· 6
　　2. 线纹在壳面边缘有明显的双列的点纹··· 3

3. 壳缝呈强烈的波曲形··· **7. 吐丝暗额藻 *A. tusculus***

3. 壳缝多数情况呈稍微波曲形··· 4
　　4. 壳面披针椭圆形至椭圆披针形，末端延长，喙状。中心区呈辐节状，其长度与宽度常以 4—5 条不规则变短的线纹而异 ··· **4. 喙暗额藻 *A. rostratus***
　　4. 中心区不是辐节状··· 5

5. 壳面宽椭圆形，近末端突然延长收缩，末端明显喙头形。中心区边缘有 7—8 条长、短相间排列的线纹而出现蝴蝶形·· **3. 蒙古暗额藻 *A. mongolicus***

5. 壳面椭圆形，末端喙状。中心区近蝴蝶形，壳面横列纹在 10 μm 内有 12—14 条 ··········· ·· **6. 吐丝状暗额藻 A. tusculoides**

　6. 壳面椭圆披针形，末端狭喙状。中心区宽，呈矩形，边缘有 3—4 条短线纹 ··········· ·· **1. 具细尖暗额藻 A. apiculatus**

　6. 壳面线椭圆形，末端短喙状。中心区窄呈辐节状横带，边缘有 1—3 条短线纹 ·········· ··· **5. 施特罗斯暗额藻 A. stroesei**

1. 具细尖暗额藻　图版 (plate) XXIII：2

Aneumastus apiculatus (Östrup 1810) Lange-Bertalot *in* Lange-Bertalot & Genkal 1999，p. 32；Lange-Bertalot 2001，p. 152，117/1—10.

Navicula lacustris var. *apiculatus* Östrup 1910，p. 88，3/59.

　　壳面椭圆披针形，末端延长，突然呈狭喙状，短。轴区很狭窄，线形，中心区扩大形成宽矩形，在壳面中部靠近边缘有 4—5 条不规则的短线纹。壳缝丝状，略微波状，近缝端直，中央孔呈点状。壳面横线纹在中部稍辐射状排列，向末端明显辐射，近极端几乎平行排列，在 10 μm 内有 16—17 条，网孔纹几乎是点纹，点纹间隔几乎均等，在 10 μm 内有 15—17 条。壳面长 29—38 μm，壳面宽 11—14 μm。

　　生境：淡水至微咸水种，生长在古湖泊环境中。

　　化石产地及时代：内蒙古（克什克腾晚更新世至全新世）。

　　分布：亚洲（蒙古国）；欧洲（丹麦）；北美洲（美国）。

2. 小暗额藻　图版 (plate) XXIII：3—7

Aneumastus minor (Hustedt 1930) Lange-Bertalot 1993，p. 9；Lange-Bertalot 2001，p. 155，124，1—16.

Navicula tuscula f. *minor* Hustedt 1930，p. 308，fig. 553；Sabelina *et al.* 1951，p. 318，fig. 179，4.

Navicula tuscula var. *obtusa* Hustedt 1922，p. 84.

Navicula arata var. *hustedtii* Cleve-Euler 1953，p. 118.

Aneumastus tuscula f. *minor* (Hustedt 1930) Li *et al.* 2009，p. 735，fig. 9，10，12.

　　壳体小型。壳面宽披针形、椭圆形或椭圆披针形。末端变窄至楔形，有时略微延伸呈钝圆形。轴区中等窄，中心区扩大形成横向不规则形，壳缝略为波形，近端缝的中央孔明显。横线纹辐射排列，被纵向透明线切断，分节明显。线纹在 10 μm 内有 11—18 条，网孔横向延长，在 10 μm 内有 10—12 个，在壳面边缘有双列的大网纹，壳面中部有两个粗网纹。壳面长 13—22 μm，壳面宽 7—11 μm。

　　生境：淡水或微咸水种，生长在湖泊的环境中。

　　化石产地及时代：西藏北部地区纳木湖（错）阶地第四纪；内蒙古克什克腾晚更新世至全新世。

　　分布：欧洲（俄罗斯，德国）。

　　本种因其细胞小和外形特征被 Hustedt (1930) 确定为吐丝舟形藻小变型 *Navicula tuscula* f. *minor*。2009 年 Li 等（李家英等）作为新联合变型移至 *Aneumastus tusculus* 中，

随着新技术、新方法，尤其是 SEM 在硅藻研究的宽泛应用，使其分类产生了很大变化。本种依据其形态、超微构造以及生态特征易和 *Aneumastus* 属的其他种区别。现在将小变型提升为种 *Aneumastus minor*，成为独立分类单位，而将 *Navicula tuscula* var. *obtusa* 和 *N. arata* var. *hustedtii* 与 *A. minor* 有亲缘关系的变种作为异名归至 *A. minor* 中。

3. 蒙古暗额藻　图版(plate)XXIII：12—14

Aneumastus mongolicus Metzeltin et Lange-Bertalot 2009，p. 22，64/5—9.

Aneumastus tuscula f. *angulata* (Cleve-Euler 1953) Li(李家英) 2009，p. 735，figs. 6—8.

壳面宽椭圆形至略微椭圆披针形，近末端突然延长收缩，末端窄喙状或明显的喙头状。轴区虽窄，但清楚，中心区基于中部有 7—8 条不规则的长、短相间排列的线纹而出现蝴蝶形。壳缝多为明显的波浪形。粗网线纹呈辐射状排列，在 10 μm 内有 9—13 条，网孔在 10 μm 内有 9—11 个。壳面长 50—63 μm，壳面宽 16—21 μm。

生境：淡水种，生长在古湖泊水体环境中。

化石产地及时代：内蒙古克什克腾浩来呼热晚更新世至全新世。

分布：亚洲(蒙古国)；欧洲(芬兰)。

在内蒙古发现的标本从形态和构造特征与 *Navicula tuscula* f. *angulata* Cleve-Euler (1963) 较为接近，因此将内蒙古的标本归入变型中，同时移至 *Aneumastus tuscula* f. *angulata* Li 中。对内蒙古标本又仔细进行观察研究，发现标本的形态和构造特征与蒙古暗额藻 *A. mongolicus* Metzeltin et Lange-Bertalot 更接近，因此将原定的变型提升为种归至 *A. mongolicus* 种中更符合分类要求。由于地区和环境的差异，标本个体的大小、中部长、短线纹的数量略有差别，这并不影响两地标本同属一种。

4. 喙暗额藻　图版(plate)XXIV：4；XXV：2，3，8

Aneumastus rostratus (Hustedt 1911) Lange-Bertalot 2001，p. 156，118/1—6.

Navicula tuscula var. *rostrata* Hustedt 1911，p. 287，3/22.

Navicula tuscula f. *rostrata* (Hustedt) Hustedt 1930, p. 308；Proschkina-Lavrenko 1950, p. 183；
　　Li(李家英) 1983，p. 294，26/4；Li et Li(李家英　李光芩) 1988，p. 43，1/20.

Aneumastus tuscula f. *rostrata* (Hustedt 1911) Li *et al.*(李家英等) 2009，p. 736，figs. 11，
　　13—17.

壳面宽披针形至椭圆披针形，末端喙状。轴区明显窄，线形，中心区扩大呈辐节状，其外形是可变的，长度和宽度常以 4—5 条不规则的短线纹而变异。壳缝丝状至稍侧位，多为微波状。壳面横线纹由粗网孔组成，辐射排列，被明显的纵向透明的线切断，分节明显，在 10 μm 内有 12—13 条。壳面长 31—42 μm，壳面宽 14—17 μm。

生境：淡水至微咸水种，生长在湖泊、河流环境中。

化石产地及时代：内蒙古克什克腾晚更新世至全新世；西藏斯潘古尔湖(曼冬错)晚更新世至全新世；西藏纳木湖(错)阶地晚更新世至全新世。

分布：亚洲(蒙古国)；欧洲(德国，阿尔巴尼亚，俄罗斯)。

本种由 Hustedt 于 1911 年定名为吐丝舟形藻喙状变种 *Navicula tuscula* var. *rostrata*，

其后 1930 年 Hustedt 依据其形态特征变异更为明显，因此将原定的喙变种修定为喙变型 *N. tuscula* f. *rostrata*（Hustedt 1911）Hustedt，Mann 和 Stickle（1990）将吐丝舟形藻 *N. tuscula* Ehrenberg 移入由他们新建立的新属暗额藻属 *Aneumastus* 成为该属的新联合种 *A. tusculus*（Ehrenberg）Mann & Stickle。2009 年李家英等发表了在中国出现的 *Aneumastus* 属的一些种，其中包含了 *A. tusculus* f. *rostrata*（Hustedt，1911）Li（李家英）变型。Lange-Bertalot（2001）将此变型分出并提升为种，即 *A. rostrata*（Hustedt，1911）Lange-Bertalot，并认为从网孔的排列和微构造与 *A. tusculus* 无明显的差异，仅发现在壳面形态和壳缝的特征有所不同，所以将变型作为 *A. rostratus* 的异名，在本编志中采用此种名。

5. 施特罗斯暗额藻 图版（plate）XXIV：1；XXV：1

Aneumastus stroesei（Östrup 1910）Mann & Stickle *in* Round *et al.* 1990，p. 663；Lange & Bertalot 2001，p. 157，119/1—14，120/1，2.

Navicula tuscula var. *stroesei* Östrup 1910，p. 84；Zhu et Chen（朱蕙忠，陈嘉佑）2000，p. 181.

Navicula pseudotuscula Hustedt 1943，p. 170，Hustedt 1966，p. 787，fig. 1763；Li（李家英）1983，P. 296，26/15；Chen *et al.*（陈俊仁等）1990，p. 116，31/6—8.

　　壳面线椭圆形至线椭圆披针形，末端延长，突变成短喙状。轴区很窄，线形。中心区扩大形成窄的辐节状横带，被 1—3 条不规则的短线围着。壳缝几乎丝状，微侧斜，外裂缝有两微波形。横线纹稍微辐射排列，在极端几乎平行排列。线纹在 10 μm 内有 10—14 条，网孔纹呈点纹状，点纹的间距比壳面边缘大，点纹在 10 μm 内有 13—15 个。壳面长 50—55 μm，壳面宽 15—18 μm。

　　生境：淡水至微咸水种，生长在贫营养和中营养湖泊和小河环境中。

　　产地：西藏（打隆）。

　　化石产地及时代：西藏斯潘古尔错（湖）全新世。

　　分布：欧洲（瑞典，芬兰，丹麦）。

6. 吐丝状暗额藻 图版（plate）XXIV：7—9

Aneumastus tusculoides（Cleve-Euler 1953）Mann 1992，p. 663；Li *et al.*（李家英等）2009，p. 736，figs. 1—3.

Navicula tusculoides Cleve-Euler 1953，p. 119，figs. 739，f. g.

　　壳面椭圆形至椭圆披针形，末端延长呈喙状或近头状。轴区窄，中心区横向扩大形成近蝴蝶形，即由 7—8 条较长和较短不规则的线纹在壳面中部边缘交替（间排）形成。壳缝微波形，近缝端较直，中央孔较明显，远距。壳面横线纹均呈辐射状排列，线纹被较不规则的纵向透明线切断，短节纹明显，在 10 μm 内有 14—16 条。壳面长 35—45 μm，壳面宽 13—17 μm。

　　生境：淡水至微咸水种，生长在淡水或微咸水湖泊环境中。

　　化石产地及时代：内蒙古克什克腾晚更新世至全新世。

　　分布：欧洲（瑞典，芬兰）。

　　本种是由 Cleve-Euler 于 1953 年在瑞典的厄勒布鲁地区和芬兰的拉普兰地区发现的化

石标本确立的新种。依据形态和构造特征，Mann（1992）认为应并入暗额藻属 *Aneumastus*，实为该属的新联合种 *A. tusculoides*（Cleve-Euler，1953）Mann。我们观察和研究的标本也发现在化石中，其形态和构造特征置于该种是无疑的。但我们的标本与 Cleve-Euler（1953）描述的标本多少有些不同，她描述的标本认为壳缝简单，且直线形。我们观察的标本壳缝是微波形的。Lange-Bertalot（2001）将本种并入 *A. rostratus* 种中，作为异名。从外形特征两者确实相似，但构造不同，前者中心区呈辐节状，其长度和宽度的变化常以 4—5 条不规则的短线纹而异。后者中心区呈蝴蝶形，有 7—8 条较长和较短的不规则线纹在壳面边缘中心交替排列形成，因此将 *A. tusculoides* 并入 *A. rostratus* 中的异名是不可取的。

7. 吐丝暗额藻　图版（plate）I：7；XXIV：2，3，5，6；XXV：4—7，9，10

Aneumastus tusculus（Ehrenberg 1840）Mann & Stickle *in* Round *et al.* 1990，p. 464，663，figs. a—i；Lange-Bertalot 2001，p. 158，113/1—9，116/1—4；Li *et al.*（李家英等）2009，p. 735，figs. 4，5.

Navicula tuscula Ehrenberg 1840（1841），p. 215；Van Heurck 1880—1885，p. 95，10/14；Hustedt 1930，p. 308，fig. 552；Sabelina *et al.* 1951，p. 317，fig. 179，1；Li（李家英）1983，p. 294，26/1，2；Chen *et al.*（陈俊仁等）1990，31/3—5，7，8；Huang *et al.*（黄成彦等）1998，p. 33，74/1—6；Zhu et Chen（朱蕙忠 陈嘉佑）2000，p. 181，29/4.

Pinnularia tuscula Ehrenberg 1840（1841），p. 215.

Stauroptera tuscula Ehrenberg 1854，6/1，fig. 13 a，b.

Navicula punctata（Kützing 1844）Donkin 1871，p. 36，5/12.

Navicula arata var. *capitata* Cleve-Euler 1953，p. 119，fig. 739 e.

Navicula tuscula var. *capitata*（Fontell 1917）Cleve-Euler 1953，p. 121，fig. 742 a，b.

Navicula tuscula var. *cuneata* Cleve-Euler 1953，p. 121，fig. 742 e；Chin *et al.*（金德祥等）1982，p. 145，41/396.

　　壳面宽线椭圆形至椭圆披针形，末端突然延长，或多或少较长的喙状或喙状近头状。轴区中度窄，中心区扩大呈辐节形，以 3—4 条不规则的短线为界。壳缝波曲形，近缝端向一侧偏斜，中央孔清楚或特殊，膨大或弯钩形，远缝端弯向壳套。壳面横线纹均为辐射排列，在中部 10 μm 内有 9—14 条，线纹的构造非常特殊，由很粗糙的网纹组成，线纹被几条纵向空白的透明线切断，使线纹呈分节状或粗网纹，网孔纹在 10 μm 内有 10—12 个，壳面边缘线纹突然变成双列纹，由简单较小的点纹组成，在 10 μm 有 14—15 个，壳面长 30—65 μm，壳面宽 11—21 μm。

　　本种经 Mann 和 Stickle（*in* Round *et al.*，1990）在 SEM 下观察研究，其形态和构造更为清晰，壳面平坦。壳套浅并呈现明显裂状分界。线纹单列或靠近壳面边缘出现双列。线纹由粗网纹组成，网纹构造复杂，粗纹向内深凹，孔壁硅质化。壳缘增厚，呈肋状。壳缝骨（胸骨）清楚，较窄，中心区增宽呈不规则的矩形或近椭圆形。外裂缝波状，近缝端膨大，略向壳面一侧弯转，远缝端弯向壳套。环带窄，由开口带组成。第一带围绕增厚的壳缘相应变化，在内部有细小的孔纹，在外部以一个单孔出现。

　　生镜：淡水或半咸水（微咸水）种，生长在湖泊、河流环境中。

产地：黑龙江(镜泊湖、漠河)；西藏(亚东、仲巴、申扎、措勤、日土)；福建(厦门)。

化石产地及时代：西藏斯潘古尔湖(错)晚更新世至全新世；内蒙古克什克腾晚更新世至全新世；四川米易更新世和云南丽江更新世。

分布：亚洲(日本)；欧洲(俄罗斯，意大利，英国，比利时，德国，瑞典，芬兰)；北美洲(美国)。

洞穴形藻属 **Cavinula** Mann & Stickle

In Round F.E.，Crawford R.M.& Mann D.G. 1990，p. 524，525

细胞单个，舟状，常见壳面观。壳面线状披针形或菱形披针形至或多或少的椭圆形，末端圆形或有时呈轻微喙状。壳面平坦，壳套浅。轴区线形，中心区稍扩大。壳缝直，近缝端扩大，中央孔大，近滴状，远缝端突然弯向一边，但有时很短。壳面横线纹单列，细密，由小圆形疑孔组成，线纹辐射排列，在中部线纹长、短相间排列。环带由窄的开口带组成，每带具有两横列的很少疑孔。

在 SEM 下观察，壳缝骨位于中央，稍微增厚，内近端未扩大，直，有时伴有小的硅质乳突。壳面横线纹的小圆孔在内壳面覆有膜，因此在壳内多少汇合的沿线纹的内边形成 1 条带纹。

细胞有 1 个或 2 个质体，如果是 2 个质体，分别向着两个极端。在带面观，每个质体呈 H 形，由两个板片组成，位于壳面每边，并以 1 条包含蛋白核的粗厚桥(通道)连接。板片常常是高(大)和不规则的裂片，但可能是简单的。

本属是种类不多的小属。

生境：淡水种，生长在贫营养的湖泊或潮湿(多雨)的植物(树荫)上的半气生环境中。

Cavinula 属像 *Sellaphora*、*Craticula*、*Lyrella*、*Placoneis* 等属和其他属在 *Navicula* 属中有其传统的分类位置(地位)，尽管在外形上都有舟状特征，但与其相比，*Cavinula* 属则无亲缘关系。

模式种 *Cavinula cocconeiformis*(Gregory and Greville)Mann & Stickle *in* Round，Crawford and Mann，1990，p. 524，525，665。

本志收编 5 种(包括 2 个新联合种)。

洞穴形藻属分种检索表

1. 壳面椭圆披针形，末端近喙状 ⋯⋯⋯⋯⋯⋯⋯⋯⋯⋯⋯⋯⋯⋯⋯⋯⋯⋯⋯⋯⋯⋯⋯⋯⋯⋯⋯⋯⋯ 2
1. 壳面非椭圆披针形，末端宽圆形或宽喙状 ⋯⋯⋯⋯⋯⋯⋯⋯⋯⋯⋯⋯⋯⋯⋯⋯⋯⋯⋯⋯⋯⋯⋯ 3
  2. 中心区稍微扩大近椭圆形。横线纹很细，在中部长、短相间排列，在 10 μm 内有 20—28 条⋯⋯
⋯⋯⋯⋯⋯⋯⋯⋯⋯⋯⋯⋯⋯⋯⋯⋯⋯⋯⋯⋯⋯⋯ **1. 卵形洞穴形藻 *C. cocconeiformis***
  2. 中心区明显扩大，横向扁圆形。横线纹粗，在 10 μm 内有 6—6.5 条⋯⋯⋯⋯⋯⋯⋯⋯⋯⋯⋯
⋯⋯⋯⋯⋯⋯⋯⋯⋯⋯⋯⋯⋯⋯⋯⋯⋯⋯⋯⋯⋯⋯⋯ **2. 点状洞穴形藻 *C. maculata***
3. 壳面圆形或圆球形，末端宽圆形。横线纹强辐射排列，在 10 μm 内有 11—16 条⋯⋯⋯⋯⋯⋯
⋯⋯⋯⋯⋯⋯⋯⋯⋯⋯⋯⋯⋯⋯⋯⋯⋯⋯⋯⋯⋯⋯⋯ **5. 盾状洞穴形藻 *C. scutelloides***
3. 壳面不呈圆形 ⋯⋯⋯⋯⋯⋯⋯⋯⋯⋯⋯⋯⋯⋯⋯⋯⋯⋯⋯⋯⋯⋯⋯⋯⋯⋯⋯⋯⋯⋯⋯⋯⋯⋯⋯ 4
  4. 壳面宽椭圆形，末端宽圆形。中心区几乎不扩大。横线纹强烈辐射，在 10 μm 内 20—22 条⋯⋯

1. 卵形洞穴形藻　图版(plate) I：8

Cavinula cocconeiformis (Gregory ex Greville 1856) Mann & Stickle 1990, p. 524，525，665.

　　Navicula cocconeiformis Gregory ex Greville　1856，p. 256. 9/6；Grunow 1860，p. 550，2/9；Donkin 1870，p. 22，3/11；Wolle 1890，10/14；Cleve 1895，p. 9；Östrup 1895，p. 437. 5/58；Van Heurck 1896，p. 226，27/779；Schönfeldt 1907，p. 155，11/167；Meister 1912，p. 133，20/6；Hustedt 1930，p. 290，fig. 493；Sabelina *et al.* 1951，p. 298，fig. 169，3；Cleve-Euler 1953，p. 196，fig. 916；Hustedt 1961，p. 132，fig. 1266；Patrick et Reimer　1966，p. 451，41/5；Zhu et Chen(朱蕙忠　陈嘉佑)1994，p. 90；Zhu et Chen(朱蕙忠　陈嘉佑)2000，p. 155，21/11.

Navicula cocconeiformis f. *parva*　McCall 1933，p. 250，305.

　　壳面椭圆披针形至菱形椭圆形，末端稍微延长(突出)近喙状，宽圆形。轴区窄，清楚，中心区稍微扩大。壳缝直，近缝端稍微扩大，中央孔不很明显，彼此间距较大，远缝端直，直达极端。壳面横线纹辐射排列，线纹细密，中部线纹长、短相间，线纹由细孔纹组成，在 10 μm 内有 20—28 条，两端有 28—40 条。壳面长 12—35 μm，壳面宽 6.0—13.5 μm。

　　生境：淡水种，生长在湖泊、江河、湖边积水坑、小河支流、河畔小水坑、水沟、浅水池、河汊等环境中。

　　产地：西藏(吉隆、米林、林芝、乃东、隆子、昌都、芒康、江达、类乌齐、申扎、改则)；贵州(松桃、铜仁、江口)；湖南(吉首、古丈、麻阳、永顺、凤凰)。

　　分布：欧洲(俄罗斯，挪威，法国，德国，比利时，瑞典，瑞士，英国，芬兰)；北美洲(美国)。

2. 点状洞穴形藻　图版(plate) II：1

Cavinula maculata (Bailey 1850) Li et Qi(李家英　齐雨藻) comb. nov.

Navicula maculata (Bailey 1850) Edwards 1860，p. 128；Wolle 1890，17/1，111/1，2；Cleve 1895，p. 46；Boyer 1916，p. 90，24/1；Proschkina-Lavrenko 1950，p. 199，63/1；Patrick et Reimer 1966，p. 449，40/9，10；Hustedt 1966，p. 707，fig. 1698 a；Chin *et al.*(金德祥等)1982，p. 144，41/193.

Stauroneis maculata J.W. Baiyer 1850(1851)，p. 40，2/32.

Navicula schulzii Cleve 1895，p. 45.

Navicula maculata var. *lanceolata* Heiden 1906 *in* Schmidt *et al.* 1874—，262/2.

　　壳面橄榄形或椭圆披针形，末端近喙状或鸭嘴状。轴区狭窄，线形，中心区明显扩大呈横向扁圆形。壳缝直线形，近端缝不扩大，直，远缝端稍弯但很短。壳面横线纹辐射排列，由粗孔纹组成，在 10 μm 内有 6.5 条，孔纹在 10 μm 内有 6—7 个，在壳面上形成波浪状的纵列。壳面长 90—120 μm，壳面宽 35—45 μm。

　　生境：半咸水种，发现(生长)在厦门水域牡蛎消化道内。

　　产地：福建(厦门)。

　　分布：欧洲(俄罗斯，德国)；北美洲(美国)。

3. 伪盾形洞穴形藻　图版(plate)I：9

Cavinula pseudoscutiformis(Hustedt 1930) Mann & Stickle 1990，p. 665.

Navicula pseudoscutiformis Hustedt 1930 *in* Schmidt *et al.* 1874—，370/46，404/17—21(1936)；Hustedt 1930，p. 291，fig. 495；Sabelina *et al.* 1951，p. 299，fig. 169，5；Patrick et Reimer 1966，p. 451，41/4；Hustedt 1966，p. 630，fig. 1628；Krammer & Lange -Bertalot 1999，p. 159，59/12-15，8/8；Zhu et Chen(朱蕙忠　陈嘉佑)2000，p. 172，26/15.

Navicula scutelloides var. *minutissima* Cleve 1881，p. 12，16/10.

Navicula kerguelensis Heiden et Kolbe 1928，p. 622，3/69.

　　壳面宽椭圆形或几乎近圆形，末端宽圆形。轴区近菱形披针形，没有明显的中心区。壳缝明显，直线形，近缝端无明显扩大，中央孔不清楚，远缝端直。壳面横线纹在中部辐射，向两端非常强烈辐射排列，中部较长线纹与较短线纹交错(相间)，线纹由细孔纹组成，孔线纹在 10 μm 内有 20—22 条。壳面长 8—18 μm，壳面宽 7—15.5 μm。

　　生境：淡水种，生长在河流、河汊、草甸中沼泽化清水环境中。

　　产地：西藏(林芝、隆子)。

　　分布：欧洲(俄罗斯，德国)；北美洲(美国)。

4. 极小洞穴形藻　图版(plate)I：10

Cavinula pusio(Cleve 1895) Li et Qi(李家英　齐雨藻)comb. nov.

Navicula pusio Cleve 1895，p. 9，2/3；Hustedt 1930 *in* Schmidt *et al.* 1874—370/11，12；Skvortzow 1938，p. 485，4/21；Sabelina *et al.* 1951，p. 298，fig. 169，2；Hustedt 1961，p. 134，fig. 1267.

Navicula cocconeiformis var. *capitata* Krasske 1929，p. 355，fig. 6.

　　壳面椭圆形，末端宽喙状。轴区很窄，中心区扩大呈近小的横椭圆形。壳缝直，丝状，近缝端直，远缝端叉状。线纹相当细，密，在中部长、短相间排列，向末端辐射排列，在 10 μm 内有 30 条左右。壳面长 15 μm，壳面宽 8.5 μm。

　　生境：淡水种，生长在湖泊和流水急的环境中。

　　产地：四川(成都)。

　　分布：亚洲(日本)；欧洲(俄罗斯，芬兰，瑞士)；大洋洲(新西兰)。

5. 盾状洞穴形藻　图版(plate)I：11；XXVI：1—9

Cavinula scutelloides(Wm. Smith 1856) Mann & Stickle 1990，p. 665.

Navicula scutelloides Wm. Smith 1856，p. 91；Wm. Smith *in* Gregory 1856，p. 4，1/15；Grunow

1860，p. 533，5/15；Schumann 1864，p. 20，2/22 A—C；O'Meara 1876，p. 381，32/13；Cleve 1895，p. 40；Van Heurck 1896，p. 211，27/763；Meister 1912，p. 133，20/7；Meyer 1917，p. 33，3/15；Hustedt 1930，p. 311，fig. 557；Skvortzow 1936，p. 276，2/1；Preschkina-Lavrenko 1950，p. 200，63/8；Sabelina *et al.* 1951，p. 337，fig. 198，4；Patrick et Reimer 1966，p. 450，41/3；Hustedt 1966，p. 631，fig. 1629；Huang *et al.*(黄成彦等)1983，p. 173，13/15；Yang(杨景荣)1988，p. 162，2/11—21 a；Huang *et al.*(黄成彦等)1998，p. 32，73/1—6；Krammer & Lange-Bertalot 1999，p. 160，59/16—19；Zhu et Chen(朱蕙忠，陈嘉佑)2000，p. 177，28/5.

Navicula scutelloides f. *typica* Cleve-Euler 1953，p. 111，fig. 724.

Navicula scutelloides var. *mocarensis* Grunow 1882，30/65.

Navicula berriati Héribaud 1903，p. 13，9/24.

壳面圆形或圆球形，壳面与末端无区别。轴区和中心区无明显区别。壳缝直，近缝端无明显扩大，中央孔不显著，远缝端直或微弯曲。壳面横线纹强辐射，线纹在中部近边缘不规则长、短相间排列，线纹由明显的孔(点)纹组成，线纹在 10 μm 内有 11—16 条，孔纹在 10 μm 内有 12—16 个。壳面长 12—17 μm，壳面宽 9—12 μm。

生境：淡水种至微咸水，生长在湖泊、河流支流、河边沼泽富营养性的水体环境中。

产地：西藏(亚东)。

化石产地及时代：吉林长白马鞍山中新世；四川米易更新世；云南丽江更新世，腾冲第四纪，宜良晚中新世；广东徐闻第四纪；内蒙古赤峰第四纪。

分布：亚洲(日本)；欧洲(俄罗斯，比利时，英国，芬兰，瑞士，法国，德国)；北美洲(美国)。

科斯麦藻属 Cosmioneis Mann & Stickle

In Round F.F.，Crawford R.M.& Mann D.G. 1990，p. 526，665

细胞单个，舟状，常壳面观或带面观。壳面披针形或椭圆形，末端喙状或强烈的头状。壳面平坦，壳缘急转弯曲至深厚的壳套，但近极(端)变得相当浅薄。轴区窄线形，中心区扩大形成大的圆形或椭圆形。壳缝直线形，近缝端间距大，中央孔扩大呈水滴状，远缝端钩状。壳面横线纹由明显的单列粗点纹组成，辐射排列，中部间有时出现短的线纹。环带由多个带组成。

壳面构造在 SEM 下观察，壳缝骨在内壳面轻微增厚，近缝端呈锚形(状)，外近缝端显著扩大形成圆锥形凹洼。外远缝端扩大形成螺旋舌(喇叭舌)，远裂缝向壳面的次生边(第二边)弯曲。壳面横线纹单列，小圆形的孔以膜覆盖形成疑孔，膜在内壳面或多或少彼此愈合(合生)而形成 1 条条线纹。壳套由多带组成，包含有至少 7 个开口带，每带具有 1 列横向的小圆形疑孔，带 1 上还有 1 个显而易见的穿孔(空洞)。带 2 上出现有相似的孔，但较小。

每个细胞有 2 个 H 形的质体，每个壳面一边 1 个。

本属是一个小的属，仅有 1 个典型种和可能还有 2—3 个其他种，以前都包括在

Navicula 属中。

　　Cosmioneis 属从表形面看似乎与 *Petroneis* 属相似，这两个属依据传统分类都归至 *Navicula* 属的 Section punctatae 亚属中，在 *Cosmioneis* 属和 *Petroneis* 属之间有几点区别：质体的形态，孔的闭塞，壳缝近缝端，壳面线纹粗，壳环的构造和壳套的深厚以及靠近极(端)壳套的变浅等都有不同，因此这两属没有亲缘关系，分开是合理而必然的。

　　生境：本属尤其是典型种通常是近气生种，生长在含钙的淡水环境中。

　　模式种 *Cosmioneis pusilla*(W. Smith) Mann & Stickle 1990 *in* Round，Crawford，and Mann，p. 526，666。

　　本志收编 1 种。

1. 微小科斯麦阿藻　图版(plate)I：12

Cosmioneis pusilla(Wm. Smith 1853) Mann & Stickle 1990，p. 526，666，fig. a—k.

Navicula pusilla Wm Smith 1853，p. 52，17/145；Grunow 1863，p. 151，14/9；O´Meara 1876，
　　　　p. 381，32/14；Brun 1880，p. 75，7/36 b；Wolle 1890，10/18，19；Van Heurck 1896，
　　　　p. 215，4/186；Schönfeldt 1907，p. 164，11/186；Meister 1912，p. 134，20/9；Boyer 1916，
　　　　p. 91，25/4；Hustedt 1930，p. 311，fig. 558；Sabelina *et al.* 1951，p. 333，fig. 194，5；
　　　　Prowse 1962，p. 46，12/f；Hustedt 1966，p. 722，fig. 1704；Krammer & Lange-Beratlot
　　　　1999，p. 124，57/7—9；Zhu et Chen(朱蕙忠　陈嘉佑) 2000，p. 174，27/2.

Navicula pusilla var. *genuina*(Grunow 1860) Cleve-Euler 1953，p. 113，fig. 729 a—d.

Navicula gastroides Gregory 1855，p. 40，4/17.

Navicula tumida var. *genuina* Grunow 1860，p. 537，2/43 a.

Navicula pusilla var. *capitata* Östrup 1910，p. 242，14/10.

Navicula pusilla var. *subcapitata* Boyer 1916，p. 91，25/8.

　　壳面椭圆形至椭圆披针形，末端喙状或头喙状。轴区窄线形，中心区扩大呈较大的圆形。壳缝直线形，近缝端间距大，中央孔明显，较大呈水滴状，远缝端钩状。壳面横线纹由明显的粗点纹组成，辐射排列，中部间有短条纹，中部点条纹较稀，在 10 μm 内有 22—24 条，向两端密，在 10 μm 内有 28 条。壳面长 38—45 μm，壳面宽 11—15 μm。

　　生境：淡水至微咸水种，生长在河流或河边石碛流出的泉水环境中。

　　产地：西藏(定日)。

　　分布：亚洲(马来西亚)；欧洲(俄罗斯，比利时，英国，德国，瑞士，丹麦，瑞典)；北美洲(美国)。

格形藻属 Craticula Grunow

A. Grunow 1867，p. 20

　　细胞单个，舟状，常以壳面观。壳面舟形、披针形，末端窄，喙状或头状。轴区窄线形，中心区微扩大。壳缝直线形，近缝端直或轻微弯斜，中央扩大形成孔状和钩状亦或向着壳面边缘旋转，远缝端(裂缝)钩状，末端接近壳缘。壳面横线纹或多或少呈紧密

的平行排列，由单一列和小圆形或椭圆形的疑孔组成，硅质纵肋纹与横条纹相互交叉形成厚粗的格纹。环带由开口带组成，环带上有多疑孔的横列。

据 Round 等(1990)对该属在 SEM 下的观察研究，内壳面观时，组成线纹的孔由一层膜覆盖，线纹呈辐射但不是明显的排成一线并无外肋出现。壳缝骨较厚，简单，未出现附属的肋骨。

细胞生殖：格形藻细胞的无性繁殖有其自生的特点。在生殖过程中，整个细胞内分泌黏液形成的膜包裹 1 个休眠孢子。

细胞有 1 个色素体或质体，由两个简单细长的片(板)状构成，位于环带的每一边，每个质体有 1 个或几个蛋白核，蛋白核像 Navicula 属一样，不是长的杆(棒)状。

本属是种类较少的小属，主要生活在淡水中，也有生活在微咸水环境中的，附生。

Craticula 属由 Grunow 在 1867 年依据 *C. perrotettii* Grunow 典型种的形态和构造特征建立格形藻属。Cleve(1894)在所著的《舟状硅藻梗概》专著中，将 *C. perrotettii* 种改归 *Navicula* 属，即变成 *N. perrotettii*(Grunow 1867)Cleve。Van Landingham 在 1975 年赞同 Cleve 的改变并收录编在目录中。在后来的研究中，硅藻学家们常使用 *N. perrotettii* 种名。直至 1990 年 Raund 等对 *N. perrotettii* 进行了 LM 和 SEM 下的深入观察研究，提出了与 *Navicula* 属有明显的区别：主要表现在壳面的多态性(形)、孔(网)纹、壳缝、环带和蛋白核的不同，认为 *Craticula* 属的定义特征是明确的，因此原该属种包含的种应从 *Navicula* 属中分离出回归至 *Craticula* 属。

模式种 *Craticula perrotettii* Grunow 1868，p. 20，1/1。

本志收录了 6 种，3 个新联合变种和 1 个新联合变型共 10 个分类单位。

格形藻属分种检索表

1. 壳面较大型。壳面菱形或菱形披针形 ··· 2
1. 壳面较小型，壳面非菱形或菱形披针形 ··· 4
  2. 末端喙状至近头状。壳面横线纹在 10 μm 内有 13—20 条 ··········· **2. 模糊格形藻 *C. ambigua***
  2. 末端非如此型 ··· 3
3. 末端尖形或钝圆形。壳面横线纹平行排列，在 10 μm 内有 13—20 条，纵条纹较密，在 10 μm 内有 22—28 条 ·· **3. 急尖格形藻 *C. cuspidata***
3. 末端喙状。壳面横线纹在中部 10 μm 内有 8—9 条，两端在 10 μm 内有 13—16 条，纵线纹在 10 μm 内有 30—32 条 ·· **6. 佩罗特格形藻 *C. perrotettii***
  4. 壳面椭圆形，末端短尖圆形，近喙状。壳面横线纹在中部有 16—17 条，末端在 10 μm 内有 20—22 条 ·· **1. 适中格形藻 *C. accomoda***
  4. 壳面非椭圆形 ··· 5
5. 壳面菱形至宽披针形，末端尖形或尖圆形。壳面横线纹在 10 μm 内有 21—23 条 ······················· **4. 嗜盐生格形藻 *C. halophila***
5. 壳面披针形，末端略微喙状。壳面横线纹在 10 μm 内有 18 条 ····· **5. 类嗜盐生格形藻 *C. halophilioides***

1. 适中格形藻 图版(plate)II：2

Craticula accomoda(Hustedt 1950)Mann 1990，p. 666.

Navicula accomoda Hustedt 1950，p. 446，39/16，18；Patrick et Reimer 1966，468，4/7；

Krammer & Lange-Bertalot 1999，p. 128，45/13—20；Zhu et Chen(朱蕙忠 陈嘉佑)2000，p. 48，19/11.

壳面披针形至椭圆形，末端短，尖圆或近喙状。轴区窄线形，中心区几乎不扩大或稍微扩大。壳缝直线形，近缝端直，中央孔不扩大，远缝端直，不偏斜。壳面横线纹在中部等长，几乎平行排列，向末端稍聚集，中部线纹在 10 μm 内有 16—17 条，末端在 10 μm 内有 20—22 条。壳面长 17—29 μm，壳面宽 4—7 μm。

生境：淡水种，生长在湖边积水坑、山泉石壁上、水稻田、湿土表面环境中。

产地：西藏(浪卡子、吉隆、墨脱、措美、察隅、昌都、芒康、洛隆、贡觉、申扎、改则、革吉)。

分布：欧洲(德国)；北美洲(美国)。

依据形态和构造特征，将 Navicula accomoda 移入 Craticula 属中。从 Zhu 和 Chen(朱蕙忠、陈嘉佑，2000)在西藏发现的标本绘制的图来看，形态和构造特征基本上与 N. accomoda 特征相同，但线纹的排列，尤其是在壳面的末端有差异，是绘图的原因或是标本观察有误，应进一步对标本进行研究。

2. 模糊格形藻　图版(plate)II：3；XXVII：1—6，11

Craticula ambigua (Ehrenberg 1841) Mann 1990，p. 666.

Navicula ambigua Ehrenberg 1841，p. 129，2/2，fig. 7，2/3，fig. 9.

Navicula cuspidata var. *ambigua* (Ehrenberg 1841，1843) Cleve 1894，p. 110；Mayer 1913，
　　p. 132，4/11，12；Boyer 1916，p. 100，26/3；Sabelina *et al.* 1951，p. 275，fig. 155，
　　8；Okuno 1952，14/4；Hustedt 1961，p. 62，fig. 1206 b；Prowse 1962，p. 42，12/e；
　　Zhu et Chen(朱蕙忠 陈嘉佑)1994，p. 92；Huang *et al.*(黄成彦等)1998，p. 30，68/
　　4—8，10，11；Zhu et Chen(朱蕙忠 陈嘉佑)2000，p. 57，22/4.

Navicula ambigua Ehrenberg 1841(1843)，p. 129，2//2，fig. 7，2/3，fig. 9.

Navicula cuspidata var. *ambigua* f. *capitata* Dippel 1904，p. 59，fig. 124.

Navicula cuspidata var. *ambigua* f. *tenuirostris* Cleve-Euler 1952，p. 18，fig. 1353 e.

Navicula birostrata Gregory 1855，p. 40，4/15.

Navicula cuspidata var. *ambigua* f. *diminuta* Cleve-Euler 1932，p. 121，fig. 336.

Navicula ambigua var. *capitata* Östrup *in* Héribaud *et al.* 1920，p. 121，7/4.

壳面菱形披针形，近末端延长略收缩，末端喙状至近头状。轴区呈很窄的线形，中心区略扩大形成不规则的长方形。壳缝直线形，近缝端略向一侧弯斜，中央孔不膨大，远缝端分叉近钩状。壳面横线纹近平行排列，在 10 μm 内有 13—20 条，纵条缝横线纹密，在 10 μm 内有 24—32 条，纵横条纹交叉形成格子纹。壳面长 43—79 μm，壳面宽 13—22 μm。

生境：淡水，生长在江河、湖泊、湖边的沼泽草地、水库、小水沟、积水塘、山溪、水稻田、泉水、沼泽化的小积水环境中。

产地：北京；黑龙江(哈尔滨、五大连池、齐齐哈尔、镜泊湖)；山西(太原)；宁夏(六盘山)；西藏(聂拉木、吉隆、仲巴、墨脱、乃东、加查、错那、措美、察隅、八宿、芒康、江达、贡觉、斑戈、申扎、普兰、噶尔、革吉)；贵州(松桃、铜仁、江口)；湖南(慈

利索溪峪自然保护区、吉首、古丈、麻阳、永顺、凤凰）；香港。

化石产地及时代：西藏羊八井第四纪；内蒙古赤峰第四纪；广东徐闻第四纪。

产地：亚洲（日本）；欧洲（德国，俄罗斯，芬兰等）；美洲（美国）。

本种最早由 Ehrenberg 在 1841 年定为模糊舟形藻 *Navicula ambigua* Ehrenberg，Cleve（1894）将此种移入到急尖舟形藻 *N. cuspidata* 中作为一变种，即 *N. cuspidata* var. *ambigua*（Ehrenberg）Cleve。Patrick 和 Reimer（1966）、Krammer 和 Lange-Bertalot（1999）又将变种提升为种作为异名归入原变种中。Mann（1990）作为分类的特征，认为形态的多态性，壳缝和线纹与 *Navicula* 属都有区别，因此认为 *N. ambigua* 既不属舟形藻属，更不是 *N. cuspidata* var. *ambigua* 变种，应移入格形藻属 *Craticula* 成为 *Craticula ambigua*（Ehrenberg）Mann 独立种，这符合分类特征。

3. 急尖格形藻

Craticula cuspidata（Kützing 1833）Mann 1990，p. 666.

Navicula cuspidata（Kützing 1833）Kützing 1844，p. 94，3/24.37；Rabenhorst 1853，p. 37，5/16；Wm Smith 1853，p. 47，16/131；Van Heurck 1896，p. 214，4/190；Boyer 1916，p. 100，26/1—2；Hustedt 1930，p. 268，fig. 433；Skvortzow 1935，p. 470，2/3；Sabelina *et al.* 1951，p. 273，fig. 155，4；Okuno 1952，p. 42，25/2；Krammer & Lange-Bertalot 1999，p. 126，43/1—4（1—8）；Zhu et Chen（朱蕙忠　陈嘉佑）1989，p. 46；Bao *et al.*（包文美等）1992，p. 136；Zhu et Chen（朱蕙忠　陈嘉佑）1994，p. 90；Huang *et al.*（黄成彦等）1998，p. 30，68/1—3，9；Zhu et Chen（朱蕙忠　陈嘉佑）2000，p. 156，22/2，3.

Frastulia cuspidata Kützing 1833，p. 549，14/2，3.

Navicula cuspidata var. *media* Meister 1912，p. 135，20/12.

Neidium cuspidata Skvortzow et Meyer 1928，p. 15，1/60.

Navicula cuspidata var. *genuina* Cleve-Euler 1952，p. 17，fig. 1353 a.

Navicula cuspidata f. *primigena* Dippel 1904，p. 56，fig. 117.

Navicula cuspidata var. *primigena*（Dippel 1904）Meister 1912，p. 135，20/1.

Navicula cuspidata f. *elongata* Skvortzow et Meyer 1928，（p. 15），1/60.

Navicula cuspidata var. *hankae* Skvortzow 1929，p. 47.

Navicula cuspidata f. *genuina* Hustedt　1961，p. 60，fig. 1206 a.

3a. 原变种　图版（plate）II：4，5；XXVII：7—11

var. cuspidata

壳面菱形披针形或舟形，末端渐变细、尖形或钝圆形。轴区明显呈线形，中心区不扩大。内壳有时出现一个具有不规则开口（孔）的隔片。壳缝直线形，近缝端直或微弯，远缝端向同一方向呈弯钩形。壳面横线纹很纤细，平行排列，由不明显的点纹组成，线纹在 10 μm 内有 13—20 条，纵条纹较密，与横条纹垂直交叉，在 10 μm 内有 22—28 条。壳面长 46.6—176 μm，壳面宽 14.6—35 μm。

生境：淡水种，生长在江河、湖泊、水沟、水塘、泉水、水库、稻田、水井等环境中。偶尔出现在海水中。

产地：北京；黑龙江(哈尔滨、镜泊湖、五大连池、七星河、牡丹江、兴凯湖、伊春、烟筒、漠河)；吉林(长白山地区)；山西(太原)；西藏(聂拉木、浪卡子、亚东、吉隆、萨噶、昂人、墨脱、林芝、错那、隆子、措美、察隅、波密、芒康、洛隆、江达、类乌齐、申扎、改则、措勤、扎达、普兰、革吉、日土)；贵州(松桃、铜仁、江口)；湖南(吉首、古丈、麻阳、永顺、凤凰)；福建(平潭)。

化石产地及时代：吉林长白马鞍山中新世，浑江岗头上新世，蛟河南岗上新世；内蒙古赤峰第四纪；西藏纳木湖晚第四纪；广东徐闻第四纪；云南腾冲第四纪。

分布：亚洲(日本)；欧洲(俄罗斯，英国，瑞典，比利时，奥地利，芬兰，瑞士，德国，法国等)；北美洲(美国)；中美洲(厄瓜多尔)；大洋洲(新西兰，澳大利亚)。

3b. 赫里保变种　图版(plate)II：6，7；XXVII：12

var. **héribaudii** (M. Peragallo 1893) Li et Qi (李家英　齐雨藻) comb. nov.

Navicula cuspidata var. *héribaudii* M. Peragallo *in* Héribaud 1893，p. 108，4/6；Hustedt 1930，
  p. 268，fig. 435；Sabelina *et al.* 1951，p. 275；Hustedt 1961，p. 60，fig. 1207；Zhu et
  Chen (朱蕙忠　陈嘉佑) 1989，p. 46；Zhu et Chen (朱蕙忠　陈嘉佑) 1994，p. 92；Zhu et
  Chen (朱蕙忠　陈嘉佑) 2000，p. 57，22/5，6；You *et al.* (尤庆敏等) 2005，p. 253，II/5.

Navicula cuspidata f. *heribaudii* (M. Peragallo *in* Héribaud 1893) Cleve-Euler 1952，p. 18，fig.
  1353 h.

Navicula ambigua f. *craticula* Van Heurck 1885，p. 150，12/6.

Navicula cuspidata f. *craticula* (Van Heurck 1885) M. Peragallo et Héribaud *in* Héribaud
  1893，p. 107，4/15.

本变种与原变种的主要区别：本变种壳面披针形，末端喙状至圆头状。壳面横点条中部较稀，向两端变密，从中部至末端呈辐射排列，在中部 10 μm 内有 10—13 条，末端在 10 μm 内有 20—22 条，纵点条纹在 LM 下难分辨，在 10 μm 内大约有 25 条以上。壳面长 39—138 μm，壳面宽 11—20 μm。

生境：淡水，生长在江河、湖泊、湖边水塘、溪流、泉水、水沟、稻田等环境中。

产地：黑龙江(哈尔滨、漠河、镜泊湖、兴凯湖)；西藏(亚东、康马、吉隆、萨噶、昂仁、墨脱、米林、措美、察隅、八宿、类乌齐、斑戈、申扎、改则、措勤、普兰、日土)；湖南(吉首、古丈、麻阳、永顺、凤凰、慈利索溪峪自然保护区)；贵州(松桃、铜仁、江口、印江)。

分布：欧洲(比利时，法国，瑞典)。

3c. 西藏变种　图版(plate)II：8，9

var. **tibetica** (Jao 1964) Li et Qi (李家英　齐雨藻) comb. nov.

Navicula cuspidata var. *tibetica* Jao (饶钦止) 1964，p. 83，1/3，4；Zhu et Chen (朱蕙忠　陈
  嘉佑) 2000，p. 57，22/7，8.

本变种与原变种的主要区别：本变种壳面两端短吻状突出。壳面横线纹较稀疏，在

10 μm 内有 13—16 条，纵线纹纤细，在 10 μm 内有 25 条。壳面长 73—110 μm，壳面宽 19—26 μm。

生境：淡水，生长在湖泊、沼泽、河流急流砾石附着物及岸边静水环境中。

产地：西藏（多情湖、昂仁、亚东）。

此变种与模糊格形藻 *C. ambigua*（Ehrenberg）Mann 相近似，但细胞（壳体）较大，两端吻状凸出短，线纹较稀疏有所不同。

4. 嗜盐生格形藻

Craticula halophila（Grunow *in* Van Heurck 1885）Mann 1990，p. 666.

Navicula halophila（Grunow *in* Van Heurck 1885）Cleve 1894，p. 109；Hustedt 1930，p. 268，fig. 436；Sabelina *et al.* 1951，p. 273，fig. 155，2；Krammer & Lange-Bertalot 1999，p. 126，44/1—11u，14—18，43/9；Li *et al.*（李晶等）2007，p. 28.

Navicula cuspidata var. *halophila* Grunow *in* Van Heurck 1885，p. 100，suppl. Pl. B/30.

Navicula halophila var. *brevis* Skvortzow 1929，p. 423，1/24.

Navicula halophila var. *subcapitata* Õstrup 1910，p. 29，1/22.

Navicula halophila f. *typical* Hustedt 1961. p. 65，fig. 1209.

Navicula simplex Krasske 1925，p. 51，2/33；Krammer & Lange-Bertalot 1985，p. 73，23/16—21.

4a. 原变种　图版（plate）III：4；IV：20

var. halophila

壳面菱形至线状或宽披针形，末端尖，有时渐尖呈尖圆形。轴区窄，明显，中心区略扩大或与轴区没有区别。壳缝直，线形，近缝端直，中央孔不明显。远缝端在相同方向略弯斜。壳面横线纹平行排列，仅在末端略呈辐射或聚集状排列，在 10 μm 内有 21—23 条。壳面长 20—36（—140）μm，壳面宽 5—8（—16）μm。

生境：淡水或咸水种，在含高矿物质的河流、湖泊、小水体的淡水或咸水环境中。

产地：黑龙江（烟筒屯、漠河、七星河）；内蒙古（满洲里达里诺尔湖）；山西（太原、运城）；云南（滇池、洱海、翠湖）。

分布：欧洲（比利时，俄罗斯，芬兰，德国等）。

4b. 细嘴变型　图版（plate）IV：21

f. tenuirostris（Hustedt 1942）Li et Qi（李家英　齐雨藻）comb. nov.

Navicula halophila f. *tenuirostris* Hustedt 1942，p. 52，fig. 76；Patrick et Reimer 1966，p. 467，44/5；Zhu et Chen（朱蕙忠　陈嘉佑）1994，p. 92；Krammer & Lange-Beratlot 1999，p. 127，43/9

本变型与原变种的主要区别：本变型壳面披针形，两端明显缢缩，细而窄，末端头状。轴区窄，清楚（晰），中心区与轴区无区别。壳缝直线形。壳面横线纹均平行状排列，线纹在 10 μm 内有 20—28（—30）条，纵线纹不明显。壳面长 50.4 μm，壳面宽 10 μm。

生境：淡水，生长在江河水质硬的流水环境中。

产地：贵州（松桃、铜仁、江口）；湖南（吉首、古丈、麻阳、永顺、凤凰等武陵地区）。

分布：亚洲（菲律宾）；欧洲（德国等）；北美洲（美国）。

本变型的主要特征在于末端的缢缩，细长，末端头状。从形态特征看与 Krammer 和 Lange-Bertalot（1999，43/9）的非常相似，放入原变种是有区别的，因此归入变型中更好。

4c. 喙状变种　图版（plate）III：5

var. **rostrata**（Skvortzow 1943—1945）Li et Qi（李家英　齐雨藻）comb. nov.

Navicula halophila（Grunow）var. *rostrata* Skvortzow 1943—1945，p. 20，3/18.

本变种与原变种的主要区别：本变种壳面菱形披针形，末端喙状至圆形。壳面线纹在 10 μm 内有 15—18 条。壳面长 23.8—40 μm，壳面宽 6.8—20 μm。

生境：淡水种，生长在淡水小环境中。

产地：江苏（苏州）。

本变种与近头状变种 *C. halophila* var. *subcapitata* Õstrup 的区别：前者末端喙状，后者末端近头状。

5. 类嗜盐生格形藻　图版（plate）III：6；IV：19

Craticula halophilioides（Hustedt 1958）Li et Qi（李家英　齐雨藻）comb. nov.

Navicula halophilioides Hustedt p. 402，figs. 4—7；Hustedt 1961，p. 68，fig. 1213：Krammer & Lange-Bertalot 1999，p. 131，45/21—23；Zhu et Chen（朱蕙忠　陈嘉佑）2000，p. 162，24/1.

壳面披针形，末端略呈喙状。轴区窄线形，中心区不扩大。壳缝直，线形，近缝端和远缝端直，不偏斜。壳面横线纹平行或垂直于中轴区或略呈辐射状排列，线纹在 10 μm 内有 18 条左右。壳面长 24 μm，壳面宽 6 μm。

生境：淡水或咸水，生长在小湖、硫酸钠亚型湖泊泥土附着物环境中。

产地：西藏（申扎）。

分布：欧洲（奥地利）。

6. 佩罗特格形藻　图版（plate）III：1—3

Craticula perrotettii Grunow 1867，p. 20，1/21；Round *et al*. 1990，p. 594，fig. a—k.

Navicula perrotettii（Grunow 1867）Cleve 1894，p. 110，3/12；Schmidt *et al*. 1874—，211/33；Otto Müller 1910，p. 76，1/1；Frenguelli 1926，p. 44，5/6；Sabelina *et al*. 1951，p. 275，fig. 156，2；Hustedt 1961，p. 56，fig. 1205 a，b，d，e；Zhu et Chen（朱蕙忠　陈嘉佑）2000，p. 171，26/6—8；Lange-Beratlot 2001，p. 117，80/1—4，81/1—5.

Navicula pangeroni Leuduger-Fortmorel 1892，p. 52，2/9.

Navicula perritetii var. *rostrata* Frenguelli 1923，p. 57，50/1.

Navicula cuspidata var. *conspicua* Vankataraman 1939，p. 325，fig. 83，88.

壳面菱形披针形，末端喙状。轴区窄线形，中心区微扩大。壳缝直线形，近缝端微弯钩形，远缝端微分叉。壳面横线纹平行排列，在中部 10 μm 内有 8—9 条，两端有 13—16 条，纵线纹密，呈直线与横线纹相交，纵线纹在 10 μm 内有 30—32 条。壳面长 48—103 μm，壳面宽 12.6—27 μm。

生境：淡水至微咸水种，生长在小溪流水入河漫滩形成的沼泽、有轮藻生长的沼泽地、湖边的静水池环境中，pH 6.0—8.0，附生。

产地：西藏(拉萨、波密、芒康)；浙江(杭州)；福建(厦门)。

分布：亚洲[菲律宾，印度尼西亚(爪哇)，印度]；欧洲(俄罗斯，意大利，德国)；北美洲(美国)；南美洲(阿根廷，巴西)；非洲(塞内加尔)。

交互对生藻属 Decussata (Patrick 1959) Lange-Bertalot

H.Lange-Bertalot 2000，p. 670

细胞单个，环带面呈窄矩形之前，多数出现壳面观。壳面宽椭圆形，末端喙状或鸭嘴状至较短的楔状钝形。壳面平坦。轴区线形，中心区扩大呈椭圆状不规则的圆形。壳缝直线形，中央缝端(近缝端)偏斜，中央孔膨大呈滴状，远缝端在两极弯向同一方向。壳面横线纹由网孔组成，排列方式以三线为基准，彼此交叉组成有规则的梅花形。在 SEM 下观察，明显的壳缝骨中内壳缝直，在两极的缝端出现较大的螺旋舌(喇叭舌)。外壳面的网孔(穴)有小圆形孔，内壳面或内边的穴和网孔形状与外壳面相似，梅花形系的斜肋在中部稍比横肋凸起。

Decussata 属最早由 Patrick(1959) 及 Patrick 和 Reimer(1966) 将此属放在 Navicula 属中作为 1 亚属 Subg. Decussata。Lange-Bertalot 和 Metzeltin 在 2000 年依据形态和构造特征，将亚属 Subg. Decussata 提升为独立的属 Decussata 归入舟形藻科(Naviculaceae)。并以 Patrick(1959) 定的亚属中筛选 Navicula placenta Ehrenberg 种归入 Decussata 属中作为典型种 D. placenta (Ehrenberg) Lange-Bertalot & Metzeltin。

本属包括的种很少。

模式种 Decussata placenta (Patrick) Lange-Bertalot & Metzeltin in Lange-Bertalot 2000，p. 671。

本志收录 1 种。

1. 胎座交互对生藻 图版(plate)III：7

Decussata placenta (Ehrenberg 1854) Lange-Bertalot & Metzeltin 2000，p. 670；Lange-Bertalot 2001，p. 147，108/11—13，109/1—5.

Navicula placenta Ehrenberg 1854，33/12，fig. 23；Lewis 1865，p. 7，2/4；Hustedt 1910，p. 377，fig. 10；Mayer 1913，p. 144，22/9；Hustedt 1930，p. 290，fig. 492；Skvortzow 1938，p. 348，2/18；Sabelina *et al*. 1951，p. 197，fig. 169，1；Cleve-Euler 1953，p. 196，fig. 917；Krammer & Lange-Bertalot 1999，p. 235，82/5，6；Zhu et Chen(朱蕙忠 陈嘉佑)2000，p. 171，26/1.

Navicula placenta f. *genina* Hustedt 1962，p. 342，fig. 1452 a，b.

壳面宽椭圆形，末端突然延长呈窄喙状至近头状。轴区窄，线形，中心区小，扩大呈宽椭圆形或近圆形。壳缝直，丝状，中央近缝端间距大，很微弱弯斜，中央孔膨大近圆形，远缝端较短，微弯向一侧。壳面线纹由小孔纹组成，孔纹排列非常特殊，以三线交叉形成网文或窝孔纹，孔纹列在 10 μm 内有 20—28 条，孔纹在 10 μm 内有 22—24 个。壳面长 31—40.8 μm，壳面宽 13.5—16.5 μm。

生境：淡水种，生长在江河、溪流、阴暗泉水、水稻田、滴水岩和潮湿岩壁、水坑和流经沼泽地与苔藓植物混生的环境中。

产地：西藏（聂拉木、墨脱、错那、察隅）；贵州（松桃、铜仁、江口）；湖南（吉首、古丈、麻阳、永顺、凤凰、慈利索溪峪自然保护区）。

分布：欧洲（俄罗斯，德国，法国）；北美洲（美国）。

全链藻属 Diadesmis Kützing

F.T. Kützing 1844，p. 109

细胞小型，常小于 20 μm，多少呈棒形，有时单生，但常常形成带状群体或链状。链状群中的细胞以壳面连接。单个细胞的壳面和壳环面观的频率大体是相同的。壳面线形至线披针形，末端短粗的圆形或尖圆形。壳面平坦，壳套相当浅，壳面和壳套的结合（连接）多样，有的由一条硅质脊结合，有的由一列短刺连接或以有突出部连接。壳面横线纹单列，由圆形或延长的疑孔组成，平行或辐射排列。在扫描电镜（SEM）下观察：内壳面几乎无构造特征，疑孔被膜覆盖，当膜被侵蚀或冲洗以后，疑孔明显，内壳面显现出横肋状。壳缝骨中部相对较宽，近缝端（中央缝端）和远缝端均为简单或 T 形。环由少至多的开口带组成，每一条带有 1 或 2 横列的圆形孔或裂口状的疑孔组成。

细胞有 1 个简单的或轻微裂片的质体，位于靠近带面一边或 1 个壳面，有时也延伸至另一壳面之下，1 个蛋白核位于其中。

本属是种类不多的淡水小属，也有的种属是近气生的，常生长在有苔藓和岩石表面环境中。

Diadesmis 属是由 Kützing（1884）建立的新属。1975 年 Van Landingham 将此属归入 *Navicula* 属中，其中的种也纳入 *Navicula* 属中。随着研究的深入，Round 等（1990）对其中一些种进行 SEM 下观察，壳面形态、线纹和壳缝的构造特征与 Naviculoid diatoms 是有区别的，因此认为 Kützing（1844）建立的 *Diadesmis* 属是正确的，不应归入 *Navicula* 属的异名中。*Diadesmis* 属与 *Luticula* 属常被发现生长在相同的环境中，壳面线纹与壳缝构造有密切的关系。但彼此也有区别，后者的壳缝、壳面有一独立点纹和一个较为精美的质体又有所不同。*Diatesmis* 属与 *Brachysira* 属也表现出一些相似性。

模式种 *Diadesmis confervacea* Kützing 1844，p. 109。

本志收录 4 种，3 个新联合变种和 2 个新联合变型共 9 个分类单位。

全链藻属分种检索表

1. 壳面线披针形至线椭圆形，末端喙状，有时钝形。轴区线披针形，中心区宽，宽度相当于壳面宽度的 1/2。横线纹辐射排列，点纹不明显，线纹在 10 μm 内有 16—24 条······················

1. 布雷卡全链藻

Diadesmis brekkaensis (Petersen 1928) Mann 1990，p. 666.

Navicula brekkaensis Petersen 1928，p. 389，fig. 16；Hustedt 1936 *in* Schmidt *et al.* 1874—402/21—27，29；Sabelina *et al.* 1951，p. 283，fig. 161；Hustedt 1962，p. 211，fig. 132 a—g；Chen *et al.* (陈俊仁等) 1990，p. 112，30/7—11；Zhu et Chen (朱蕙忠 陈嘉佑) 2000，p. 151，20/13.

Navicula brekkaensis var. *genuina* Cleve-Euler 1953，p. 168，fig. 850 a，d.

Navicula brekkaensis f. *genuina* Cleve-Euler 1953，p. 168 (据 Hustedt 1962，p. 211).

Navicula irata Krasske 1932，p. 114，3/18.

1a. 原变种　图版 (plate) III：8；XXX：8—12

var. brekkaensis

细胞常连成带状群体。壳面线形，壳面两侧中部略外出，末端宽圆形，有时略呈头状。轴区窄线形，中心区扩大形成小椭圆形。壳缝直，线形，壳缝短，近缝端膨大，远缝端未达壳端并远离极节。壳面横线纹在中部略呈辐射排列，在无壳缝的两端垂直于轴区或平行排列，在 10 μm 内有 22 条 (据 Hustedt 在 1962 所记，可达 30 条)。壳面长 18 μm，壳面宽 30 μm。

    生境：淡水种，生长在淡水湖泊或与苔藓共生的环境中。

    产地：西藏 (墨脱)。

    化石产地及时代：广东徐闻 (田洋) 上新世晚期—早更新世。

    分布：欧洲 (俄罗斯，冰岛，芬兰，德国)。

1b. 双凸变种　图版 (plate) XXX：13

var. bigibba (Hustedt 1936) Li et Qi (李家英 齐雨藻) comb. nov.

Navicula brekkaensis var. *bigibba* Hustedt 1936 *in* Schmidt *et al.* 1874—，402/28；Hustedt 1962，p. 212，fig. 1329 h；Chen *et al.* (陈俊仁等) 1990，p. 113，32/11.

本变种与原变种的主要区别：本变种壳面边缘波曲形，两端膨大比中部明显，末端宽圆形。轴区窄，中心区扩大形成较大的圆形，极区离末端有些距离，极区小，近圆形。壳缝直线形。壳面横线纹细密，中心区两侧线纹较短。壳面长 17 μm，壳面宽 3.1 μm。

生境：淡水种，生长在古湖泊环境中。

化石产地及时代：广东徐闻(田洋)上新世晚期—早更新世。

分布：欧洲(奥地利，德国，瑞士)。

2. 丝状全链藻　图版(plate)III：10，11

Diadesmis confervacea Kützing 1844，p. 109，30/8.

Navicula confervacea(Kützing 1844)Grunow *in* Van Heurck 1880，14/36；Hustedt 1913
　　in Schmidt *et al.* 1874—，297/77，78；Skvortzow 1938，p. 272，1/20；Sabelina *et al.* 1951，
　　p. 285，fig. 162，2a, b；Prowse 1962，p. 41，12/n, o；Hustedt 1962，p. 205，fig. 1324 a—d；
　　Patrick et Reimer 1966，p. 476，45/9；Zhu et Chen(朱蕙忠 陈嘉佑)1989，p. 45，Round *et*
　　al. 1990，p. 530；Zhu et Chen(朱蕙忠 陈嘉佑)1994，p. 90；Zhu et Chen(朱蕙忠 陈嘉
　　佑)2000，p. 155，21/12.

Navicula semivirgata Krasske 1929，p. 353，fig. 4.

Navicula confervacea var. *baikalensis* Skvortzow 1937，p. 324，7/6.

　　壳面线披针形至线椭圆形，末端尖圆形。轴区线披针形，中心区宽，其宽度相当于壳面宽度的 1/2，两端狭窄。壳缝直线形，近缝端稍微膨大，远缝端稍同一方向弯或直形。壳面横线纹均为辐射排列，在 10 μm 内有 16—24 条。壳面长 13—20 μm，壳面宽 6—7 μm。

　　生境：淡水种，生长在江河、溪流、水库、水塘、稻田、潮湿岩壁、湿土表面、急流石表、缓流石表、水沟等流水、静水区域与苔藓混生的环境中。

　　产地：黑龙江(哈尔滨)；西藏(亚东、墨脱、错那、波密)；贵州(松桃、铜仁、江口、印江、石阡、思南、沿河)；湖南(吉首、古丈、麻阳、永顺、凤凰、慈利索溪峪自然保护区)。

　　分布：亚洲(日本，马来西亚)；欧洲(俄罗斯，德国，比利时)；北美洲(美国)。

3. 狭全链藻

Diademis contenta(Grunow ex Van Heurck 1885)Mann 1990，p. 666.

Naviculla contenta Grunow 1885 ex Van Heurck 1885，p. 109，Van Heurck 1896，p. 230，
　　5/239；Schönfeldt 1907，p. 148，4/375；Meister 1912，p. 131，19/26；Hustedt 1930，
　　p. 277，fig. 458 a；Proschkina-Lavrenko 1950，p. 162，53/16；Sabelina *et al.* 1951，
　　p. 283，fig. 160，6；Skvortzow 1937，p. 222，1/6；Skvortzow 1938，p. 272，1/17；
　　Hustedt 1962，p. 209，fig. 1328 a—d；Zhu et Chen(朱蕙忠，陈嘉佑)1989，p. 45；Zhu
　　et Chen(朱蕙忠 陈嘉佑)1994，p. 90；Krammer & Lange-Bertalot 1999，p. 219，75/1—5；
　　Zhu et Chen(朱蕙忠 陈嘉佑)2000，p. 155，2/13.

Navicula trinodis f. *minuta* Grunow *in* Van Heurck 1880，14/31.

Navicula contenta var. *typical* Ross 1947，p. 193.

Navicula contenta f. *typica* Petersen 1928，p. 15.

3a. 原变种　图版(plate)Ⅲ：12

var. contenta

　　细胞常连成带状群体。壳面线形，两侧边缘中部凸出或凹入亦或波状，壳面也有椭圆形。末端近宽头状或宽头状。轴区窄，中心区扩大形成椭圆形。壳缝直线形，近缝端不偏斜，中央孔稍微膨大，远缝端不弯曲。壳面横线纹细而密，通常平行排列，有时在中部呈辐射排列，向两端聚集状排列，线纹在 10 μm 内有 28—40 条。壳面长 8—17 μm，壳面宽 2.5—5.5 μm。

　　生境：淡水至近气生，生长在江河、湖边静水池、滴水岩壁、潮湿岩壁、缓流石表、水塘、山溪流水、水沟等流水、静水及苔藓共生的环境中。

　　产地：黑龙江(哈尔滨、兴凯湖、伊春)；西藏(墨脱、米林、乃东、错那、芒康、察雅)；湖南(吉首、古丈、麻阳、永顺、凤凰、慈利索溪峪自然保护区)；浙江(杭州)。

　　分布：欧洲(俄罗斯，德国，比利时，瑞士，瑞典，芬兰)。

3b. 椭圆变型　图版(plate)Ⅲ：13

f. elliptica (Krasske 1929) Li et Qi(李家英　齐雨藻) comb. nov.

Navicula contenta f. *elliptica*　Krasske 1929，p. 366，fig. 13 d，e；Skvortzow 1938，p. 272，1/25.

　　本变型与原变种的主要区别：本变型壳面椭圆形，末端延长呈渐尖的宽圆形。轴区很窄，中心区扩大形成小圆形。壳面长 13.6 μm，壳面宽 3.4 μm。

　　生境：淡水至近气生，生长在山区潮湿岩石上与苔藓植物共生的环境中。

　　产地：黑龙江(哈尔滨)。

　　分布：欧洲(德国)。

　　在 Van Landingham(1975)目录中，将此变型归并入 *Navicula contenta* var. *parallela*(Petersen 1928) Hustedt(1930)变种中，该变种的主要特征是：壳面线形，两侧边缘平行，中心区扩大呈较大的椭圆形，与 Krasske(1929)确定的椭圆变型在形态和构造特征上有明显区别，因此，将椭圆变型归入平行变种在分类上是有差异的。

3c. 平行变型　图版(plate)Ⅲ：14

f. parallela (Hustedt 1930) Li et Qi(李家英　齐雨藻) comb. nov.

Navicula contenta f. *parallela*(Petersen 1928) Hustedt 1930，p. 277，fig. 458 b；Hustedt 1936 *in* Schmidt *et al.* 1874—，402/18—20；Skvortzow 1938，p. 272，1/18；Sabelina *et al.* 1951，p. 283，fig. 160，8；Hustedt 1961，p. 209，fig. 1328 e—g；Zhu et Chen(朱蕙忠　陈嘉佑)1989，p. 45.

Navicula contenta var. *parallela* Petersen 1928，p. 15.

　　本变型与原变种的主要区别：本变型壳面线形，两侧边缘平行，末端宽圆形，极端近头状。壳面长 9—11 μm，壳面宽 2.5—3.0 μm。

　　生境：淡水至近气生，生长在山区潮湿岩石、急流石表、溪流水库、与苔藓植物共生的环境中。

产地：黑龙江（哈尔滨）；贵州（松桃、铜仁、江口）；湖南（吉首、古丈、永顺、凤凰、慈利索溪峪自然保护区）。

分布：欧洲（俄罗斯，德国，冰岛）。

3d. 二头变种 图版（plate）Ⅲ：15—17

var. biceps（Cleve 1894）Li et Qi（李家英 齐雨藻）comb. nov.

Navicula contenta var. *biceps*（Arnott Ms.，Grunow *in* Van Heurck 1880）Cleve 1894，p. 132；
　　Van Heurck 1896，p. 230，5/240；Skvortzow 1937，p. 222，1/17—19；
　　Proschkina-Lavrenko 1950，p. 162，53/17；Cleve-Euler 1953，p. 169，fig. 851 b；Zhu
　　et Chen（朱蕙忠 陈嘉佑）1989，p. 45；Zhu et Chen（朱蕙忠 陈嘉佑）2000，p. 155，21/14.

Navicula biceps Arnott Ms.，Grunow *in* Van Heurck 1880，14/31 B.

Navicula contenta f. *biceps*（Arnott）Hustedt 1930，p. 277，fig. 458 c；Skvortzow 1938，p. 272，
　　1/10，11，16.

Navicula trinodis var. *biceps* Grunow *in* Van Heurck 1880，14/31 B.

本变种与原变种的主要区别：本变种壳面线形，在中部缢缩（凹入）。末端宽圆形至头状圆形，壳面横线纹细而密，近平行排列，在 10 μm 内有 32—40 条。壳面长 8—12 μm，壳面宽 2—4 μm。

生境：淡水至近气生，生长在湖泊、河流、溪流、滴水岩壁、水塘、潮湿地表、水坑、稻田等与苔藓植物共生的环境中。

产地：黑龙江（哈尔滨、镜泊湖、五大连池、兴凯湖、漠河、伊春）；西藏（墨脱、芒康）；贵州（松桃、铜仁、江口）；湖南（吉首、古丈、麻阳、永顺、凤凰、慈利索溪峪自然保护区）；上海；浙江（杭州）。

分布：欧洲（俄罗斯，德国，比利时，芬兰，丹麦）；北美洲（美国）；南美洲（厄瓜多尔）。

4. 极矮小全链藻

Diadesmis perpusilla（Grunow 1860）Mann 1990，p. 666.

Navicula perpusilla Grunow 1860，p. 552，4/7；Schumann 1869，p. 88，2/22；O´Meara 1876，
　　p. 418，36/36；Van Heurck 1880，14/22，23；Cleve 1895，p. 133；Meister 1912，p. 131，
　　19/28；Mayer 1917，p. 31，3/40；Hustedt 1930，p. 278. fig. 459；Sabelina *et al.* 1951，
　　p. 285，fig. 162，1；Hustedt 1962，p. 213，fig. 1330；Bao *et al.*（包文美等）1992，p. 136；
　　Zhu et Chen（朱蕙忠 陈嘉佑）2000，p. 171，26/4.

Diadesmis flotowii（Grunow *in* Van Heurck 1880）M. Peragallo 1897，p. 289.

Navicula flotowii Grunow *in* Van Heurck 1880—1885，p. 109，14/41（1880）.

Navicula perpusilla var. *genuina* Cleve-Euler 1953，p. 167，fig. 848 a，b.

4a. 原变种 图版（plate）Ⅲ：18，19

var. perpusilla

壳面线形或线椭圆形，中部明显凸出，末端圆形，极端近平截形。轴区宽披针形。

中心区扩大形成近宽的椭圆形，轴区宽度约为壳面宽度的 1/2，轴区两端变窄，略像尖三角形。壳缝直线形，无明显的构造。壳面横线纹均为辐射排列，由细点组成，线纹在 10 μm 内有 30—40 条。壳面长 9—15 μm，壳面宽 3—6 μm。

生境：淡水种，生长在湖泊、河边沼泽、河边小水坑、河流岩石上附着物、河畔小积水坑、积水塘、山间溪流等流水和静水、长有苔藓植物的石头上与苔藓植物共生的及气生的环境中。

产地：黑龙江(哈尔滨、五大连池、牡丹江、伊春)；吉林(长白山地区)；西藏(亚东、康马、吉隆、米林、朗县、错那、芒康)；福建(厦门)。

分布：欧洲(俄罗斯，意大利，瑞士，比利时，德国，英国，芬兰)；北美洲(美国)。

本种被 Lange-Bertalot(1985，1999)归入五倍舟形藻 Navicula gallica(W. Smith) Lagerstedt 种中作为极矮小变种 N. gallica var. perpusilla (Grunow) Lange-Bertalot，但从形态与构造特征比较，两者有较大差别，该硅藻是依据形态和构造特征进行的分类，因此我们仍沿用 N. perpusilla 独立的种名。Mann(1990) 将 N. gallica 和 N. perpusilla 两种归入 Diadesmis 属，我们认同 Mann(1990)的分类，同时在本志中采用新联合种名。

4b. 亚洲变种　图版(plate)III：20

var. **asiatica** (Skvortzow 1937) Li et Qi(李家英　齐雨藻) comb. nov.

Navicula perpusilla var. *asiatica* Skvortzow 1937，p. 781，4/1.

本变种与原变种的主要区别：本变种壳面椭圆形，末端不尖的钝圆形。轴区和中心区明显延长，较狭窄。壳缝直，丝状，简单。壳面横线纹比原变种粗壮些，几乎呈平行排列，线纹在 10 μm 内有 18—19 条。壳面长 17 μm，壳面宽 6.6 μm。

生境：淡水种，生长在江河支流或与长有苔藓植物共生的环境中。

产地：黑龙江(哈尔滨)。

伪形藻属 **Fallacia** Stickle & Mann

In Round F.E.，Crawford R.M. & Mann D.G. 1990，p. 554，667

细胞单个，常见壳面观，舟状。壳面线形、披针形至椭圆形，末端通常呈钝圆形，壳面平坦，壳套浅。轴区窄，侧区弯曲，在壳面中央和极端变窄或侧区在中节处扩大形成宽的透明区并向两端聚合，几乎直达末端。侧区与壳面处于同一水平面，因此在 LM 下观察显现出的透明区呈琴形状或七弦琴状。壳缝直线形，近缝端直或向一侧偏斜，中央孔扩大不明显，远缝端直、弯曲或呈钩状。壳面横线纹单列，极少出现双列，线纹被侧区隔断(阻断)，由小细孔组成，辐射排列。环带所知不全，但见由少数简单构造的开口带组成。

细胞包含 1 个简单的质体，质体基本呈 H 形，由 2 个带状紧靠的板片组成，位于上壳面以 1 条窄道(通道)连接，也可以窄的裂片与壳面平行，也有的从窄道外延和从 1 个侧板延伸。质体内含有 1 个或 2 个蛋白核。

本属是 1 个分布较广的小属。

生境：海水或淡水种，分布在海洋和淡水底栖的环境中。

Fallacia 属的质体形态和构造特征与 *Sellaphora* 属很相似，与 *Rossia* 属可能也有密切关系。*Fallacia* 属所具有的外形构造特征与 *Lyrella* 属皆因都有特殊的琴状构造特征而具有亲缘关系。尽管这三属有相同或相似的特征，但属间差异仍然是明显的。以往这些属都包含在 *Navicula* 属的不同亚属中，现在将其从 *Navicula* 属的亚属中分出提升为独立的属对硅藻分类是合理的。

模式种 *Fallacia pygmaea*（Kützing）Stickle & Mann *in* Round，Crawford et Mann 1990，p. 554

本志收录 3 种。

伪形藻属分种检索表

1. 壳体壁薄而透明。壳面椭圆披针形，末端略延长的钝圆形。轴区窄线形，无中心区 ············
·· **1. 相同伪形藻 F. indifferens**
1. 壳体壁不如此形 ··· 2
  2. 壳面椭圆形，末端宽圆形。轴区有 1 特殊构造 ······················ **3. 矮小伪形藻 F. pygmaea**
  2. 壳面线椭圆形，末端钝状宽圆形。轴区非如此形 ····················· **2. 忽视为形藻 F. omissa**

1. 相同伪形藻　图版（plate）IV：1

Fallacia indifferens（Hustedt 1942）Mann 1990，p. 668.

Navicula indifferens　Hustedt 1942，p. 67，figs. 27—30；Hustedt 1961，p. 84，fig. 1226；Krammer & Lange-Bertalot 1999，p. 213，80/28—30；Zhu et Chen（朱蕙忠　陈嘉佑）2000，p. 163，24/7.

壳体壁薄而透明。壳面椭圆披针形，末端呈略延长的椭圆形。轴区窄线形，无中心区。壳缝直，线形。壳面线纹在 LM 下观察，很难辨明。壳面长 11.5—12 μm，壳面宽 3.5—4.0 μm。

生境：淡水种，生长在湖边草滩积水坑内枯草上附着物及湖畔沼泽化小积水凹地、草根上附着的环境中。

产地：西藏（吉隆、昂仁）。

分布：欧洲（德国）；北美洲（美国，加拿大）。

2. 忽视伪形藻　图版（plate）IV：2

Fallacia omissa（Hustedt 1945）Mann 1990，p. 668；Metzeltin，Lange-Bertalot，Nergui 2009，p. 222，45/ 1—5.

Navicula omissa Hustedt 1945，p. 918，41/6；Hustedt 1961，p. 160，fig. 1295；Zhu et Chen（朱蕙忠　陈嘉佑）1994，p. 94；Zhu et Chen（朱蕙忠　陈嘉佑）2000，p. 169，25/19.

Navicula pseudomitis Hustedt 1950，p. 352，38/17.

壳面线椭圆形，末端钝状宽圆形。轴区窄线形，中心区几乎不扩大或稍扩大形成椭圆形。壳缝向同一方向偏斜，近缝端明显偏斜，中央孔稍膨大。壳面横线纹辐射排列，在中部 10 μm 内有 16 条，向两端 10 μm 内有 24 条。壳面长 9.5—14.6 μm，壳面宽 3.7—6 μm。

生境：淡水种，生长在湖边小积水、小浅水池、沼泽化积水坑和湖南沅江流域的稻田环境中。

产地：西藏（墨脱、错那、类乌齐）；贵州（松桃、铜仁、江口）；湖南（吉首、古丈、永顺）。

分布：亚洲（蒙古国）；欧洲（德国，奥地利）等。

本种形态特征与 *Navicula monoculata* 有些相似，因此 Lange-Bertalot（1985）将其移入 *N. monoculata* 种中，成为该种的新联合变种 *N. monoculata* var. *omissa*（Hustedt）Lange-Bertalot，从外形看两者相似，但构造特征差别明显，因此在编志中沿用 *N. omissa* 种。

3. 矮小伪形藻　图版（plate）III：21；XXVIII：1—3

Fallacia pygmaea（Kützing 1849）Stickle & Mann 1990，p. 554，555，667.

Navicula pygmaea Kützing 1849，p. 77；Wm. Smith 1856，p. 91；Donkin 1870，p. 10，1/10；
　　Dippel 1870，p. 5，1/8—10；Schmidt 1874，p. 89，1/43；O´Meara 1876，p. 394，33/7，
　　8；Van Heurck 1896，p. 203，4/164；Peragallo et Peragallo 1897—1908，p. 130，21/20，
　　21；Dippel 1904，p. 53，fig. 111；Boyer 1916，p. 94，27/23；Héribaud *et al.* 1920，
　　p. 77，4/55；Hustedt 1930，p. 312，fig. 561；Sabelina *et al.* 1951，p. 338，fig. 199；
　　Cleve-Euler 1953，p. 105，fig. 708；Hustedt 1964，p. 538，fig. 1574；Zhu et Chen（朱
　　蕙忠 陈嘉佑）1984，p. 47，；Chin *et al.*（金德祥）1991，p. 140，99/1205，1206；Zhu
　　et Chen（朱蕙忠 陈嘉佑）1994，p. 94；Krammer & Lange-Bertalot 1999，p. 171，65/1—6；
　　Zhu et Chen（朱蕙忠 陈嘉佑）2000，p. 174，27/3.

Navicula minutula Wm. Smith 1853，p. 48，31/274.

Diploneis pygmaea Mayer 1913，3/17.

壳面线椭圆形至椭圆披针形，末端宽圆形。轴区窄，侧区弯曲，在壳面中央和极端向着壳缝变窄或侧区在中节处扩大形成宽的透明区，向两端聚合，几乎直达末端。壳缝直线形，远缝端小钩状。壳面横线纹由细点纹组成，辐射排列，点条纹在中部宽，在 10 μm 内有 24—28 条。壳面长 15—28 μm，壳面宽 7—13 μm。

生境：淡水或半咸水种，偶尔在海水出现，生长在湖泊、湖边水坑、水塘、水库、湖边干涸水沟、湖岸附着物、小泉、碳酸盐型湖泊、湖边浅滩及近海、潮间带油泥环境中。

产地：西藏（康马、错那、斑戈、申扎、措勤、普兰）；湖南（吉首、古丈、麻阳、永顺、江口、印江、石阡、思南、沿河）；浙江（乐清）；广东（西沙群岛附近）。

分布：欧洲（俄罗斯，比利时，英国，法国，德国，荷兰）；北美洲（美国）；南美洲（厄瓜多尔，阿根廷）。

盖斯勒藻属 Geissleria Lange-Bertalot & Metzeltin

H. Lange-Bertalot & D. Metzeltin 1996，p. 63

细胞单个，未形成链状。带面观呈矩形，常见壳面观。壳面通常呈椭圆形、线椭圆

形、椭圆披针形，末端钝至宽圆形或有不同程度的延长。轴区窄，线形，中心区扩大形成圆形、椭圆形或矩形。壳缝简单，细长，外壳缝几乎是直的，内壳缝在中节与螺旋舌（喇叭舌）间没有偏斜，也无扭弯。近缝端简单或偏斜，间距明显，有或无明显扩大的中央孔，远缝端弯向同一边，极少有复合型。壳面横线纹由孔纹组成，孔纹非常密集，在末端有特殊构造，在 LM 下很难区别。

本属壳面对称，有三条直的等轴。环带由几个无孔带组成，每个壳有极少数不是开口就是闭合的带。壳面构造（壳缝和网孔纹）与 *Navicula* 属基本相似，但壳面近缝端和孔纹的排列及密度有较大的区别。

模式种 *Geissleria moissleria* Metzeltin，Witkowski & Lange-Bertalot *in* Lange-Bertalot & Metzewltin 1996，p. 66，figs. 31：1，2，7，8；SEM fig. 123/4。

本志收录了 8 个种，1 个新联合种和 1 个新联合变种共 9 个分类单位。

盖斯勒藻属分种检索表

1. 壳面末端明显头状或近头状、喙状或近喙状 ⋯⋯⋯⋯⋯⋯⋯⋯⋯⋯⋯⋯⋯⋯⋯⋯⋯⋯⋯ 2
1. 壳面末端宽圆形至平圆形，多数仅微延长 ⋯⋯⋯⋯⋯⋯⋯⋯⋯⋯⋯⋯⋯⋯⋯⋯⋯⋯⋯⋯ 3
  2. 壳面线形，有波状边缘 ⋯⋯⋯⋯⋯⋯⋯⋯⋯⋯⋯⋯⋯ **3. 无名盖斯勒藻 *G. ignota***
  2. 壳面椭圆形，无波状边缘 ⋯⋯⋯⋯⋯⋯⋯⋯⋯⋯⋯⋯ **6. 相似盖斯勒藻 *G. similis***
3. 壳面线形或线状椭圆形 ⋯⋯⋯⋯⋯⋯⋯⋯⋯⋯⋯⋯⋯⋯⋯ **4. 沼泽盖斯勒藻 *G. paludosa***
3. 壳面非线形 ⋯⋯⋯⋯⋯⋯⋯⋯⋯⋯⋯⋯⋯⋯⋯⋯⋯⋯⋯⋯⋯⋯⋯⋯⋯⋯⋯⋯⋯⋯⋯⋯⋯ 4
  4. 壳面横线纹比较粗糙，中部辐射至近平行排列 ⋯⋯⋯ **1. 适意盖斯勒藻 *G. acceptata***
  4. 壳面横线纹均为辐射排列或向末端平行至聚集状排列 ⋯⋯⋯⋯⋯⋯⋯⋯⋯⋯⋯⋯⋯⋯ 5
5. 一个独立点纹近中央节出现或不出现 ⋯⋯⋯⋯⋯ **5. 舍恩菲尔德盖斯勒藻 *G. schoenfeldii***
5. 一个独立点纹近中央节常出现 ⋯⋯⋯⋯⋯⋯⋯⋯⋯⋯⋯⋯⋯⋯⋯⋯⋯⋯⋯⋯⋯⋯⋯⋯ 6
  6. 壳面横线纹辐射至强烈辐射，波浪形 ⋯⋯⋯⋯⋯⋯ **2. 美容盖斯勒藻 *G. decussis***
  6. 壳面横线纹非波曲形，线纹粗糙 ⋯⋯⋯⋯⋯⋯⋯⋯⋯⋯⋯⋯⋯⋯⋯⋯⋯⋯⋯⋯⋯⋯ 7
7. 壳面横线形或披针形。壳面长 12.6—15.3 μm，壳面宽 4.5—6.4 μm ⋯⋯ **7. 泰山盖斯勒藻 *G. taishanica***
7. 壳面线椭圆形或椭圆披针形。壳面长 33—38 μm，壳面宽 13—15 μm ⋯⋯ **8. 舟形盖斯勒藻 *G. tectissima***

1. 适意盖斯勒藻 图版（plate）IV：3

Geissleria acceptata（Hustedt 1950）Lange-Bertalot & Metzeltin 1996，p. 64，*in* Metzeltin，
    Lange-Bertaot & Nergui 2009，p. 256，62/27, 28, Lange-Bertaot 2001，p. 120，97/1—12.

Navicula acceptata Hustedt 1950，p. 398，38/66，67；Hustedt 1954，p. 45；Hustedt 1962，
    p. 247，fig. 1372；Zhu et Chen（朱蕙忠 陈嘉佑）1989，p. 45；Zhu et Chen（朱蕙忠 陈嘉佑）2000，p. 149，19/13.

Navicula ignata var. *acceptata*（Hustedt 1950）Lange-Bertalot *in* Krammer & Lange-Bertalot
    1985，p. 75.

壳面椭圆形至线状椭圆形，末端不延伸的宽圆形。轴区很窄，线形，中心区轻微扩大，形成横状，在中节的中央常出现一小黑斑点。壳缝丝状，直，近缝端直，中央孔不明显，远缝端直或很短微侧斜。壳面横线纹较为粗糙，中部微辐射至近平行排列，在 10 μm 内有 16—17 条。壳面长 12—16 μm，壳面宽 4—4.5 μm。

生境：淡水种，生长在湖滨草地静水水坑和保护区内的静水环境中。

产地：西藏（八宿）；湖南（慈利索溪峪自然保护区）。

分布：亚洲（蒙古国）；欧洲（德国）。

从西藏采集的标本绘制的图从形态和构造特征属于 *H. acceptata* 是正确的，单线纹近平行排列不明显。中节的中央孔是否出现一小黑斑图上未表示，这两点差异还需对标本进一步观察。

2. 美容盖斯勒藻　图版（plate）XIX：3，4；XXVIII：7—9

Geissleria decussis(Hustedt 1944) Lange-Bertalot & Metzeltin 1996，p. 65；Lange-Bertalot
　　2001，p. 123，95/1—17，96/11.

Navicula decussis Õstrup 1910，p. 77，2/15；Foged 1951，p. 55，4/6，11；Cleve-Euler 1953，
　　p. 175，fig. 866A；Zhu et Chen（朱蕙忠　陈嘉佑）1989，p. 46.

Navicula terebrata Hustedt 1944，p. 285，fig. 11.

Navicula exiuiformis Hustedt 1944，p. 183，fig. 23.

Navicula exiguiformis f. *capitata* Hustedt 1944，p. 283.

　　壳面线状椭圆形、椭圆形或披针椭圆形。近末端收缩，末端近喙状，楔状圆形或近圆头形。轴区窄线形，中心区横向扩大，不规则基于中部出现 3 条或可变的长、短线纹，呈不规则的中间长、两侧短纹。近中央节有一个弧点出现或未出现。横线纹略波曲形，辐射至强辐射，中部略辐射排列，向两端平行至略聚集状排列，线纹在 10 μm 内有 14—16（—18）条。壳面长 19—27 μm，壳面宽 6.6—7 μm。

　　生境：淡水种，生长在急流石表或缓流石表、水沟、潮湿岩壁静流水或半气生的环境中。

　　产地：湖南（武陵源自然保护区）。

　　分布：欧洲（芬兰，冰岛，丹麦）。

　　本种的形态和构造特征非常清楚，但在原始描述的资料中曾提及有少数标本在中央节近中部一侧出现一个规则的孤立点。在 Lange-Bertalot（2001）的描述中，也提到孤立点出现或不出现。在我们观察的标本中，有标本具有孤立点，有的标本未出现，因此，孤立点是否是本种固有的特征，还需要近一步观察标本。

3. 无名盖斯勒藻　图版（plate）IV：4—7，XXIII：15，16

Geissleria ignota(Krasske 1932) Lange-Bertalot & Metzeltin 1996，p. 65，*in* Metzeltin，
　　Lange-Bertalot，2009，p. 256，62/22—25；Lange-Bertalt & Nergui 2001 p. 125.
　　97/25—30，98/1.，2.

Navicula ignota Kresske 1932，p. 116，3/19；Hustedt 1937，p. 254，18/8，9；Skvortzew 1935，
　　p. 445，1/25；Skvortzew 1937，p. 445，1/25；Skvortzew 1938，p. 272，1/30；Guo et
　　Xie（郭玉清　谢淑琦）1996，p. 217，fig. 48；Krammer & Lange-Bertalot 1999，p. 179，
　　64/12—15；Zhu et Chen（朱蕙忠　陈嘉佑）2000，p. 62，24/4.

Navicula licenti Skvortzew 1935，p. 40，9/11，29.

Navicula lagerstedtii Cleve sensu Hustedt 1934，Schmidt *et al.* 1874—. 400/33—37.

壳面线形，两侧边缘三波形，末端头状至近头状，平圆形。轴区窄，线形，中心区横向扩大不达壳面边缘。一个黑斑靠近中央节，有时难于分辨或未出现。壳缝丝状，直，近末端出现环状（annuloid）构造。壳面横线纹辐射排列，末端有两列较粗的特殊的短条纹。环状构造在末端多少是清楚的，条纹在 10 μm 内有 11—15 条，两端在 10 μm 内有 16—18 条。壳面长 14.5—26 μm，壳面宽 4.5—6.5 μm。

生境：淡水或近气生种，生长在流动的水体和潮湿的苔藓或岩石表面的环境中。

产地：西藏（墨脱）；山西（太原）；山东（泰山），上海；浙江（杭州）。

化石产地及时代：内蒙古克什克腾更新世至全新世。

分布：亚洲（蒙古国，印度尼西亚）；欧洲（德国，法国）；南美洲。

4. 沼泽盖斯勒藻　图版（plate）IV：8，XXIV：12

Geissleria paludosa（Hustedt 1934）Lange-Bertalot & Metzeltin 1996，p. 68 *in* Mezltin, Lange-Bertalot & Nergui 2009，p. 256，62/12，13；Lange-Bertalot，2001，p. 126，97/16—24，98/3.

Navicula lagerstedtii var. *palustris* Hustedt *in* A. Schmidt *et al.* 400/27—29.

Navicula ignota var. *palustris*（Hustedt 1934）Lund 1946，p. 67；Krammer & Lange-Bertalot 1999，p. 180，64/16—19；Zhu et Chen（朱蕙忠 陈嘉佑）2000，p. 62，24/5.

Navicula paludosa Hustedt 1957，p. 286.

壳面线形至线椭圆形，两侧边缘无波形，末端平圆形，有时宽延伸呈短的近头形。轴区窄，线形，中心区横向扩大直至中央边缘短线纹，呈矩形状。靠近中节常出现一个黑斑纹。壳缝丝状，直，近缝端直，间距较大，远缝端弯斜。壳面横线纹在中部辐射排列，在末端的环状构造明显并有 2—4 对特殊的短纹，横线纹在 10 μm 内有 12—16 条。壳面长 18—22 μm，壳面宽 5—5.5 μm。

生境：淡水，生长在小积水塘和小沼泽环境中，pH. 6.0。

产地：西藏（乃东）。

化石产地积时代：内蒙古克什克腾更新世至全新世。

分布：亚洲（蒙古）；欧洲（德国，英国）；北美洲（美国）。

5. 舍恩菲尔德盖斯勒藻　图版（plate）III：9；IV：9；XXIV：10，11

Geissleria schoenfeldii（Hustedt 1942）Lange-Bertalot & Metzeltin 1996，p. 67；Lange-Bertalot 2001，p. 127，94/8—14.

Navicula schoenfeldii Hustedt *in* G. Schönfeld 1924，p. 43，figs. 1，2；Hustedt 1930，p. 301，fig. 520；Krammer & Lange Bertalot 1999，p. 178，64/1—11；Zhu et Chen（朱蕙忠 陈嘉佑）2000，p. 177，28/4.

壳面宽椭圆形至线状椭圆形，末端不或不显著延长，宽至平圆形。轴区窄，几乎线形，中心区横向扩大，围绕中央两侧边缘出现不规则长、短线纹间排。一个黑斑靠近中央节难于分辨，或许出现或未出现。壳缝丝状，直，末端以环状构造覆盖，近缝端中央孔不明显。壳面横线纹明显辐射排列，在 10 μm 内有 12—14 条，两端 10 μm 内有近 16 条。壳面长 12—18 μm，壳面宽 4—6 μm。

    生境：淡水种，生长在山区片麻岩石边流出的泉水小溪环境中。

    产地：西藏(聂拉木)。

    化石产地积时代：内蒙古克什克腾更新世至全新世。

    分布：亚洲(蒙古)；西欧(俄罗斯，德国，芬兰等)。

6. 相似盖斯勒藻

Geissleria similis (Krasske 1929) Lange-Bertalot & Metzeltin 1996，p. 68，*in* Metzeltin, Lange-Bertalot & Nergui 2009，p. 236，62/17—21；Lange-Bertalot. 2001，p. 128，98/4, 99/ 11—18.

Navicula similis Krasske 1929，p. 354，fig. 15；Zhu et Chen(朱蕙忠 陈嘉佑)1994，p. 96.

6a. 原变种　图版(plate)Ⅳ：10；ⅩLⅥ：11

var. similis

    壳面椭圆形，末端延长，头状或近头状。轴区很窄，中心区小和不规则的边缘，靠近中央节的中部有时仅有难于区分的黑斑。壳缝丝状，直，近缝端中央孔较明显。壳面横线纹微辐射排列,线纹中的点纹或线条纹在 LM 下难于区别,线纹在 10 μm 内有 14—16 条。壳面长 9—14 μm，壳面宽 4—5.5 μm。

    生境：淡水种，生长在山区溪流环境中。

    产地：贵州(江口、印江)。

    分布：亚洲(蒙古国)；欧洲(德国)。

6b. 薄变种

var. strigosa (Hustedt(1937)Li et Qi(李家英 齐雨藻)comb. nov.

    Naviula similis var. *strigosa* Hustedt 1937，p. 274，18/18；Cleve-Euler 1953，p. 180, fig. 878 b；Zhu et Chen(朱蕙忠 陈嘉佑)1994，p. 96.

    本变种与原变种的主要区别：本变种壳面近线形，两侧边缘平行，两端明显收缩，末端短，圆形。壳面横线纹均为平行排列，线纹在 10 μm 内有 19—20 条。壳面长 9—15 μm，壳面宽 4—4.5 μm。

    生境：淡水种，生长在溪流环境中。

    产地：贵州(江口)。

    分布：亚洲(印度尼西亚)。

7. 泰山盖斯勒藻　图版(plate)Ⅳ：22；ⅩⅩⅨ：1—5

Geissleria taishanica (Guo et Xie)Li et Qi(李家英 齐雨藻)comb. nov.

Navicula taishanica Guo et Xie(郭玉清 谢淑琦)1994，p. 271，1/1—5.

    壳面线形或线状披针形，末端窄，喙状略呈头状。轴区窄，中心区扩大形成矩形但不达壳缘。壳缝直，线形，近缝端直，几乎不偏斜，中央孔不明显，远缝端向同一方向弯斜(曲)。壳面横线纹由短线段组成，在中部呈辐射状排列，向两端线纹粗，出现特殊构造，几乎平行排列，在中部 10 μm 有 12 条，两端在 10 μm 内有 20 条。在中央节一侧有一孤立点纹。壳面长 12.7—15.3 μm，壳面宽 4.5—6.4 μm。

在 SEM 下观察：外壳面横线纹由短线纹组成，中部的短线纹段长可达 0.24 μm，由 2—4 个网孔组成。横线纹间的硅质肋条凸出。中央节一侧有一孤立网纹。内壳面横线纹间的硅质肋条凹下。在壳面两端组成横线纹的短线段较粗，其构成为长形网纹，两侧有硅质条伸到孔中央，硅质条数多达 7 条。带面观，壳套上有与壳面相同的横线纹，壳套高略 1.5 μm，未见间生带。

生境：淡水种，生长在溪流、缓流石表、水库、水池、溪流石壁、潮湿溪壁、小水潭等流水和静水环境中。

产地：山东(泰山)。

本种从构造特征应归于 *Geissleria* 属，尤其壳面两端的特殊构造是 *Geissleria* 属的明显特征。Gou 和 Xie(1994)发表的泰山舟形藻 *Navicula taishanica* 从形态和构造特征与 *Geisslaria* 属的明显特征相一致，因此将 *Navicula taishanica* 移入 *Geissleria* 属成为新联合种 *G. taishanica*(Xuo et Xie) Li et Qi(comb. nov)符合分类。从标本的形态和构造看与 *G. ignota*(Krasske) Lange-Bertalot(2001，p. 125，97/25，98/4)非常相似，如壳面形状、轴区和中心区，横线纹的组成和排列，壳面两端均有特殊构造的粗条纹等，但不同的是前者中心区的一侧有一个明显的独立点纹，后者无独立点纹。

Gou 和 Xie(1994)发表新种时用的 *Navicula taishanica* 种名，1996 年在发表《山东泰山硅藻研究》时，则用 *N. taishannensis* Gou et Xie，同一种硅藻用了不同种名，在本志采用优先原则将用"*taishanica*"名。

8. 舟形盖斯勒藻　图版(plate)XLVIII：14

Geissleria tectissima(Lange-Bertalot 1996)Lange-Bertalot *in* Lange-Bertalot & Metzeltin 1996，p. 68；Lange-Bertalot 2001，p. 129，99/7—10；Li *et al.*(李艳玲等)2007，1/14.
Navicula tectissima Lange-Bertalot in Lange-Bertalot *et al.* 1996，p. 150.

壳面线椭圆形或椭圆披针形，末端突变楔状近头状。轴区窄，线形，中心区明显扩大，围绕中央节两侧具多条较长、较短线纹交叉(相间)排列，使中心区形成不规则的圆形或横矩形，中央节的近中部有一孤立点。壳缝直，丝状，近极端有不明显的特殊(环状)构造。壳面横线纹辐射状排列，向末端近平行排列，两端比中部密，在 10 μm 内中部有 10—11 条，两端有 16—18 条。壳面长 33—38 μm，壳面宽 13—15 μm。

生境：淡水种，生长在古湖环境中。

化石产地及时代：湖北江汉平原第四纪。

分布：欧洲[德国(Rügen 岛更新世)，冰岛，芬兰]。

蹄形藻属 Hippodonta Lange-Bertalot，Witkowski and Metzeltin 1996

H.Lange-Bertalot, A.Witkowski & Metzeltin D.1996，p. 247—275

细胞单个(生)，细胞常以壳面观和带面观出现，许多种仅以矩形状的带面观显现。细胞壳体硅质化强。壳面椭圆形、披针形、线形，末端头状仅在个别种具有。壳面不平坦，常呈强的拱(弓)形。壳套通常特别高。壳缝骨宽，平坦和简单，界线分明。壳缝突出，从离螺旋舌(喇叭舌)至相当远的近缝端几乎是直行的，外壳缝无远裂缝。与 *Navicula* 对比，壳缝系略复杂些。壳面横肋纹由孔纹组成，常呈单列，短条状或少有圆形和双列。

细胞有两个相对色素体位于环带边。

本属种生活在中度电解质丰富的淡水至微咸水的环境中。

模式种 *Hippodonta lueneburgensiss* (Grunow) Lange-Bertalot，Metzeltin & Witkowski 1996，p. 249。

本志收编 4 种和 1 个新联合种，共 5 个分类单位。

蹄形藻属分种检索表

1. 面在中部宽，末端明显延长，喙状至头状 ·· **1. 头端蹄形藻 *H. capitata***
1. 面在中部不宽，末端不延长，末端宽圆形或钝圆形 ··· 2
  2. 壳面宽椭圆形。孔纹排列呈有序的双列纹 ··· **2. 匈牙利蹄形藻 *H. hungarica***
  2. 壳面非宽椭圆形。孔纹排列单列，形成细线纹 ·· 3
3. 壳面线形至线椭圆形。中心区微扩大形成一条短横带 ··························· **4. 线形蹄形藻 *H. linearis***
3. 壳面披针形或窄披针形 ·· 4
  4. 壳面拱形，末端尖。中心区横带不达壳缘 ································· **5. 吕内部蹄形藻 *H. lueneburgensis***
  4. 壳面非拱形，末端钝圆形。中心区横带直达壳缘 ·················· **3. 披针形蹄形藻 *H. lanceolata***

1. 头端蹄形藻　图版(plate) IV：11，12；XXVIII：4—6

Hippodonta capitata (Ehrenberg 1838) Lange-Bertalot，Metzeltin & Witkowski 1996，p. 254；
    Lange-Bertalot　2001，p. 98，75/1—6，77/17；Pavlova *et al.* 2013，p. 20，figs. 226—238，
    272，273.

Navicula capitata Ehrenberg 1838，p. 185，13/20；Van Heurck 1896，p. 187，25/719；Pantocsek
    1902，p. 39，3.74；Patrick et Reimer 1966，p. 536，52/1，2；Zhu et Chen(朱蕙忠　陈
    嘉佑)1994，p. 90；Krammer & Lange-Bertalot 1999，p. 123，42/1—4；Zhu et Chen(朱
    蕙忠　陈嘉佑)2000，p. 152，21/1.

Navicula hungarica var. *capitata* (Ehrenberg 1838) Cleve 1895，p. 16；Skvortzow 1935，p.
    469，1/28；Skvortzow 1938，p. 57，2/17.

Navicula humilis Donkin 1873，p. 67，10/1.

    壳面椭圆披针形，末端延长近头状至头状。轴区狭窄，中心区略有扩大，围绕中央

孔通常变小形，远端区有明显的无纹透明区，形如冒状。壳缝直，丝状，近缝端和远缝端不偏斜，中央孔相当靠近。壳面横线纹明显的宽，在中部辐射，向末端聚集排列，在LM 高倍镜下，双列的点(孔)纹在清楚的线纹内总能识辨(区别)。在 SEM 下观察，已证明这一微构造特征：线纹内边有宽槽(窝)，线纹外边有点形的双列纹孔。透明远端区是宽的端节，是这属的特征。壳面线纹在 10 μm 内有(中部)6—9 条，两端 10 μm 内有 10—12 条。壳面长 20—28 μm，壳面宽 6—8 μm。

　　生境：淡水种，生长在湖泊、河流、冲积小湖、溪流、湖边沼泽草滩、沼泽化草甸积水坑、湿地环境中。

　　产地：黑龙江(五大连池、牡丹江、哈尔滨、伊春、镜泊湖、兴凯湖、扎龙、漠河、额尔古纳河)；西藏(浪卡子、亚东、康马、萨嘎、仲巴、昂仁、错那、措美、察隅、芒康、类乌齐、申扎、普兰)；贵州(松桃、铜仁、江口)；湖南(吉首、古丈、麻阳、永顺、凤凰)；江西(鄱阳湖)。

　　分布：亚洲(日本)；欧洲(俄罗斯，德国，英国，瑞典，希腊，比利时)；北美洲(美国)。

2. 匈牙利蹄形藻　图版(plate)IV：13

Hippodonta hungarica(Grunow 1860)Lange-Bertalot，Metzeltin & Witkowski 1996，p. 259；
　　Lange-Bertalot 2001，p. 100，75/7—12；Pavlova *et al.* 2013，p. 21，figs. 239—248，
　　274，275.

Navicula hungarica Grunow 1860，p. 539，1/30.

Navicula capitata var. *hungarica*(Grunow 1860)Ross 1947，p. 129；Patrick et Reamer 1966，
　　p. 537，53/3；Krammer & Lange-Bertalot，1999，p. 123，42/59；Zhu et Chen(朱蕙忠
　　陈嘉佑)2000，p. 53，21/2.

　　壳面宽至线椭圆形，末端钝圆形，不伸长或略微伸长。轴区窄线形，中心区扩大不达边缘，远端区(端节)明显。壳缝丝状，直，近缝端不偏斜，中央孔接近或闭塞，远端缝弯斜，端孔清楚。壳面横线纹粗，线纹的排列和密度似 *H. capitata* 种，在中部线纹长、短相间排列，在 10 μm 内有 9—14 条。在 SEM 下观察：线纹中有 2—3 列孔纹排列呈梅花形，在 10 μm 内有 30 个孔。壳面长 15—29 μm，壳面宽 5—9 μm。

　　生境：淡水至微咸水种，生长在湖泊、湖边及小积水坑、河流，有时与水草共生的环境中。

　　产地：西藏(工布江达、斑戈、申扎)。

　　分布：欧洲(德国，芬兰，希腊，中欧)等；北美洲(美国，加拿大)。

3. 披针形蹄形藻　图版(plate)IV：14

Hippodonta lanceolata(Skvortzow 1938)Li et Qi(李家英　齐雨藻)comb. nov.

Navicula hungarica var. *lanceolata* Skvortzow 1938，p. 57，1/40.

　　壳面窄披针形，末端钝圆形。轴区窄，中心区扩大形成向外弯曲的横带直达壳缘，端节(顶区)明显，并向两边斜向扩大(延伸)。壳缝直线形，近缝端和远缝端不弯斜，中

央孔不明显。壳面横条纹粗,不明显的辐射排列,在 10 μm 内有 8—9 条。壳面长 20 μm,壳面宽 5.1 μm。

　　生境:淡水种,生长在河口环境中。

　　产地:黑龙江(额尔古纳河)。

　　本种是 Skvortzow(1938b)定的 1 新变种 N. hunggarica var. lanceolata Skvortzow, Lnge-Bertalot 等(1996)将原变种 N. hungaica 移入新建立的 Hippodonta 属的新联合种 H. hungarica. Skvortzow 定的新变种理应归入 Hippodonta 属是毫无疑问的,但放入 Hippodonta hungarica 种中成为变种差异较大,不同之处主要是:形态不同,中心区差异较大,线纹排列,尤其是中部和末端不同,因此从形态和构造特征将变种提升为种归入 Hippodonta 属更符合分类。

4. 线形蹄形藻　图版(plate)Ⅳ:15;ⅩⅫ:12,13

Hippodonta linearis(Östrup 1910)Lange-Bertalot,Metzeltin & Witkowski 1996,p. 261,
　　Hustedt 1922,p. 133,Ⅸ/32,33;Lange-Bertalot　2001,p. 102,74/11-16,77/16;
　　Pavlova　et al. 2013,p. 21,figs. 249—271.

Navicula hungarica var. *linearis* Östrup 1910,p. 79,2/53;Skvortzow 1938,p. 56,2/18;
　　Hustedt 1930,p. 298,fig. 507.

Navicula oestrupii Schulz 1926,p. 207,fig. 87a.

　　壳面线形至线椭圆形,末端不延伸的宽圆形或钝圆形。轴区很窄,线形,中心区扩大形成一条短的横带。壳缝直,丝状,近缝端略(稍)偏斜,远端区(端节)明显,端区两侧有两条斜向(偏斜)构造。壳面横线纹粗壮,稍微辐射,向两端近平行,在近顶端微聚集,粗条纹在 10 μm 内有 8 条。壳面长 17 μm,壳面宽 5 μm。

　　生境:淡水或微咸水种,数量稀少,生长在山区河流和湖泊环境中。

　　产地:黑龙江(额尔古纳河),西藏(北部)。

　　分布:欧洲(俄罗斯,丹麦,中欧等)。

5. 吕内布蹄形藻

Hippodonta lueneburgensis(Grunow 1882)Lange-Bertalot,Metzeltin & Witkowski 1996,
　　p. 262;Lange-Bertalot 2001,p. 102,74/1—10;Pavlov et al. 2013,p. 12,figs. 1—26,
　　67.

Navicula hungarica var. *lueneburgensis* Grunow 1882,p. 156,figs. 30:43,44.

Navicula capitata var. *leuneburgensis* (Grunow 1882)Patrick in Patrick & Reimer 1966,
　　p. 537.

　　壳面宽,矩形。壳面披针形至线披针形,末端尖至钝圆形。当壳面呈拱状(形)和环带相当宽时,常见带面观或单个时见壳面观。轴区窄,披针形,中心区扩大呈横矩形。壳缝相当宽。几乎未出现丝状,不直,呈弯曲状,中央孔明显,有相当距离。壳面横线纹辐射排列,在末端几乎平行至微聚集状,中部线纹略微短状,线纹在 10 μm 内 9—11 条,条纹中的线纹在 10 μm 内有 30 条。壳面长 17 μm,壳面宽 4.5 μm。

生境：淡水种，生长在泉水、小溪流环境中。

产地：西藏(聂拉木)。

分布：亚洲(日本)；欧洲(俄罗斯，德国，芬兰，挪威，希腊)；北美洲(美国)。

泥栖藻属 Luticola Mann

In Round F.E.，Crawford R.M.，& Mann D.G. 1990，p. 532，670

细胞单个，少有形成丝状群体。舟状，常以壳面观。壳面线形，披针形或椭圆形，末端尖圆、钝圆至头状。壳面平坦或扁平，与壳套显然不同，壳面与壳套有时靠刺连接。轴区窄，中心区横向扩大形成短样辐节(stauros)或矩形。壳缝或壳缝骨相当窄，近缝端偏斜、弯曲或突然弯曲，远缝端常弯曲与近缝端形成明显的相反的方向。横线纹辐射状排列，单列线纹由或多或少的圆形(点)组成，在壳面的一侧有一个明显的独立孔(点)纹，壳面上的孔纹因覆盖薄膜而闭塞或形成疑孔(poroids)。壳环面观，出现的带是开口的，每一条带通常有 1 列或 2 列小的圆形疑孔。

据 Mann(1990)和 Huang 等(黄成彦等，1998)在 SEM 下的观察：中心区扩大的辐节是壳缝骨(raphe-sternum)横向增厚形成的。壳面中心区一侧的独立孔纹在外壳面观是一单孔纹，在内壳面观则呈唇瓣状的内开口。近缝端在内壳面呈直形、简单或微唇状，壳环中的带 1 有粗糙连续的突出部(边缘)。

色素体(或质体)1 个，位于壳环中心一侧：2 裂片延伸至壳面之下，在横轴中央的任何一边，裂片纵向弯入至壳缘。有一个中央蛋白核。

生境：淡水、微咸水或海水种，通常生长在潮湿的土壤、亚气生、湖泊以及江河环境中。

本属有现生种和化石种。

依据壳缝的组合、孔纹的排列和构造以及独特的气孔纹，从 *Navicula* 属移出新建的 *Luticola* Mann(1990)属，此属对有亲缘关系的 *Diadesmis* 属有重要意义。*Luticosa* 属和 *Diadesmis* 属之间，虽然关系密切，但最明显的区别是：前者壳缝的近缝端弯向一侧，后者壳缝近缝端是明显呈较直的 T 形。

模式种 *Luticola muiica*(Kützing)Mann *in* Round，Crawford and Mann 1990，p. 532。

本志收录 20 种及 12 个变种共 32 个分类单位。

泥栖藻属分种检索表

1. 壳面中心区一侧有一大而特殊的独立斑纹 ··· 2
1. 壳面中心区一侧有明显的独立点纹 ·· 4
　2. 壳缝的近缝端向一侧弯曲呈 S 形 ·························· **7. 较大泥栖藻 *L. major***
　2. 壳缝的近缝端非 S 形 ··· 3
3. 壳面宽椭圆形。壳缝不是直的，近缝端和远缝端向同一方向弯曲，中心区一侧特殊独立纹靠近壳缘 ·· **10. 类钝泥栖藻 *L. muticoides***
3. 壳面椭圆形至椭圆披针形。壳缝直，近缝端和远缝端向不同方向弯曲。中心区一侧特殊的独立纹不靠近壳缘 ··· **19. 顶生泥栖藻 *L. terminata***

1. 科恩泥栖藻　图版(plate)IV：16；XXVIII：10，11

Luticola cohnii(Hilse 1860)Mann，1990，p. 670.

Stauroneis cohnii Hilse 1860，p. 83.

Navicula mutica f. *cohnii*(Hilse 1860)Cleve 1894，p. 129；Hustedt 1966，p. 583，fig. 1592
　g—m；Li(李嘉维)1976，p. 65，4/4.

Navicula mutica var. *cohnii*(Hilse 1860)Grunow *in* Van Heurck 1880，10/17；Patrick et
　Reimer 1966，p. 454，42/3；Zhu et Chen(朱蕙忠　陈嘉佑)2000，p. 167，25/6.

Navicula cohnii(Hilse 1860)Krammer & Lange-Bertalot 1999，p. 152，63/1—3.

　　壳面宽椭圆形至线椭圆形，末端较宽的圆形至近圆形。轴区明显的线形，中心区扩
大形成矩形但不达壳缘。在中心区一侧有一个较大而明显的单孔纹。壳缝线形，近缝端
较粗，向一侧偏斜。横线纹由较细孔纹组成，辐射排列，孔纹大小几乎一致，孔线纹在
10 μm 内有 14—26 条，孔纹有 16—18 个。壳面长 14—40 μm，壳面宽 4—11 μm。

　　生境：淡水、微咸水和咸水种，生长在江河、湖泊、潮湿草地、小水池的湿土表、
小流水石表、湖边沼泽、小泉等水生及近水生及气生的环境中，pH 6.0—8.0。

　　产地：黑龙江(哈尔滨、五大连池、绥芬河、伊春、镜泊湖、牡丹江、漠河兴凯湖)；
西藏(定日、工布江达、米林、八宿、芒康)；山西(宁武)；山东(泰山)；四川(崇州)；
湖北(神农架)；湖南(慈利索溪峪自然保护区)。

　　分布：欧洲(德国，英国，法国，波兰，冰岛)；北美洲(美国)。

2. 非钝泥栖藻　图版(plate)IV：17

Luticola dismutica(Hustedt 1966)Mann，1990，p. 670.

Navicula dismutica Hustedt 1966，p. 595，fig. 1600；Zhu et Chen(朱蕙忠　陈嘉佑)2000，
　p. 60，23/5.

Navicula suecorum var. *dismutica*(Hustedt 1966)Krammer & Lange-Bertalot (1985)1999，
　p. 156，63/9—12.

　　壳面菱形披针形至椭圆披针形，两侧边缘微三波形，中部波峰更明显，近末端延长，
末端钝喙状，并非头状。轴区窄，线披针形，中心区扩大几乎近边缘。在中心区的一侧近
边缘有一清楚的独立点纹，壳缝直，丝状，近缝端微斜弯。横线纹由明显点纹组成，在中
部辐射排列明显，点线纹中出现明显的不规则的纵波纹。点线纹在中部 10 μm 内有 16—18
条，两端 10 μm 内有 20—24 条，点纹在 10 μm 内有 24—29 个。壳面长 14.5—25.5 μm，
壳面宽 6.5—8 μm。

生境：淡水种，生长在湖泊、水沟、溪流等环境中，pH 6.0—6.5。

产地：西藏（墨脱、米林、芒康）。

分布：欧洲（德国，奥地利，瑞士）。

本种为由 Hustedt（1966）确立的新种 *Navicula dismutica*，主要依据形态特征和构造的特点。Mann（1990）将形态和构造具有典型特征，尤其是中心区有特殊构造的独立点纹的一些种从 *Navicula* 属分离，重建一新属为 *Luticola*，因此 *Navicula dismutica* 移入 *Luticola dismutica* Mann（1990）。Lange-Bertalot（1985）曾经将 *Navicula dismutica* 作为 *Navicula suecorum* Carlson 种中的变种 *N. suecorum* var. *dismutica*（Hustedt）Lange-Bertalot（1985），认为壳面宽 6—11 μm，线纹在 10 μm 内有 20 条，从形态和构造特征看，我们认同 Mann（1990）的意见，将其移入 *Luticola* 属中作为独立种。

3. 桥佩蒂泥栖藻　　图版（plate）Ⅳ：18

Luticola goeppertiana（Bleish *in* Rabenhorst 1861）Mann 1990，p. 670.

Stauroneis goeppertiana Bleish *in* Rabenhorst 1861，No. 1183.

Navicula mutica var. *goeppertiana*（Bleish *in* Rabenhorst 1861）Grunow *in* Van Heurck 1880—1885，p. 95，10/18，19（1880）；Zhu et Chen（朱蕙忠　陈嘉佑）2000，p. 67，25/7.

Navicula mutica f. *goeppertiana*（Bleish *in* Rabenhorst 1861）Cleve 1894，p. 29；Patersen 1928，p. 390；Hustedt 1966，p. 585，fig. 1952 n—t.

Navicula goeppertiana（Bleish）H.L. Smith 1874—1879，No. 2761；Krammer & Lange-Bertalot 1999，p. 150，151，62/1—7.

壳面椭圆披针形、菱形披针形至线椭圆形，末端延长几乎是尖至钝圆形，亦或喙状。轴区线形，中心区横向扩大形成不达边缘的矩形或极少见达边缘，在中心区一侧有一个较特殊的单孔纹。壳缝线形（丝状），较直，近缝端逐渐向一侧偏斜。横线纹辐射排列，由单孔纹组成，孔线纹在 10 μm 内有 14—18 条。壳面长 21 μm，壳面宽 5.5 μm。

生境：淡水种，生长在河流、湖泊、水清的水沟和水稻田的环境中，pH 6.0。

产地：黑龙江（五大连池、绥芬河、塔尔根、牡丹江、兴凯湖、镜泊湖、漠河、伊春）；西藏（墨脱、米林）。

分布：欧洲（德国，英国，比利时，瑞士，芬兰，法国）。

4. 香港泥栖藻　　图版（plate）Ⅴ：1

Luticola hongkongensis（Skvortzow 1975）Li et Qi（李家英　齐雨藻）comb. nov.

Navicula hongkongensis Skvortzow 1975，p. 412，2/38.

壳面线椭圆形，边缘微凸出，末端宽钝至近头状。轴区窄披针形，中心区扩大形成不规则的近圆形，靠近中节一侧有明显的独立点纹。壳缝直线形，远缝端距顶端较远，呈弯钩状，近缝端间距较大。壳面横线纹由明显的点纹组成而非线纹，点纹在中部辐射排列，向两端聚集排列，在 10 μm 内有 9 条。壳面长 54 μm，壳面宽 13 μm。

生境：亚气生种，生长在树干上与苔藓环植物共生的环境中。

产地：香港。

5. 考斯基泥栖藻

Luticola kotschyi（Grunow 1860）Li et Qi（李家英 齐雨藻）comb. nov.

Navicula kotschyi（Kotschyana）Grunow 1860，p. 538，4/2（2/12）；Cleve 1894，p. 130；Meister
　　1912，p. 129，19/18；Hustedt 1930，p. 275，fig. 454；Proschkina-avrenko 1950，p. 160，
　　54/14；Cleve-uler 1953，p. 194，fig. 908；Krammer & Lange-Bertalot 1999，p. 169，
　　60/10—15.

Navicula kotschyana Grunow *in* Cleve et Grunow 1880，p. 41.

Navicula bicapitellata Hustedt 1925，p. 349，fig. 3.

5a. 原变种

var. kotschyi

　　壳面椭圆形、椭圆披针形或线椭圆形，末端喙状或尖圆形。轴区线披针形，中心区
扩大或不对称的矩形但不达边缘。中心区一侧有一个明显的斑点。壳缝直线形，近缝端
向一侧偏斜，远缝端近弯钩状。横线纹由明显的点纹组成，辐射排列，点纹近边缘排列
较密，点线纹在 10 μm 内有 15—24 条。壳面长 15—68 μm，壳面宽 10—18 μm。

　　在我国尚未记录有原变种，仅发现 2 变种。

5b. 粗壮变种　　图版（plate）V：2

var. robusta（Hustedt 1930）Li et Qi（李家英 齐雨藻）comb. nov.

Navicula kotschyi var. *robusta* Hustedt 1930 *in* Sahmidt *et al.* 1874—，370/34—36；Sabelina *et*
　　al. 1951，p. 282，fig. 159，8；Zhu et Chen（朱蕙忠 陈嘉佑）2000，p. 163，24/10.

　　本变种与原变种的主要区别：本变种壳面椭圆形，末端圆形不延长。轴区宽披针形，
中心区扩大形成矩形。中心区一侧具一个明显的独立斑纹。壳缝直线形，近缝端向一侧
斜弯。壳面横线纹均辐射排列，在 10 μm 内 22—24 条。壳面长 15 μm，壳面宽 10 μm。

　　生境：淡水，生长在湖池、小水沟与苔藓共生的环境中，pH 5.0 左右。

　　产地：西藏（察隅）。

　　分布：欧洲（俄罗斯，德国）。

5c. 岩生变种　　图版（plate）V：3，4

var. rupestris（Skvortzow 1938）Li et Qi（李家英 齐雨藻）comb. nov.

Navicula kotschyi var. *rupestris* Skvortzow 1938，p. 270，1/32，2/3.

　　本变种与原变种的主要区别：本变种壳面椭圆披针形，向末端渐尖，末端近尖形。
轴区窄，中心区扩大形成矩形，在中心区一侧靠中节有一个清楚的独立斑纹。壳缝直，
近缝端向一侧弯斜，远缝端在相同方向弯斜。横线纹辐射排列，由点纹组成，点纹与
不规则的纵波纹交叉，点线纹在 10 μm 内有 11—15 条。壳面长 42—68 μm，壳面宽
14—18 μm。

　　生境：淡水，生长在山区河流的岩石上与苔藓共生的环境中。

　　产地：黑龙江（哈尔滨）。

6. 拉氏泥栖藻

Luticola lagerheimii(Cleve 1894) Li et Qi(李家英 齐雨藻) comb. nov.

Navicula lagerheimii Cleve 1894, p. 131; Cleve 1894, p. 101, 7/11; Skvortzow 1937, p. 223,
 1/21, 26; Skvortzow 1937, p. 445, 1/8, 9; Skvortzow 1975, p. 411, 1/29.

6a. 原变种 图版(plate)V: 5—7

var. lagerheimii

  壳面菱形披针形，在中部很膨大(凸出)的三波形，末端截形。轴区很窄，中心区扩大形成矩形横带，直达几乎近边缘。在中心区一侧有一个较小的独立斑点。壳缝直，近缝端和远缝端在相同方向弯曲。横线纹辐射排列，由很细(清晰)的点纹组成，在末端点纹粗糙，点细纹在 10 μm 内有 18—20 条。壳面长 17—22 μm，壳面宽 6.8 μm。

  生境：半气生种，生长在潮湿多雨的岩石上和岩洞的岩石上的半气生环境中。

  产地：上海市；浙江(杭州)；香港。

  分布：欧洲(德国，芬兰)；南美洲(厄瓜多尔)；非洲。

6b. 头状变种 图版(plate)V: 8, 9

var. capitata(Skvortzow 1937) Li et Qi(李家英 齐雨藻) comb. nov.

Navicula lagerheimii var. *capitata* Skvortzow 1937, p. 446, 1/7.

  本变种与原变种的主要区别：本变种壳面椭圆卵圆形，近末端收缩延长呈头状末端。轴区窄，中心区扩大呈近方形，不达壳缘，在中心区一侧有一个明显的独立点纹。壳缝较直，近缝端微偏斜。壳面横点条纹在 10 μm 内有 18 条。壳面长 15 μm，壳面宽 6.8 μm。

  生境：近气生，生长在乔木树干上的苔藓植物环境中。

  产地：上海。

6c. 香港变种 图版(plate)V: 12, 13

var. hongkongensis(Skvortzow 1975) Li et Qi(李家英 齐雨藻) comb. nov.

Navicula lagerherimii var. *hongkongensis* Skvortzow 1975, p. 411, 1/31—34.

  本变种与原变种的主要区别：本变种壳面边缘微三波形，末端钝圆形。轴区窄，中心区扩大形成横向椭圆形，在中心区一侧近边缘有一个较小的独立点纹。壳面横点纹较不清晰，在 10 μm 内有 24 条。壳面长 10—15 μm，壳面宽 5.5—9 μm。

  生境：亚气生，生长在乔木树上的干苔藓植物环境中。

  产地：香港。

6d. 中型变种 图版(plate)V: 10, 11

var. intermedia(Hustedt 1930) Li et Qi(李家英 齐雨藻) comb. nov.

Navicula lagerheimii var. *intermedia* Hustetd 1930, pl. 370, fig. 22; Skvortzow 1937, p. 446,
 1/3; 4, 32; Skvortzow 1938, p. 269, 1/14, 31, 42; 2/8, 4/13, 14, 16, 17, 19,
 23/24; Skvortzow 1937, p. 223, 1/22, 23; Skvortzow 1975, p. 412, 1/35—37; Hustedt

1937，p. 234，17/12；Prowse 1962，p. 44，11/n.

Navicula pseudoseminulum Skvortzow 1935，p. 183，1/18，19；Skvortzow 1935，p. 40，9/27；
  Prowse 1962，p. 44，11/11.

本变种与原变种的主要区别：本变种壳面披针形至椭圆形，壳缘无三波形，末端宽钝圆形。轴区窄，中心区扩大呈矩形，但不达边缘。中心区一侧有一个小的独立点纹。壳缝丝状，近缝端微弯向一侧。壳面横线纹辐射排列，由细点纹组成，在 10 μm 内有 18—20 条。壳面长 15—25.5 μm，壳面宽 5.3—6.8 μm。

生境：亚气生，生长在长有苔藓植物的岩石表面和潮湿树皮环境中。

产地：黑龙江(哈尔滨)；内蒙古(满洲里)；上海；浙江(杭州)；香港。

分布：亚洲(印度，印度尼西亚，马来西亚)。

本变种曾被 Van Langdingham(1975) 移入 *Navicula mutica* f. *intermedia*(Hustedt 1921)。Hustedt(1966，p. 585，fig. 1593)认为，从变种和变型两者的形态和构造特征上有较大的差异，前者壳面边缘无三波形，后者多为三波形，中部更明显凸出，仅图 1593d 边缘无三波形。两者的中心区、壳缝的近缝端和横点线纹的多少都有差异，因此不能将 *Navicula lagerheimii* var. *intermedia* 移入 *N. mutica* f. *intermedia* Hustedt，应维持原定变种。由于原变种 *N. lagerheimii* 变更为 *Luticola* 属的新联合种 *L. lagerheimii*(Cleve)，因此 *N. lagerheimii* var. *intermedia* 变成为新联合变种 *L. lagerheimii* var *intermedia*(Hustedt)Li *et al.*。

6e. 披针变种　图版(plate)V：14，15

var. lanceolata(Skvortzow 1938)Li et Qi(李家英　齐雨藻)comb. nov.

Navicula lagerhermii var. *lanceolata* Skvortzow 1938，p. 270，4/11，12.

本变种与原变种的主要区别：本变种壳面椭圆披针形，末端近喙状。轴区很窄，中心区扩大几乎直达壳缘，中心区一侧近边缘有一独立点纹。壳缝直，丝状。壳面横线纹由点纹组成，在 10 μm 内有 18 条。壳面长 25—26 μm，壳面宽 6.8 μm。

生境：近气生，生长在山区岩石、沿山溪流岩石与苔藓植物共生的环境中。

产地：黑龙江(哈尔滨)。

6f. 卵圆形变种　图版(plate)V：16，17

var. ovata(Skvortzow 1937)Li et Qi(李家英　齐雨藻)comb. nov.

Navicula lagerheimii var. *ovata* Skvortzow 1937，p. 446，1/5，6，1/24；Skvortzow 1938，
  p. 269，4/6，10，20；Skvortzow 1975，p. 411，1/30.

本变种与原变种的主要区别：本变种壳面卵圆形，末端宽钝形。壳面横点条纹 10 μm 内有 18—20 条。壳面长 8.5—13.5 μm，壳面宽 5.0—6.8 μm。

生境：近气生，生长在土壤、岩石上的苔藓植物和树皮环境中。

产地：黑龙江(哈尔滨)；上海；香港。

6g. 强壮变种　图版(plate)V：18，19

var. robusta(Skvortzow 1938)Li et Qi(李家英　齐雨藻)comb. nov.

Navicula lagerheimii var. *robusta* Skvortzow 1938，p. 269，4/8，9.

本变种与原变种的主要区别：本变种壳面披针椭圆形，末端宽圆形和具有粗壮硅质（薄）膜。轴区窄，中心区扩大形成横带但不达边缘，在中心区一侧有一个不太明显的独立点纹，壳缝丝状，直。壳面横点条纹较密，辐射排列，在 10 μm 内有 20—21 条，线纹以纵向空白波纹带相交。壳面长 45 μm，壳面宽 15 μm。

生境：近气生，生长在长有苔藓植物的岩石表面的环境中。

产地：黑龙江（哈尔滨）。

7. 较大泥栖藻　图版（plate）V：20—22

Luticola major（Zhu et Chen 1994）Li et Qi（李家英　齐雨藻）comb. nov.

Navicula seposita var. *major* Zhu et Chen（朱蕙忠　陈嘉佑）1994，p. 126，11/10，11；Zhu et Chen（朱蕙忠　陈嘉佑）2000，p. 178，28/9.

Frustuli majoribus. Valvis ellipticolinearibus，extremis lato-rotundatis，ad marginem non undulatum. Area axis angustior lanceolatus，area centralis ad formam asymmetricus fasciae transversae cum puncta（poro）solitario（singulari）majori、longus notata in unilateralis centrali. Raphe directe cum fissura polis terminalis curvus，fissura proximalis sigmoideus，porus centralis indistinctus. Striis transversis radiatibus 12—14 in 10 μm，punctum circa 10—12 in 10 μm. Valvis 28.5—49 μm longis et 11.5—14.6 μm latis.

Hab.：In lcubus Xi-Gong Medogxian，Xizangensis（Typus）：in agro ad Yanhexian，Guizhousheng（Paratypus）.

Typus：TB74107.

Paratypus：KC88133.

壳面线椭圆形，末端延长宽圆形至宽头状。轴区窄披针形，中心区扩大形成不对称的横带并不达边缘。中心区一侧有一独立特有的似丁形或条状的孔纹。壳缝直线形，远缝端向相同方向弯曲似镰刀状，近缝端向一侧弯曲似 S 形，中央孔不明显（清楚）。壳面横线纹由明显的点纹组成，辐射状排列，点线纹在 10 μm 内有 12—14 条，点纹在 10 μm 内有 10—12 个。壳面长 28.5—49 μm，壳面宽 11.5—14.6 μm。

模式标本：TB74107.

副模式标本：KC88133.

生境：淡水种，生长在低山区湖泊和水稻田环境中。

产地：西藏[墨脱（模式）]；贵州[沿河（副模式）]。

本种标本由 Zhu 和 Chen（朱蕙忠和陈嘉佑）分别于 1974 年和 1988 年采自西藏和贵州，依据标本的形态和构造特征定名为舟形藻较大变种 *Navicula seposita* var. *major* Zhu et Chen，据标本绘制的图表现的形态和构造特征确定为新变种，与 *N. seposita* Hustedt 有较大的区别：首先变种的细胞较大，壳面为线椭圆形，两侧边缘无波曲形，原变种的细胞较小，壳面微椭圆形，两侧边缘微波曲形。其次变种的壳缝是明显的线形。近缝端 S 形显著，中央孔不明显，但原变种的壳缝呈丝状，近缝端近 S 形，中央孔较大，圆形。最后变种的点线纹在 10 μm 内有 12—14 条，点纹在 10 μm 内有 10—12 个，原种的点线纹在 10 μm 内有 16—18 条，点纹在 10 μm 内有 13—16 个。从以上形态和构造特征比较两者差异较大，应确定为独立种移入泥栖藻属成为较大泥栖藻 *Luticola major*（新联合种）。

8. 穆拉泥栖藻　图版（plate）VI：1

Luticola murrayi（W.et G.S.West 1911）Li et Qi（李家英　齐雨藻）comb. nov.

Navicula murrayi W. et G. S. West 1911，p. 85，26/129；Hustedt 1966，p. 610，fig. 1611（部分），Zhu et Chen（朱蕙忠　陈嘉佑）2000，p. 166，25/4.

Navicula murrayi var. *elegans* W. et G. S. West 1911，p. 285，26/130.

　　壳面线形至线椭圆形，边缘凸出，末端宽圆头状。轴区略呈披针形，中心区扩大不达壳缘，中心区一侧近中节有一明显的独立点纹。壳缝直线形，近缝端弯向一侧。壳面横线纹由间断点纹组成，在 10 μm 内有 14—24 条，以多条波状纵线相交。壳面长 15—22.6 μm，壳面宽 6—8 μm。

　　生境：淡水或近气生种，生长在山区小泉并与苔藓植物共生或生长在滴水槽环境中，pH 5.5—6.0。

　　产地：西藏（米林、聂拉木）。

　　分布：欧洲（德国）；南极洲。

9. 钝泥栖藻

Luticola mutica（Kützing 1844）Mann 1990，p. 532，670，fig. a.—c.

Navicula mutica Kützing 1844，p. 93，3/32；Van Heurck 1896，p. 206，4/167；Boyer 1916，p. 94，26/6；Hustedt 1930，p. 174，fig. 453 a；Sabelina *et al.* 1951，p. 280，fig. 59，1；Skvortzow 1938，p. 270，1/5，23，26，2/2；Hustedt 1966，p. 583，figs. 1592 a-f；Li et Haung（李家英　黄成彦）1966，p. 200，1/20；Huang *et al.*（黄成彦等）1998，p. 31，74/7—10，Zhu et Chen（朱蕙忠　陈嘉佑）2000，p. 67，25/5；Krammer & Lange-Bertalot 1999，p. 149，53/8，9，61/1—11.

Navicula mutica subsp. *mutica*（Kützing.）Grenguelli 1924，p. 91.

Navicula charcotii M. Peragallo 1921，p. 151，1/16.

Placoneis mutica（Kützing）Mereschkowsky 1903，p. 9.

9a. 原变种　图版（plate）VI：2—6；XXVIII：12—18

var. **mutica**

　　壳面菱形椭圆形至宽椭圆形或菱形披针形，末端宽至钝状楔圆形。轴区窄，有时在中心区扩大形成不达边缘的矩形，其中一侧有一个清晰的独立孔（点）纹。壳缝线形（丝状），直，近缝端不呈钩状，向一侧微弯。横线纹辐射排列，由明显的小孔（点）纹组成。中心区两侧边缘孔纹呈规则的短条纹，线纹在 10 μm 内有 14—20 条。壳面长 9—44 μm，壳面宽 5.0—8.5 μm。

　　本种的形态构造经 Mann（1990），Phipps 和 Rosowski（1983）的深入研究，壳面多为披针形至卵圆形，末端圆形。横线纹多由 3—6 小孔纹组成。壳套有单列小孔纹，与壳面 1 个或 2 个孔纹在内壳面形成横沟或凹槽，在 LM 镜下，明显可见。壳套内部(面)有一对纵沟，纵沟在壳极端不连续。壳环面(壳套合部)边缘呈波状，明显沿纵沟向，波状边缘的突出多半位于横沟和纵沟之间。环带每一带有 2 列孔纹，带的侧面边缘直但不形成波形。

生境：淡水、半咸水和咸水，生长在湖泊、江河、河畔积水坑、泉水塘、山溪、水清水稻田、高山闭塞湖、瀑布岩石表面、潮湿草地等环境中，pH 5.5—8.0。

产地：黑龙江(哈尔滨、绥芬河、漠河、五大连池、伊春、兴凯湖、牡丹江)；吉林(长白山地区)；西藏(聂拉米、吉隆、墨脱、米林、林芝、加查、错那、隆子、察隅、波密、芒康、江达、贡觉、申扎、改则)；山西(运城、大同)；四川(崇州)；河南(登封、会善)；湖南(慈利索溪峪自然保护区)；福建(福州)；浙江(杭州)。

化石产地及时代：吉林长白马鞍山中新世；西藏羊八井第四纪；云南丽江第四纪；陕西蓝田全新世；浙江嵊县中新世；广东徐闻第四纪。

分布：亚洲(日本)；欧洲(俄罗斯，德国，瑞典，芬兰，比利时，英国，法国，冰岛)；北美洲(美国)；大洋洲(澳大利亚)；非洲(东非)。

9b. 披针变种　图版(plate) VI：7

var. lanceolata (Frenguelli 1853) Li et Qi (李家英　齐雨藻) comb. nov.

Navicula mutica var. *lanceolata* Frenguelli 1953，p. 79，1/19；Zhu et Chen (朱蕙忠　陈嘉佑) 2000，p. 67，28/8.

Navicula mutica f. *lanceolata* (Frenguelli 1953) Hustedt 1966，p. 585，fig. 1592 u.

本变种与原变种的主要区别：本变种壳面披针形，末端尖圆形至喙状圆形。轴区窄披针形，中心区扩大不对称的矩形，但不达壳缘。中心区的一侧有一个明显的独立点纹，壳缝直线形。壳面横线纹微辐射排列，在 10 μm 内有 8—16 条。壳面长 31—41 μm，壳面宽 7—9 μm。

生境：淡水或微咸水，生长在小泉流水处并与苔藓植物共生的环境中，pH 8.0。

产地：西藏(定日)。

分布：欧洲(芬兰，德国)；南美洲(阿根廷)。

9c. 菱形变种　图版(plate) VI：8

var. rhombica (Skvortzow 1938) Li et Qi (李家英　齐雨藻) comb. nov.

Navicula mutica var. *rhombica* Skvortzow 1938，p. 270，2/16，17.

本变种与原变种的主要区别：本变种壳面菱形披针形，中部明显凸出，末端尖圆形。轴区窄披针形。中心区扩大形成矩形并靠近边缘，在中心区一侧有一个明显的独立点纹。壳缝直，近缝端短并微弯斜。壳面横线纹由清楚点纹组成。点线纹在 10 μm 内有 25 条。壳面长 34—40 μm，壳面宽 12—14 μm。

生境：近气生变种，生长在山区岩石表面与苔藓植物共生的环境中。

产地：黑龙江(哈尔滨)。

本变种的形态和构造特征与 Krammer 和 Lange-Bertalot (1999) p. 567，63/16 非常相似，

图 16 原定名为 *Navicula mutica f. intermedia* Hustedt（1966，p. 585，fig. 1593 a—d），Krammer 和 Lange-Bertalot（1999）不认同 63/16 图的拉丁名。Skvortzow（1938）依据标本定名为 *N. mutica* var. *rhombica*，从绘图的形态和构造特征又与 63/16 图相近，Skvortzow（1938）的定名应是成立的，尽管 Van Landingham（1975）并不认同，但从描述的标本形态和构造特征看，我们认为该变种应成立。

10. 类钝泥栖藻　图版（plate）Ⅵ：9

Luticola muticoides（Hustedt 1949）Mann 1990，p. 671 *in* Round *et al*. 1990，p. 671.

Navicula muticoides Hustedt 1949，p. 82，4/33-36；Hustedt 1966，p. 598，fig. 1603；Zhu et Chen（朱蕙忠　陈嘉佑）2000，p. 168，25/11；Patrick et Reimer 1966，p. 457，42/10；Krammer & Lange-Bertalot 1999，p. 149，560，60/21，22.

　　壳面椭圆形至宽披针形，末端椭圆形。轴区清楚，相当宽，近披针形，中心区横向扩大形成横带但不达边缘。在中心区一侧近边缘有一个清晰特有的单孔，孔的位置在壳面边缘大略距中节的 1/3 处。壳缝不是直的，略微弧形，远缝端和近缝端在相同方向弯转。壳面横线纹辐射排列，由明显的点纹组成，点纹近壳缘大，靠近轴区小，点条纹在 10 μm 内有 22—28 条，点纹在 10 μm 内有 26—28 个。壳面长 16.5 μm，壳面宽 8 μm。

　　生境：淡水种，生长在低山区小水塘及水稻田环境中。

　　产地：西藏（墨脱）。

　　分布：中欧；北美洲（美国）；非洲（刚果）。

11. 似钝泥栖藻　图版（plate）Ⅵ：10

Luticola muticopsis（Van Heurck 1909）Mann 1990，p. 533，671.

Navicula muticopsis Van Heurck 1909，p. 12，2/181；Hustedt 1966，p. 614，fig. 1614；Krammer & Lange-Bertalot 1999，p. 562，61/12，13；Zhu et Chen（朱蕙忠　陈嘉佑）2000，p. 168，25/12.

Navicula muticopsiformis W. et G.S. West　1911，p. 284，26/131.

Navicula muticopsis f. capitata Carlson 1913，p. 15，1/10.

　　壳面平坦或宽阔，几乎呈矩形或近椭圆形，两侧边缘平形，近端明显缢缩，末端头状。轴区狭线披针形，中心区横向扩大不达壳缘。在中心区一侧有一个明显的单孔。壳缝直，线（丝）状，近缝端明显变粗，中央孔向一侧偏斜。横线纹在整个壳面辐射排列，每条由几个孔纹组成，横孔线纹在 10 μm 内中部有 12—16 条，两端有 18—24 条，孔纹有 15—19 个。壳面长 14—22 μm，壳面中部宽 6—8 μm，近末端最窄 3.5—5 μm。

　　生境：淡水或微咸水种，生长在沼泽化积水坑、河畔小水坑、湿土表面、瀑布岩石上面、小河边浅水溪流等环境中，pH 6.0—8.0。

　　产地：西藏（吉隆、米林、芒康、察雅、洛隆、江达、贡觉、类乌齐、申扎）；湖南（慈利索溪峪自然保护区）。

　　分布：欧洲（德国，比利时等）；南极地区。

12. 雪白泥栖藻

Luticola nivalis(Ehrenberg 1853)Mann 1990，p. 671.

Navicula nivalis Ehrenberg 1853，p. 528；Ehrenberg 1854，35 B/A 2，fig. 5；Cleve 1894，p. 130；Cleve-Euler 1953，p. 193，fig. 907 A；Hustedt 1966，p. 621，fig. 1618 a—c(fig. 1618 d—e)；Chin *et al.*(金德祥等)1982，p. 58，43/443；Krammer & Lange-Bertalot 1999，p. 153，61/17—20；Zhu et Chen(朱蕙忠 陈嘉佑)2000，p. 68，25/18.

Navicula mutica var.*nivalis*(Ehrenberg 1853)Hustedt 1911，p. 290；Zhu et Chen(朱蕙忠 陈嘉佑)2000，p. 67，25/9.

12a. 原变种　图版(plate)Ⅵ：11，12；ⅩⅩⅩ：4—6

var. nivalis

　　壳面线形至线椭圆形，两侧边缘三波状，末端宽喙状或宽鸭嘴状。轴区很窄，线形，中心区横向扩大不达壳缘，在中心区(中节)的一侧有一个不明显的斑点纹(斑点纹微弱，有时会忽略)。壳缝直线形，近缝端微侧斜。壳面横线纹由点组成，整个壳面辐射排列。点条纹在 10 μm 内有 15—24 条，点纹在 10 μm 内 18—20 个。壳面长 18—26.5 μm，壳面宽 7—10 μm。

　　生境：淡水或半咸水种，偶尔出现在海水中，主要生长在湖、河、水沟、泉水、沼泽化水坑等环境中，pH 6.5—8.0。

　　产地：西藏(定日、乃东、错那、芒康、类乌齐、申扎、噶尔、墨脱)；福建(厦门)。

　　分布：欧洲(瑞典，芬兰，比利时，德国)；大洋洲(澳大利亚)。

　　对于 *Navicula mutica* 和 *N. nivalis* 两种的定名曾产生过混乱。Cleve(1894)认为壳面中心区一侧具有斑点因此定名为 *N. mutica*，不具斑点的定名为 *N. nivalis*。Hustedt(1966)认为这两种中心区一侧都具一个斑点，但前者壳缘无三波状，后者壳缘具三波状。Hustedt(1966)以形态特征和构造区分 *N. mutica* 和 *N. nivalis* 是正确的。而 Van Landingham(1975)将 *N. nivalis* 作为 *N. mutica* 的变种，从分类上看，这是两种形态完全不同的两个种，我们同意 Krammer 和 Lange-Bertalot(1999)的意见，将 *N. mutica* var. *nivalis* 作为 *N. nivalis* 的异名是正确的，Mann(1990)依据形态和构造特征将 *N. mutica* 和 *N. nivalis* 移至新组建的 *Luticola* 属中是符合分类的。

12b. 中华变种　图版(plate)Ⅵ：13

var. chinensis(Skvortzow 1929)Li et Qi(李家英 齐雨藻)comb. nov.

Navicula nivalis var. *chinensis* Skvortzow 1929，p. 41，fig. 7.

　　本变种与原变种的主要区别：本变种壳面线形，两侧边缘有几乎均等的三波峰(形)，近末端明显收缩延长，末端喙圆形。轴区窄，中心区扩大形成椭圆形，在中节一侧有一个非常不明显的斑点纹。点线纹较粗，明显辐射排列，点条纹在 10 μm 内有 11 条。壳面长 24—25 μm，壳面宽 7.6—8.0 μm。

　　生境：淡水，生长在水池环境中。

　　产地：福建(厦门)。

本变种的标本是由厦门大学生物系 H.H. Chung 教授于 1924 年采集的藻类样品, 硅藻经由 Skvortzow 硅藻专家鉴定并于 1929 年发表, 其中包括新变种, 即 *Navicula nivalis* var. *chinensis* Skvortzow, 原变种已由 Mann(1990)移入新组建的 *Luticola* 属中, 成为该属中的新联合种 *L. nivalis*(Ehrenberg)Mann, 因此, 依据形态和构造特征, 将 *N. nivalis* var. *chinensis* 转变为 *Luticola nivalis* var. *chinensis*(Skvortzow)Li et Qi(李家英和齐雨藻)新联合变种为宜。

13. 类雪白泥栖藻　图版(plate)VI: 14

Luticola nivaloides(Bock 1963)Li et Qi(李家英　齐雨藻)comb. nov.

Navicula nivaloides Bock 1963, p. 236, 2/142—149; Hustedt 1966, p. 622, fig. 1619; Krammer & Lange-Bertalot 1999, p. 154, 61/21, 22; Zhu et Chen(朱蕙忠　陈嘉佑)2000, p. 68, 25/13.

壳面线形至线椭圆形, 两侧边缘各有 3 个波状, 末端宽喙状。轴区窄线披针形, 中心区扩大形成不对称的横带但不达边缘。在中心区一侧有一个独立的孔纹。壳面横线纹由间断的短条纹组成, 辐射排列, 在间断的短条纹间形成多条纵向的空白波纹, 短条纹在 10 μm 内有 17—20 条。壳面长 13.5 μm, 壳面宽 6.0 μm。

生境: 淡水种, 生长在小湖泊和山区流水中, 往往在流水石上附着的环境中, pH 6.0。

产地: 西藏(芒康)。

分布: 欧洲(德国, 奥地利, 瑞士)。

14. 古北极泥栖藻　图版(plate)VI: 15

Luticola palaearctica(Hustedt ex Simonsen 1987)Mann 1990, p. 671.

Navicula palaearctica Hustedt 1966, p. 613, fig. 1613; Zhu et Chen(朱蕙忠　陈嘉佑)2000, p. 170, 25/20.

Navicula palaeartica Hustedt 1987 ex Simonsen p. 499.

Navicula mutica var. *ventricosa* Cleve 1898, p. 4.

壳面在中部椭圆形或线椭圆形, 边缘在中部近平行, 末端喙状宽头状。极端近截形。轴区窄线形, 中心区扩大形成横向不对称椭圆形或不对称的横带, 均不达壳缘。中心区或中节的一侧有一个明显的孤立斑点纹。壳面横线纹全部呈辐射排列, 由明显的点纹组成, 在 10 μm 内中部有 14 条, 两端有 22 条。壳面长 24 μm, 壳面宽 8 μm。

生境: 淡水种, 生长在冷水泉边沼泽、江河支流环境中, pH 6.0—6.5。

产地: 西藏(申扎、噶尔)。

分布: 欧洲(德国, 奥地利, 瑞士)。

15. 近钝泥栖藻

Luticola paramutica(Bock 1963)Mann 1990, p. 671.

Navicula paramutica Bock 1963, p. 237, 1/77—82; Hustedt 1966, p. 594, fig. 1599 a—e; Krammer & Lange-Bertalot 1999, p. 155, 61/27—31; Zhu et Chen(朱蕙忠　陈嘉

佑）2000，p. 70，20/21.

15a. 原变种　图版（plate）VI：16

var. paramutica

壳面椭圆披针形，近末端微收缩延长，末端近喙状宽圆形。轴区狭窄线形，中心区扩大形成横矩形，但不达壳缘。中心区一侧有一个不明显的班纹（孤点）。壳缝直线形，近缝端中央孔几乎无弯斜。横线纹辐射排列，由清楚的点纹组成，点线纹在 10 μm 内有 16—18 条，点纹在 10 μm 内 21—24 个。壳面长 18—26 μm，壳面宽 5.5—6.6 μm。

生境：淡水种，生长在河流、水池、水塘、泉水附近潮湿草地附着物等环境中，pH 7.0。

产地：西藏（芒康、察雅）。

分布：欧洲（Standorte）。

15b. 二结变种　图版（plate）VI：17

var. binodis（Bock 1963）Li et Qi（李家英　齐雨藻）comb. nov.

Navicula paramutica var. *binodis* Bock 1963　p. 237，1/75，76；Hustedt 1966，p. 594，fig. 1599 f. g；Zhu et Chen（朱蕙忠　陈嘉佑）2000，p. 70，25/22.

本变种与原变种的主要区别：本变种壳体较短，壳面宽线形，壳面两侧边缘各具 2 个峰突，末端宽头状。横矩形的中心区一侧具一明显的孤独斑点纹。壳面长 15.5 μm，壳面宽 5—6 μm。

生境：淡水或半气生，生长在湖池、瀑布边潮湿岩石上附着物的环境中，pH 7.0。

产地：西藏（类乌齐）。

分布：欧洲（Standorte）。

16. 可赞赏泥栖藻　图版（plate）VI：18

Luticola plausibilis（Hustedt 1966）Li et Qi（李家英　齐雨藻）comb. nov.

Navicula plausibilis Hustedt 1966，p. 602，fig. 1607；Krammer & Lange-Bertalot 1999，p. 155，60/20；Zhu et Chen（朱蕙忠　陈嘉佑）2000，p. 171，26/11.

壳面宽椭圆形、菱形椭圆形，末端钝圆形，极少延长。轴区宽线形，中心区扩大形成横矩形，中心区一侧有一明显的独立点纹。壳缝直线形，近缝端显著弯向一侧。壳面横线纹由点纹组成微辐射排列，纵条纹明显波曲状，在 10 μm 内有 14—16 条，点纹在 10 μm 内有 15—16 个，与几条纵波纹交叉。壳面长 25 μm，壳面宽 12.5 μm。

生境：淡水种，生长在长有蒿草、薹草的河边小沼泽环境中，pH 6.0。

产地：西藏（乃东）。

分布：欧洲（德国，瑞士，奥地利）。

17. 近群生泥栖藻　图版（plate）XXX：7

Luticola pseudodemerarae（Hustedt 1930）Li et Qi（李家英　齐雨藻）comb. nov.

Navicula pseudodemerarae Hustedt 1930 *in* Schmidt *et al.* 1874—，370/9；Hustedt 1966，

p. 679，fig. 1679；Li(李家维)1976，p. 65，4/1.

Navicula demerare Grunow 1893，p. 14，1/9(non Ehrenberg 1845).

　　壳面椭圆披针形，末端变细，近尖形。轴区宽，中心区横向不规则扩大不达壳缘，近中央节一侧有一个明显的独立点(孔)纹。壳缝直线形，近缝端向相反方向略弯斜，远缝端弯斜。壳面横线纹辐射排列，由明显的点纹组成，在壳面中央有多条缩短的或渐消失的条纹，在 10 μm 内有 16—17 条，向末端有 20 条左右。壳面长 57 μm，壳面宽 17 μm。

　　生境：淡水种，生长在山区岩石的苔藓植物上或似乎更喜潮湿的气生条件的环境。

　　产地：台湾。

　　分布：欧洲(德国)。

18. 许科尼栖藻　图版(plate) VII：1

Luticola suecorum (Carlson 1913) Li et Qi(李家英　齐雨藻) comb. nov.

Navicula suecorum Carlson 1913，p. 15，1/27；Hustedt 1966，p. 608，fig. 1610；Krammer &
　　Lange-Bertalot 1999，p. 156，63/7，8；Zhu et Chen(朱蕙忠　陈嘉佑)2000，p. 80，28/21.

　　壳面椭圆形或菱形椭圆形，末端宽圆形。轴区宽线形，中心区横向扩大近圆形，中心区一侧有一小而明显的独立点纹。壳缝直，丝状，远缝端明显向一方向弯斜，近缝端微偏斜。壳面横线纹由清晰的波状点纹组成，纵条纹呈不规则的波状，点条纹在 10 μm 内有 13—22 条。壳面长 36—55.5 μm，壳面宽 10—17 μm。

　　生境：淡水种，生长在湖边的小河沟、支流、河边的小流水、稻田水环境中。

　　产地：西藏(墨脱、乃东、申扎、改则、措勤)。

　　分布：欧洲(德国，奥地利)；北美洲(美国)；南极地区。

19. 顶生泥栖藻　图版(plate) VII：2

Luticola terminata (Hustedt 1966) Li et Qi(李家英　齐雨藻) comb. nov.

Navicula terminata Hustedt 1966，p. 589，fig. 1594；Zhu et Chen(朱蕙忠　陈嘉佑)2000，
　　p. 180，29/1.

Navicula mutica var. *tropica* Hustedt 1936 *in* Schmidt *et al*. 1874—，405/39—42.

　　壳面椭圆形至椭圆披针形，末端钝圆形至尖圆形。轴区较宽的披针形，中心区不对称或不规则扩大但不达壳缘，中心区一侧有一呈线条形的特有的独立纹(孔)，独立纹(孔)的顶端有一似圆形的构造。壳缝丝状，直，远缝端弯钩形，近缝端弯斜，中央孔明显，不呈圆形。壳面横线纹由明显的点组成，点纹排列规则，点线纹辐射排列，在中部 10 μm 内有 18—20 条，两端在 10 μm 内有 20—22 条。壳面长 34 μm，壳面宽 14 μm。

　　生境：淡水种，生长在小溪、急流处石壁上以及小流水环境中。

　　产地：西藏(聂拉木)。

　　分布：亚洲(印度尼西亚)；欧洲(德国)；非洲。

　　Krammer 和 Lange-Bertalot(1999) 将本种移入至 *Navicula goeppertiana* var. *goeppertiana* 原变种中作为异名，但从两者的形态和构造特征比较，在形态上确有些相似，但在构造特征上有所不同，尤其壳面的横点线纹差别明显，前者密(在 10 μm 内有 18—20

条)后者稀(在 10 μm 内有 14—18 条）；前者中心区扩大不规则，距边缘较远，后者中心区扩大呈规则的矩形，距边缘近或直达边缘。

20. 偏凸泥栖藻　图版(plate)XXII：10，XXX：1—3

Luticola ventricosa (Kützing 1844) Mann 1990，p. 617；Lange-Bertalot 2003，p. 73，73/1—9，74/7，8.

Navicula mutica var. *ventricosa* (Kützing 1844) Cleve et Grunow 1880，p. 41；Van Heurck 1896，p. 207，4/171；Meister 1912，p. 128，19/16；Hustedt 1930，p. 274，275，fig. 453 e；Sabelina *et al.* 1951，p. 280，fig. 159，2；Cleve-Euler 1953，p. 193，fig. 907 i；Krammer et Lange-Bertalot 1999，p. 150，61/9—11；Zhu et Chen(朱蕙忠　陈嘉佑)2000，p. 68，25/10.

Stauroneis ventricosa Kützing 1844，p. 105. 30/27.

Navicula mutica f. *ventricosa* (Kützing 1844) Cleve 1894，p. 129.

Placoneis mutica var. *ventricosa* (Kützing 1844) Mereschkowsky 1903，p. 12，1/27.

Navicula neoventricosa Husted 1966，p. 612，fig. 1612(左侧图).

　　壳面披针形，末端喙头状。轴区线形，中心区扩大呈矩形，但不达边缘，在中心区一侧近中节有一个明显的独立点纹。壳缝直，丝状，近缝端斜向一侧弯斜。壳面横线纹由点组成并与弯曲的纵纹交叉，点线纹在 10 μm 内有 14—20 条。壳面长 16—22 μm，壳面宽 8 μm。

　　生境：淡水和近气生种，生长在小水沟和瀑布边潮湿岩石上附着物共生的环境中。

　　产地：西藏(类乌齐、噶尔）；山东(泰山）；四川(崇州）。

　　分布：欧洲(俄罗斯，比利时，瑞士，德国，芬兰，奥地利，意大利）。

马雅美藻属 Mayamaea Lange-Bertalot 1997

H. Lange-Bertalot 1997 p. 71

　　细胞很小，单个，没有出现有规则的链条形，但常被黏液包着。壳体带面观呈矩形，常见壳面观。

　　壳面总是椭圆形，末端宽圆形，无近头状或尖头状。轴区易变，中度(适度)至很宽。在 SEM 下观察：轴区内有强壮硅质缝骨，仅在内壳面显现，在平坦的外壳面未显露。壳缝丝状，多少强弯曲，近缝端向同一边偏斜，远缝端向同一边偏斜呈钩状(镰刀状)，与近缝端方向相对。壳缝简单，直形，内裂缝没有复杂的缝肋。近缝端顶没有特殊组合构造，远缝端有一个短的适度(中)大的螺旋舌(喇叭舌)。壳面横线纹由单列，少数由双列孔纹组成。孔纹简单圆形，外壳面孔纹是闭合的，内壳面孔纹是开放的。环壳面观，每个壳环由三个小的、非网孔的环组成，彼此很相似和无差异。

　　每个细胞中有两个色素体，各有一个蛋白核。

　　本属所有的种都是从 *Navicula* 属中分移的，其生态环境基本相似，喜嗜干湿交替环境，尤其是在超沿岸带和土壤中。

模式种 *Mayamaea atomus* (Kützing) Lange-Bertalot，1997，p. 72。

本志收编 7 种(包括 3 个新联合种)及 1 个新联合变型共 8 个分类单位。

马雅美藻属分种检索表

1. 联合马雅美藻　图版(plate) VII：3

Mayamaea asellus (Weinhold 1934) Lange-Bertalot 1997，p. 72；Lange-Bertalot 2001，p. 135，
  104/21，22.

Navicula asellus Weinhold ex Hustedt 1934 *in* A. Schmidt 400/1 — 5；Krammer &
  Lange-Bertalot 1999，p. 218，74/34；Zhu et Chen(朱蕙忠　陈嘉佑)2000，p. 50，20/4.
　　壳体壁很薄，壳面椭圆形，末端楔形钝圆或宽圆形。轴区中等窄至宽，中心区较大，
横向扩大形成横椭圆形。壳缝丝状，轻微拱形，缝骨增厚，在 LM 下观，两侧边可见硅
质纵肋，近缝端直。中央孔明显，间距较大，远缝端短。壳面横线纹较强烈辐射排列，
中部线纹长、短相间(交替)排列，线纹在 10 μm 内 18—26 条，线纹由明显的点纹组成，
在 10 μm 内有 25—28 个。壳面长 8.7—9.8 μm，壳面宽 3.6—4.7 μm。
　　生境：淡水种，生长在山区溪流和水塘环境中。
　　产地：西藏(乃东)。
　　分布：欧洲(德国，奥地利)。

2. 细柱马雅美藻　图版(plate) VII：4，5

Mayamaea atomus (Kützing 1844) Lange-Bertalot 1997，p. 72；Lange-Bertalot 2001，p. 136，
  103/2，3，104/1—6.
Navicula atomus Kützing 1844，p. 108，30/70.
Navicula atomus (Kützing 1844) Grunow 1860，p. 552，2/6；Van Heurck 1896，p. 227，5/231；

Dippel 1904，p. 74，fig. 158；Meister 1912，p. 126，19/9；Mayer 1913，p. 47，28/32；
Boyer 1916，p. 100，26/12；Hustedt 1930，p. 288，fig. 484；Skvortzow 1938，p. 55，
2/25；Sabelina *et al.* 1951，p. 295，fig. 168，5；Cleve-Euler 1953，p. 165，fig. 837；
Hustedt 1962，p. 169，fig. 1303；Bao *et al.*（包文美等）1992，p. 136，；Krammer &
Lange-Bertalot 1986，p. 216，74/10；Zhu et Chen（朱蕙忠 陈嘉佑）2000，p. 50，20/5.

Amphora atomus Kützing 1844，p. 108，30/70.

Navicula caduca Hustedt 1942，p. 63，fig. 3.

Navicula pseudatomus Lund 1946，p. 74，figs. 6 k—w.

壳面椭圆形至宽椭圆形，末端宽圆形。轴区与胸骨并合，中心区小 或规则扩大或缺
乏。壳缝丝状，分叉多，少有拱形，包围在或多或少强壮的壳缝骨中，有凸出的（显著的）
中央节和端节。壳面横线纹强烈辐射列，围绕中央节有时出现长、短线纹交替排列，线
纹在 10 μm 内有 21—28 条，区别点纹在 LM 下非常困难。壳面长 8—10.5 μm，壳面宽
3.7—4.5 μm。

生境：淡水种，生长在湖泊、江河、沼泽与溪流之间的渗水滩，水清缓流的环境中。

产地：吉林（长白山地区）；西藏（墨脱）。

分布：欧洲（俄罗斯，德国，瑞士，比利时，芬兰等中欧地区）；北美洲（美国）。

3. 不连马雅美藻

Mayamaea disjuncta（Hustedt 1930）Li et Qi（李家英 齐雨藻）comb. nov.

Navicula disjuncta Hustedt 1930，p. 274，fig. 451；Hustedt 1930 *in* Schmidt *et al.* 1874—，
370/45，399/51—53（1934）；Hustedt 1961，p. 143，fig. 1275 a—e；Krammer &
Lange-Bertalot 1999，p. 196，70/16，17；Zhu et Chen（朱蕙忠 陈嘉佑）2000，p. 159，
23/3.

3a. 原变种　图版（plate）VII：6

var. disjuncta

壳面线状或狭椭圆披针形，末端宽圆近头状。轴区窄，线形。中心区扩大呈横矩形
至近椭圆形。壳缝直，线形，近缝端直，不偏斜。壳面横线纹几乎均为辐射排列，仅在
末端略平行排列，线纹在 10 μm 内有 24—28 条。壳面长 14—16 μm，壳面宽 3—3.5 μm。

生境：淡水种，生长在山间溪流和河边水塘、水渠流水壁上附着物的环境中。

产地：西藏（吉隆、芒康）。

分布：欧洲（北极阿拉斯加）。

本种在西藏发现的标本：细胞较小。壳面横线纹在极端的排列略有区别（从绘图比
较），由于细胞较小，绘制图的线纹排列还需进一步观察标本。

3b. 英吉利变型　图版（plate）VII：7

f. anglica（Hustedt 1961）Li et Qi（李家英 齐羽藻）comb. nov.

Navicula disjuncta f. *angulica* Hustedt 1961，p. 143，fig. 1275 f—h；Zhu et Chen（朱蕙忠

陈嘉佑)2000，p. 159，23/ 4.

本变型与原变种的主要区别：本变型壳面两侧边缘明显外凸。中心区小。壳面横线纹在极端更明显平行排列，线纹在 10 μm 内有 16—18 条，两端在 10 μm 内有 20—28 条。壳面长 14.5—17 μm，壳面宽 4.4—5 μm。

　　生境：淡水，生长在湖滨草地上的水坑、小河边的浅池、沙沟小溪流环境中。

　　产地：西藏(八宿、洛龙、类乌齐)。

　　分布：欧洲(英国，德国)。

4. 高马雅美藻　图版(plate)Ⅶ：8

Mayamaea excelsa (Krasske 1925) Lange-Bertalot 1997，p. 72；Lange-Bertalot 2001，p. 138，
　　103/4，5.，104/35—40.

Navicula excelsa Krasske 1925，p. 51，2/33；Zhu et Chen(朱蕙忠　陈嘉佑)2000，p. 160，
　　23/7.

Navicula atomus var. *excelsa* (Krasske) Lange-Bertalot *in* Krammer & Bertalot 1985，p. 57；
　　Krammer & Lnage-Bertalot 1999，p. 217，74/11—13.

　　壳面较长和较宽的椭圆形，末端宽圆形。轴区披针形，中心区不扩大。壳缝骨较强烈硅质化而且较宽，但与长度和宽度无关，主要取决于较大细胞。壳面横线纹粗，均为强烈辐射状排列，在 10 μm 有(中部)12—16 条，两端在 10 μm 内有 20—28 条。壳面长 6.6—12.5 μm，壳面宽 3—65 μm。

　　生境：淡水种，生长在森林中的小水坑、沼泽与溪流间的渗水滩环境中。

　　产地：西藏(墨脱)。

　　分布：欧洲(德国)。

5. 小沟马雅美藻　图版(plate)Ⅶ：9

Mayamaea fossalis (Krasske，1929) Lange-Bertalot 1997，p. 72；Lange-Bertalot 2001，p. 138，
　　104/25—30.

Navicula fossalis Krasske 1929，p. 354，fig. 10；Hustedt 1930，p. 306，fig. 544；Sabelina *et*
　　al. p. 327，fig. 190，1；Hustedt 1962，166，fig. 1299；Bock 1963，p. 226，2/138，
　　139；Krammer & Lange-Bertalot 1999，p. 217，74/32，33；Zhu et Chen(朱蕙忠　陈嘉
　　佑)2000，p. 161，23/11.

　　壳面椭圆形，末端宽圆形。轴区窄，线形至线披针形，中心区明显扩大呈横向近矩形。壳缝丝状、略弓形，近缝端不偏斜，有明显的中央孔。壳面横线纹均为辐射排列，中部线纹较短，在 10 μm 内有 1—20 条，两端在 10 μm 内有 21—24 条。壳面长 7—10 μm，壳面宽 3—3.5 μm。

　　生境：淡水种，生长在地下泉水边草地积水环境中。

　　产地：西藏(措美)。

　　分布：欧洲(俄罗斯，德国，Sachsens，芬兰等)。

6. 福建马雅美藻　图版(plate) VII：10

Mayamaea fukiensis(Skvortzow 1929) Li et Qi (李家英　齐雨藻) comb. nov.

Navicula fukiensis Skvortzow 1929，p. 42，2/7.

　　壳面狭窄的短线形，末端圆形。轴区宽线形或披针形，中心区横向扩大直达壳缘，呈矩形。壳缝直线形，近缝端直，中央孔不明显。壳面横线纹近辐射排列，线纹由细的点孔纹组成，点线纹在 10 μm 内有 7—8 条，点纹在 10 μm 内有 10—12 个。壳面长 30.6—35 μm，壳面宽 8.5—12 μm。

　　生境：淡水至半咸水，生长在福州山区溪流环境中。

　　产地：福建(福州)。

　　本种的形态特征和构造，尤其是线纹的组成和壳缝的特征，与 *Mayamaea* 属的特征相似，因此，将 *N. fukiensis* 种移入 *Mayamaea* 属成为 *M. fukiensis* (Skvortzow 1919) Li et Qi 的新联合种完全符合分类。

7. 混合马雅美藻　图版(plate) VII：11

Mayamaea permitis(Hustedt 1945) Li et Qi (李家英　齐雨藻) comb. nov.

Navicula permitis Hustedt 1945，p. 919，41/8，9；Hustedt 1962，p. 174，fig. 1306；Zhu et
　　Chen (朱蕙忠　陈嘉佑) 2000，p. 70，26/3.

Navicula peratomus Hustedt 1957，p. 277，fig. 26.

Navicula atomus permitis (Hustedt) Lange-Bertalot 1985，p. 57.

Mayamaea atomus var. *permitis* (Hustedt) Lange-Bertalot 1997，p. 72；Lange-Bertalot 2001，
　　p. 136，figs. 104/7—13.

　　细胞较小型，壳体壁薄而透明，壳面线形椭圆形，末端钝圆形。轴区窄线形，中心区不扩大。壳缝直线形，包围壳缝的壳缝骨较窄，但明显。壳面横线纹很致密，在 LM 下很难区分。壳面长 8—10 μm，壳面宽 3—3.5 μm。

　　生境：淡水种，生长在泉水小溪流和泉水沼泽环境中。

　　产地：西藏(聂拉木、申扎)。

　　分布：欧洲(德国，奥地利，瑞士，巴尔干半岛)。

　　本种由 Lange-Bertalot (1997) 将其归入细粒舟形藻 *N. atomus* 种中的变种 *N. atomus* var. *permitis* (Hustedt 1945) Lange-Bertalot。从特征看两者很相似，但构造差别较明显，因此 Hustedt (1945) 的种名应保留，不应归入 *N. atomus* 种中成为该种的变种。从构造特征(轴区、壳缝和线纹)看应将其归入 *Mayamaea* 属作为新联合种 *M. permitis* (Hustedt) Li et Qi 更符合分类。

长篦形藻属 Neidiomorpha Lange-Bertalot H. & Cantonati M.

In Cantonati M.，Lange-Bertalot H. & Angeli N. 2010，p. 196

　　细胞单个，舟状。壳面平坦，线形至线状椭圆形，两侧边缘中部缢缩或明显缢缩，末端变窄，钝圆形或喙状。壳环面长方形，轴区线形，中心区扩大形成椭圆形、长方形

或方形。壳缝直，近缝端向一侧稍偏斜，中央孔小，远缝端偏斜入壳套，未见分叉状。壳面横线纹由网孔纹组成，靠近胸骨有 1—3 单列较大的孔纹，向壳面外侧突然变小至壳套并具一轮较大的网孔纹。

本属色素体有 2 个，分前、后位于壳面和壳环(每半个细胞一个)，每个色素体有 1 个蛋白核。

本属种类生活在淡水和咸水环境中。

本属依据细胞的形态和构造特征与长箆藻属 *Neidium* 有所区别。由 Cantonati，Lange-Bertalot 等(2010)从 *Neidium* 属中分离出重建的新属长箆形藻属 *Neidiomorpha*。Liu *et al.*(刘琪等 2014)在研究中国四川若尔盖湿地及其附近水域硅藻时，其中有 3 种属于 *Neidiomorpha* 属，3 种中有 1 种是新种 *N. sichuanianna* Liu，Wang & Kociolek，2 种新联合种即 *N. binodis*(Ehrenberg)Cantonati，Lange-Bertalot & Angeli 和 *N. binodiformia* (Kammer)Cantonati，Lange-Bertalot & Angeli。

模式种：*Neidiomorpha binodiformis*(Krammer)Cantonati，Lnage-Bertalot & Angeli。

本志收录 3 种。

长箆形藻属分种检索表

1. 壳面线形，中部边缘缢缩，末端延长，钝圆形极喙状 ················· **1. 双结形长箆形藻** *N. binodiformis*
1. 壳面非线形 ··· 2
    2. 壳面椭圆披针形，中部边缘几乎不缢缩。轴区窄，线形，中心区小，横椭圆形至角凸状亦或不明显 ··· **2. 双结长箆形藻** *N. binodis*
    2. 壳面线椭圆形，中部边缘明显缢缩，末端喙状。中心区小，横向不对称的椭圆形 ······················ ··· **3. 四川长箆形藻** *N. sichuaniana*

1. 双结形长箆形藻　图版(plate)XXXI：1—10

Neidiomorpha binodiformis(Krammer 1995)Cantonati，Lange-Bertalot et Angeli 2010，figs. 1—5，10—16；Liu *et al.*(刘琪等)2014，figs. 14—16，29—33.

Neidium binodiformis Krammer *in* Krammer & Lange-Bertalot 1985，p. 102，5/14—15，43/1—5.

Neidium binode sensu Germian 1981，p. 150，fig. 58. 21 und 21bis.

壳面线形，中部边缘缢缩，末端延长，钝圆形及喙状。轴区窄，线形，中心区横向扩大，近椭圆形。壳缝丝状，直，近缝端略粗，在相同方向不弯曲，仅微偏斜，远缝端窄，线形，弯斜至壳套。壳面横线纹均为辐射状排列，由不明显点纹组成，在 10 μm 内有 26—28 条。壳面长 22.3—32.3 μm，壳面宽 5.5—6.3 μm。

在 SEM 下观察，外壳面线纹由单一的圆形不规则的网孔纹组成，有 1—5 列靠近胸骨的较大孔，然后突然转变成明显较小孔靠近壳套。线纹在壳套上由单一的细长网孔纹组成，轴区窄，中心区扩大形成一小的不规则的椭圆形。壳缝简单，丝状，近缝端小，略呈膨大简单的中央孔，远缝端偏斜至壳套。内壳面每条线纹有 1—4 个网孔，靠近胸骨较大并具有膜，在壳套中纵穴(洞)浅，可见。壳缝系有一直缝位于胸骨中，具有明显的远缝端螺旋舌(喇叭舌)和一个与喇叭舌相似的中心硅质增厚区。

生境：淡水至微咸水种，生长在湿地中附着在管状植物的环境中，pH 8.2。

产地：四川(若尔盖湿地)。

分布：欧洲和北美洲地区。

2. 双结长篦形藻　图版(plate)VIII：1；XXXI：11，12

Neidiomorpha binodis(Ehrenberg 1840)Cantonati，Lange-Bertalot & Angeli 2010，p. 200，
figs. 6—9，16；Liu *et al.*(刘琪等)2014，p. 127，figs. 8—13，23—28.

Navicula binodis Ehrenberg 1840，p. 212；Kützing 1844，p. 100，3/35；Wm. Smith 1853，
p. 53，17/159；Grunow 1860，p. 551，2/42；Schumann 1876，p. 77，4/60；Brun 1880，
p. 68，7/18；Cleve 1894，p. 129；Van Heurck 1896，p. 229，5/235；Dippel 1904，
p. 76，fig. 165；Mayer 1913，p. 134，2/18，19；Hustedt 1930，p. 276，fig. 455；Sabelina
et al. 1951，p. 379，fig. 157，5；Cleve-Euler 1953，p. 194，fig. 910；Zhu et Chen(朱
蕙忠　陈嘉佑)1989，p. 45，fig. 910；Zhu et Chen(朱蕙忠　陈嘉佑)1994，p. 45；Zhu et
Chen(朱蕙忠　陈嘉佑)2000，p. 151，20/12.

Neidium binodis(Ehrenberg 1840)Hustedt 1945，p. 933，934；Li et Qi(李家英　齐雨藻)2010，
p. 75，35/7.

壳面线状椭圆形或椭圆披针形，中部边缘几乎不明显缢缩，末端延长、窄、钝圆喙
状。轴区窄，线形，中心区扩大呈小的横椭圆形。壳缝直，丝状，近缝端直，略为膨大，
钝形，在相对方向(位置)不弯曲，远缝端窄，线形，不分叉，明显，向相同一边偏斜。
壳面横线纹均呈辐射状排列，点纹排列呈波状纵列，但要分辨是困难的，线纹在 10 μm
内中部有 24—26 条，两端 10 μm 内有 30—34 条。壳面长 20—32 μm，壳面宽 5.4—7.5 μm。

在 SEM 下观察，外壳面线纹从轴区延伸至壳套基部。线纹由单一的圆形至不规则形
的网孔纹组成，网孔纹靠近胸骨较大，向壳面至壳套突然转变成较小网纹，轴区窄并扩
大，每条线纹有 1—9 个网孔。壳套上有一列较大的孔纹。轴区窄，中心区扩大形成一小
椭圆形至不规则的区。壳缝简单，丝状，近缝端小，微膨大简单的中央孔，远缝端偏斜
至壳套。

内壳面观，每条线纹有 1—6 个网孔纹，靠近胸骨较大并在壳面与壳套连接处由 2，3，
4 连续组成。在壳套中纵向可见浅洞。壳缝系有一直缝位于胸骨中，具有明显的远缝端、
喇叭舌(螺旋舌)和一个与喇叭舌相似的中心硅质增厚区。

生境：淡水至半咸水，生长在湿地附着在管状植物上、河边小流水沟、山区溪流、
小河边浅水池、河中岩石上附着物、山坡下泉水小溪、水塘、稻田静水和流水环境中。

产地：辽宁(本溪)；山西(宁武)；四川(若尔盖湿地)；西藏(萨嘎、察隅、芒康、察
雅、洛隆、江达)；贵州(松桃、铜仁、江口)；湖南(吉首、麻阳、永顺、凤凰、慈利索
溪峪自然保护区)。

分布：亚洲(日本)；欧洲(俄罗斯，德国，英国，比利时，法国，瑞士，芬兰等)。

最早由 Ehrenberg(1840)依据标本的形态特征和壳面基本构造确立 *Navicula binodis*
种。Hustedt(1945)将 *Navicula binodis* 改定为 *Neidium binodis*(Ehrenberg)Hustedt。Van
Landingham(1978)同意了 Hustedt 的意见。随后的硅藻分类学家依据壳面边缘观察到的纵

带和壳缝特征等一直沿用 *Neidium binodis* 种。我们观察到的标本未看到壳面边缘纵带和壳缝近缝端向相反方向弯曲的 *Neidium* 属的主要特征，因此将所见标本归至 *Navicula binodis* 种中。2010 年 Cantonti 等（2010）依据细胞形态和构造特征从 *Neidium* 属中分离出并重建了一新属长箆形藻属 *Neidiomorpha*，并将 *Neidium binodiformis* Krammer 和 *Neidium binodis*（Ehrenberg）Hustedt 移至 *Neidiomorpha* 属中。我们的标本在形态和构造特征，尤其是壳缝的构造特征方面均属于 *Neidiomorpha* 属的特征，因此 *Navicula binodis* 应移入 *Neidiomorpha* 属中。

3. 四川长箆形藻　图版（plate）XXXII：1—9

Neidiomorpha sichuaniana Liu，Wang & Kociolek（刘琪等）2014，p. 124，figs. 1—7.

壳面线椭圆形，中部两侧边缘明显缢缩，末端喙状。轴区窄，线形，中心区小，扩大呈不对称的横椭圆形。壳缝几乎呈丝状，直形，近缝端直，短粗状，无相反方向的弯曲，远缝端窄，线形，清楚向一边偏斜。壳面横线纹均辐射状排列，点纹呈波状纵列，有时难于分开，线纹在 10 μm 内有 25—26 条。壳面长 19.1—28.4 μm，壳面宽 5.3—6.1 μm。

在 SEM 下观察：外壳面线纹从轴区延伸至壳套基部，线纹由单一的、可变的圆形网孔纹组成，网孔纹不闭塞，靠近胸骨较大，向壳套面至壳套突然变成较小的网纹。轴区窄并扩大呈横向椭圆形的中心区。壳缝简单，丝状，几乎无波状。远缝端向壳套侧斜，近缝端中央孔小而简单，略斜向初生边。

内壳面网孔纹每条有 1—7 个孔纹，网孔纹接近胸骨，在壳套上线纹由单个小孔组成。壳缝系有一直缝位于胸骨中，具有明显的远缝端喇叭舌，在中央有一硅质突，给予一个复合的（混合的）喇叭舌的印象（痕迹）。纵穴位于轴区的两边，在壳套中浅和可见，延长至壳面的长度。

生境：淡水至半咸水，生长在湿地中附着在管状植物的水环境中。

产地：四川（若尔盖湿地）。

岩生藻属 **Petroneis** Stickle & Mann

In Round F.E.，Crawford. R.M & Mann D.G. 1990，p. 462

细胞单个，舟状，常出现壳面观。壳面线形至椭圆形。壳面宽，末端喙状。壳面平坦，相当的硅质化。壳面花纹相当粗糙，通常单列，多少呈辐射排列。在 SEM 下观察到线纹由大圆形或横向延长的疑孔组成，疑孔是闭塞的复合型，没有膜。壳缝骨位于壳面中央，直形，在中心扩大形成 1 个圆形或矩形区。外裂缝通向中心形成倒披针形，窄或 T 形沟（槽）。外中央缝端简单或轻微扩大。远缝端向 1 个弯钩向同一方向弯转。环带（壳环）包括较少的开口带，其上有 1 列或 2 列的横向大疑孔。

每个细胞有 2 个大的蝶形或 X 形质体，每个壳面边 1 个，质体边缘通常高（凸）出，质体呈弯形，有 1 个略延长的蛋白核。

Petroneis 属的种通常归入 *Navicula* 属中的 Section punctatae 亚属的分类中，但是它们的主要区别在于除壳缝的中心部构造不同外，似乎有亲缘的关系。从形态构造特征看，

与 *Lyrella* 属最有亲缘关系，但不同的是前者缺少 1 个琴形状的明显（空白）区，后者的壳缝及网孔构造也有所区别。

生境：本属的多数种广泛分布在常温、热带的海水中生活，半咸水和淡水中也有生活的种。常在沙地沉积、沙地表面的附着物和浒苔上环境中出现。

模式种 *Petroneis bumerosa*（Brébisson）Stickle &. Mann 1990，p. 462。

本志收录 2 种。

岩生藻属分种检索表

1. 壳面线状椭圆形，末端短，钝喙状。中心区横向椭圆形或近矩形⋯⋯⋯⋯**1. 三角形岩生藻 *P. deltoides***
1. 壳面长椭圆形，两侧边近平行，末端短喙状。中心区横向近圆形⋯⋯⋯⋯**2. 肩部岩生藻 *P. humerosa***

1. 三角形岩生藻　图版（plate）VII：14

Petroneis deltoides（Hustedt 1966）Mann 1990，p. 675.

Navicula deltoides Hustedt 1966，p. 689，fig. 1687；Zhu et Chen（朱蕙忠　陈嘉佑）2000，
　　p. 158，22/11.

壳面线状椭圆形，末端短、钝喙状。轴区窄披针形，略不对称，中心区横向扩大呈椭圆形或近矩形。壳缝线形，直或略弯曲，近缝端稍膨大，中央孔近 T 形，远缝端弯钩状并向同一方向弯。壳面横线纹由明显的粗糙点纹组成，全部呈辐射状排列，但在线纹中部点纹列出现纵向不规则的波状，线纹在 10 μm 内有 6—15 条（据 Hustedt 记录，横线纹在 10 μm 内有 12 条），点纹在 10 μm 内有 13—14 个。壳面长 30 μm，壳面宽 18 μm。

生境：淡水种，生长在雪山冰川下游泉边沼泽、草甸积水坑、草上附着物环境中。

产地：西藏（申扎）。

分布：欧洲（意大利）。

2. 肩部岩生藻　图版（plate）VII：13

Petroneis humerosa（Brébisson 1856）Stickle & Mann 1990，p. 462.

Navicula humerosa Brébisson *in* litt ex Wm. Smith 1856，p. 93；Donkin 1870，p. 18，3/3；
　　Brun 1880，p. 75，8/36 a；Van Heurck 1896，p. 210，4/182；Boyer 1916，p. 91，25/5；
　　Hustedt 1930，p. 311，fig. 559；Sabelina *et al*. 1951，p. 333，fig. 195，1；Hendey 1964，
　　p. 206，31/14；Hustedt 1966，p. 719，fig. 1702 a—b，e；Chin *et al*.（金德祥等）1991，
　　p. 133，97/1184；Zhu et Chen（朱蕙忠　陈嘉佑）1994，p. 92；Zhu et Chen（朱蕙忠　陈
　　嘉佑）2000，p. 62，24/3.

Navicula humerosa var. Grunow *in* Van Heurck 1880，11/20.

Navicula humerosa var. *genuina* Cleve-Euler 1953，p. 114，fig. 732 a—c.

壳面长椭圆形，两侧边近平行，末端短喙状。轴区很狭窄，中心区横向扩大形成近圆形。壳缝直，近缝端（中央缝端）扩大形成 T 形沟（槽），远缝端弯向同一方向。壳面横线纹由点纹组成，近壳缘较密，中央部分较稀。点条纹辐射排列，中心区两侧的点条纹长、短相间排列，在 10 μm 内有 10—12 条，点纹在 10 μm 内有 12—18 个。壳面长 37—71.5 μm，

壳面宽 22—30 μm。

生境：海水、半咸水和淡水种，生长在海水、潮间带、湖中近岸边、江河、沙地、岩石、海藻等环境中。

产地：西藏(日土)；贵州(松桃、永顺)；湖南(凤凰)；福建(东山、厦门、平潭)；广西(北海)；广东(西沙群岛的永兴岛、琛航岛)；海南(三亚)。

分布：亚洲(印度尼西亚)；欧洲(俄罗斯，意大利，英国，比利时，法国，德国，芬兰，挪威)；大洋洲(澳大利亚，新西兰)；非洲(坦桑尼亚)；北美洲(美国等)。

盘状藻属 Placoneis Mereschkowsky 1903

C. Mereschkowsky 1903，15：3

细胞单生，舟状，常壳面观。壳体对称，壳面通常呈线形、披针形至椭圆披针形，末端喙状或头状。壳面平坦，与壳套有明显的区别，极端非常浅薄。轴区窄，中心区通常扩大(膨大)形成圆形或矩形，壳缝直或略偏斜，近缝端通常直，中央孔稍膨大，远缝端向同一边或相对的边呈镰刀状或钩状。壳面横线纹通常辐射状排列，有的两端近平行排列。在 SEM 下观察，点纹呈圆形，常单列，偶尔有双列。壳缝的内外有所不同，尤其是端缝的近缝端外观直，略膨大，内观呈钩状，远缝端的外观向一侧弯曲，内观时其弯曲基部显现出螺旋舌。

细胞中特别大的质体(色素体)分成两个 X 形的板片靠近一壳面之下，板片中部以一柱形或狭通道连接，有一个扁平的蛋白核，位于细胞中部或移向环带一边，环带由开口带组成。

Placoneis 属是 Mereschkowsly(1903)依据细胞质体的形态构造和数量从 *Navicula* sensu sericto 中分离出来，并以 *Placoneis gastrum*(Ehrenberg 1841)Mareschkowsky 为模式种建立的新属。后又并入 *Navicula* sect. Lineolatae 组中被广泛应用。1987 年，Cox(1987)对该属进行了详细深入的研究，尤其是对该属种类细胞的质体形态、数量及壳缝、线纹构造特征在 L M 和 SEM 下的进行仔细观察研究，认为细胞的构造特征与 *Navicula* 属有所区别，因此重新确定并沿用了该属的模式种 *Placoneis gastrum*(Ehrenberg 1841)Mareschkowsky。到目前为止，全世界共报道该属种类约 130 个分类单位(其中许多种原包括在 *Navicula* 属中)。

Round 等(1990)根据扫描电镜(SEM)下硅藻壳面构造特征对硅藻分类提出了新的意见并对分类进行调整，他将盘状藻属 *Placoneis* 移归至桥弯藻科(Cymbellaceae)。盘状藻属是三轴对称的硅藻，而桥弯藻的壳面则是左右(相当于纵轴)明显地不对称。两者的构造也有明显的区别。因此在此次编志中，仍然将盘状藻归入舟形藻描述。

Placoneis 属种的壳体，构造和对称以及有性繁殖的存在(出现)，尤其是色素体的构造特征与 *Cymbella* 属和 *Gomphonema* 属可能有更近的亲缘关系。

本属大部分种类生活在淡水中，部分喜生于咸水，海水中也许存在，通常是附生。

模式种 *Placoneis gastrum*(Ehrenberg)Mereschkowsky。

本志收编 10 种，7 个新联合变种及 3 个新联合变型共 20 个分类单位。

盘状藻属分种检索表

1. 两球盘状藻

Placoneis amphibola (Cleve 1891) Cox *in* Matzltin，Lange-Bertalot et Nergui，2009，51/1，2.

Navicula amphibola Cleve 1891，p. 33；Cleve 1894，p. 45；Hustedt 1930，p. 309，fig. 554；
   Cleve-Euler 1934，p. 63，fig. 99；Sabelina *et al.* 1951，p. 335，fig. 197，1l；Cleve-Euler
   1953，p. 115，fig. 734；Hustedt 1966，p. 793，fig. 1767；Li（李家英）1982，p. 61，
   2/4；Krammer & Lange-Bertalot 1999，p. 46，51/1；Zhu et Chen（朱蕙忠 陈嘉佑）2000，
   p. 149，20/4.

Navicula punctata var. *asymmetrica* Lagerstedt 1873，p. 29，2/7.

Navicula amphibola var. *asymmetrica*（Legerstedt 1873）Cleve-Euler 1934，p. 63.

Navicula amphibola var. *curta* Skvortzow 1937，p. 337，9/4.

1a. 原变种　图版(plate)VIII：2，XXII：9；XLV：12

var. amphibola

壳面线椭圆形至椭圆披针形，有时略不对称，末端喙状。轴区明显，中心区横向扩大，形成较宽的不规则的矩形。壳缝中部宽，两端变窄的线形，近缝端膨大，中央孔明显呈斑点或喷头状，远缝端呈弯钩状。壳面横线纹由明显的点纹组成，辐射排列，在中心区长、短相间排列，线纹在 10 μm 内有 6—9 条，两端在 10 μm 内有 10—14 条，点纹在 10 μm 内 12—15 个。壳面长 30—50(—80) μm，壳面宽 11.5—23 μm。

生境：淡水种，生长在河流、支流沼泽、泉边沼泽、草甸积水坑、湖边流水沟、积水坑、山泉小瀑布、石壁、水草附着物、溪流、湖泊等环境中。

产地：西藏(聂拉木、定日、亚东、康马、吉隆、芒康、江达、斑戈、申扎、措勤、噶尔、革吉)。

化石产地及时代：山东山旺中新世。

分布：亚洲(蒙古国)；欧洲(俄罗斯，挪威，芬兰，德国，法国)，北美洲(美国)。

1b. 满洲里变种　图版(plate)XXII：16

var. manschurica (Skvortzow 1928) Li et Qi (李家英　齐雨藻) comb. nov.

Navicula amphibola var. *manschurica* Skvortzow 1928，p. 43，2/19；Skvortzow 1938，p. 59.

本变种与原变种的主要区别：本变种壳面椭圆披针形，末端楔形喙状。轴区窄，中心区扩大形成矩形。壳面横线纹由点纹组成，线纹在 10 μm 内有 13—15 条。壳面长 45.9 μm，壳面宽 17 μm。

生境：淡水，生长在河流和山区小溪流环境中。

产地：黑龙江(额尔古纳河)；内蒙古(满洲里)。

2. 温和盘状藻

Placoneis clementis (Grunow 1882) Cox 1987，figs. 20，22，124—26.

Navicula clementis Grunow 1882，p. 114，30/52；De Tani 1891，p. 55；Cleve 1895，p. 24；Cleve-Euler *in*　Backman *et* Cleve-Euler 1922，p. 61，fig. 15；Hustedt 1934 *in* Schmidt *et al.* 1874—，398/ 8—12；Hendey 1964，p. 197，30/10；Zhu et Chen (朱蕙忠　陈家佑) 1989，p. 45；Krammer & Lange-Bertalot 1999，p. 139，47/1—9，53/3.

Navicula clementis var. *genuina* Cleve-Euler 1953，p. 148，fig. 802a—b.

Navicula clementis var. *rhembica* Brockmann 1950，p. 18，2/43，45.

Navicula inclementis Hendey 1964，p. 197，30/16.

2a. 原变种

var. clementis

壳面椭圆披针形或宽亦或菱形披针形，略不对称。末端变窄至喙状。轴区窄，中心区横向扩大，基于线纹长度的不均匀而形成不规则的区域。在中央节的一侧(边)出现两个独立点纹。壳缝直线形，近缝端不偏斜，中央孔略膨大的漏斗形(REM 观)。壳面横线纹辐射状排列，中部线纹较长和较短交替排列，线纹细，呈明显的线条形，线纹的排列有时靠近壳面边缘出现纵线，线条在 10 μm 内有 8—16 条。壳面长 25—33 μm，壳面宽 10—12 μm。

生境：淡水至微咸水种，生长在江河急流石表、溪流和水坑、潮湿岩壁等流水、静水及半气生环境中。

产地：黑龙江（伊春、牡丹江、绥芬河、漠河）；湖南（武陵源自然保护区）。

分布：欧洲（德国，奥地利，英国，匈牙利）；北美洲（美国）。

2b. 线形变种　　图版（plate）VIII：3；XXII：11

var. linearis（Brander ex Hustedt 1936）Li et Qi（李家英　齐雨藻）comb. nov.

Navicula clementis var. *linearis* Brander ex Hustedt 1936 *in* Schmidt *et al.* 1874—，403/43；
　　Cleve-Euler 1953，p. 148，figs. 802，d—f；Zhu et Chen（朱蕙忠　陈嘉佑）2000，p. 155，
　　21/10.

本变种与原变种的主要区别：本变种壳面线椭圆形至椭圆披针形，末端喙头状。轴区窄，中心区横向扩大明显不规则。壳面横线纹强烈辐射排列，在 10 μm 内有 10（—11）—16 条。壳面长 28 μm，壳面宽 9.5 μm。

生境：淡水，生长在水清的小水沟环境中。

产地：西藏（贡觉）。

分布：欧洲（德国）。

3. 双头盘状藻

Placoneis dicephala（W . Smith 1853）Mereschkowsky 1903，p. 7，1/11—13，21，22；Cox
　　1987，p. 146，154，figs. 5，6，36，48.

Navicula dicephala W. Smith 1853，p. 53，17/35；Grunow 1860，p. 538，2/45；Van Heurck
　　1880，p. 87，8/33—34；Van Heurck 1896，p. 188，3/138；Meister 1912，p. 146，22/5；
　　Boyer 1916，p. 96，27/16；Hustedt 1930，p. 302，fig. 526；Sabelina *et al.* 1951，p. 321，
　　fig. 183，3；Okuno 1952，p. 42，25/17；Jao（铙钦止）1964，p. 72；Huang *et al.*（黄成
　　彦等）1983，p. 171，13/7；Zhu et Chen（朱蕙忠　陈嘉佑）1989，p. 46；Zhu et Chen（朱
　　蕙忠　陈嘉佑）2000，p. 158，22/12；You *et al.*（尤庆敏等）2005，p. 49.

Navicula dicephala var. *genuina* Mayer 1913，p. 166，4/26，27；Mayer 1919，p. 204，7/44.

3a. 原变种　　图版（plate）VII：15；XXX：14；XXXIII：11

var. dicephala

壳面宽线形至线形披针形，通常两侧边缘平行，末端稍延长呈喙状至头状。轴区线形，中西区扩大呈近矩形。壳缝线形，直，近缝端中央孔不明显。壳面横线纹呈弧形状，辐射排列，在 10 μm 内有 8—20 条。壳面长 18—41 μm，壳面宽 5—10 μm。

生境：淡水至微咸水，生长在河流、湖泊、溪流、泉水、沼泽、湖边水坑、河边小水沟、水塘、山泉小瀑布、湖畔沼泽化积水凹地、湖边及水坑、浅水滩、小水沟、山间

盆地泉水、小溪、滩边洼地、滴水岩壁、潮湿岩壁、湿土表面、缓流石表、水库、稻田等环境中。

产地：黑龙江(伊春、漠河)；西藏(聂拉木、定日、亚东、康马、吉隆、萨噶、昂仁、墨脱、米林、乃东、错那、措美、察隅、八宿、波密、芒康、察雅、洛隆、贡觉、类乌齐、斑戈、申扎、扎达、革吉、日土)；内蒙古(达里诺尔湖)；湖南(吉首、古丈、麻阳、凤凰、武陵源自然保护区)；贵州(松桃、铜仁、江口)；新疆(喀纳斯地区)；青海；四川西南；云南西北；福建(福州山区)。

化石产地及时代：吉林蛟河上新世。

分布：亚洲(日本)；欧洲(德国，匈牙利，英国，法国，比利时，瑞士，瑞典，俄罗斯)；北美洲(美国，厄瓜多尔)。

本种最早由 W. Smith(1853)确定为 *Navicula dicephala* W. Smith。1903 年 Mereschkowsky 建立了 *Placoneis* 属，并将 *N. dicephala* 移至 *Placoneis* 属中成为新联合种 *Placoneis dicephala*(W. Smith)Mereschkowsky。但在后来的分类中，用此种名的很少，依然沿用 *N. dicephala* 种名。1975 年 Van Landingham 将 *Placonies dicephala* 作为异名归入 *N. dicephala*。尽管 *Placoneis dicephala* 在分类中变更较多，但从原始描述和绘图特征看，沿用 *Placoneis dicephala* 种更符合分类。

3b. 缢缩变种　图版(plate)Ⅶ：12

var. constricta(Cleve-Euler 1934)Li et Qi(李家英　齐雨藻)comb. nov.

Navicula dicephala var. *constricta* Cleve-Euler 1934，p. 65，4/105；Zhu et Chen(朱蕙忠 陈嘉佑)2000，p. 158，22/13.

本变种与原变种的主要区别：本变种壳面中部缢缩，末端明显呈头状。壳面横线纹中部稀疏，向两端较密，线纹在 10 μm 内有 6—20 条。壳面长 21—34 μm，壳面宽 6—8 μm。

生境：淡水至微咸水，生长在湖泊、河边小水坑、草甸中的沼泽、河滩上流出的泉水、河边小沼泽、小河边的浅水池、盐湖岸沼泽化小水坑的环境中。

产地：黑龙江(伊春、镜泊湖)；西藏(定日、乃东、洛龙、革吉)。

分布：欧洲(芬兰)。

3c. 双头盘状藻缢缩变种密线变型　图版(plate)Ⅷ：4

var. constricta f. densestriata(Cleve-Euler 1953)Li et Qi(李家英　齐雨藻)comb. nov.

Navicula dicephala f. *densestriata* Cleve-Euler 1953，p. 142，fig. 792 f；Zhu et Chen(朱蕙忠 陈嘉佑)2000，p. 158，22/14.

本变型与缢缩变种的主要区别：本变型的中心区扩大形成圆形。壳面横线纹在中部较密，向两端比变种稍稀，线纹在 10 μm 内有 10—15 条。壳面长 26 μm，壳面宽 6.5—7 μm。

生境：淡水，生长在河畔沼泽化小水坑环境中。

产地：西藏(吉隆)。

分布：欧洲(芬兰)。

3d. 近头状变种 图版(plate)XLVIII：10

var. **subcapitata**(Grunow 1882)Mereschkowsky 1903，p. 8.

Navicula dicephala var. *subcapitata* Grunow 1882，p. 156，30/54；Cleve 1895，p. 21；Dippel
　　1904，p. 51，fig. 105；Mayer 1917，p. 33，3/12，13；Cleve-Euler 1953，p. 143，fig.
　　792 k；Jao(饶钦止)1964，p. 172，Zhu et Chen(朱蕙忠 陈嘉佑)2000，p. 159.

Navicula antiqua Cleve-Euler 1932，p. 85，fig. 198.

　　本变种与原变种的主要区别：本变种壳面披针形，边缘不呈平行，末端宽楔形。轴区
窄，中心区横向扩大呈横矩形。横线纹辐射排列，在 10 μm 内有 9—10 条。壳面长 21—27 μm，
壳面宽 6—8 μm。

　　生境：淡水至微咸水，生长在小湖泊环境中。

　　产地：西藏(多庆、藏南地区)。

　　分布：欧洲(匈牙利，芬兰，德国，奥地利)。

3e. 波缘变种 图版(plate)VIII：5

var. **undulata**(Östrup 1918(1920)Li et Qi(李家英 齐雨藻)comb. nov.

Navicula dicephala var. *undulata* Õstrup 1918(1920)p. 25，3/33；Cleve-Euler 1934，p. 66；
　　Hustedt 1934 *in* Schmidt *et al.* 1874—，399/ 9，10；Cleve-Euler 1953，p. 143，fig. 792i；
　　Zhu et Chen(朱蕙忠 陈嘉佑)1989，p. 46；Zhu et Chen(朱蕙忠 陈家佑)1994，p. 92；
　　Zhu et Chen(朱蕙忠 陈嘉佑)2000，p. 159，23/2.

Navicula dicephala var. *neglecta*(Krasske 1929)Hustedt 1930，p. 303，fig. 529.

Navicula neglecta Krasske 1929，p. 354，fig. 5.

Navicula elginensis var. *neglecta*(Krasske 1929)Patrick *in* Patrick et Reimer 1966，p. 525，
　　50/5.

　　本变种与原变种的主要区别：本变种壳面边缘三波形，末端喙状至略头状。轴区窄，
中心区横向扩大。壳面横线纹在末端略辐射状排列或平行排列，在 10 μm 内有 9—18 条。
壳面长 20—27.5 μm，壳面宽 7—9 μm。

　　生境：淡水，生长在江河、河畔小水坑、河边沼泽化小水坑、山林中的小溪、水
稻田、密林中的闭塞湖、瀑布下岩石表面、河滩沼泽化的渗水处、河汊静水中、小积
水塘、湖滩沼泽化小积水、河漫滩上的小溪、流经稻田的小水沟、阶地上洼地水塘、
花岗岩石山涌出的泉水、江畔浅水塘、温泉边小溪流、河滩支流、潮湿岩壁上等流水
和静水环境中。

　　产地：西藏(亚东、吉隆、墨脱、米林、林芝、加查、错那、乃东、察隅、波密、芒
康、察雅、扎达)；贵州(松桃、铜仁、江口、印江、石阡、思南、沿河)；湖南(吉首、
古丈、麻阳、永顺、凤凰、武陵源自然保护区)。

　　分布：欧洲(冰岛，芬兰，德国)；北美洲(美国)。

4. 埃尔金盘状藻 图版(plate)VIII：6

Placoneis elginensis(Gregory 1856)Cox 1987，p. 154，155，fig. 20—27，34，45，46，51.

Pinnularia elginensis Gregory 1856，p. 9，1/33.

Navicula elginensis（Gregory 1856）Ralfs *in* Pritchard 1861，p 902；Wolle 1890，20/22；
    Cleve-Euler 1953，p. 143，fig. 793 B；Krammer & Lange-Bertalot 1999，p. 136，46/1—9.

Navicula dicephala var. *elginensis*（Gregory 1856）Cleve 1895，p. 21；Mayer 1917，p. 33，
    3/14；Hustedt 1930，p. 303；Sabelina *et al.* 1951，p. 321；Okuno 1952，p. 42，25/18；
    Zhu et Chen（朱蕙忠　陈嘉佑）2000，p. 159，23/1.

Placoneis dicephala var. *elginensis*（Gorgory 1856）Mereschkowsky 1903，p. 7.

　　壳面宽线形至线披针形，两端延长。末端较短的喙状或头状。轴区窄，中心区扩大形成较不规则的矩形或圆形。壳缝直，近缝端中央孔较明显。壳面横线纹弧形不明显，略垂直于轴区，向两端较明显的平行排列，线纹在中部 10 μm 内有 10—12 条，两端在 10 μm 内有 14—16 条。壳面长 29—31 μm，壳面宽 7—10 μm。

　　生境：淡水至微咸水种，生长在江河、静水沼泽和渗水的流水环境中。

　　产地：黑龙江（伊春、漠河）；西藏（亚东）。

　　分布：亚洲（日本）；欧洲（俄罗斯，德国，英国，芬兰等）。

5. 短小盘状藻

Placoneis exigua（Gregory 1854）Mereschkowsky 1903，p. 4，fig. 1，2.

Navicula exigua（Gregory 1854）Grunow *in* Van Heurck 1880，8/32；Hustedt 1930，p. 305，
    fig. 538；Sabelina *et al.* 1951，p. 324，fig. 188，1；Okuno 1952，p. 42，26/5；Zhu et
    Chen（朱蕙忠　陈嘉佑）1989，p. 46；Zhu et Chen（朱蕙忠　陈嘉佑）1994，p. 92；Krammer
    & Lange-Bertalot 1999，p. 138，46/16.17；Zhu et Chen（朱蕙忠　陈嘉佑）2000，p. 160，
    2/8；Niu *et al.*（牛玉璐等）2006，p. 338.

Pinnularia exigua Gregory 1854，p. 99，4/14.

Navicula gastrum var. *exigua* f. *capitata* Cleve-Euler 1953，p. 47，fig. 801 f.

5a. 原变种　　图版（plate）VII：16

var. exigua

　　壳面椭圆披针形，末端突然渐尖圆形和头状。轴区窄而明显，中心区横向扩大，略呈矩形。壳面横线纹均为辐射排列，在中部或中心线纹出现较长、较短不大规则的相间（交替）排列，横线纹在 10 μm 内有 10—19 条。壳面长 13—25 μm，壳面宽 5—8 μm。

　　生境：淡水种，生长在湖泊、河畔小水坑、小溪流及其旁的水坑、小瀑布岩石上、沼泽化水坑、溪流石表、水塘、水库、水井、稻田等静水和流水环境中。

　　产地：河北（衡水湖自然保护区）；西藏（吉隆、措美、察隅、芒康、察雅、墨脱、昌都、日喀则）；云南西北；四川西南；贵州（松桃、铜仁、江口）；湖南（吉首、古丈、麻阳、永顺、凤凰、武陵源自然保护区）；台湾。

　　分布：亚洲（日本，尼泊尔）；欧洲（俄罗斯，芬兰，比利时，德国等）。

5b. 中华变种　　图版（plate）VII：17

var. **sinica**（Skvortzow 1935）Li e t Qi（李家英　齐雨藻）comb. nov.

Navicula exigua var. *sinica* Skvortzow 1935，p. 469，1/29；Van Landingham 1975，p. 2536.

　　本变种与原变种的主要区别：细胞小型。壳面披针形，有宽圆形的边缘，末端短喙状。轴区窄，中心区扩大几乎近矩形。壳缝直，丝状。壳面横线纹细，在中部有明显的短线纹，线纹辐射排列，在 10 µm 内有 17—18 条。壳面长 18 µm，壳面宽 6.8 µm。

　　生境：淡水，生长在湖泊环境中。

　　产地：江西（鄱阳湖）。

6. 平截盘状藻　　图版（plate）XXX：15—17；XXXIII：1

Placoneis explanata（Hustedt 1948）Lange-Bertalot *in* Rumrich，Lange-Bertalot　2000，
　　p. 207；Metzeltin，Lange-Bertalot et Nergui 2009，53/ 8—14；Liu *et al.*（刘妍等）2012，
　　p. 497，1/3—5。

Navicula explanata Hustedt 1948，p. 202，207，fig. 7, 8；Hustedt 1966，p. 805，fig. 1776a—g.

　　壳面长圆形，末端延长呈略平截的头状。轴区窄，中心区扩大形成较大的近矩形或椭圆形，其形状取决于中心区两侧各具 3—4 条缩短的线纹的长、短而变化。壳缝直，近缝端和远缝端弯向壳面相反方向，近缝端中央孔略膨大呈圆形。壳面横线纹在整个壳面略辐射状排列，线纹由圆形网孔组成，靠近轴区一侧的网孔略大，向壳面边缘逐渐变小，孔线纹在 10 µm 内有 10—12 条。壳面长 22—25 µm，壳面宽 8—11 µm。

　　生境：淡水种，生长在湖泊、湖泊沿岸带、石塘、沼泽环境中，pH 6.4—8.9。

　　产地：内蒙古（阿尔山）。

　　分布：亚洲（蒙古国）；欧洲（丹麦，挪威，瑞典，英国，冰岛等中欧地区）。

　　本种名称早在 1996 年由 Metzeltin 和 Witkowski（1996，p. 44，6/22—23）在其研究中首次使用了，但并没有对其进行重新组合。Rumrich 等（2000）在其研究中才将其作为新联合种首次进行了报道。

7. 胃形盘状藻

Placoneis gastrum（Ehrenberg 1841）Mereschkowsky 1903，p. 13，1/17；Cox 1987，p. 146，
　　147，figs. 1—4，35；Round *et al.* 1990，p. 484.

Navicula gastrum（Ehrenberg）Kützing 1844，p. 94，28/56 c；Lewis 1865，p. 11，2/17；Donkin
　　1871，p. 22，3/10；Van Heurck 1880—1885，p. 87，8/25；Wolle 1890，10/2；Cleve
　　1895，p. 423，4/40；Van Heurck 1896，p. 186，3/134；Meister 1912，p. 144，22/ 6；
　　Boyer 1916，p. 96，26/25；Hustedt 1930，p. 305，fig. 537；Sabelina *et al.* 1951，p. 325，
　　fig. 187，1；Okuno 1952，p. 42，13/9. 25/13；Prowse 1962，p. 43，11/v；Hustedt 1966，
　　p. 799，fig. 1771；Li（李家英）1882，p. 461；Yang（扬景荣）1988，p. 162，2/10；Zhu
　　et Chen（朱蕙忠　陈嘉佑）1989，p. 46；Zhu et Chen（朱蕙忠　陈嘉佑）1994，p. 92；Huang
　　et al.（黄成彦等）1998，p. 31，69/1—5；Krammer & Lange-Bertalot 1999，p. 143—144，
　　49/4—6；Zhu et Chen（朱蕙忠　陈嘉佑）2000，p. 161，23/12；You *et al.*（尤庆敏等）2005，

p. 249，II/7.

Pinnularia gastrum Ehrenberg 1841（1843），p. 421，3/7，fig. 23.

Navicula gastrum var. *genuina* Mayer 1913，p. 170，4/17，18，13/13.

Navicula gastrum var. *genuina* Cleve-Euler 1913，p. 147，fig. 80/a—c（e，p）.

7a. 原变种　图版（plate）VIII：7；XXX：18；XXXIII：2—4，XLII：16

var. gastrum

　　壳面披针形至椭圆披针形，末端钝，为拉长近喙状。轴区窄，向中心区稍变宽，中心区横向扩大呈不规则形。壳缝线形，近缝端略扩大，远缝端镰刀形。壳面横线纹均为辐射排列，线纹由单列的疑（假）孔组成，孔线纹在中部呈长、短不规则相间排列，在中部 10 μm 内有 5—10 条，近两端在 10 μm 内有 11—19 条。壳面长 15—42 μm，壳面宽 6—25 μm。

　　生境：淡水至微咸水种，生长在湖泊、江河、缓流石表、稻田、沼泽化小积水、小水池、河流溪石上附着物、有水草的小河沟、湖岸浅滩、河流支流等流水和静水环境中。

　　产地：北京；黑龙江（哈尔滨）；内蒙古（达里诺尔湖）；西藏（错那、隆子、昌都、贡觉、类乌齐、普兰、噶尔、革吉）；新疆（喀纳斯地区）；河北（保定白洋淀）；四川西南；云南西北；贵州（松桃、铜仁、江口）；湖南（吉首、古丈、麻阳、永顺、凤凰、武陵源自然保护区）。

　　化石产地及时代：内蒙古克什克腾更新世至全新世；吉林长白马鞍山中新世；浑江岗头上新世；蛟河南岗上新世；山东山旺中新世；云南滕冲上新世，丽江早更新世；广东徐闻第四纪。

　　分布：亚洲（蒙古国，日本，马来西亚）；欧洲（俄罗斯，芬兰，瑞士，瑞典，德国，英国，比利时）；北美洲（美国）。

7b. 耶尼塞变种　图版（plate）XXXIII：9，10

var. jenisseyensis（Grunow *in* Cleve et Grunow 1880）Mereschkowsky 1903 p. 14.

Navicula placentula var. *jenisseyensis*（Grunow *in* Cleve et Grunow 1880）Merister 1912，p.

　　145，22/11；Foged 1977，p. 1，85，27/5；Wang（王桂荣 1998），p. 317，3/3.

Navicula gastrum var. *jenisseyensis* Grunow *in* Cleve et Grunow 1880，1/28.

　　本变种与原变种的主要区别：壳面披针形，两端稍延伸，末端尖圆形。轴区窄，线形。中心区扩大呈横椭圆形。壳缝直，近缝端不偏斜，中央孔距离不大，远缝端弯向一侧。横线纹辐射状排列，中央线纹较短，一侧长、短相间比另一侧明显，线纹在 10 μm 内有 10 条。壳面长 45 μm，壳面宽 14 μm。

　　生境：淡水或咸水，生长在潮间带环境中。

　　化石产地及时代：广东珠江三角洲全新世。

　　分布：欧洲（爱尔兰）；大洋洲（新西兰）。

8. 类冰川盘状藻　图版(plate)XXXVI：9，10

Placoneis interglacialis (Hustedt 1944) Cox 1987，p. 155；Antoniades *et al.* 2008，p. 260，
　　pl. 52，fig. 20；Liu *et al.*(刘妍等) 2012，p. 497，1/1，2.

Navicula interglacialis Hustedt 1944，p. 286，fig. 27；Hustedt 1954，p. 463，fig. 16；Hustedt
　　1966，p. 808，fig. 1779.

　　壳面椭圆形，两端延长，末端喙状至头状。轴区窄线形，中心区小，形状不规则，中心区两侧由多条长、短相间的条纹形成。壳缝侧斜(偏)，近缝端中央孔呈泪滴形，远缝端同向弯曲。壳面横线纹在中部略辐射状排列，向两端平行排列，在 10 μm 内有 13—15 条，线纹由圆形网孔组成，在 10 μm 内有 20—22 个。壳面长 16.3—20.7 μm，壳面宽 8—9.8 μm。

　　生境：淡水种，生长在湖泊、湖泊沿岸带的环境中，pH 6.6—7.1。

　　产地：内蒙古(阿尔山)。

　　分布：欧洲(挪威，芬兰，瑞典，格陵兰)。

　　本种与 *Placoneis elginensis* (Gregor 1856) Cox、*P. clemetis* (Grunow) Cox 等种有些相似，但主要的区别在于壳面的形状、末端及中心区的不规则。根据 Hustedt (1966) 的描述，壳面长 20—30 μm，壳面宽 9—12 μm，壳面横线纹在 10 μm 内有 14 条，圆形网孔在 10 μm 内有 20—24 个。我们的标本，其形态和构造的特征基本一致，但有一点需进一步确定，Hustedt 的描述和绘图在中心区一侧出现一个独立的孔纹，在我国的标本是否有此特征需观察。

9. 小胎座盘状藻

Placoneis placentula (Ehrenberg 1843) Heinzerling 1908，p. 71，1/20；Cox 1987，p. 155，
　　figs. 40，52，53；Metzeltin，Lange-Bertalot et Nergui 2009，53/15—18.

Pinnularia placentula Ehrenberg 1943，p. 421，3(7)/33.

Navicula placentula (Ehrenberg) Kützing 1844，p. 94，28/57c；Grunow *in* Van Heurck 1880，
　　8/28；Karsten 1899，p. 50，fig. 43；Dippel 1904，p. 49. fig. 100；Frenguelli 1923，
　　p. 50，4/13；Hustedt 1930，p. 303，fig. 532；Sabelina *et al.* 1951，p. 323，fig. 185，I，
　　Okuno 1952，14/8；Li(李家英) 1982，p. 457，461，2//7；Li(李家英) 1983，p. 79，
　　25/5；Krammer & Lange-Bertalot 1999，p. 145，50/1—4；Zhu et Chen(朱蕙忠 陈嘉
　　佑) 1989，p. 46.

Pinnularia placentula Ehrenberg 1841，p. 421，3/7，fig. 22.

Navicula chabertii Héribaud 1903，p. 60，9/18.

Navicula gastrum f. *minor* Grunow *in* Van Heurck 1880，8/27；Grunow 1882，p. 114，34/51.

Navicula placentula var. *genuina*　Meister 1912，p. 145，22/8.

9a. 原变种　图版(plate)VIII：8；XXXIII：5

var. placentula

　　壳面椭圆披针形，向末端楔形变窄，末端近喙状。轴区窄，中心区扩大形成圆形。

壳缝直线形，近缝端中央孔略大近圆形，远缝端略钩状。横线纹均为辐射排列，在中部无长、短相间或出现长、短相间，线纹在 10 μm 内有 6—8 条。壳面长 16—36 μm，壳面宽 6—13 μm。

生境：淡水或微咸水种，生长在淡水湖泊、江河常与其他藻类混生的环境中。

产地：黑龙江(五大连池、牡丹江、绥芬河)；河北(保定衡水湖自然保护区)；云南(洱海)。

化石产地及时代：西藏斯潘古尔错(湖)第四纪；山东山旺中新世。

分布：亚洲(日本)；欧洲(俄罗斯，德国，法国，瑞士，比利时，丹麦，爱尔兰)等；北美洲(美国)。

本种在以往的描述中，通常提及的是壳面横线纹的构造特征似是由单列圆形孔纹组成。在 Cox(1987)对本种的详细研究中，通过电镜(SEM)观察，他认为本属通常横线纹是由单列的圆形孔纹组成，偶尔也出现双列孔纹。他指的双列孔纹即是本种(Cox，1987，p. 148，fig. 40)线纹的构造，对我国发现的标本，无论是描述或绘图(照片)均未提及这一重要的特征，因此有必要对本种作近一步观察和研究。

Li(李家英，1982)在山东山旺中新世沉积中发现了该标本并定为小胎座舟形藻喙头变种 *Navicula placentula* var. *rastrala* Mayer，从标本和照相图片进一步观察，此变种和原变种无太大区别，形态和构造更接近原变种，因此山东山旺的标本改变为原变种更符合分类。

9b. 披针变型　　图版(plate) VIII：9

f. **lanceolata** (Grunow) Li et Qi(李家英　齐雨藻) comb. nov.

Navicula palcentula f. *lanceolata* (Grunow) Hustedt 1930，p. 304，fig. 535；Sabelina *et al.* 1951，p. 323，fig. 185，4；Zhu et Chen(朱蕙忠　陈嘉佑) 1989，p. 47.

Navicula placentula var. *lanceolata* (Grunow) Grunow *in* Cleve et Grunow 1880，p. 34，Cleve 1895，p. 23.

本变型与原变种的主要区别：本变型壳面披针形，末端尖圆形，不呈喙状。轴区线形，中心区小，圆形。中部线纹略斜向。壳面线纹在 10 μm 内有 8—12 条。壳面长 23—27 μm，壳面宽 6.5—8 μm。

生境：淡水，生长在池塘、稻田等小水库环境中。

产地：湖南(慈利索溪峪自然保护区)。

分布：欧洲(俄罗斯，德国)。

9c. 喙头变型　　图版(plate) VIII：10；XLVIII：12

f. **rostrata** (Mayer 1918) Li et Qi(李家英　齐雨藻) comb. nov.

Navicula placentula f. *rostrata* (Mayer 1918) Hustedt 1930，p. 304，fig. 533；Sabelina *et al.* 1951，p. 323，fig. 185，2；Zhn et Chen(朱蕙忠　陈嘉佑) 2000，p. 171，26/10.

Navicula placentula var. *rostrata* Mayer 1918，p. 25，3/27a，b.

本变型与原变种的主要区别：本变型壳面椭圆披针形，末端明显收缩延长呈喙头状。

轴区线形，中心区圆形。壳面横线纹在 10 μm 内有 8—12 条。壳面长 31—37.5 μm，壳面宽 12—14 μm。

　　生境：淡水或微咸水，生长在沼泽化积水坑和草甸积水坑、湖边小积水坑和湖泊近岸处环境中，pH 7.9—8.0。

　　产地：西藏（仲巴、察隅、措勤、日土）。

　　分布：欧洲（俄罗斯，德国）等。

9d. 耶尼塞变种　　图版（plate）XXXIII：9，10

var. jenisseyensis（Grunow *in* Cleve et Grunow 1880）Li et Qi（李家英　齐雨藻）comb. nov.

Navicula placentula f. *jenisseyensis*（Grunow *in* Cleve et Grunow 1880）Hustedt 1930，p. 304，
　　fig. 536；Sabelina *et al.* 1951，p. 323，fig. 185，5；Foged 1977，p. 85，27/5；Wang（王
　　桂荣）1998，p. 317，3/3.

　　本变种与原变种的主要区别：本变种壳面披针形，末端稍延长呈渐尖形。轴区窄线形。中心区扩大呈圆形。壳缝直线形，近缝端不偏斜。中央孔小而明显，远缝端小弯钩状向同一方向。壳面横线纹辐射排列，中部一侧长、短相间排列明显，线纹在 10 μm 内有 9—10 条。壳面长 45 μm，壳面宽 14 μm。

　　生境：淡水，生长在河口地区环境中。

　　化石产地及时代：广东珠江三角洲全新世。

　　分布：欧洲（俄罗斯，德国，比利时）。

9e. 宽圆变种　　图版（plate）VIII：11；X：10；XXXIII：6—8

var. latiuscula（Grunow *in* Cleve et Grunow 1880）Li et Qi（李家英　齐雨藻）comb. nov.

Navicula gastrum var. *latiuscula* Grunow *in* Cleve et Grunow 1880，p. 31.

Navicula placentula var. *latiuscula*（Grunow *in* Cleve et Grunow 1880）Meister 1912，p. 145，
　　22/10；Skvortzow 1938，p. 58，1/14；Sabelina *et al.* 1951，p. 323，fig. 358，3.

　　本变种与原变种的主要区别：本变种壳面披针形，末端短尖形。横线纹在 10 μm 内有 8.5 条。壳面长 23.8 μm，壳面宽 11.5 μm。

　　生境：淡水至微咸水，生长在湖泊环境中。

　　产地：内蒙古（达里诺尔湖）。

　　分布：欧洲（俄罗斯，瑞士，德国）。

10. 近盐生盘状藻　　图版（plate）X：8，9

Placoneis subsalsa Mereschkowsky 1903，p. 18，1/34.

Placoneis subsalsa var. *minuta*（Grunow 1860）Mereschkowsky 190，p. 18.

Navicula cucicula（Wm. Smith 1853）Donkin 1871，p. 44，6/14；Hustedt 1962，p. 318，figs.
　　1436 a—c；Krammer & Lange-Bertalot 1986，p. 161，54/1—5；Zhu et Chen（朱蕙忠　陈
　　嘉佑）2000，p. 155，21/ 15.

Navicula crucicula var. *obtusata* Grunow *in* Cleve et Grunow 1880，p. 35，/37；Skvortzow

1939，p. 54，2/2.

壳面椭圆披针形、菱形披针形或披针形，末端变窄呈略延长的钝圆形。轴区窄线形，中心区扩大形成椭圆形。壳缝直线形，近缝端不偏斜，远缝端弯钩状。壳面横线纹较粗，均为辐射排列，线纹在中部略稀，在 10 μm 内有 12—16 条，向两端较密，在 10 μm 内有 18—28 条。壳面长 38—74.5 μm，壳面宽 13—15 μm。

生境：淡水、微咸水或咸水种，生长在湖边积水坑、湖岸边、泉水积水坑、湖滨草地水坑、沼泽化的旧河道等环境中。

产地：辽宁（大连）；内蒙古（南满洲里）；西藏（八宿、波密、斑戈、申扎）；浙江（宁波）；江苏（苏州）。

分布：欧洲（英国，比利时，俄罗斯，德国，芬兰）。

本种最早由 Mereschkowsky（1903）定名，其后 Van Landingham（1975）归并至 *Navicula crucicula*（Wm. Smith）Donkin 中作为异名种。从形态和构造特征与 *Navicula* 属有区别，因此恢复原定名更符合分类。

前辐节藻属 Prestauroneis Bruder & Medlin

K. Bruder & L.K. Medlin　2008，p. 325

壳体等极，横轴比贯壳轴宽，常见壳面观。壳面披针形或披针椭圆形，末端近喙状或近头状，亦或尖圆形。轴区窄，线形，中心区小，常呈椭圆披针形。壳缝直，线状或丝状，近缝端扩大（膨大）几乎不偏斜，远缝端（远端裂缝）弯向同一边。壳面横线纹在中部辐射排列，向两端（或极端）平行。线纹单列，由小圆形或椭圆形的疑（假）孔组成，因内孔壁有一层膜而闭塞，线纹在中部稀，向两端密。

在 SEM 下观察，极端具有假隔片。线纹在中部分离增厚形成一辐节状的构造。环带由几列开口的多孔带组成，带上具有 1 列或 2 列小圆形疑孔。

细胞具两个板片状的色素体，位于近环带的每一边。

模式种：*Prestauroneis integra*（Smith）Bruder。

本志收编 3 种和 1 个变种共 4 个分类单位。

前辐节藻属分种检索表

1. 壳面披针形至披针椭圆形 ··· 2
1. 壳面线形或椭圆披针形，末端宽喙状或楔形。轴区窄，中心区微扩大形成小椭圆形。线纹多为辐射排列，近末端平行··········· **3. 凸出前辐节藻原变种 *P. protracta* Liu，Wang & Kociolek var. *protracta***
　2. 壳面末端喙状至近头状。中心区椭圆披针形。线纹均为辐射排列，在中部 10 μm 内有 13—16 条，末端有 22—24 条 ·· **1. 咯巍前辐节藻 *P. lowei***
　2. 壳面末端尖圆形。线纹中部辐射排列，两端近平行排列，在中部 10 μm 内有 17—18 条，末端有 22—24 条 ··· **2. 浅洼前辐节藻 *P. nenwai***

1. 咯巍前辐节藻　图版（plate）XXXIV：8—17

Prestauroneis lowei　Liu，Wang　&　Kociolek 2014，p. 3，figs. 11—12.

壳面披针形至披针椭圆形，末端喙状至近头状。轴区窄，线形，中心区小，椭圆披针形。壳缝丝状，几乎直，近缝端直，中央孔不明显，远缝端钩状并清楚向一边侧斜。壳面横线纹辐射状排列，中部线纹较稀，在 10 μm 内有 22—24 条。在极端有一明显的假隔片。壳面长 25.9—28.4 μm，壳面宽 7.3—7.8 μm。

在 SEM 下观察：外壳面网孔纹的形态和排列是可变的，常见斜向的裂纹。轴区窄，斜向扩大形成横向较宽的中心区。壳缝简单，丝状，几乎不呈波状，近缝端简单并微膨大呈近圆形的中央孔，远缝端向相同边弯入壳套。内壳面网孔纹呈圆形。壳缝系有直的裂缝位于胸骨中，近缝端简单并微膨大，远缝端出现小的喇叭舌（helictoglossae）。极端有不明显的短假隔片。

生境：咸水种，附生在水生植物上的环境中，pH 8.5。

产地：四川(若尔盖湿地)。

Prestauroneis lowei 与 *P. protracta* 有可能混同，因为两者都有椭圆披针形至椭圆形的外形和明显的钝喙状、圆形末端。但两者也有区别：前者末端更宽圆形。至于其他方面的变化特征，需要进一步观察和研究。

2. 浅洼前辐节藻　图版(plate)XXXIV：1—7；XLI：7—11

Prestauroneis nenwai Liu，Wang & Kociolek，2014，p. 2，figs. 2，1—10.

壳面披针形至披针椭圆形，末端尖圆形。轴区窄，线形，中心区小，椭圆披针形。壳缝丝状，几乎直，近缝端直，中央孔不膨大，远缝端呈明显的钩状，向一侧(边)偏斜。壳面横线纹在中部稀疏或间隔较宽，辐射状排列，在极端呈近乎平行排列，中部线纹在 10 μm 内有 17—18 条，末端在 10 μm 有 22—24 条。壳面长 22.8—33.8 μm，宽 8.6—9 μm。

在 SEM 下观察：外壳面网孔纹的形状和排列是可变的，常有斜向裂纹。轴区略为扩大侧斜形成一个横向加宽的中心区。壳缝简单，丝状，几乎不呈波状。近缝端简单，微弯向壳面同一边(侧)，远缝端弯向同一边。内壳面观：假隔片出现在极端。壳缝系有一直的裂缝位于胸骨中，内近缝端简单并微弯向同一边。

生境：咸水种，附生在水生植物上的环境中，pH 8.5。

产地：四川(若尔盖湿地)。

本种在形态特征方面与 *Parlibellus cruicicula* (W. Smith) Witkowski *et al*.的区别在于：前者有明显的圆形末端(极)，后者有清楚的凸出末端。壳面大小及长度上也有不同，前者长 22.8—33.8 μm，后者长 35—100 μm。在构造上也有差异，前者横线纹较稠密，中部在 10 μm 内有 17—18 条，末端在 10 μm 内有 22—24 条，后者中部在 10 μm 内有 14—18(12—16)条，末端在 10 μm 内有 18—28 条。本种与 *Navicula cruiciculoides* Brockmann 比较，前者形状呈更宽的披针形。从标本形态和构造特征看，本种与刘妍等(2006，p. 40，Pl. II，48)发表的图片对照非常相似，壳面大小、形态、线纹排列、线纹数非常接近，如果有区别仅在形态上近菱形披针形，因此是否属同种，还需进一步观察和研究。

3. 凸出前辐节藻

Prestauroneis protracta (Grumow ex Cleve 1895) Liu, Wang & Kociolek 2004, p. 5.

Pinnularia integra Grunow ex Cleve 1895, p. 87.

Navicula protracta (Grunow *in* Cleve et Grunow 1880) Cleve 1894, p. 140; Van Heurck 1885,
　　p. 96, pl. 13, fig. 27; Peragallo et Peragallo 1897—1908, p. 61, 7/43; Schönfeldt 1907,
　　p. 151, 8/ 114; Mayer 1913, p. 147; Hustedt 1930, p. 284, fig. 472; Sabelina *et al.* 1951,
　　p. 292, fig. 166, 9; Cleve-Euler 1953, p. 182, fig. 886; Hustedt 1962, p. 315, fig. 1433;
　　Krammer et Lange-Bertalot 1999, p. 163, 55/50; Zhu et Chen (朱蕙忠　陈嘉佑) 2000,
　　p. 172, 26/12; Liu *et al.* (刘妍等) 2013, p. 45, II/ 48.

Navicula crucicula var. *protracta* Grunow *in* Cleve et Grunow 1880, p. 35, 2/38.

Pinnularia protracta (Grunow *in* Cleve et Grunow 1880) Mayer 1913, 22/ 13.

Navicula dimidiata Mayer 1919, p. 202, 7/ 1, 2.

Navicula protracta var. *capitata*　Schulz 1926, p. 206, fig. 85.

3a. 原变种　图版 (plate) XII: 1, 2

var. protracta

　　壳面线形或椭圆披针形, 末端宽喙状或钝状。轴区窄, 中心区微扩大形成椭圆形。壳缝直线形, 近缝端变粗, 中央孔明显, 远缝端直, 不明显。壳面横线纹大部微辐射排列, 近末端微辐射或近平行, 中部线纹稀, 两端密, 在中部 10 μm 内有 10—12 条, 末端在 10 μm 内有 16—24 条。壳面长 16—49 μm, 壳面宽 5—8 μm。

　　生境: 淡水至微咸水种, 生长在湖泊、河流、沟畔小水坑、沼泽化水塘、河边沼泽草甸中的流水坑、浅水池等含高矿物质的环境中。

　　产地: 黑龙江 (绥芬河、伊春); 内蒙古 (凉城岱海); 西藏 (定日、吉隆、乃东、措美、察隅、昌都、芒康、察雅、斑科、申扎); 福建 (金门岛)。

　　分布: 亚洲 (菲律宾); 欧洲 (俄罗斯, 德国, 法国, 匈牙利, 比利时, 挪威, 奥地利, 瑞典); 北美洲 (美国); 非洲 (喀麦隆)。

　　本种自确立以来, 在分类方面经过多次改变, 观察的深入, 先进技术方法的应用, 对硅藻分类至关重要。Liu 等 (刘妍等, 2014) 在 Bruder 等 (2008) 新建的 *Prestauroneis* 属中, 首次报道发现在中国的两个新种, 对硅藻的描述, 比较和讨论的同时, 对 *Prestauroneis* 属涉及或相关的属、种像 *Parlibellus* 属中的一些种进行了深入细致的对比和探讨, 理清了分类中的一些混淆问题, 并建议将 *Navicula protracta* = *Parlibellus protracta* (Grunow ex Cleve) Witkowski *et al.* (2000) 移归 *Prestauroneis* 属成为新联合种。在本志中, 我们采纳了 Liu 等 (2014) 的建议。至于涉及其他一些种或标本还需进一步观察和研究。

3b. 椭圆变种　图版 (plate) XII: 3

var. elliptica (Gallik 1935) Li et Qi (comb. nov.).

Navicula protracta var. *elliptica* Gallik 1935, p. 65; Zhu et Chen (朱蕙忠　陈嘉佑) 2000,
　　p. 172, 26/13.

Navicula protracta f. *elliptica* Hustedt 1957，p. 283.

Navicula protracta sensu Hustedt 1950，p. 401，37/19，20.

本变种与原变种的主要区别：本变种壳面椭圆形，末端圆形。壳缝直线形，横线纹几乎全部辐射排列，在 10 μm 内有 15—24 条。壳面长 41—68 μm，壳面宽 7.5—10 μm。

生境：微咸水，生长在湖泊(硫酸钠型)、湖边树枝附着物、泥土上的附着物环境中。

产地：西藏(申扎)。

分布：欧洲(德国，匈牙利)。

鞍型藻属 Sellaphora Mereschkowsky 1902

C. Mereschkowsky 1902，p. 186

细胞单个，少有由极少细胞形成链状，无环状构造。壳等极。壳套和环带浅或中等(度)深亦或相当深，因此常见壳面观或带面观。单个壳面常处于壳面观。壳面两侧边和两极是对称的，壳面常出现单一形态(状)，壳面平坦，呈椭圆形、披针形至线形，末端钝圆形，宽近头状或头状。轴区宽或窄，有时在边缘可见 1 条纵条纹或是 1 条外糟沟(groove)，中心区圆形或矩形，有时中心区横向扩大形成 1 条完整的透明横带。有些种在两极(顶极区)两侧出现特殊的肋条状(眉)增厚。壳缝位于壳面中央，直，近缝端(中央缝端)略膨大微向一侧偏斜，远缝端常向近缝端相对方向弯曲或呈钩状。壳面横线纹单列，在中部常略辐射排列，向两端是可变的，线纹由圆形疑孔组成。环带由极少数开口带组成，通常无孔或非多孔。

细胞生殖：鞍型藻细胞的繁殖或分裂，由 D. Mann(1984a，1985，1989)进行了深入研究，认为配子囊中产生 1 个配子体，经细胞和原生质体分裂而形成单个复大孢子。

细胞有 1 个色素体或质体(plastid)，由 2 个大板片构成(组)H 形或像 1 个马鞍形，每一板片紧贴环带的一边，中间以一狭窄通道连接。色素体中常有 1 个四面体或多面体的细胞核或蛋白核(pyrenoid)，有的种出现两个球形颗粒。

本属种类较多，主要生活在淡水中，也有生活在微咸水和可能在海水环境中，附生。

Sellaphora 属是由 Mereschkowsky(1902)依据细胞的构造特征，将瞳孔舟形藻 *Navicula pupula* Kützing 从舟形藻属 *Navicula* 分离出来重建的新属鞍型藻属 *Sellaphora*，并将 *Navicula pupula* 组成瞳孔鞍型藻 *Sellaphora pupula*(Kützing) Mereschkowsky。Van Landingham(1978)将 *Sellaphora* 列进了目录中，但长时间以来，仍沿用 *Navicula* Bary 属，而 *Sellaphora pupula*(Kützing) Mereschkowsky 没有被采用。虽然 Ross 在 1963 年曾指出：原义的(*Navicula* sensu stricto)与 *Sellaphora* 属有明显的不同，但仍然沿用 *Navicula pupula* Kützing 种名。随着硅藻分类研究的深入，应用技术的革新，尤其是 SEM 的广泛应用，改变了以往凭 LM 下所观察进行的细胞形态分类。Mann(1984a，1985，1990)对 *Navicula pupula* 等多种硅藻形态和构造进行深层次的研究，证实了 *Sellaphora* 属的存在，是完全可用的，并认为 *Navicula* 属的较小种类可能属于 *Sellaphora* 属，并对其详尽描述和讨论。依据细胞的壳缝、线纹、质体等特征从 *Navicula* 属中移出放入 *Sellaphora* 属中，并将 *S. pupula* 确定为该属的模式种。Lange-Bertalot 等(2003)在研究意大利撒丁岛硅藻时，还发

表了一些本属的新种，事实证明 *Sellaphora* 属已逐渐被硅藻学家所接受。

在此次编志中，我们认同 *Sellaphora* 属，除沿用已确定的一些种外，又从 *Navicula* 属中移出一些种归入 *Sellaphora* 属进行描述。

模式种 *Sellaphora pupula*（Kützing）Mereschkowsky 1902，p. 187，4/1—5。

本志收编 22 种（包括 4 个新联合种）及 5 个新联合变种，共 27 个分类单位。

鞍型藻属分种检索表

1. 美利坚鞍型藻

Sellaphora americana (Ehrenberg 1841) Mann 1989，p. 2.

Navicula americana Ehrenberg 1841，p. 129；Ehrenberg 1854，2/2，fig. 16；O′Meara 1876，p. 351，30/30；Cleve 1894，p. 136；Van Heurck 1896，p. 223，5/221；Doppel 1904，p. 70，fig. 149；Meister 1912，p. 132，20/1；Mayer 1913，p. 139，30/22；Hustedt 1930，p. 280，fig. 464；Skvortzow 1935，p. 470，1/25；Skvortzow 1936，p. 34，3/23；Skvortzow 1938，p. 53；Sahelina *et al.* 1951，p. 286，fig. 163，1；Okuno 1952，25/1；Hustedt 1961，p. 11，fig. 1246；Patrick et Reimer 1966，p. 493，47/3；Huang *et al.* (黄成彦等) 1983，p. 169，14/9；Zhu et Chen (朱蕙忠 陈嘉佑) 1994，p. 90；Krammer & Lnage-Bertalot 1999，p. 188，67/1；Zhu et Chen (朱蕙忠 陈嘉佑) 2000，p. 149，19/4；Wang (汪桂荣) 1998，p. 135，2/8.

Navicula americana var. *bacillaris* M. Peregallo et Héribaud *in* Héribaud 1893，p. 116，4/13.

Navicula americana var. *genuina* Mayer 1913，p. 139，28/11.

Navicula americana var. *genuina* f. *hankensis* Skvortzow 1919，p. 23，4/25.

1a. 原变种　图版(plate)IX：1，2

var. americana

　　壳面宽线形，有时壳面中部稍微凹入，末端圆形。轴区宽，其宽度相当于壳面宽度的1/3—1/2，中心区微扩大形成近圆形或椭圆形。壳缝不是很直的线形，近缝端稍膨大，并向一侧偏斜，远缝端呈弯钩形，1条纵肋或纵槽(沟)紧靠壳缝，即包围壳缝。壳面横线纹均为辐射排列，但在中央部分呈平行排列，由细点组成，点线纹在中部较稀，向两端较密，线纹在中部在 10 μm 内有 12—14 条，两端在 10 μm 内有 16—20 条。壳面长20—76(—90) μm，壳面宽 8—24 μm。

　　生境：淡水种，生长在湖泊、江边岩石流水处、河流、水库等寡盐性或弱碱性水体环境中。

　　产地：黑龙江(哈尔滨、镜泊湖、喀尔古纳湖)；辽宁(大连金州)；贵州(松桃、铜仁、江口)；江西(鄱阳湖)；湖南(吉首、古丈、麻阳、永顺、凤凰)；内蒙古(亮子河)。

　　化石产地及时代：吉林浑江岗头上新世，蛟河南岗上新世；浙江嵊县中新世；海南琼山第四纪；广东珠江三角洲全新世。

　　分布：亚洲(日本)；欧洲(俄罗斯，德国，瑞士，比利时，法国)；北美洲(美国)。

　　本种与 *Sellaphora bacillum* 外形非常相似，但轴区不同，前者轴区宽，后者轴区狭窄。前者两端的眉条纹未见或无，后者两端的眉条纹非常清楚。本志之所以将 *Navicula americana* 移入至 *Sellaphora* 属中，其主要特征，形态、轴区、线纹和壳缝两侧的沟(槽)等都符合 *Sellaphora* 属征，因此 Mann 在 1989 年的意见是正确的。

1b. 莫斯特变种　图版(plate)XXXV：2，3

var. moesta (Tempére et Peragallo 1908) Lange-Bertalot et Metzeltin 2005，p. 371，63/7；Hu *et al.*(胡竹君等) 2013，p. 108，11/1.

Navicula americana var. *moesta* Tempére et Peragallo 1908，p. 86；Patrick et Reimer 1966，p. 494，47/2.

　　本变种与原变种的主要区别：本变种壳面线状椭圆形或线形，中部边缘凹入，末端圆形。轴区宽，其宽度相当于壳面宽度的2/3多，1条纵肋包围壳缝，其中心区呈椭圆形。壳缝线形，近缝端膨大，向一侧弯斜，远缝端短或微弯。壳面横线纹略微辐射状排列，在 10 μm 内有 14—16 条。壳面长 87.4 μm，壳面宽 22.1 μm。

　　生境：淡水或微咸水，生长在湖泊环境中。

　　化石产地及时代：内蒙古克什克腾第四纪。

　　分布：北美洲(美国)。

2. 水管鞍型藻　图版(plate)IX：3；XXXV：1

Sellaphora aquaeductae (Krasske 1923) Li et Qi(李家英　齐雨藻) comb. nov.

Navicula aquaeductae (Krasske 1923) Krasske 1925，p. 44，2/23.

Navicula pseudopupula var. *aquaeductae* Krasske 1923，197，fig. 8.

Navicula pupula var. *aquaeductae* (Krasske) Hustedt 1930，p. 282，fig. 467h；Hustedt 1961，

p. 123，figs. 1254 r，s；Bao *et al.*(包文美等)1992，p. 136；Krammer & Lange-Bertalot 1999，p. 190，68/16；Zhu et Chen(朱蕙忠　陈嘉佑)2000，p. 1，73，26/18.

壳面线形，两侧边缘中部凹入或缢缩，略呈波状，近端收缩，末端头状。轴区很窄，中心区明显横向扩大，在每边有 1—3 条短线纹。壳缝丝状，几乎是直的，近缝端不偏斜，中央孔不太清楚或明显，远缝端略偏斜。横线纹均为强辐射排列，端节两侧各有 1 条明显的节条(眉状条)，线纹在 10 μm 内有 21—24 条。壳面长 18—24 μm，壳面宽 3—6 μm。

生境：淡水种，生长在湖泊、河流、河畔水坑、泉水、小溪、山泉积水坑环境中。

产地：吉林(长白山地区)；西藏(定日、吉隆、察隅、申扎)。

分布：欧洲(德国)；北美洲(美国)。

本种由 Krasske 在 1923 年确定为 *Navicula pseudopupula* var. *aquaeductae* Krasske。1925 年 Krasske 将变种提升为独立种 *Navicula aquaeductae* Krasske。Hustedt(1930)又将 *N. aquaeductae* 移至 *N. pupula* 种中成为变种，即 *N. pupula* var. *aquaeductae*(Krasske 1923)Hustedt。直至 1998 年 Lange-Bertalot 将 Krasske 提升的 *N. aquaeductae* 种又移入他建立的新属拉菲亚属 *Adlafia* 成为新联合种 *A. aquaeductae*(Krasske)Lange-Bertalot(*in* Moser *et al.*，1998，p. 98)。从我们观察的标本放入 *Adlafia* 属有较大的差异：壳缝构造，线纹的排列，端节两侧出现明显的节条(眉状条)等特征都是 *Sellaphora* 属所具有的特征，因此不应属于 *Adlafia* 属。标本的形态与构造特征又与 *S. pupula* 区别较明显，因此从 *S. pupula* var. *aquaeductae* 变种分出，将变种提升至种 *S. aquaeductae* 更符合分类。

3. 类杆状鞍型藻　　图版(plate)IX：4

Sellaphora bacilloides(Hustedt 1945)Levkov，Krestic & Nakov 2011，p. 299，figs. 2—7.

Navicula bacilloides Hustedt 1945，p. 922，42/29；Hustedt 1961，p. 117，fig. 1250；Krammer & Lange-Bertalot 1999，p. 189，67/5；Zhu et Chen(朱蕙忠　陈嘉佑)2000，p. 151，20/9.

壳面椭圆形至长椭圆形，两侧边缘凸出，两端几乎不明显延(伸)长呈钝圆形。轴区很狭窄，中心区扩大几乎形成圆形，其宽度占壳面宽度的 1/3—1/2。壳缝直，丝状，近缝端直，不偏斜，远缝端近弯钩状。壳缝被硅质纵肋(沟或槽)包围。壳面横线纹在整个壳面均为辐射排列，在 10 μm 内有 20—26 条。壳面长 17 μm，壳面宽 6.6 μm。

生境：淡水种，生长在山区森林中的小水坑环境中。

产地：西藏(墨脱)。

分布：欧洲(芬兰，南斯拉夫)。

本种依据壳面形态及构造特征，尤其是中心区形成圆形以及包围壳缝的纵沟(漕)的出现，与 *Sallaphora bacillum* 有明显区别。

4. 杆状鞍型藻

Sellaphora bacillum(Ehrenberg 1838)Mann 1989，p. 2，fig. 2，9，13，14，18.

Navicula bacillum Ehrenberg 1838，p. 130；Ehrenberg 1841，p. 418，4/5，fig. 8；Rabenhorst 1853，p. 39，6/76；Van Heurck 1880—1885，p. 105，13/8；Wolle 1890，10/29，30；Meister 1912，p. 132；Mayer 1913，p. 141，6/6，7；Skvortzow 1930，p. 42；Hustedt

1930，p. 280，fig. 464；Proschkina-Lavrenko 1950，p. 164，54/21；Hustedt 1961，p. 113，fig. 1248a—d；Jao（饶钦止）1964，p. 172；Van Landingham 1964，p. 33，45/15—19；Zhu et Chen（朱蕙忠，陈嘉佑）1989，p. 45；Li（李家英）1982，p. 460；Li（李家英）1983，p. 295，26/16；Zhu et Chen（朱蕙忠，陈嘉佑）1994，p. 90；Krammer & Lnage-Bertalot 1999，p. 187，67/2—4；Zhu et Chen（朱蕙忠 陈嘉佑）2000，p. 151，20/10.

Navicula bacillum var. *genuina* Cleve et Grunow 1880，p. 44.

Navicula bacillum f. *minor* Grunow *in* Van Heurck 1880，p. 105，13/10.

Navicula pseudobacillum var. *elapsa* Héribaud 1903，p. 5，9/30.

Navicula bacillum var. *elongata* Skvortzow 1929，p. 49，4/29.

Naviculla bacillum f. *genuina* Hustedt 1961，p. 113，fig. 1248 a—d.

4a. 原变种　图版（plate）IX：5；XXXV：4—8

var. bacillum

细胞单个，壳体等极。壳套和环带浅或相当深，细胞常常呈现壳面观或带面观。单个壳面长处于壳面观。壳面两极，两侧边对称，壳面椭圆形或线椭圆形，在中部偶尔收缩，末端宽圆形。轴区窄，小于壳面宽度的 1/4，但明显出现非多孔的硅质纵线或窄沟槽，中心区扩大（界线）清楚，圆形。在顶区每一侧出现有节条纹（眉状条纹）。壳缝出现在壳面中央，近缝端或中心缝端微（稍）膨大并向远缝端（裂缝）相反（对）的一边偏斜。壳面横线纹在中部辐射排列，向极端近平行排列，线纹由孔组成，横线纹在 10 μm 内有 10—12 条，两端有 20—23 条。环带无孔。壳面长 11—76 μm，壳面宽 5—16 μm。

生境：淡水或微咸水种亦或中性，生长在湖泊、江河、山区支流、水塘、小泉、沼泽化积水坑、小水坑、河岸边静水处、湖边积水坑、江边小流水沟、小河沟、潮湿岩壁上、急流石表、缓流石表等流水或静水，水中多有水生植物的环境中。

产地：黑龙江（哈尔滨、绥芬河、五大连池、牡丹江、兴凯湖、漠河、镜泊湖、伊春）；吉林（长白山地区）；辽宁（沈阳、辽河、铁岭、辽阳）；内蒙古（亮子河、满洲里）；西藏（聂拉木、定日、达隆、亚东、吉隆、萨噶、仲巴、昂仁、墨脱、措美、类乌齐、申扎、措勤、普兰、革吉、打隆）；云南（北部）；四川（西南部）；贵州（松桃、铜仁、江口、印江、石阡、思南、沿河）；山西（太原 晋阳湖）；湖南（吉首、古丈、麻阳、永顺、凤凰、慈利索溪峪自然保护区）；福建（福州、崇安、南平、福清、漳州、古嶺）；广东（广州、汕头、肇庆）；广西（梧州、南宁）；海南（琼海）。

化石产地及时代：西藏斯潘古尔错（曼冬错）第四纪；湖北江陵第四纪；广东江门全新世。

分布：亚洲（日本）；欧洲（俄罗斯，德国，比利时，法国，保加利亚，瑞士）；北美洲（美国）。

4b. 平行变种　图版（plate）IX：6—9

var. parallela（Skvortzow 1938）Li et Qi（李家英 齐雨藻）comb. nov.

Navicula bacillum var. *parallela* Skvortzow 1938，p. 53，1/34，35.

本变种与原变种的主要区别：本变种壳面线形或椭圆形，两侧边缘平行，末端宽钝形。轴区窄线形，中心区稍扩大。壳缝丝状，壳缘两侧边缘有 1 条明显的硅质肋条（槽）包围，在顶区两侧各有 1 条扩伸的节条（眉状条）。壳面横线纹几乎平行排列，中部线纹在 10 μm 内有 15—20 条，两端较密，有 24—25 条。壳面长 29—47 μm，壳面宽 8.5—10 μm。

生境：淡水种，生长在河流环境中。

产地：黑龙江（喀尔古纳河）。

5. 波尔斯鞍型藻　图版（plate）XXXVI：1—5

Sellaphora boltziana Metzeltin，Lange-Bertalot，Nergui 2009，p. 85，252/1—5，254/3，4；
　　Hu *et al.*（胡竹君等）2003，p. 107，1/1—5.

壳面线形，在中部稍微凸出，末端宽圆形。轴区中等宽，中心区多为分离，几乎呈圆形，顶（极）区不明显。壳缝丝状，几乎直形，近缝端的中央孔位于中节内稍膨大并弯转。壳面横线纹在中部辐射状排列，向末端近极处呈近平行状排列，线纹在 10 μm 内有 14—21 条。壳面长 39—49.1 μm，壳面宽 10.6—11.2 μm。据 Metzeltin 等（2009）对本种标本在 SEM 下的观察：壳缝骨明显。孔纹在 10 μm 内有 40—45 个。

生境：淡水种，生长在湖泊附生于植物上的环境中。

化石产地及时代：湖北江陵第四纪。

分布：亚洲（蒙古国）。

出现在沉积物中的标本比 Metzeltin 等（2009）记载的标本（长 45—65 μm，宽 12—13 μm）短且窄，中央区的线纹（在 10 μm 内有 19—21 条）略稀疏。与 *S. bacillum* 也相似，但主要的区别在于前者壳面线形，后者壳面多为椭圆形，轴区和中心区较小。

6. 头状鞍型藻　图版（plate）XXXVII：1—3

Sellaphora capitata Mann & McDonald 2004，p. 477，fig. j—I，20，38—42

Sellaphora pupula deme "capitate" sensu Mann（1984 1989 a，1999）.

Navicula pupula f. *capitata* Hustedt 1957，p. 282；Zhu et Chen（朱蕙忠　陈嘉佑）1987，p. 47；
　　Zhu　et Chen（朱蕙忠　陈嘉佑）1994，p. 96；Zhu et Chen（朱蕙忠　陈嘉佑）2000，p. 173，
　　26/17；Liu *et al.*（刘妍等）2006，p. 40，1/42.

Navicula pupula var. *capitata* Hustedt 1930，p. 281，fig. 46—7c；Skvortzow et Meyer 1928，
　　p. 15，1/40；Skvortzow 1935，p. 469，1/32；Sovortzow 1937，681，4/5；Skvortzow 1938，
　　p. 54；Patrick et Reimer 1966，p. 496，47/8；Li（李家英）1982，p. 461；Li（李家英）1983，
　　p. 297，26/17；Huang *et al.*（黄成彦等）1998，p. 32，74/12—14.

壳面窄椭圆形，末端近头状。轴区窄，直形，中心区扩大形成近带状的蝴蝶形，中心区边缘长、短线纹相间排列，因此蝶形边缘显出不规则。壳缝简单，直线形，近缝端扩大并向初生边弯转，远缝端突然向次生边弯曲，顶端的螺旋舌（喇叭舌）窄，细长。壳面横线纹多为辐射状排列，在中部 10 μm 内有 13—15 条，两端 10 μm 内有 20—25 条。壳面长 15—62 μm，壳面宽 3—10 μm。

生境：淡水种，生长在湖泊、河流、流水沟、水塘、水坑、泉水坑、草甸积水坑、沼泽、溪流、水沟、稻田、潮湿岩壁等流水和静水环境中。

产地：北京；黑龙江（镜泊湖、哈尔滨、牡丹江、七星河、兴凯湖、五大连池、伊春、漠河、黑河、烟筒钝、塔尔根）；辽宁（铁岭柴河、辽河、锦州、盘锦大辽河、三岔河）；西藏（定日、多庆、亚东、康马、吉隆、萨噶、仲巴、昂仁、墨脱、乃东、错那、隆子、措美、察隅、八宿、波密、昌都、芒康、察雅、江达、类乌齐、斑戈、申扎、措勤、扎达、普兰、噶尔、革吉、日喀则、江孜）；云南（西北部）；四川（西北部）；江西（鄱阳湖）；福建（金门岛）；湖南（吉首、古丈、麻阳、永顺、凤凰、慈利索溪峪自然保护区）。

化石产地及时代：吉林长白马鞍山中新世，浑江岗头上新世，蛟河南岗头上新世；西藏尼木安岗上新世—早更新世，西藏斯潘古尔错全新世；山东临朐山旺中新世；四川米易第四纪；广东徐闻田洋第四纪。

分布：亚洲（日本）；欧洲（俄罗斯，德国，瑞士，奥地利）；北美洲（美国）；大洋洲（新西兰）。

7. 球头棒形鞍型藻　图版（plate）IX：10

Sellaphora fusticulus（Östrup 1910）Lange-Bertalot 2003，p. 117，23/8—13.

Navicula fusticulus Östrup 1910，p. 36，1/19.

Navicula wittrockii var. *fusticulus*（Östrup）Cleve-Euler 1953，p. 189，fig. 893 e.

Navicula wittrockii f. *fusticulus*（Östrup）Hustedt 1961，p. 124，fig. 1257；Zhu et Chen（朱蕙忠　陈嘉佑）2000，p. 183，29/16.

壳面线形，两侧边缘平行，末端宽圆形。轴区窄，中心区扩大形成椭圆形或多或少呈圆形。壳缝细而直的丝状，近缝端微偏斜，远缝端稍弯状。壳面横线纹均为辐射排列，中部短线纹较稀，在 10 μm 内有 15—28 条，末端的节条纹（眉条）较细不很明显。壳面长 23—41.6 μm，壳面宽 5.5—9.5 μm。

生境：淡水种，生长在湖泊边水浅处、小流水沟、水塘、小浅水池、小河沟、积水塘、水稻田的流水和静水、水中生长有其他水生植物的环境中。

产地：西藏（墨脱、米林、乃东、错那、昌都、江达、贡觉、类乌齐、普兰、噶尔、日土）。

分布：欧洲（芬兰，意大利，丹麦）。

8. 格氏鞍型藻　图版（plate）XXXVI：6—8

Sellaphora gregoryana（Cleve et Grunow 1880）Metzeltin & Lange-Bertalot 1998，p. 250；Levkov，Nakov & Metzeltin 2006，p. 308，310.

Navicula bacillum var. *gregoryana* Cleve　et　Grunow 1880，p. 44；Meister 1912，p. 132，20/3；Hustedt 1930，p. 280，fig. 466；Proschkina-Lavrenko 1950，p. 165，57/3；Sabelina *et al.* 1951，p. 287，fig. 164，2；Cleve-Euler 1953，p. 184，fig. 888 d；Zhu et Chen（朱蕙忠　陈嘉佑）1989，p. 45；Zhu et Chen（朱蕙忠　陈嘉佑）1994，p. 90；Huang *et al.*（黄成彦等）1998，p. 30，67/1—3.

Navicula bacillum f. *gregoryana* (Cleve *in* Grunow 1880) Hustedt 1961，p. 114，fig. 1248 f. g.

　　壳面宽线形，中部略凹入，末端钝或宽圆形。轴区中度宽，在中部略不对称，中心区扩大形成明显的椭圆形。壳缝直，线形，近缝端稍膨大，几乎不弯转，远缝端弯斜，沟（槽）窄而明显。壳面横线纹辐射状排列，中部稍稀疏，中部在 10 μm 内有 15 条，向末端在 10 μm 内有 18—19 条。壳面长 53—69 μm，壳面宽 12—16 μm。

　　生境：淡水至微咸水种，生长在湖泊、江河、水池、稻田、缓流石表、水沟、泉水等流水与静水环境中。

　　产地：北京；吉林（长白山圆池）；贵州（松桃、铜仁、江口）；湖南（吉首、古丈、麻阳、永顺、凤凰、慈利索溪峪自然保护区）。

　　化石产地及时代：内蒙古赤峰第四纪；广东徐闻上新世。

　　分布：欧洲（俄罗斯，德国，瑞士，芬兰，奥地利等）。

9. 克来斯鞍型藻　　图版（plate）XXXVII：15

Sellaphora kretschmeri Metzeltin et Lnage-Bertalot 2009，p. 92，58/1—7，250/1；Hu *et al.*（胡竹君等）2013，p. 108，2/4.

　　壳面线形，在中部边缘略凸起，末端宽亚头状。轴区窄，线形，中心区扩大呈菱形，边缘线纹几乎均等的变短。壳缝略弯曲，近缝端明显膨大并弯转，远缝端稍微弯斜。壳面线纹辐射状排列，在 10 μm 内有 14—16 条。壳面长 64.2 μm，壳面宽 10.8 μm。在 SEM 下观察，外壳缝骨凸起横过中心区无间断。沟（槽）（grooves）稍浅至近极较深。孔纹在 10 μm 内有 40 个。

　　生境：淡水种，生长在湖泊附生于植物上的环境中。

　　化石产地及时代：内蒙古克什克腾第四纪。

　　分布：亚洲（蒙古国）。

　　本种与 Metzeltin 等（2009）描述的标本在壳面横线纹的数量稍有差异，前者在 10 μm 内有 14—16 条，后者在 10 μm 内有 13—14 条。本种与 *S. parapupular* 在外形和构造特征相似，主要区别在于后者横线纹较密，在 10 μm 内有 18 条，孔纹在 10 μm 内有 32 个。

10. 克瑞斯蒂鞍型藻　　图版（plate）XL：1

Sellaphora kristicii Lavkov，Nakov et　Metzeltin 2006，p. 301，figs. 14—29；Levkov *et al.* 2007，p. 118，101/1—6；Hu *et al.*（胡竹君等）2013，108，2/2，3

　　壳面线形至线状披针形，末端不延长，钝圆形。轴区窄，线形。中心区扩大形成椭圆形，其宽度相当于壳面宽度的 1/3—1/2。壳缝丝状，近缝端中央孔明显，稍微膨大并略向同一侧弯转，远缝端向壳套弯曲。壳面横线纹均为辐射排列，单列，在 10 μm 内有 14—16 条。壳面长 76.3 μm，壳面宽 16.3 μm。

　　按 Levkov et al.（2006）对标本在 SEM 下观察：外壳面横线纹由致密的小疑孔（poroids）组成，有圆形的外开孔，线纹构造靠近帐形或苔形（conopeum）边显示不规则，疑孔细长形。壳缝线形，位于帐形中央。近缝端膨大稍有弯转（偏斜），远缝端弯向壳套。内壳面横线纹由 1 列致密的闭塞疑孔组成。壳缝丝状，近缝端弯转，远缝端形成一个大的细长的螺旋舌(喇叭舌)(helictoglossa)。

生境：淡水种，生长在贫营养湖泊环境中。

化石产地及时代：内蒙古克什克腾第四纪；湖北江陵第四纪。

分布：欧洲(马其顿)。

11. 库斯伯鞍型藻　图版(plate)XXXVII：4—8

Sellaphora kusberi Metzeltin et Lange-Bertalot. 2009，p. 94，60/1—12；Hu *et al.*(胡竹君等)2013，p. 108，1/8—12.

壳面线形至线椭圆形，边缘中部明显膨胀，末端亚头状或近头状。轴区窄线形，中心区横向扩大形成蝴蝶形。壳缝线状，稍微波形，近缝端稍有膨大和稍偏斜，远缝端略偏弯斜。壳面横线纹在中部辐射排列，向末端近极呈近平行排列，线纹在 10 μm 内有20—24 条。壳面长 26.7—31.5 μm，壳面宽 6.1—6.7 μm。

生境：淡水至微咸水中，生长在湖泊弱碱性环境中。

化石产地及时代：湖北江陵第四纪。

分布：亚洲(蒙古国)。

12. 光滑鞍型藻　图版(plate)IX：11；XXXVII：9

Sellaphora laevissima (Kützing 1844)Mann 1989，p. 2；Lange-Bertalot 2003，p. 118，23/1—5；19/11；?23/14—17.

Navicula laevissima Kützing 1844，p. 96，21/14；Grunow *in* Van Heurck 1880，13/13；Van Heurck 1896，p. 225，27/775；Peragallo et Peragallo 1897—1908，p. 67，8/25；Pantocsek 1902，p. 55，5/112；Patrick et Reimer 1966，p. 497，47/13；Krammer et Lange-Bertalot，1986，p. 189，67/6—10.

Navicula bacilliformis Grunow *in* Cleve et Grunow 1880，p. 44，2/51；Grunow *in* Van Heurck 1880，13/11；Van Heurck 1896，p. 224，27/774；Pantocsek 1902，p. 61，6/150，17/375；Dippol 1904，p. 70，fig. 151；Meister 1912，p. 130，19/23；Mayer 1913，p. 138，6/8，20；Skvortzow 1928，p. 42，2/13；Hustedt 1930，p. 273，fig. 446；Sabelina *et al.* 1951，p. 282，fig. 160，2；Cleve-Euler 1953，p. 188，fig. 892，a.

Navicula wittrockii (Lagerstedt 1873)Tempére & Peragallo 1909，p. 120；Cleve-Euler 1953，p. 188；Hustedt 1961，p. 124，fig. 1256；Manguin 1964，p. 75，11/3；Zhu et Chen(朱蕙忠 陈嘉佑)2000，p. 183，29/15；Liu *et al.*(刘妍等)2006，p. 40，2/52.

壳面线形，两侧边缘平行或略凸出，末端圆形。轴区狭窄，远端(顶区)区明显的不大，但比轴区较宽。中心区横向扩大，边缘有不规则的短线纹。壳缝直线形，近缝端间距稍大，直形，中央孔微大，远缝端细微弯。横线纹稍微辐射排列，线纹弯形，向壳面末端两侧各有 1 条弯曲的节条纹(眉条)，线纹在 10 μm 内有 12—24 条。壳面长 17—65 μm，壳面宽 4.4—10 μm。

生境：淡水种，生长在河流、湖泊、水塘、河边小泉、流水岩石、水库、溪流等流水和静水，有时与苔藓植物共生的环境中。

产地：黑龙江(哈尔滨、七星河、塔尔根、五大连池、兴凯湖、绥芬河、镜泊湖、伊春、漠河)；西藏(聂拉木、定日、亚东、康马、吉隆、乃东、措美、芒康、申扎、革吉)；福建(金门岛)。

分布：欧洲(俄罗斯，意大利，德国，法国，比利时，匈牙利，芬兰，瑞士)；北美洲(美国)；大洋洲等。

13. 楔鞍型藻

Sellaphora lambda (Cleve 1894) Metzeltin & Lange-Bertalot 1998.

Navicula lambda Cleve，1894，p. 136，5/19；Schmidt *et al.* 1914，312/4—6；
　　Proschkina-Lavrenko 1950，p. 164，57/20；Sabelina *et al.* 1951，p. 286，fig. 163，2；
　　Skvortzow 1930，p. 42，2/8.

13a. 原变种　图版(plate) IX：12

var. **lambda**

壳面宽线形，中部稍收缩，末端宽楔圆形。轴区窄，清楚，线形，中心区扩大形成近圆球状(形)。壳缝直线形，近缝端直不偏斜，有增厚的中央节，远缝端直，顶端有 1 个似螺旋舌的构造。在顶区的两侧靠近末端线纹出现特殊的肋(眉)条增厚。壳面横线纹在中部辐射排列，向两端渐平行，线纹在 10 μm 内有 14—15 条，线纹由清楚的细点纹组成。壳面长 68—69 μm，壳面宽 13—17 μm。

生境：淡水至微咸水种，生长在山区河流环境中。

产地：福建(福州)。

分布：亚洲(日本)；欧洲(俄罗斯)；拉丁美洲(圭亚拉德梅拉拉河)。

本种形态和构造特征：轴区，壳缝，线纹，尤其是两端出现的特殊肋(眉)条的特征，从 *Navicula* 属移出归到 *Sellaphora* 属组成新联合种 *S. lambda* comb. nov. 更符合分类。但要指出的是，*Sellaphora* 属的壳缝，主要是指远缝端呈弯曲或钩状，而 Cleve(1894)标本绘制的图，缝端是直形，似乎有 1 个螺旋舌，Skvortzow(1930，1929b)绘制的图，壳缝也是直的。这与 *Sellaphora* 属有点不同，但出现特殊的肋(眉)条是标本共同的特征，所以仍归入到 *Sellaphora* 属中。

13b. 直变种　图版(plate) X：1

var. **recta** (Skvartzow 1930) Li et Qi(李家英　齐雨藻) comb. nov.

Navicula lambda var. *recta* Skvortzow 1930，p. 42，2/13.

本变种与原变种的主要区别：本变种壳面中部不收缩，两侧边直，末端圆形。横线纹在 10 μm 内有 3—14 条。壳面长 105 μm，壳面宽 25 μm。

生境：淡水至微咸水种，生长在山区溪流环境中。

产地：福建(福州)。

13c. 中华变种 图版(plate)X：2

var. **sinica**（Skvortzow）Li et Qi（李家英 齐雨藻）comb. nov.

Navicula lambda var. *sinica* Skvortzow 1935，p. 469，1//34.

本变种与原变种的主要区别：本变种细胞小型。壳面线形，中部不收缩，长方形，末端宽圆形。轴区窄，中心区稍扩大呈小圆形。壳缝细线形，直，远缝端直或稍弯曲。壳面线纹近平行排列，在 10 μm 内有 21—24 条，两条纵纹紧靠壳缝。壳面长 23 μm，壳面宽 7 μm。

生境：淡水变种，生长在湖泊环境中。

产地：江西（鄱阳湖）。

14. 蒙古鞍型藻 图版(plate)XXXVII：12—14

Sellaphora mongolcollegarum Metzeltin，Lange-Bertalot et Nergui 2009，p. 95，59/1—7；Hu *et al.*（胡竹君等）2013，p. 109，11/9—11.

壳面线状椭圆形，末端宽圆形。轴区线形，中心区扩大形成不大的椭圆形。壳缝直线形，近缝端直，中央孔几乎不膨大，远缝端直或稍弯，一条明显的纵肋（沟或槽）包围壳缝。端缝两侧的空区内各有一条明显的节条纹（眉条纹）。壳面横线纹均为辐射排列，在中部稀疏，无长、短相间，向末端密，在 10 μm 内有 14—24 条。壳面长 31.6—47 μm，壳面宽 8.4—9.5 μm。

生境：淡水种，生长在湖泊或沼泽弱碱性环境中。

化石产地及时代：湖北江陵第四纪。

分布：亚洲（蒙古国）。

15. 奥赫里德鞍型藻 图版(plate)XXXVIII：1—6

Sellaphora ohridana Levkov et Krstic 2007，p. 120，103/1—14；Hu *et al.*（胡竹君等）2013，p. 108，1/13—18.

壳面线形至椭圆形，末端宽圆形。轴区较宽，中心区扩大形成椭圆形。壳缝直线形，近缝端几乎不弯斜，中央孔略膨大，远缝端直或似乎弯向壳套。壳面横线纹明显辐射状排列，中部线纹无长、短相间排列，壳面线纹在中部 10 μm 内有 13—15 条，向两端在 10 μm 内有 18—22 条。壳面长 28.5—45.8 μm，壳面宽 8.8—10.6 μm。

生境：淡水种，生长在贫营养湖泊环境中。

化石产地及时代：湖北江陵第四纪。

胡竹君等（2013）在江陵第四纪沉积物中发现的标本，形态特征与 *S. bacillum* 和 *S. sublinear* 相似，主要区别在于 *S. bacillum* 的壳面横线纹较稀，在 10 μm 内有 12—14 条，*S. sublinear* 壳面横线纹较密，在 10 μm 内有 22—24 条。

16. 波动鞍型藻 图版(plate)XXXVII：10，11

Sellaphora permutata Metzeltin *in* Metzeltin *et al.* 2009，p. 97，61/16—19：Hu *et al.*（胡竹君等）2013，p. 107，1/6. 7.

壳面椭圆披针形或近椭圆形，末端延长的钝喙状。轴区线形，窄至很窄，中心区微大，近圆形至横椭圆形。壳缝丝状。中央孔稍微扩大呈近圆形，孔间距明显较宽。壳面横线纹强烈辐射状排列，中部线纹长、短相间排列，线纹在 10 μm 内有 18—22 条。壳面长 22.1—28.8 μm，壳面宽 7.9—9.8 μm。

生境：淡水种，生长在湖泊附生于石头上的环境中。

化石产地及时代：湖北江陵第四纪。

分布：亚洲(蒙古国)。

17. 全光滑鞍型藻 图版(plate)XXXVIII：10

Sellaphora perlaevissima Metzeltin，Lange-Bertalot et Nergui 2009. p. 96，61/21—25，250/5；
Hu *et al.*(胡竹君等)2013，p. 108，2/5.

壳面线形，末端宽圆形。轴区窄线形，中心区横向扩大呈小矩形，边缘有 2—3 条短线纹。壳缝略波曲形，近缝端略弯斜，中央孔膨大明显，远缝端弯斜。壳面横线纹略微辐射状排列，在 10 μm 内有 12—14 条。壳面长 32.6 μm，壳面宽 7.4 μm。

生境：淡水种，生长在湖泊或弱酸性的水体环境中。

化石产地及时代：湖北江陵第四纪。

分布：亚洲(蒙古国)。

本种与 *S. rectilinearis* Lange-Bertalot *et al.*(2009)相似，主要区别在于后者的壳面较小，长 16—28 μm，宽 6—6.8μm 和壳面横线纹较密，在 10 μm 内有 20—22 条。

18. 伪瞳孔鞍型藻 图版(plate)IX：17

Sellaphora pseudopupula(Krasske 1923)Li et Qi(李家英 齐雨藻)comb. nov.

Navicula pseudopupula Krasske 1923，p. 197，fig. 4.

Navicula pupula var. *pseudopupula*(Krasske)Hustedt 1930，p. 282，fig. 467 g；Hustedt 1961，
p. 121，fig. 1254 w—y；Krammer & Lange-Bertalot 1999，p. 190，68/13，14；Zhu et
Chen(朱蕙忠 陈嘉佑)2000，p. 173，27/1.

Navicula pseudopupula var. *typical* Cleve-Euler 1953，p. 188，fig. 89 a.

壳面线形，两侧边缘平行，末端钝楔圆形。轴区窄，中心区扩大形成明显的直达边缘的矩形，边缘未见有短的线纹。壳缝直线形，近缝端直，中央孔不明显，远缝端弯钩形。壳面横线纹均为辐射排列，在 10 μm 内有 18—22 条。较大的端节靠近线纹两侧有与线纹等长的粗节条(眉状条)。壳面长 26—28 μm，壳面宽 5—6.6 μm。

生境：淡水种，生长在小河、支流中的砾石和沙石场有水生植物的环境中。

产地：西藏(扎达，革吉)。

分布：欧洲(德国，奥地利，瑞典等)。

本种最早由 Krasske(1923)确定为 *Navicula pseudopupula*，1930 年 Hustedt 依据形态和节条的特征，将其移入 *Navicula pupula* 中作为变种沿用至今。标本的形态特征和构造与 *Navicula pupula* 确实相似，但 *N. pupula* 现在已复原为 *Sellaphora pupula* Mereschk. 相对应的 *N. pupula* var. *pseudopupula* 移入到 *Sellaphora pupula* var. *pseudopupula* 中，从变种

的形态和构造特征与 *S. pupula* 比较两者有所不同：前者两侧边缘平行，后者不呈平行。前者中心区扩大呈直达边缘的矩形，后者中心区呈不达边缘的横带或矩形。壳缝前者是直线形，后者呈微波曲形。壳面横线纹中部无长、短相间的条纹，后者有长、短相间的条纹，线纹排列前者均为辐射状，在 10 μm 内有 18—22 条，后者中部辐射状，向两端呈平行状，在 10 μm 内有 14—24 条。依据这些特征的不同，从变种分出还原至 *N. pseudopupula* 种名，种的特征与 *Sellaphora* 属征一致，因此，将 *Navicula pseudopupula* 移出归至 *Sellaphora* 属中成为新联合种 *S. pseudopupula* comb. nov.。

19. 瞳孔鞍型藻

Sellaphora pupula (Kützing 1844) Mereschkowsly 1902，p. 187，1—5/IV；Mann 1984，p. 5，
　　fig. 1；Mann 1989，p. 2，fig. 1，8，4—6；Mann *et al.* 1990，p. 552，fig. A—K；Bruder
　　et Medlin 2008，p. 294.

Navicula pupula Kützing 1844，p. 93，30/40；Rabenberst 1853，p. 38，6/82；Cleve et Grunow
　　1880，p. 45，2/53；Van Heurck 1880—1885，p. 106，13/15；Meister 1912，p. 130，
　　19/25；Hustedt 1930，p. 281，fig. 467 a；Skvortzow 1935，p. 469，1/30，31；Skvortzow
　　1937，p. 681，4/4；Sabelina *et al*. 1951，p. 287，fig. 165，1；Hustedt 1961，p. 121，
　　fig. 1254 a—g；Patrick et Reimer 1966，p. 495，47/7；Mann 1984，p. 431，fig. 1，A—O；
　　fig. 2；Li (李家英) 1983，p. 296，26/18；Huang *et al.* (黄成彦等) 1998，p. 32，67/4—8；
　　Krammer & Lange-Bertalot 1999，p. 189，68/1—12；Zhu et Chen (朱蕙忠 陈嘉佑) 2000，
　　p. 172，26/16；Liu *et al.* (刘妍等) 2006，p. 42，1/41.

Navicula pupula f. *minuta* Grunow *in* Van Heurck 1880，13/16.

Navicula pupula var. *genuina* Cleve et Grunow 1880，p. 45.

Stauroneis wittrockii Lagerstedt 1873，p. 38，2/15.

Srauronies tatrica Gutwiński 1890，p. 24，1/20.

Navicula pupula var. *sinica* Skvortzow 1935，p. 21，4/28.

Navicula pupula f. *minutula* Chalnoky 1957，p. 70，fig. 79.

19a. 原变种　　图版 (plate) IX：13—16；XXXVIII：7

var. *pupula*

　　细胞单个，壳体等极。壳套和环带浅或深，常呈现壳面观或环带面观，单个壳面常呈现壳面观。壳面线形、披针形或线椭圆形，末端圆形，喙状或近头状。轴区很窄，少有呈锥形，中心区扩大形成矩形或不达边缘的横带，并稍不规则，端结节横向扩大，两侧有节条（眉状条）。壳缝较直，近缝端和远缝端弯向壳面的一边。近缝端轻微扩大有点偏斜，远端缝与近端缝相对的一边明显弯斜。壳面横线纹较密，在中部辐射排列，向两端形成平行排列，中部线纹常以长、短靠近边缘交替出现，线纹由孔纹组成，在 LM 下观察难于分辨，在 SEM 下由明显的疑孔组成，线纹在 10 μm 内有 14—24 条。壳面长 18—45 μm，壳面宽 6—10 μm。

　　生境：淡水至微咸水种，常生长在湖泊、河流、溪流、泉水、水塘、水库、稻田、

潮湿岩壁等流水和静水环境中。

产地：北京；黑龙江（哈尔滨、黑河、七星河、五大连池、绥芬河、牡丹江、兴凯湖、伊春、漠河、扎龙、塔尔根、烟筒山、镜泊湖）；吉林（长白山地区）；辽宁（铁岭柴河、泛和、辽河、锦州、盘锦大辽河、三岔河）；西藏（聂拉木、定日、亚东、吉隆、萨噶、墨脱、米林、林芝、乃东、错那、措美、察隅、八宿、波密、昌都、芒康、察雅、洛隆、贡觉、类乌齐、申扎、改则、措勤、扎林、普兰、革吉、日上、日喀则、江孜、昂仁、定结、打隆）；贵州（松桃、铜仁、江口、印江、石阡、思南、沿河）；湖南（吉首、古丈、麻阳、永顺、凤凰、慈利索溪峪自然保护区）；江西（鄱阳湖）；福建（金门岛）。

化石产地及时代：山东山旺中新世；浙江嵊县中新世；云南丽江更新世，云南腾冲中新世；广东田洋第四纪；西藏羊八井第四纪，西藏纳木湖（错）和西藏斯潘古尔错全新世。

分布：亚洲（日本）；欧洲（俄罗斯，瑞典，法国，芬兰，挪威，比利时，英国，德国）；北美洲（美国）；大洋洲（新西兰，澳大利亚）；拉丁美洲（阿根廷，厄瓜多尔）；非洲（南非）。

19b. 椭圆变种　图版（plate）X：3

var. elliptica (Hustedt 1911) Li et Qi（李家英　齐雨藻）comb. nov.

Navicula pupula var. *elliptica* Hustedt 1911，291，3/40；Skvortzow 1938，p. 54；Hustedt 1930，p. 282，fig. 467 d；Sabelina *et al.* 1851，p. 289，fig. 165，6；Cleve-Euler 1953，p. 187，fig. 890 k；Patrick et Reimer 1966，p. 496，47/11；Zhu et Chen（朱蕙忠　陈嘉佑）1989，p. 47；Bao *et al.*（包文美等）1992，p. 136；Zhu et Chen（朱蕙忠　陈嘉佑）2000，p. 173，26/19.

Navicula pupula var. *baicalensis* Skvortzow et Meyer 1928，p. 15，1/39.

Navicula pupula var. *koreana* Skvortzow 1929，p. 285，1/2.

Navicula densistriata var. *acuta* Skvortzow 1946，p. 21，3/20.

Navicula pupula f. *elliptica* Hustedt 1961，p. 121，1254 h.

本变种与原变种的主要区别：本变种的典型壳面椭圆披针形，末端窄圆形或偶见壳面椭圆形，末端圆形。轴区窄，中心区横向扩大几乎直达壳缘。壳缝直，远缝端少弯斜。壳面横线纹辐射排列，线纹细密，在 10 μm 内在中部有 16—18 条，两端密，在 10 μm 内有 21—32 条。壳面长 12—34 μm，壳面宽 5—9 μm。

生境：淡水至半咸水种，生长在湖泊、河流、溪流、水塘、泉水急流石表等环境中。

产地：黑龙江（黑河、哈尔滨）；吉林（长白山地区）；西藏（定日、吉隆、错那、措美、察雅、江达、申扎、措勤、扎达）；湖南（慈利索溪峪自然保护区）；云南西北和四川西南地区；福建（厦门）。

分布：亚洲（朝鲜）；欧洲（俄罗斯，德国，奥地利，芬兰）；北美洲（美国）。

19c. 变异变种　图版（plate）X：4

var. mutata (Hustedt 1930) Li et Qi（李家英　齐雨藻）comb. nov.

Navicula pupula var. *mutata* (Krasske) Hustedt 1930，p. 282，fig. 467 f；Skvortzow 1937，

p. 682, 4/6；Proschkina-Lavrenko 1950, p. 165, 54/26；Sabelina *et al.* 1951, p. 289, fig. 165；Hustedt 1961, p. 123, fig. 1254, t—v；Krammer et Lange-Bertalot 1999, p. 190, 68/17—19.

Navicula mutata Krasske 1929, p. 354, fig. 16.

Navicula mutate var. *typical* Cleve-Euler 1953, p. 163, fig. 829 a, b.

本变种与原变种的主要区别：本变种壳面椭圆披针形，中部凸出，末端截状圆形。轴区窄，中心区扩大形成明显的但不达边缘的矩形。壳缝细，直。壳面横线纹细而密，明显辐射排列，线纹在 10 μm 内有 22—24 条。壳面长 15—20 μm，壳面宽 6—8.5 μm。

生境：淡水种，生长在河的支流、水库、池塘、溪流等附生水草及地表环境中。

产地：黑龙江(哈尔滨)；福建(崇安、南平、福清、莆田)；广东(广州、肇庆)；广西(南宁、百色)。

分布：欧洲(俄罗斯，德国，芬兰)。

20. 矩形鞍型藻　图版(plate)X：5

Sellaphora rectangularis (Gregory 1854) Li et Qi(李家英 齐雨藻) comb. nov.

Navicula pupula var. *rectangularis* (Gregory 1854) Cleve et Grunow 1880, p. 45；Dippel 1904, p. 72, fig. 154；Mayer 1913, p. 137, 6/17；Hustedt 1930, p. 281, fig. 467 b；Proschkina-Lavrenko 1950, p. 165, 54/23；Sabelina *et al.* 1951, p. 289, fig. 165, 2；Okuno 1952, p. 43, 25/11, 12；Cleve-Euler 1953, p. 187, fig. 890 d—f；Zhu et Chen(朱蕙忠 陈嘉佑)1989, p. 47；Bao *et al.*(包文美等)1992, p. 137；Huang *et al.*(黄成彦等)1998, p. 32, 67/9—12；Zhu et Chen(朱蕙忠 陈嘉佑)2000, p. 174, 26/20.

Stauroneis rectangularis Gregory 1854, p. 99, 4/17.

Navicula pupula var. *bacilaroides* Cleve-et Grunow 1880, p. 45.

Navicula pupula f. *rectangularis* (Gregory 1854) Hustedt 1961, p. 121, figs. 1254/n—g.

壳面线形，两侧边缘近平行或中部略凸出，末端几乎不延长的近头状或宽圆形。轴区窄线形，中心区扩大形成不规则的矩形。壳缝窄线形，近缝端直，远缝端略弯钩状。壳面横线纹辐射状排列，在中部长、短相间排列，线纹在 10 μm 内有 21—28 条。壳面长 17.5—53 μm，壳面宽 4—9 μm。

生境：淡水种，生长在湖泊、江河、支流、水泡、急流石壁、水塘、水沟等流水和静水环境中。

产地：黑龙江(哈尔滨、七星河、五大连池、兴凯湖、镜泊湖、漠河、伊春)；吉林(长白山地区)；辽宁(鞍山海城河、辽阳二道河、铁岭汛河、本溪)；西藏(定日、定结、浪卡子、亚东、康马、吉隆、工布江达、墨脱、林芝、乃东、错那、隆子、措美、察隅、昌都、芒康、洛隆、江达、贡觉、类乌齐、斑戈、申扎、措勤、扎达、普兰、噶尔、革吉)；贵州(松桃、铜仁、江口)；湖南(吉首、古丈、麻阳、永顺、凤凰、慈利索溪峪自然保护区)。

化石产地及时代：内蒙古赤峰第四纪；海南琼山全新世。

分布：亚洲(日本)；欧洲(俄罗斯，德国，芬兰，瑞典，法国)；北美洲(美国)。

本种最早由 Gregory 在 1854 年依据其标本定为矩形辐节藻 *Stauroneis rectangularis* Gregory，其后 Cleve 和 Grunow 在 1880 年将矩形辐节藻移至 *Navicula pupula* 中成为变种 *N. pupula* var. *rectangularis*，根据形态和构造特征，从变种分出提升为种，即 *S. rectangularis* 更符合分类特征。

21. 喙状鞍型藻　　图版(plate)X：6，7

Sellaphora rostratus (Hustedt 1911) Li et Qi (李家英　齐雨藻) comb. nov.

Navicula pupula f. *rostrata* (Hustedt) Hustedt 1957，p. 282；Zhu et Chen (朱蕙忠　陈嘉佑) 1989，p. 47；Zhu et Chen (朱蕙忠　陈嘉佑) 1994，p. 94.

Navicula pupula var. *rostrata* Hustedt 1911，p. 291，3/39；Hustedt 1930，p. 282，fig. 467 e；Skvortzow 1935，p. 469，1/33；Skvortzow 1938，p. 74，2/13.

壳面披针椭圆形或椭圆披针形，两侧边缘明显凸出，末端尖圆形或尖喙状。轴区非常窄，中心区扩大形成不规则的矩形或近蝴蝶形。边缘有 5—6 条长、短相间的条纹。壳缝细、丝状，直，近缝端几乎直不偏斜，中央孔不明显，远缝端弯斜。壳面横线纹细、密，均为辐射排列，在 10 μm 内有 25—28 条。壳面长 13—25 μm，壳面宽 5—8.8 μm。

生境：淡水种，生长在湖泊、河流、溪流、水塘等环境中。

产地：黑龙江 (喀尔古纳河)；江西 (鄱阳湖)；湖南 (吉首、古丈、麻阳、永顺、凤凰、慈利索溪峪自然保护区)；贵州 (松桃、铜仁、江口)。

本种与 *S. pupula* (Kützing 1844) 无论外形或构造特征都有明显的不同，前者形态呈披针椭圆形，后者主要是线形。前者末端是尖圆形，后者呈锥圆形或近头状。前者中心区呈不规则的矩形或近蝴蝶形，后者是横带或矩形。前者横线纹均为辐射排列，在 10 μm 内有 25—28 条，后者横线纹中部辐射排列，向两端平行排列，在 10 μm 内有 14—24 条。两者在形态和构造特征有明显的区别，因此本种从变种分出提升为种更符合分类特征。

22. 施罗西鞍型藻　　图版(plate)XXXVIII：8，9

Sellaphora schrothiana Metzeltin, Lange-Bertalot et Nergui 2009，p. 101，58/8—14，251/10—12. 250/6，254/1，2；Hu *et al.* (胡竹君等) 2013，p. 108，1/8—12.

壳面线形，中部略微凸起，末端宽近头状。壳面中部宽度至近头状末端宽度是 1.1：1.2。轴区窄，线形，中心区横向扩大形成蝴蝶形。边缘有 5—7 条长、短线纹相间排列。壳缝线形，略弯曲，近缝端微偏斜。中央孔略膨大，远缝端稍弯向壳套。壳面横线纹近弯状，强烈辐射排列，近末端近平行排列，在 10 μm 内有 16—18 条。壳面长 24.2—37.4 μm，壳面宽 6.8—8.9 μm。在 SEM 下外壳面观，在缝骨旁的端沟(槽)是清楚的。

生境：淡水种，生长在湖泊、弱碱性水体环境中。

化石产地及时代：湖北江陵第四纪。

分布：亚洲 (蒙古国)。

发现于江汉平原钻孔沉积物中的标本，比 Metzeltin 等 (2009) 记载的壳面长 26—42 μm，宽 8.5—8.7 μm 要窄些。本种与 *S. parapupula* Lange-Bertalot (2009) 相似，所不同的在于后者的横线纹较密 (在 10 μm 内有 18 条)。

舟形藻属 Navicula Bory

J.B.M. Bory 1822，p. 128

细胞单个，罕有连成链状群体。舟状，多以壳面观出现，少数种因强烈的横向缩短而出现壳环面观。壳面形态多样，线形、披针形、椭圆形。少见菱形，末端圆形、钝形、楔形、喙状、头状。壳面平坦或弯曲，长稍微弯入壳套，有时出现一个短的硅质片(conopeum)，轴区和中心区因种类不同而异。壳面轴区中出现的壳缝简单或单一(simple)并延伸(extend)至极(端)。壳缝在 SEM 下观察，壳缝呈裂缝(隙)状，有内、外之分，内裂缝在中央末端(近缝端)直和不膨大，无间断或连续的，有些种类形成喇叭舌或螺旋舌helictoglossa(e)。外裂缝中央末端(近缝端)简单或膨大形成孔状或钩状(hook)，极端(远缝端)简单至强烈的沟状。壳缝骨(sternum)或胸骨是壳缝外侧的硅质增厚并包被着壳缝，常与壳缝平行，极节通常也加厚，无纹或少纹。壳面横线纹单列(uniseriate)或少有双列的(biseriate)，除少数种类的线纹是肋纹状(costa-like)外，线纹基本都是由不同型的明显和不明显的点纹或疑孔纹组成，疑孔往往复以膜而闭塞，罕有平滑的。横线纹平行、辐射状、聚集(聚汇)状排列。壳环面观呈长方形，由几个开口的常常是平滑或平坦(plain)带组成。

每个细胞具 2 个壳环状色素体(质体)，位于顶轴的各边，每个色素体包含 1 个伸长细状的(rod-like)蛋白核。

本属硅藻的繁殖由 2 个母细胞的原生质分裂，各形成 2 个配子，2 对配子结合，形成 2 个复大孢子。

本属种类极多，淡水、半咸水和海水种均有分布。此属淡水种类非常丰富，各种类型的水体中都有，多为沿岸带，底栖或丛生，少有浮游生。

为了易于区分和鉴别本属众多的种类和提高分类的水准，许多硅藻学家，如 Van Heurck(1880—1885)，P.T. Cleve(1894—1895)，Hustedt(1930，1961 — 1966)，Cleve-Euler(1953 — 1955)，Sabelina 等(1951)，Patrick 和 Reimer(1966)，Van Landingham(1975)，Krammer 和 Lange-Bertalot(1999)等将本属分为亚属(subgenus)，组(section)。例如，Cleve(1894—1895)将本属分为若干亚属，Hustedt(1930)分为 13 组，Sabelina 等(1951)将本属分为 14 个组，Patrick 和 Reimer(1966)采用亚属的分级将本属分为 19 个亚属，Krammer 和 Lange-Bertalot(1999)将本属分为 Bestimmungsschlüssel für die Artengruppen('Sektionen': Section)18 个组，群等，随着硅藻分类的深入研究，尤其是 SEM 镜广泛应用，使硅藻分类学有了全新的发展。就原义或广义的 Navicula sensu lato 分类归属及其亲缘关系，形态构造的不同，并依据硅藻的有性生殖特征及形态、壳面构造、壳缝特征等改变了本属硅藻的传统分类。舟形藻类(Naviculoids)的分类及系统学研究工作成了硅藻分类学的热点。从 Navicula 属分移出的许多种和新出现的新种按新的分类系统建立了与 Navicula 属同级的近 30 个属。

在这次编志中，从 Navicula 属中分移的种已根据不同的形态和构造特征，归并至不同的建立的属中，余下的种并参考以往的亚属、群组的分类，重新组建了 6 组(Section)。

模式种 Navicula tripunctata (O.F. Müller) Bory，1822，p. 128。

本志收录了种 133 个，变种 29 个和 3 个变型，共计 165 个分类单位。

舟形藻属分组（Section）检索表

1. 壳缝在两条增厚的硅质肋之间 ··· 4 组（Section 4）
1. 壳缝无两条增厚的硅质肋 ·· 2
   2. 壳面线纹平行排列或仅中部平行排列 ································· 3 组（Section 3）
   2. 壳面线纹具很短线纹，轴区很大 ·· 3
3. 壳面边缘具很短线纹，轴区很大 ···································· 1 组（Section 1）
3. 壳面边缘不具短线纹 ·· 4
   4. 壳面线纹具细线条纹，点（孔）和肋条纹 ··························· 5 组（Section 5）
   4. 线纹不具细线条纹 ·· 5
5. 壳面较小型。中轴区窄，中心区几乎不扩大 ······················ 6 组（Section 6）
5. 轴区很窄，中心区小或大，常扩大形成方形或横矩形 ··············· 2 组（Section 2）

1 组（Section 1）

壳面椭圆形、长椭圆形、椭圆披针形。轴区大或无中心区。壳面横线纹短，沿壳面边缘排列。

本志收录 4 个种。

1 组（Section 1）分种检索表

1. 壳面椭圆披针形，末端宽头状 ······························ **2. 珍珠舟形藻 *N. margaritacea***
1. 壳面非如此形 ··· 2
   2. 壳面椭圆形，末端圆形，轴区宽披针形 ····················· **3. 隐形舟形藻 *N. recondita***
   2. 壳面长椭圆形 ·· 3
3. 壳面末端宽圆形。轴区椭圆披针形 ························· **1. 克拉曼舟形藻 *N. clamans***
3. 壳面 末端钝楔形，轴区近 H 形 ··························· **4. 柔弱舟形藻 *N. teneroides***

1. 克拉曼舟形藻　图版（plate）XII：7

Navicula clamans Hustedt 1939，p. 624，fig. 75—77；Hustedt 1962，p. 179，fig. 1313a—e；
    Hendey 1964，p. 205；Zhu et Chen（朱蕙忠，陈嘉佑）2000，p. 154，21/9.

壳面长椭圆形，末端宽圆形。轴区及中心区连成椭圆披针形，在中部的宽度略占壳面宽度的 1/2。壳缝直线形，近缝端和远缝端直，不偏斜。壳面横线纹短，略呈辐射状排列，在 10 μm 内有 16—24 条。壳面长 12—14 μm，壳面宽 5 μm。

生境：淡水种，生长在水清的小水沟、山口水流缓慢的小溪环境中。

产地：西藏（昌都、隆子）。

分布：欧洲（英国）。

2. 珍珠舟形藻　图版（plate）XII：8

Navicula margaritacea Hustedt 1936 *in* Schmidt *et al.* 1874—，402/61，62，Hustedt 1937，
    p. 253，17/38，39；Hustedt 1962，p. 217，fig. 1333；Zhu et Chen（朱蕙忠　陈嘉佑）2000，

p. 165，24/17.

壳面椭圆披针形，两侧边缘外出，末端宽头状。轴区很宽，呈椭圆披针形，无中心区。壳缝直线形，近、远缝端不偏斜。壳面横线纹很短，呈珍珠状分布排列在壳边缘，在中部 10 μm 内有 16 条,向两端 10 μm 内有 20 条。壳面长 12—13 μm,壳面宽 2.5—3 μm。

生境：淡水种，生长在冰碛物中流出的清泉小水坑缓流的环境中。

产地：西藏(亚东)。

分布：印度尼西亚。

本种的外形特征与 *Naviculla hassiaca* Krasske 非常相似，但构造特征有些区别：前者无中心区，后者有不太大的中心区；前者近缝端中央孔不太明显，后者仅缝端出现明显圆形的中央孔。

3. 隐形舟形藻　图版(plate)XII：9

Navicula recondita Hustedt 1934，*in* Schmidt *et al*. 1974—，400/6—9；Hustedt 1962，p. 168，
　　fig. 1301；Zhu et Chen(朱蕙忠　陈嘉佑)2000，p. 175.27/7；Lange-Bertalot 2001，p. 140，
　　104/41—46.

壳体壁薄，壳面椭圆形，末端圆形。轴区宽披针形，中心区与轴区相连。壳缝直线形。壳面横线纹短，在壳面中部 直于轴区或近平行，向两端呈辐射状排列，线纹在 10 μm 内有 20 条。壳面长 8 μm，壳面宽 3 μm。

生境：淡水种，生长在山沟流水处附着物环境中。

产地：西藏(芒康)。

分布：欧洲(瑞士)。

4. 柔弱舟形藻　图版(Plate)XII：10

Navicula teneroides Hustedt 1956，p. 117，fig. 42，43；Hustedt 1962，p. 178，fig. 1312；
　　Zhu et Chen(朱蕙忠　陈嘉佑)2000，p. 180，28/23.

壳体壁薄，壳面长椭圆形，末端宽圆形至钝楔形。壳缝线形，略向一侧弯曲，两侧具中肋。壳面横线纹很短，均为辐射状排列，每条横线纹由规则地间断，至使壳面有较大的空白区，空白区在中心相连，形成像 H 形的空白区。横线纹在 10 μm 内有 20 条。壳面长 10.5 μm，壳面宽 4 μm。

生境：淡水种，生长在小浅水池环境中。

产地：西藏(类乌齐)。

分布：欧洲(德国，奥地利，瑞士)；中美洲(委内瑞拉)。

2 组(Section 2)

壳体小型。壳面线形至线椭圆形。轴区窄或很窄，中心区小或大，常扩大形成方形或横向矩形，直达边缘或不达边缘。横线纹细，有不明的点孔纹组成，或多或少辐射排列。

本志收录 24 种和 6 个变种，共计 30 个分类单位。

2 组 (Section 2) 分种检索表

1. 相对舟形藻　图版(plate)XII：11

Navicula adversa Krasske 1938,p. 529,11/6;Cleve-Euler 1953,p. 192,fig. 906;Zhu et Chen(朱蕙忠 陈嘉佑)2000,p. 149,19/12.

    壳面窄,披针形,两侧边中部近平行,近末端收缩,末端圆形。轴区窄披针形,中心区明显扩大形成横向近矩形。壳缝直线形,近缝端不明显扩大,中央孔不清楚,远缝端短,少有分叉。壳面横线纹辐射排列,近末端略聚集排列,在 10 μm 内有 12—16 条。壳面长 20—27 μm,壳面宽 4.4—7.0 μm。

    生境:淡水种,生长在河边浅水池、水沟、草甸中沼泽化小积水坑的环境中。

    产地:西藏(米林、隆子、贡觉)。

    分布:欧洲(冰岛,挪威)。

2. 贝格舟形藻　图版(plate)XII：12

Navicula begeri Krasske 1932,p. 113,fig. 16;Hustedt 1936 *in* Schmidt *et al.* 1874—,401/100—102;Hustedt 1962,p. 219,fig. 1336 a;Krammer et Lange-Bertalot 1999,p. 225,78/17—20;Zhu et Chen(朱蕙忠 陈嘉佑)2000,p. 151,20/11.

Navicula soehrensis var. *linearis* Krasske 1929,p. 373.

Pinnularia soehrensis var. *linearis* (Krasseke 1929)Boye Petersen 1932,p. 21;Cleve-euler 1953,p. 13.

    壳面线形,两侧边缘平行,末端宽钝圆形。轴区窄线形,中心区扩大形成横矩形。

壳缝直线形，近缝端直，不偏斜，中央孔不明显，远缝端弯曲。壳面横线纹平行至微辐射排列，中央两侧边缘各具 1—2 条短横线纹，壳面线纹在中部 10 μm 内有 10—16 条，向两端 10 μm 内有 20 条。壳面长 14—16 μm，壳面宽 3.5—4 μm。

生境：淡水种，生长在山林间小溪、长满藻类的岩石上、湖边沼泽化、丛生旱草的积水坑环境中。

产地：西藏（聂拉木、吉隆）。

分布：欧洲（瑞士，芬兰，德国，奥地利）。

3. 卡里舟行藻

Navicula cari Ehrenberg 1836，p. 83；Ehrenberg 1838，p. 174；Ehrenberg 1854，p. 12/20 a，b；Van Heurck 1880，7/11；De Toni 1891，p. 179；Husted 1930，p. 299，fig. 512；Sabelina *et al.* 1951，p. 314，fig. 176，4；Krammer & Lange-Bertalot 1999，p. 96，27/12—17；Zhu et Chen（朱蕙忠 陈嘉佑）2000，p. 153，21/3；Lange-Bertalot 2001，p. 22，11/1—20，67/6.

Navicula cincta var. *cari*（Ehrenberg 1836）Cleve 1895.

Navicula cari var. *grnuina* Cleve-Euler 1953，p. 153，fig. 810a.

3a. 原变种　图版（plate）XII：13

var. cari

壳面披针形至线披针形至线形，末端楔形，也出现钝形至几乎尖圆形。轴区窄，中心区有不同的形态，在中心区两边各有 2—4 条短线纹，中心区几乎呈横矩形。壳缝丝状至微侧斜，近缝端向远距的中央孔单侧斜。壳面横线纹辐射排列，在中部线纹呈弯曲状，向末端平行至明显聚集状排列，横线纹在中部 10 μm 内有 11—16 条，两端 10 μm 内有 14—20 条。壳面长 19—37 μm，壳面宽 5—7 μm。

生境：淡水种，生长在小溪、泉水、泉边草地积水、江边岩石流水处、河边浅池、河沟、湖泊近岸、潮湿岩壁的环境中。

产地：西藏（聂拉木、亚东、吉隆、措美、察隅、八宿、波密、芒康、类乌齐、日土）；湖南（武陵源自然保护区）。

分布：欧洲（俄罗斯，德国，比利时）。

3b. 线形变种　图版（plate）XII：14

var. linearis（Õstrup 1910）Cleve-Euler 1934，p. 65；Cleve-Euler 1953，p. 153，fig. 810 c；Zhu et Chen（朱蕙忠 陈嘉佑）2000，p. 153，21/5.

Navicula cincta var. *linearis* Õstrup 1910，p. 76，2/52.

本变种与原变种的主要区别：本变种壳面线形，两侧边缘平行，末端楔形。轴区很窄，中心区扩大呈椭圆形。壳面横线纹较稀，在 10 μm 内有 11—12 条。壳面长 43—53 μm，壳面宽 6—7 μm。

生境：淡水，生长在山泉阴湿石壁附着的胶状物中。

产地：西藏(聂拉木)。

分布：欧洲(芬兰)。

4. 隐头舟形藻　图版(plate) XII：15，16；XL：7—15；XLVI：10

Navicula cryptocephala Kützing 1844，p. 95，3/20，26；Rabenhorst 1853，p. 33，7/71；
　　Donkin 1871，p. 37，5/14；Wolle 1890，10/13；Van Heurck 1896，p. 180，3/122；
　　Meister 1912，p. 138，21/3；Boyer 1916，p. 97，31/9；Hustedt 1930，p. 295，fig. 496；
　　Sabelina *et al.* p. 308，fig. 1721；Jao(铙钦止)1964，p. 172；Krammer & Lange-Bertalot
　　1999，p. 102，31/8—14；Zhu et Chen(朱蕙忠　陈嘉佑)2000，p. 155，21/16；
　　Lange-Bertalot 2001，p. 27，17/1—10，18/9—20；Li *et al.* (李家英等)2005，2/28.

Navicula cryptocephala var. *lanceolata* Grunow 1860，p. 527，2/28 a.

Navicula cryptocephala var. *genuina* Cleve-Euler 1953，p. 154，fig. 813a—e.

Navicula cryptocefalsa Lange-Bertalot 1993，p. 101，61/13，14.

壳面披针形或窄披针形，末端渐窄或微喙状，近头状或钝圆形。轴区窄至很狭窄，中心区小至中等大，呈圆形至横向椭圆形，略不对称。壳缝丝状，近缝端略偏斜。壳面横线纹辐射状排列，向末端微聚集排列，线纹在 10 μm 内有 10—24 条。壳面长 13—45 μm，壳面宽 4—9 μm。

生境：淡水或微咸水，生长在河流、湖泊、小溪、泉水、水塘、水沟、潮湿岩壁、滴水岩壁等流水、静水、半气生环境中。

产地：黑龙江(哈尔滨)；天津；西藏(聂拉木、定日、打隆、亚东、康马、吉隆、萨噶、仲巴、昂仁、墨脱、米林、林芝、乃东、朗县、加查、错那、隆子、措美、察隅、八宿、波密、昌都、芒康、洛隆、江达、贡觉、类乌齐、斑戈、申扎、措勤、扎达、革吉、日土、台错)；湖南(武陵源自然保护区)。

分布：亚洲(印度)；欧洲(俄罗斯，德国，法国，英国，比利时，瑞士)；北美洲(美国)。

5. 杭州舟形藻　图版(plate) XII：17

Navicula hangchowensis Skvortzow 1937，p. 224，1/31.

壳面线状椭圆形，末端微渐尖，钝圆形。轴区窄线形，中心区扩大形成横矩形，但不达壳缘。壳缝直线形。壳面横线纹很细、密，辐射排列，线纹在 10 μm 内有约有 30 条。壳面长 20.4 μm，壳面宽 6 μm。

生境：亚气生种，生长在潮湿岩石上的苔藓丛的环境中。

产地：浙江(杭州)。

本种在形态特征方面与 *Navicula soodensis* Krasske(1927)相近，但在构造上有所不同，前者横线纹细而密，后者线纹粗而较稀。

6. 科氏舟形藻　图版(plate) XII：18

Navicula kovalchookiana Skvortzow 1937，p. 223，1/14.

壳面线披针形，两侧边缘平行，末端喙状圆形。轴区窄线形，中心区扩大形成宽的横矩形(带)直达壳缘。在中央孔之间有一个明显的独立点纹。壳缝直线形，壳面横线纹辐射排列，在 10 μm 内有 21—22 条。壳面长 20.4 μm，壳面宽 6 μm。

生境：亚气生种，生长在潮湿岩石上苔藓丛的环境中。

产地：浙江(杭州)。

7. 多石舟形藻　图版(plate)XII：19，20

Navicula lapidosa Krasske 1929，p. 354，fig. 7；Hustedt 1930，p. 272，fig. 444；Skvortzow 1938，p. 271，1/48；Cleve-Euler 1953，p. 191，fig. 901；Hustedt 1969，p. 162，fig. 1296；Zhu et Chen(朱蕙忠　陈嘉佑)1989，p. 47；Krammer & Lange-Bertalot 1999，p. 203，73/4—7；Zhu et Chen(朱蕙忠　陈嘉佑)2000，p. 164，24/13.

壳面形态是可变的，壳面线椭圆形至椭圆形，亦或菱形椭圆形，末端宽钝圆形或钝楔形。轴区线形。中心区横向扩大呈近矩形或近蝶形。壳缝直线形，清晰，近缝端和远缝端直，不偏斜。近缝端中央孔略膨大呈圆形。壳面横线纹较强辐射状排列，中部线纹短或稍长、短相间排列，线纹在 10 μm 内有 22—28 条。壳面长 11.7—25 μm，壳面宽 6.6—9 μm。

生境：淡水种，生长在小河溪、小水沟、山溪流水和潮湿岩壁和半气生环境中。

产地：黑龙江(哈尔滨)；西藏(错那、隆子、察隅、芒康)；湖南(慈利索溪峪自然保护区)。

分布：欧洲(德国，芬兰，奥地利等)，北美洲(美国)。

8. 卢幸舟形藻　图版(plate)XII：21

Navicula lucinensis Hustedt 1950，p. 350，38/24，25；Hustedt 1961，p. 132，fig. 1265；Krammer & Lange-Bertalot 1999，p. 176，66/9—11；Zhu et Chen(朱蕙忠　陈嘉佑)2000，p. 164，24/16.

壳面线状椭圆形，两侧边缘近平行或明显外凸，末端宽圆形。轴区窄线形，中心区一侧或两侧横向扩大，直达边缘或不达边缘。壳缝直线形，近缝端和远缝端未见偏斜，中央孔不明显。壳面横线纹均呈辐射状排列，在 10 μm 内有 28 条。横线纹近边缘或中部两侧有规则的间断，从而形成纹条与横线纹十字交叉的空白纵线。壳面长 14—16 μm，壳面宽 3.6—3.7 μm。

生境：淡水种，生长在山区水沟和草原上河边静水湾水清的环境中。

产地：西藏(错那、芒康)。

分布：欧洲(德国)。

9. 微小型舟形藻　图版(plate)XII：22，23

Navicula minima Grunow *in* Van Heurck 1880，p. 107，14/15；Van Heurck 1896，p. 227，5/229；Meister 1912，p. 129，19/22；Mayer 1919，p. 201，7/6；Boyer 1927，p. 368；Hustedt 1930，p. 272，fig. 441；Sabelina *et al.* 1951，p. 279，fig. 158，3；Prowse 1962，

p. 45，11/2；Hustedt 1962，p. 249，fig. 1374；Zhu et Chen（朱蕙忠　陈嘉佑）1994，
　　p. 92；Krammer & Lange-Bertalot 1999，p. 229，76/ 39—47；Zhu et Chen（朱蕙忠　陈
　　嘉佑）2000，p. 165，24、21-22.

Navicula minutissima Grunow 1860，p. 552，2/2.

Navicula atomoides Grunow *in* Van Heurck 1880，p. 107，14/12.

Navicula minima var. *atomoides*（Grunow）Cleve 1894，p. 128；Yan（杨景荣）1988，168，5/11.

　　壳面线形、线椭圆形或椭圆形，末端宽 圆形。轴区窄线形，中心区扩大形成矩形或
近蝶形。壳缝直线形，近缝端不偏斜，中央孔略膨大近圆形，远缝端直形。壳面横线纹
明显辐射状排列。中央节（中心区）两侧边缘短线纹一致或稍有长、短相间，横线纹在 10 μm
内有 22—30 条。壳面长 8—18 μm，壳面宽 3—4.5 μm。

　　生境：淡水种，生长在江河、水库、溪流、小泉、水沟石表、小水坑、树丛间小积
水、岩石裂隙泉水、洼地水坑、河滩边凹地、山间流水等流水和静水环境中。

　　产地：西藏（聂拉木、亚东、墨脱、错那、措美、察隅）；贵州（松桃、铜仁、江口）；
湖南（吉首、古丈、麻阳、永顺、凤凰）。

　　化石产地及时代：云南宜良晚中新世。

　　分布：亚洲（马来西亚）；欧洲（德国，比利时，俄罗斯，瑞士）；北美洲（美国）。

　　Yan（杨景荣，1988）在云南宜良晚中新世地层种发现 *N. minima* var. *atomoides*
（Grunow）Cleve 变种，形态和构造特征与 *N. minima* 没有明显的区别。Van
Landingham（1975）将其并入原变种 *N. minima* 中，Yan（杨景荣，1988）描述的标本应归入
N. minima 中。

10. 喜氮舟形藻　图版（plate）XIII：1

Navicula nitrophila Boy Petersen 1928，p. 393，fig. 19；Hustedt 1962，p. 245，fig. 1370；
　　Zhu et Chen（朱蕙忠　陈嘉佑）2000，p. 169，25/14.

　　壳体壁薄，壳面形态多变。壳面宽椭圆形、线形椭圆形、线形，末端宽圆形或略呈
喙状，亦或钝圆形。轴区窄线形，中心区扩大形成对称或不对称的横矩形并直达壳缘。
壳缝直线形，近缝端不偏斜，中央孔不明显，远缝端未见弯斜。壳面横线纹均呈辐射状
排列，在 10 μm 内有 20—24 条。壳面长 11 μm，壳面宽 4 μm。

　　生境：淡水种，生长在江边的岩石流出的水环境中。

　　产地：西藏（芒康）。

　　分布：北极地区。

11. 罗塔舟形藻　图版（plate）XIII：2

Navicula rotaeana（Rabenhorst 1856）Grunow *in* Van Heurck 1880，14/17；Cleve 1894，
　　p. 128；Dippel 1904，p. 73，fig. 157；Meister 1912，p. 128，19/13；Hustedt 1930，
　　p. 273，fig. 445；Proschkina-Lavrenko 1950，p. 159，54/6；Sabelina *et al.* 1951，p. 279，
　　fig. 157，4；Prowse 1962，p. 47，11/x；Hustedt 1962，p. 200，fig. 1319；Krammer &
　　Lange-Bertalot 1985，p. 92；Zhu et Chen（朱蕙忠　陈嘉佑）1989，p. 48；Zhu et Chen

（朱蕙忠　陈嘉佑）2000，p. 176，27/12.

Stauroneis rotaeana Rabenhorst 1856，p. 103，13/7.

Stauroneis minutissima Lagerstedt 1873，p. 39，1/13.

Navicula rotaeana var. *excentrica* Grunow *in* Van Heurck 1880，14/20.

Navicula vanheurckii Patrick *in* Patrick & Reimer 1966，p. 491，46/22.

　　壳面椭圆形，末端圆形。轴区窄，清楚。中心区大，横向扩大形成矩形尚未直达壳边缘。壳缝微 S 形弯曲，近缝端直，远缝端向相反方向弯斜。壳面横线纹均为辐射状排列，仅在中心区近平行排列并出现线纹长度变短或不太规则，线纹在 10 μm 内有 22—30 条。壳面长 13.5—21 μm，壳面宽 6.6—8 μm。

　　生境：淡水种，生长在湖泊、湖边草地浅水处、河滩台地流出的小泉、小山溪流、山溪与沼泽化草甸、小水沟、小河溪、温泉边小溪流、雪山下泉水、水坑等环境中。

　　产地：西藏（聂拉木、朗县、错那、察隅、芒康、察雅、申扎、措勤）；湖南（慈利索溪峪自然保护区）。

　　分布：亚洲（马来西亚）；欧洲（比利时，瑞士，德国，俄罗斯，奥地利，挪威，瑞典，芬兰）；北美洲（美国）。

12. 沙德舟形藻　图版（plate）XIII：3

Navicula schadei Krasske 1929，p. 355，fig. 11a b；Krasske 1934，*in* Schmidt *et al.* 1874—，398/32—35；Cleve-Euler 1953，p. 191，fig. 904；Hustedt 1962，p. 222，fig. 1340；Krammer & Lange-Bertalot 1990，p. 199，71/32—38；Zhu et Chen（朱蕙忠　陈嘉佑）2000，p. 177，28/3.

　　壳面椭圆形至线椭圆形，两侧明显外凸，两端延长，末端钝圆形或平截近头状。轴区窄线形，中心区扩大形成近圆形或不规则不达壳缘。壳缝直线形，近缝端略膨大。中央孔较明显，远缝端可能较直。壳面横线纹几乎均为辐射状排列或近两端略为平行，极端微聚集状排列，线纹在 10 μm 内有 24—28 条，中节两侧长、短相间排列。壳面长 11—13 μm，壳面宽 4—6 μm。

　　生境：淡水种，生长在河汊、水清静水、有大量聚草环境中。

　　产地：西藏（林芝）。

　　分布：欧洲（德国）。

13. 类半裸舟形藻　图版（plate）XIII：4，5

Navicula seminuloides Hustedt 1936 *in* Schmidt *et al.* 1874—，401/68—71；Hustedt 1937，p. 239，17/29—31；Hustedt 1962，p. 244，fig. 1369；Zhu et Chen（朱蕙忠　陈嘉佑）1989，p. 48；Zhu et Chen（朱蕙忠　陈嘉佑）2000，p. 177，28/8.

Navicula seminuloides var. *sumatrana* Hustedt 1936 *in* Schmidt *et al.* 1874—，401/72—76.

Navicula seminuloides var. *sumatrensis* Hustedt 1937，p. 239，17/32，33.

　　壳面线椭圆形至宽椭圆形，末端宽圆形或钝圆形。轴区很窄的线形，中心区扩大不规则，但不达壳缘。壳缝直，线形，近缝端略为膨大不偏斜，远缝端多为直形。壳面横线纹均为辐射状排列，中央区有 1—3 短条纹，线纹在 10 μm 内有 22—26 条。壳面长 8—15 μm，壳面宽 3—5.5 μm。

生境：淡水或微咸水种，生长在高山闭塞湖、河岸洪积扇流出的小泉和湖侧从石英岩流出的小泉、小水池、滴水岩壁等环境中。

产地：西藏（聂拉木、墨脱、贡觉、扎达）；湖南（慈利索溪峪自然保护区）；青海；四川西南和云南西北地区。

分布：亚洲；欧洲和非洲。

14. 半裸舟形藻

Navicula seminulum Grunow 1860，p. 552，4/3（2/3）；Lagerstedt 1875，p. 33，2/9；O′Meara 1876，p. 418，34/37；Van Heurck 1880—1885，p. 107，14/8 B；Cleve 1894，p. 128；Dippel 1904，p. 73，fig. 156；Meister 1912，p. 129，19/19；Mayer 1919，p. 201，7/4；Hustedt 1930，p. 272，fig. 443；Proschkina-Lavrenko 1950，p. 160，54/7；Sabelina *et al.* 1951，p. 279，fig. 158，1；Hustedt 1962，p. 241，fig. 1367；Krammer & Lange-Bertalot 1999，p. 230，76/30—36；Zhu et Chen（朱蕙忠 陈嘉佑）2000，p. 177，28/7.

Navicula saugerri Desmaziéres according to Rabenhorst 1864，p. 173；Grunow *in* Van Heurck 1880，14/8A.

Navicula seminulum var. Grunow *in* Van Heurck 1880，14/9B.

Navicula seminulum var. *genuina* Cleve-Euler 1953，p. 179，fig. 876.

Navicula seminulum var. *fragilarioides* Grunow *in* Van Heurck 1880，14/10；Cleve 1894，p. 128.

14a. 原变种　　图版（plate）XIII：6

var. **seminulum**

壳面多为线椭圆形，少为近乎椭圆形或近截圆形，两端延长，末端宽圆形。轴区线形，中心区扩大形成横矩形，几乎直达壳边缘。壳缝直，线形，近缝端略微膨大，中央孔明显，远缝端不偏斜。壳面横线纹多为辐射状排列，偶见末端出现平行排列，中节两侧边缘出现 2—3 条很短的线条，线纹在 10 μm 内有 18—20 条。壳面长 8—17 μm，壳面宽 3—5 μm。

生境：淡水种或半咸水种，生长在咸水湖、湖侧石灰岩下流出的小泉、河畔流动小水坑、冰川下流泉边沼泽和草甸积水坑并与苔藓共生的环境中。

产地：西藏（聂拉木、吉隆、乃东、措美、申扎）；四川西南；云南西北地区。

分布：亚洲（日本，印度）；欧洲（俄罗斯，比利时，瑞士，瑞典，芬兰，德国，法国，奥地利）。

14b. 中型变种　　图版（plate）XIII：7

var. **intermedia** Hustedt 1942，p. 110，fig. 25—28；Cleve-Euler 1953，p. 179，fig. 876 h—k；Hustedt 1962，p. 242，fig. 1368；Jao *et al.*（饶钦止等）1974，p. 106；Zhu et Chen

（朱蕙忠　陈嘉佑）1994，p. 96；Zhu et Chen（朱蕙忠　陈嘉佑）2000，p. 177，28/8.

本变种与原变种的主要区别：本变种壳面较宽椭圆形，末端宽圆形。轴区线形，中心区扩大几乎直达壳缘。壳缝直线形，壳面横线纹均为辐射状排列，中心区靠近边缘短线条一致无长、短相间，线纹在 10 μm 内有 21—24 条。壳面长 7—15 μm，壳面宽 3—7 μm。

生境：淡水，生长在小河沟、流水小水坑、河湾渗水石上附着物、泉边沼泽、草甸积水坑草地小泉水坑、水稻田环境中。

产地：西藏（亚东、墨脱、贡觉、申扎）；贵州（江口）。

分布：欧洲（瑞典，芬兰）。

15. 索尔舟形藻

Navicula soehrensis（söhrensis）Krasske 1923，p. 198，fig. 2；Hustedt 1930，p. 289，fig. 488；Hustedt 1936 in　Schmidt *et al.* 1874—，401/106—109；Hustedt 1962，p. 214，fig. 1331 a—d；Krammer & Lange-Bertalot 1999，p. 224，78/1—7；Zhu et Chen（朱蕙忠　陈嘉佑）2000，p. 178，28/11.

15a. 原变种　图版（plate）XIII：8

var. soehrensis

壳面线形，两侧各具三个波纹，末端宽头状。轴区窄线形，中心区略微扩大形成小圆形。壳缝直线形，缝端不偏斜。壳面横线纹垂直于轴区，即平行排列，线纹在 10 μm 内有 28—32 条。壳面长 12.5—15 μm，壳面宽 3—4 μm。

生境：淡水种和半咸水种，生长在水稻田、稻田与坡地之间积水坑以及小水坑的环境中。

产地：西藏（墨脱、米林）。

分布：欧洲（奥地利，德国，瑞典）。

15b. 头端变种　图版（plate）XIII：9

var. capitata Krasske 1925，p. 47，2/37；Hustedt 1930，p. 289；Hustedt 1936 *in* Schmidt *et al.* 1874—，401/110；Zhu et Chen（朱蕙忠　陈嘉佑）2000，p. 178，28/12.

Navicula soehrensis f. *capitata*（Krasske 1925）Hustedt 1962，p. 215，fig. 1331 e.

本变种与原变种的主要区别：本变种壳面两侧略具波纹，末端小头状。壳面横线纹在 10 μm 内有 20—24 条。壳面长 13—14.5 μm，壳面宽 3—3.5 μm。

生境：淡水，生长在河畔小水坑、山沟的木头和石上及小瀑布岩石上、河边小水池环境中。

产地：西藏（吉隆、芒康、洛隆）。

分布：欧洲（德国，奥地利，瑞典）。

16. 索登舟形藻

Navicula soodensis Krasske 1927，p. 172，figs. 20—22；Hustedt 1930，p. 276，fig. 457；

Hustedt 1962，p. 278，fig. 1408；Krammer et Lange-Bertalot 1999，p. 233，77/6—9.

16a. 原变种

var. soodensis

  壳面线椭圆形，末端宽圆形。轴区窄线形，中心区扩大形成横向矩形或仅一侧横向扩大形成不对称中心区直达壳缘。壳缝直，丝状。壳面横线纹微辐射排列，在 10 μm 内有 18 条。壳面长 22—26 μm，壳面宽 5 μm。

  我国尚未记录原变种，仅发现 3 变种。

16b. 香港变种　图版(plate)XIII：10

var. hongkongensis Skvortzow 1975，p. 410，1/18.

  本变种与原变种的主要区别：本变种壳面线形，两侧边缘平行，末端宽圆形。壳面横线纹清楚，在 10 μm 内有 18—20 条。壳面长 24 μm，壳面宽 6 μm。

  生境：微咸水或亚气生，生长在树干上的苔藓丛环境中。

  产地：香港。

16c. 相等辐节变种　图版(plate)XIII：11

var. isotauron Skvortzow 1937，p. 680，111/17.

  本变种与原变种的主要区别：本变种壳小。壳面线状椭圆形，末端略变细(薄)至圆形。轴区窄线形，中心区扩大形成不规则的空白区直达壳缘。壳面横线纹辐射排列，在 10 μm 内有 25 条左右。壳面长 22 μm，壳面宽 6.6 μm。

  生境：淡水，生长在小水体环境中。

  产地：黑龙江(哈尔滨)。

16d. 平行变种　图版(plate)XIII：12

var. parallela　Skvortzow 1937，p. 680，111/16.

  本变种与原变种的主要区别：本变种壳面较细长的狭线形，两侧边缘平行，末端略钝圆形。中心区扩大形成几乎相等的矩形，直达壳缘。横线纹平行状排列，在 10 μm 内有 8—20 条。壳面长 32 μm，壳面宽 5.1 μm。

  生境：淡水种，生长在平原区的小水体环境中。

  产地：黑龙江(靠近哈尔滨)。

17. 施特罗姆舟形藻　图版(plate)XIII：13

Navicula stroemii Hustedt 1931，p. 544，fig. 3 (Bacill. fig. 69-1-10)；Hustedt 1936 *in* Schmidt *et al.* 1874—，399/45—50；Hustedt 1962，p. 129，fig. 1261；Krammer & Lange-Bertalot 1985，p. 96，Krammer & Lange-Bertalot 1999，p. 194，69/1—10，fig. 69. 1—10，83/3；Zhu et Chen(朱蕙忠　陈嘉佑)2000，p. 178，28/13.

  壳面线形，两侧边缘外凸，末端宽头状。轴区窄线形，中心区横向扩大呈横向近矩形。壳缝直线形，连年观测胸骨（中肋）明显，近缝端略为扩大，远缝端短并略为小，横线纹均为辐射状排列，中央线纹短而无长短之分，线纹在 10 μm 内有 16—24 条。壳面长 12—20 μm，壳面宽 4—5 μm。

生境：淡水种，生长在小河岩石上的环境中。

产地：西藏（芒康、昌都）。

分布：欧洲（挪威，德国，奥地利，瑞典）；北美洲（美国）。

18. 近蛹形舟形藻　图版（plate）XIII：14

Navicula subnympharum Hustedt 1936 *in* Schmidt *et al.* 1874—，401/88.89；Hustedt 1961，p. 144，fig. 1276；Zhu et Chen（朱蕙忠　陈嘉佑）2000，p. 179，28/16.

壳面线形，两侧边缘略为凸出，末端宽头形。轴区窄线形，中心区横向扩大形成矩形直达壳缘。壳缝直线形，胸骨（中肋）明显，近、远缝端直，不偏斜。壳面横线纹中部辐射状排列，向两端垂直于中轴，即平行排列，线纹在 10 μm 内有 24—28 条。壳面长 17.5—23 μm，壳面宽 4—5 μm。

生境：淡水种，生长在水草丰富的小河沟和泉边草地积水坑环境中。

产地：西藏（类乌齐、措美）。

分布：欧洲（芬兰）。

19. 近隐蔽舟形藻　图版（plate）XLII：1

Navicula subocculta Hustedt 1930，p. 307，fig. 546；Proschkina-Lavrenko 1950，p. 198，60/13；Sabelina *et al.* 1951，p. 328，fig. 190，3；Hustedt 1961，p. 131，fig. 1264；You *et al.*（尤庆敏等）2005，p. 249，2/11.

细胞小型。壳面线椭圆形，两侧边缘平行，末端钝圆形。轴区线形，中心区扩大呈两侧不等宽的矩形，一侧直达壳缘，另一侧不达壳缘。壳缝线形，近缝端略为膨大，中央孔明显，极区较大。壳面横线纹几乎平行排列，在 10 μm 内有 20 条。壳面长 18.4 μm，壳面宽 5.7 μm。

生境：淡水种，生长在河边的沼泽环境中。

产地：新疆（喀纳斯地区）。

分布：欧洲（俄罗斯，德国，奥地利，瑞士）。

尤庆敏等（2005）在新疆喀纳斯地区发现的标本从外形特征和轴区形态确实与 *N. subccula* 相近，但从细胞的大小和线纹的排列及密度又与 *N. soodensis* 接近，新疆记录的标本有必要进一步观察研究。

20. 近半裸舟形藻　图版（plate）XIII：15

Navicula subseminulum Hustedt *in* Brendemühi 1948（1949），p. 441，Abb，6；Hustedt 1962，p. 251，fig. 1376；Zhu et Chen（朱蕙忠　陈嘉佑）2000，p. 179，28/18.

壳面线披针形，两侧略外凸，末端钝圆形。轴区窄线形，中心区扩大形成大圆形。壳缝直线形，近、远缝端不偏斜。壳面横线纹均为辐射排列，在 10 μm 内有 18—22 条。

壳面长 13—15 μm，壳面宽 4—6 μm。

　　生境：淡水种，生长在河边沼泽环境中。

　　产地：西藏（亚东）。

　　分布：欧洲（德国）。

21. 细小舟形藻　图版（plate）XIII：16，XXII：2

Navicula tantula Hustedt 1934 *in* Schmidt *et al.* 1874—，399/54—57；Hustedt 1934, p. 383；
　　Sabelina *et al.* 1951, p. 280, fig. 158, 5；Hustedt 1962, p. 250, fig. 1375；Zhu et Chen（朱
　　蕙忠　陈嘉佑）2000, p. 180, 28/23.

　　壳体壁薄，壳面线形，两侧边缘平行，末端宽圆形。轴区窄线形，中心区横向扩大形
成不达边缘的矩形，两侧边缘各有 4 条很短面整齐的线纹。壳缝直线形，近缝端间距大，
远缝端不弯斜。壳面横线纹均为辐射排列，在 10 μm 内有 23—28 条。壳面长 7.5—10.5 μm，
壳面宽 2.5—3.5 μm。

　　生境：淡水种，生长在小浅水池、小水坑、泉边积水环境中。

　　产地：西藏（措美、贡觉、类乌齐）。

　　分布：欧洲（俄罗斯，德国）。

22. 西藏舟形藻　图版（plate）XIII：17，18

Navicula tibetica Jao et Lee（铙钦止　李尧英）1974, p. 121, 2/5；Zhu et Chen（朱蕙忠　陈嘉
　　佑）2000, p 180, 29/2.

Navicula seminuda　Jao et Lee（铙钦止　李尧英）1974, p. 121, 2/5（non *N. seminude*　Meister
　　1937, p. 269, 10/8）.

　　壳面披针形，两端渐尖，顶端钝圆。轴区近披针形，中心区扩大不对称，在一侧扩
大直达壳面边缘。壳缝直线形，近缝端向一侧略为弯钩形，远缝端直。壳面横线纹略呈
辐射状排列，在中部 10 μm 内有 9—10 条，在两端 10 μm 内有 14 条。壳面长 32—35 μm，
壳面宽 6.5—7.7 μm。

　　生境：淡水至微咸水种，生长在湖泊、河流、小水坑、沼泽、涌泉、流泉、溪流、
潮湿土壤、积雪环境中。

　　产地：西藏（定日、亚东）。

　　本种在 *Navicula* 属中，中心区在壳面一侧扩大并达于壳面边缘的种类极少。本种的
形态特征与 *N. kryokonites* Cleve　及其变种 var. *subprotracta* Cleve 以及 *N. semiaperta*
Hustedt 有些相似，但这几种都是海生种类，同时，在形态和线纹特征上都有明显差异。
由于本种首次发现于我国西藏，原定名与 Meister（1937, p. 279）命名重复，故改立新名。

23. 三齿舟形藻　图版（plate）XIII：19

Navicula tridentula Krasske 1923, p. 198, fig. 1；Krasske 1925, p. 46, 2/36；Hustedt 1930,
　　p. 276, fig. 456；Hustedt 1934 *in* Schmidt *et al.* 1874 —，400/85—87；
　　Proschkina-Lavrenko 1950, p. 160, 53/14；Sabelina *et al.* 1951, p. 280, fig. 158, 6；

Cleve-Euler 1953，p. 189，fig. 896，a；Hustedt 1961，p. 82，fig. 1223；Zhu et Chen（朱蕙忠　陈嘉佑）2000，p. 181，29/3.

Navicula bidentula Boye Petersen 1928，p. 388，fig. 14.

Navicula bidentula var. *islandica* Cleve-Euler 1953，p. 189，fig. 895 b.

Navicula tridentula var. *genuina* Cleve-Euler 1953，p. 189，fig. 896 a.

壳面线形，两侧边缘三波状，两端缢缩，末端头状。轴区线形，中心区扩大呈不规则近圆形或不达边缘的矩形。壳缝直线形，近、远缝端直，不偏斜。壳面横线纹辐射排列，向末端稍聚集，线纹在 10 μm 内有 36—40 条。壳面长 13—14 μm，壳面宽 2.5—4 μm。

生境：淡水种，生长在小河、河滩沼泽渗水处、沼泽与溪流之间的渗水滩、花岗岩石上的环境中。

产地：西藏（打隆、墨脱、林芝、察隅）；湖南（慈溪索溪峪自然保护区）。

分布：欧洲（俄罗斯，德国，瑞典，芬兰，奥地利，瑞士，冰岛）。

24. 多维舟形藻　图版（plate）XIII：20；XLII：7

Navicula vitabunda Hustedt 1930，p. 302，fig. 523；Yan（杨景荣）1988，p. 163，5/9；Zhu et Chen（朱蕙忠　陈嘉佑）1994，p. 96；Krammer & Lange-Bertalot 1999，p. 199，71/25—31；Zhu et Chen（朱蕙忠　陈嘉佑）2000，p. 183，29/14.

Navicula verecunda Hustedt 1930，p. 302，fig. 522.

壳面线椭圆形至披针形，壳面中部略为凸出，两端轻微缢缩，末端宽头状。轴区狭线形，中心区扩大形成近矩形或圆形。壳缝直线形，近缝端不侧斜，远缝端略弯。壳面横线纹均呈辐射状排列，中央两侧各有 2—3 条短纹，线纹在 10 μm 内有 21—28 条。壳面长 11—20 μm，壳面宽 5—7 μm。

生境：淡水种，生长在河流、湖泊、溪流、泉水小溪流、溪流石表、稻田等环境中。

产地：西藏（聂拉木、墨脱）；贵州（松桃、铜仁、江口）；湖南（吉首、古丈、麻阳、慈利索溪峪自然保护区）。

化石产地及时代：云南宜良晚中新世。

分布：欧洲（德国，奥地利，瑞士）。

3 组（Section 3）

壳面线形、线披针形、线椭圆形至椭圆形。轴区线形或窄线形，中心区不扩大或微扩大。壳面横线纹平行排列或略有变化。

本志收录了 13 个种。

3 组（Section 3）分种检索表

1. 壳面线纹平行 ·· 2
1. 壳面线形，中部边缘近平行，末端喙头状。中心区很小。线纹微辐射排列，中部稀或粗壮 ··············
··· **6. 具长喙舟形藻 *N. longirostris***
　2. 壳面线披针形，末端钝圆至微头状。轴区线形，中心区几乎不扩大···· **1. 优美舟形藻 *N. delicatula***
　2. 壳面不如此形 ·· 3

1. 优美舟形藻　图版(plate) XI：7

Navicula delicatula Cleve 1894，p. 144，9/3；Hustedt 1961，p. 33，fig. 1191；Zhu et Chen（朱
    蕙忠　陈嘉佑）2000，p. 158，22/10.

Navicula irritans Simonsen 1959，p. 811，11/30，31.

    壳面线形披针形，末端钝圆略呈头状。轴区窄线形，中心区几乎不扩大。壳缝直线
形，近缝端和远缝端均直不偏斜。壳面横线纹细，平行排列或垂直于轴区，顶端呈辐射
状排列，线纹在 10 μm 内有约有 40 条。壳面长 18 μm，壳面宽 2.8 μm。

    生境：淡水种，生长在水清的沼泽与溪流间的渗水滩环境中。

    产地：西藏(墨脱)。

    分布：欧洲(瑞典，德国)。

2. 哈尔滨舟形藻　图版(plate) XI：8

Navicula harbinensis Skvortzow　1937，p. 788，7/9.

    壳面椭圆形，末端稍尖圆形。轴区很窄，丝状，中心区扩大近圆形。壳缝直，丝状，
近缝端不偏斜，中央孔小，远缝端直。壳面横线纹细、密、清楚，均为平行排列，线纹
在 10 μm 内有 25—30 条。壳面长 18.7—19.2 μm，壳面宽 8.5—9 μm。

生境：淡水种，生长在河流及其他藻类混生的环境中。

产地：黑龙江(哈尔滨)。

本种的形态和构造特征，尤其是轴区、壳缝和线纹的排列与格形藻属 *Craticula* 非常接近，如有机会将对标本进行深入观察和研究，该种有可能归属于 *Craticula* 属。

3. 无毛舟形藻　图版(plate)XI：9

Navicula impexa Hustedt 1961，p. 151，fig. 1282；Krammer & Lange-Bertalot 1999，p. 207，70/14，15/80/25；Zhu et Chen(朱蕙忠　陈嘉佑)2000，p. 163，24/6.

壳面狭椭圆形至椭圆披针形，两端缢缩，末端头状。轴区窄线形，中心区不扩大。壳缝直线形，很细，近、远缝端不偏斜。壳面横线纹辐射状排列，在壳面两端平行或垂直于中轴区，线纹细和密，在 10 μm 内有 32—40 条。壳面长 14.5—17.5 μm，壳面宽 4—5 μm。

生境：淡水种，生长在高山密林的闭塞湖环境中。

产地：西藏(墨脱)。

分布：欧洲(瑞典南部)。

4. 无用舟形藻　图版(plate)XI：10

Navicula infirmata Hustedt et Manguin *in* Hustedt 1962，p. 207，fig. 115；Zhu et Chen(朱蕙忠　陈嘉佑)1989，p. 46.

Navicula infirma Manguin 1941，p. 138，2/38.

壳面线椭圆形或较宽的椭圆披针形，近端稍缢缩，末端钝宽圆形。轴区窄线形，中心区不扩大。壳缝直，线形，近缝端直，中央孔明显圆形，远端缝直，未见弯斜。壳面横线纹细密平形排列，向两端略辐射状排列，线纹在 10 μm 内有 30—32 条。壳面长 11—12.5 μm，壳面宽 3.5—4 μm。

生境：淡水种，生长在急流岩石表面环境中。

产地：湖南(武陵源自然保护区)。

分布：非洲(马达加斯加)。

本种的形态和构造特征，尤其是轴区特征和横线纹的排列与 *Adlafia* 属很相似，是否移入该属还需进一步观察和研究。

5. 伦茨舟形藻　图版(plate)XI：11

Navicula lenzii Hustedt 1936 *in* Schmidt *et al.* 1874—，401/90—92；Hustedt 1950，p. 349，37/13；Hustedt 1961，p. 128，fig. 1260 a—d，e，f；Krammer & Lange-Bertalot 1999，p. 193；Zhu et Chen(朱蕙忠　陈嘉佑)2000，p. 164，24/15.

Navicula mitis Hustedt 1945，p. 919，41/11—14.

壳面线形，两侧边缘近平行或中部略外凸，末端宽圆形。轴区窄线形，中心区不扩大。壳缝直线形，近缝端不偏斜，中央孔膨大呈明显的圆形，远缝端呈弯钩状。壳面横线纹平行排列或垂直于中轴区，线纹在 10 μm 内有 32—40 条。壳面长 15—19.7 μm，壳面宽 3—4 μm。

　　生境：淡水种，生长在河边小沼泽环境中。

　　产地：西藏(乃东)。

　　分布：欧洲(德国)。

6. 具长喙舟形藻　　图版(plate)XI：12

Navicula longirostris Hustedt 1925，p. 99，fig. 12；Hustedt 1930，p. 285，fig. 476；Sabelina *et al.* 1951，p. 293，fig. 167，5a，b；Hustedt 1961，p. 95，fig. 1241；Zhu et Chen(朱蕙忠　陈嘉佑)1989，p. 47；Zhu et Chen(朱蕙忠　陈嘉佑)1994，p. 92.

　　壳面线形，两侧边缘近平行或略凸，近两端明显缢缩，末端喙头形。轴区很窄，中心区小，几乎不扩大。壳缝细线形，近、远缝端几乎不偏斜。壳面横线纹细而密，平行排列或微辐射。在中部线纹比其余线纹略稀或略粗壮，在 10 μm 内有 36—40 条。壳面长 20—32 μm，壳面宽 2.5—4.2 μm。

　　生境：淡水种，生长在水塘、水井、潮湿岩壁静水和半气生的环境中。

　　产地：贵州(松桃、铜仁、江口)；湖南(慈利索溪峪自然保护区)。

　　分布：欧洲(俄罗斯，德国等)。

7. 平凡舟形藻　　图版(plate)XI：13

Navicula mediocris Krasske 1932，p. 113，3/15；Hustedt 1934 *in* Schmidt *et al.* 1874—，390/20—23，401/95—99(1936)；Hustedt 1962，p. 218，fig. 1334 a，b；Krammer ＆ Lange-Bertalot 1985，p. 95，26/14，15，25，26；Zhu et Chen(朱蕙忠)1989，p. 47；Krammer ＆ Lange-Bertalot 1999，p. 225，78/14—16；Zhu et Chen(朱蕙忠　陈嘉佑)2000，p. 165，24/19.

Pinnularia mediocris (Krasske 1932)F.W. Mills 1935，p. 1719.

　　壳面线形，中部略外凸，末端稍钝楔圆形。轴区窄线形，中心区稍扩大。壳缝直线形，近缝端略偏斜，中央孔明显。壳面横线纹平行排列，中部有几条(1—3 条)较短略粗的透明线条，在 10 μm 内有 20—22 条。壳面长 12—12.5 μm，壳面宽 3—3.5 μm。

　　生境：淡水种，生长在潮湿岩壁上、水坑和沼泽化的积水坑静水和半气生的环境中。

　　产地：西藏(墨脱)；湖南(慈利索溪峪自然保护区)。

　　分布：欧洲(德国，瑞士，奥地利)。

8. 峭壁形舟形藻　　图版(plate)XI：14

Navicula muraliformis Hustedt *in* Brendomühi 1949，p. 440，Abb，5；Hustedt 1949，p. 85，4/31，32；Hustedt 1961，p. 156，fig. 1289；Zhu et Chen(朱蕙忠　陈嘉佑)1994，p. 94；Krammer ＆ Lange-Bertalot 1999，p. 132，45/31—33.

　　壳面线椭圆形至披针形，末端宽圆形。轴区线形，中心区不扩大或略微凹入。壳缝直线形，近缝端略为偏斜，中央孔不明显。壳面横线纹较短平行排列，向末端略有变化，线纹在 10 μm 内有 21—23 条。壳面长 10—11 μm，壳面宽 3—4 μm。

生境：淡水种，生长在江河流水的环境中。

产地：贵州和湖南的沅江流域。

分布：欧洲(德国，奥地利，瑞士)。

9. 微小舟形藻　图版(plate)XI：15

Navicula parva (Meneghini ex Kützing 1848) Cleve-Euler 1953，p. 130，fig. 754 a—d，756 g；
Skvortzow 1935，p. 40，9/28；Chin *et al.*(金德祥等) 1979，p. 147；Chin *et al.*(金德祥等) 1982，p. 155，43/431—435；Zhu et Chen(朱蕙忠　陈嘉佑) 2000，p. 170，26/1.

Schizonema parvum Meneghini ex Kützing 1849，p. 100.

细胞包埋于胶质块中，壳面椭圆披针形至线椭圆形，末端钝圆形。轴区窄，中心区几乎不扩大。壳缝直，丝状。壳面横线纹由点纹组成，中心区点线纹较细或较短，辐射排列或　近平行，在 10 μm 内有 18—20 条。壳面长 13—27 μm，壳面宽 4.5—7.0 μm。

生境：半咸水种，海水中也有发现，生长在沼泽化的旧河道、海水养殖场的环境中。

产地：西藏(波密)；福建(东山)。

10. 类褶舟形藻　图版(plate)XI：16—19

Navicula plicatoides Hustedt 1962，p. 332，fig. 1445.

Navicula subrhombica Hustedt 1922，p. 132，9/40，41；Sabelina *et al.* 1951，p. 301，fig. 171，4a，b.

壳面凸出，椭圆披针形，末端细尖形。轴区非常窄，中心区极小。壳缝直，线形，近、远缝端不偏斜。中央孔紧挨(间距小)。壳面横线纹平行排列，线纹由细点纹组成。线纹在 10 μm 内有 14—16 条。壳面长 10—12 μm，壳体宽 10—12 μm。

生境：半咸水种，生长在湖边的环境中。

产地：西藏(托索湖)。

分布：欧洲(俄罗斯)。

本种由 Hustedt(1922)在西藏南部发现的标本首次鉴定为 *N. subrhombica*，并非 Marsson(1900)定的 *N. subrhombica*。Hustedt(1962)在研究德国等地硅藻时，又定了一个新名，即 *N. plicatoides*，并将 Hustedt(1922)定的 *N. subrhombica* 作为异名归至 *N. plicatoides* 种中。

11. 绣纹舟形藻　图版(plate)XLII：2

Navicula spirata Hustedt 1936 *in* Schmidt *et al.* 1874—，401/114，115；Hustedt 1937，p. 240，17/34，35；Hustedt 1962，p. 237，fig. 1361；Yang(杨景荣) 1988，p. 163，5/12.

Navicula spirata f. *intermedia* Manguin *in* Bourrelly et Manguin 1952，p. 60，3/58.

壳面线椭圆形，末端宽圆形。轴区狭线形，中心区明显扩大形成椭圆形。壳缝直线形，近缝端和远缝端直。壳面横线纹近乎平行排列，由细点纹组成，点线纹在 10 μm 内有 20 条。壳面长 13 μm，壳面宽 5.5 μm。

生境：淡水种，生长在湖泊环境中。

化石产地及时代：云南宜良晚中新世。

分布：亚洲(印度尼西亚)。

12. 池生舟形藻　图版(plate)XII：4，5

Navicula stagnalis Skvortzow 1937，p. 681，4/2，3.

　　壳面窄线形、圆锥形，两侧边缘平行，末端宽圆形。轴区窄，中心区扩大呈近圆形。壳缝细丝状，近缝端直，不偏斜，中央孔不清楚，远缝端略显沟状或弓形。壳面横线纹平行排列，横线纹在 10 μm 内有 20—22 条。壳面长 20—43 μm，壳面宽 6—8 μm。

　　生境：淡水种，生长在江河支流与长有苔藓植物的环境中。

　　产地：黑龙江(哈尔滨)。

　　本种与 *Navicula submulata* var. *parallela* Skvortzow(1936，p. 271，5/11)有些相似，主要区别在于壳面中部有较特殊的横线纹。

13. 天津舟形藻　图版(plate)XII：6

Navicula tientsinensis Skvortzow 1927，p. 105，fig. 9.

　　壳面窄线形，两侧边缘平行，末端圆形。轴区窄，线形，中心区未扩大。壳缝细丝状，直，近缝端直，无偏斜，远缝端微钩状。壳面横线纹密，纵向线纹很简单，横线纹在整个壳面平行排列，在 10 μm 内 18—20 条。壳面长 40 μm，壳面宽 5.2 μm。

　　生境：淡水种，生长在水塘环境中。

　　产地：天津。

4 组(Section 4)

　　壳面椭圆形、线形、披针形、菱形、椭圆形。轴区线形，在轴区的一边或两边没有点纹列，中心区几乎不扩大或扩大形成圆形、椭圆形或不规则形。壳缝在两条增厚的硅质肋(胸骨)之间。壳面在中心区两侧少有点状的短线纹。

　　本志收录 11 个种。

4 组(Section 4)分种检索表

1. 壳体轻微硅质化。壳缝显然比壳体其余部分增厚……………………………**1. 奥尔韦舟形藻 *N. arvensis***

1. 壳体非此形 ………………………………………………………………………………………… 2

　2. 壳面椭圆形，末端宽圆形 ……………………………………………………………………… 3

　2. 壳面椭圆披针形，末端非宽圆形 ……………………………………………………………… 6

3. 轴区宽线形，中心区扩大形成圆形。中肋窄而明显。线纹中部稀，两端密 …………………………………………………………………………………**10. 类极微小舟形藻 *N. perpusilloides***

3. 轴区和中心区非此形 …………………………………………………………………………… 4

　4. 轴区宽披针形，中心区宽圆形。中肋窄，线纹均为辐射排列 ………**2. 湖南舟形藻 *N. hunanensis***

　4. 中心区非此形 …………………………………………………………………………………… 5

5. 轴区窄线形，中心微凹入。线纹细，密，在 10 μm 内有 45—55 条 ……**9. 小皮舟形藻 *N. pelliculosa***

5. 轴区窄线形，中心区不扩大 ………………………………………………**8. 诺拉舟形藻 *N. nolens***

　6. 壳面末端宽喙状或略为头状。轴区窄，无中心区。中肋披针形。线纹均为辐射排列，壳面边缘较

1. 奥尔韦舟形藻　　图版（plate）X：11

Navicula arvensis Hustedt 1936 *in* Schmidt *et al.* 1874—，401/22—26；Hustedt 1937，p. 249，
    20/19，20；Hustedt 1961，p. 86，fig. 1229；Patrick et Reimer 1966，p. 483，46/1，2；
    Krammer & Lange-Bertalot 1999，p. 211，80/10—120；Zhu et Chen（朱蕙忠 陈嘉
    佑）2000，p. 150，20/7.

    壳体轻微硅质化，看起来壳面外形（轮廓）不很清楚。壳面线状椭圆形或宽披针形，
末端喙状或尖圆形，轴区窄线形，中心区小。壳缝直，丝状，缝骨明显的硅质增厚，近
缝端间距小（靠近），有时微弯斜，远缝端不清楚或直形。壳面横线纹很细密，在 LM 镜
下很难分辩。据 Krammer 和 Lange-Bertalot（1999）记录，壳面横线纹辐射排列，在 10 μm
内有 34—40 条。壳面长 11—12 μm，壳面宽 4 μm。

    生境：淡水种，生长在湖边流水沟、泉水小溪环境中。

    产地：西藏（聂拉木、吉隆）。

    分布：亚洲（印度尼西亚，菲律宾）；欧洲（德国）；北美洲（美国）。

2. 湖南舟形藻　　图版（plate）X：12

Navicula hunanensis Chen et Zhu（陈嘉佑 朱蕙忠）1994，p. 123，1/.2.

    壳面椭圆形，末端宽圆形。轴区宽披针形或线形，其宽度约为壳面宽的 1/3，中心区
扩大形成较大的圆形。壳缝略微弯曲，近缝端微偏斜，中央孔相距较远，远缝端小，向
同一方向弯曲。中央肋窄，明显。壳面横线纹辐射状排列，在中部 10 μm 内有 22—24 条。
壳面长 13.0—17.5 μm，壳面宽 6.5—7.5 μm。

    生境：淡水种，生长在河流急流处的岩表环境中。

    产地：湖南（吉首）。

    此种形态特征与不联合舟形藻 *Navicula insociabilis* Krasske 近似，但后者轴区更宽，
约为壳面宽的 1/2。两侧线纹在中部间断，形成与壳缘平行的纵线，中央肋的一侧常具点
纹，极节离末端较远。

3. 劣味舟形藻 图版(plate)X：13

Navicula ingrata Krasske 1938，p. 528，11/17，18；Cleve-Euler 1953，p. 184，fig. 888A；
  Hustedt 1961，p. 36，fig. 1270；Krammer & Lange-Bertalot，1999，72/14—16；Zhu et
  Chen(朱蕙忠 陈嘉佑)2000，p. 163，24/8.

Navicula ingrata f. *capitata* Krasske 1938，p. 528，11/19.

　　壳面椭圆披针形，末端宽喙状或略呈头状。轴区窄，无中心区。壳缝直，线形，中
肋明显，呈披针形，在近缝端中央孔之间略缢缩。壳面横线纹均为辐射状排列，近壳缘
处较粗，向轴区逐渐变细，线纹在 10 μm 内有 16—18 条。壳面长 21 μm，壳面宽 7.7 μm。

　　生境：淡水种，生长在水清的积水塘或湖边的小积水的环境中。

　　产地：西藏(错那)。

　　分布：欧洲(挪威)。

4. 不联合舟形藻 图版(plate)X：14

Navicula insociabilis Krasske 1932，p. 114，3/17；Cleve-Euler 1953，p. 170；Hustedt 1962，
  p. 181，fig. 1315 a—h；Bock 1963，p. 229，2/115；Zhu et Chen(朱蕙忠 陈嘉佑)1989，
  p. 46；Krammer & Lange-Bertalot 1999，p. 175，66/1—4；Zhu et Chen(朱蕙忠 陈嘉
  佑)2000，p. 163，24/9.

Navicula insociabilis var. *genuina* Cleve-Euler 1953，p. 170，fig. 853 a—c.

Navicula fritschii Lund 1946，p. 77，fig. 7 A—G.

　　壳面椭圆形至菱形椭圆形，末端宽圆形。轴区和中心区形成明显的椭圆形。壳缝线
形，呈弯斜状，中肋明显较粗，与壳缝同向弯斜，在壳缝近缝端中央孔之间明显缢缩，
远缝端较短，距极区较远。壳面横线纹在中部近平行状排列向两端，略辐射状排列，在
横线纹的中部有一透明纵线非常清楚地将横线纹分开，横线纹在 10 μm 内有 18—22 条。
壳面长 14—18 μm，壳面宽 5.2—6.0 μm。

　　生境：淡水种，生长在河边静水湾、小积水塘和小水坑的静水环境中。

　　产地：西藏(错那、乃东)；湖南(武陵源自然保护区)。

　　分布：欧洲(英国，芬兰)，北美洲(美国)。

5. 克拉斯克舟形藻 图版(plate)X：15

Navicula krasskei Hustedt 1930，p. 287，fig. 481；Proschkina-Lavrenko 1950，p. 169，55/6；
  Sabelina *et al.* 1951，p. 295，fig. 168，2a, b；Cleve-Euler 1953，p. 172，fig. 861 A；
  Hustedt 1962，p. 229，fig. 1349；Zhu et Chen(朱蕙忠 陈嘉佑)1989，p. 46；Zhu et
  Chen(朱蕙忠 陈嘉佑)2000，p. 164，24/11.

Navicula vitrea Krasske 1929，p. 374，fig. 14.

　　壳面宽椭圆形、披针椭圆形，两端略延长，末端喙状或略楔状圆形。轴区窄，中心
区不扩大，中肋线与横线之间有一不达的极端的特殊构造，形状呈菱形椭圆形或椭圆形。
壳缝直线形。横线纹非常细密，在 LM 镜下很难分辨，据 Hustedt(1962)记载，在 10 μm
内有 40 条。壳面长 10—13 μm，壳面宽 3.5—4.2 μm。

生境：淡水种，生长在江河、小流水沟、水坑等流水和静水环境中。

产地：西藏(萨嘎)；贵州(松桃、江口)；湖南(古丈、麻阳、凤凰及慈利索溪峪自然保护区)。

分布：欧洲(俄罗斯，芬兰，德国等)。

6. 披针形舟形藻 图版(plate)X：16—18；XLII：3—6

Navicula lanceolata (Agardh 1827) Kützing 1844，p. 94，28/38，30/48；Grunow 1860，p. 527，2/26；Van Heurck 1880，p. 88，8/16；Van Heurck 1896，p. 186，3/139；Meister 1912，p. 143；Hustedt 1930，p. 305，fig. 540；Skvortzow 1938，p. 58，1/41；Sabelina *et al.* 1951，p. 325，fig. 188，2；Jao(铙钦止)1964，p. 46，Zhu et Chen(朱蕙忠 陈嘉佑)1989，p. 46；Huang *et al.*(黄成彦等)1998，p. 31，66/3，4；Zhu et Chen(朱蕙忠 陈嘉佑)2000，p. 164，24/2；Lange-Bertalot 2001，p. 87，39/15—22，69/3，4.

Frustulia lanceolata Agardh 1827，p. 626.

Navicula lanceolata f. *curta* Grunow *in* Van Heurck 1880，p. 88，8/17.

Navicula lanceolata var. *genuina* f. *curta* Cleve-Euler 1953，p. 134，fig. 772 a，b.

壳面披针形，末端不尖的圆形，少有延长的末端。轴区窄线形，中心区相对大，略不规则的圆形。壳缝枝形丝状，近缝端中央孔偏斜略微至初生边。壳面横线纹中部辐射状排列，向两端聚集状排列，在中部 10 μm 内有 8—11 条，两端在 10 μm 内有 13—17 条，每条线纹由许多纵短条纹组成，在 10 μm 内有 30—32 条。在 SEM 下观察：内裂缝很隆起(凸起)，但相对中肋是窄的，中节没有明显的增厚。壳缝骨的外边在中节的中央孔间是间断的。壳面长 35—53 μm，壳面宽 7—9 μm。

生境：淡水和微咸水种，生长在河流、支流、河边及河边沼泽草甸中小河、湖泊及湖泊水草附着物、湖边卵石滩、泉边沼泽、山泉积水坑、山泉出口处与苔藓共生的环境中。

产地：黑龙江(喀尔古纳河)；西藏(定日、亚东、浪卡子、措美、察隅、申扎、改则、措勤、革吉)；宁夏(六盘山自然保护区)；湖南(慈利索溪峪自然保护区)。

化石产地及时代：云南丽江更新世；内蒙古赤峰第四纪，克什克腾晚更新世至全新世；山西武乡第四纪。

分布：亚洲(日本)；欧洲(德国，俄罗斯，比利时，瑞士，法国，英国，芬兰)等。

7. 温和舟形藻 图版(plate)XI：1

Navicula modica Hustedt 1945，p. 916，41/21—23；Hustedt 1961，p. 154，fig. 1286；Krammer & Lange-Bertalot 1999，p. 198，71/9—13；Zhu et Chen(朱蕙忠 陈嘉佑)1994，p. 92.

壳面宽椭圆形，末端很短的钝圆形或近楔圆形。轴区很窄的线形，中心区扩大形成不规则形。壳缝直线形，近缝端不偏斜，中央孔不很明显，远缝端稍弯。中肋纵线明显。壳面横线纹辐射排列，在 10 μm 内有 16—18 条。壳面长 9—13 μm，壳面宽 4.5—5.5 μm。

生境：淡水种，生长在沅江流域的环境中。

产地：贵州(松桃、铜仁、江口)；湖南(吉首、古丈、永顺、麻阳、凤凰)。

分布：欧洲(德国，南斯拉夫)；北美洲(美国)。

8. 诺拉舟形藻　图版(plate)XI：2

Navicula nolens Simonsen 1959，p. 80，11/23，24；Hustedt 1962，p. 174，fig. 1307；Zhu et Chen(朱蕙忠　陈嘉佑)2000，p. 169，25/15.

　　壳面椭圆形，末端宽圆形。轴区窄线形，无中心区。壳缝直线形，近缝端和远缝端直，不偏斜，中肋很细但很明显。壳面横线纹非常细，在 LM 下观察很难分辨。壳面长10.7—11.5 μm，壳面宽 4—4.5 μm。

　　生境：淡水至咸水种，生长在山沟流水中石上附着物的环境中。

　　产地：西藏(芒康)。

　　分布：欧洲(波罗的海地区)。

　　本种与 *N. permitis* Hustedt 比较，从形态特征看两者很相似，但构造特征有些区别：前者壳缝是直线形，后者壳缝从直形至偏斜中轴区。前者横线纹比后者更密，据Hustedt(1962，p. 174)描述，在 10 μm 内有 40 条。

9. 小皮舟形藻　图版(plate)XI：3

Navicula pelliculosa Hilse *in* Rabenhorst 1861—1879，Nr. 1265；Rabenhorst 1864，p. 187；
　　Grunow *in* Van　Heurck 1880，14/32；Schönfeldt 1907，p. 152，11/158；Hustedt 1930，
　　p. 287，fig. 480；Sabelina *et al.* 1951，p. 295，fig. 168，1；Cleve-Euler 1953，p. 166，
　　fig. 844；Hustedt 1962，p. 172，fig. 1305；Krammer & Lange-Bertalot，1999，p. 208，
　　74/37，38；Zhu et Chen(朱蕙忠　陈嘉佑)2000，p. 170，26/2.

　　壳面椭圆形，末端圆形。轴区窄线形，中心区微凹入。壳缝直线形，近缝端中央孔小而明显的圆形，远缝端直，未达顶端。壳面横线纹细而相当密，在 LM 下观察难于看清，据 Lange-Bertalot(1999)的描述，线纹在 10 μm 内有 45—55 条。壳面长 9—11 μm，壳面宽 3.0—4.5 μm。

　　生境：淡水或亚气生种，生长在湖泊边的沼泽化水坑、河畔浅水塘流动水、河谷冰融松散物表面环境中。

　　分布：欧洲(俄罗斯，芬兰，德国，比利时，奥地利，瑞士)。

10. 类极微小舟形藻　图版(plate)XI：4，5

Navicula perpusilloides Chen et Zhu(陈嘉佑　朱蕙忠)1994，p. 124，1/3，4.

　　壳面椭圆形至线椭圆形，有时中部略为膨大，末端宽圆形。轴区宽线形，为壳面宽度的 1/3—1/2，中心区扩大形成圆形。壳缝直线形，近缝端直，远缝端向相同方向弯曲。中央孔相距较远，中央肋窄，明显。壳面横线纹辐射排列，线纹向轴区的一端明显增粗，向两端线纹密，在 10 μm 内有 23—24 条，中部线纹较稀，在 10 μm 内有 14—17 条。壳面长 19—29 μm，壳面宽 7.0—9.5 μm。

　　生境：淡水种，生长在江河急流处的岩石上。

　　产地：湖南(吉首)。

本种形态特征与极微小舟形藻 *Navicula perpusilla* Grunow 相似，但前者细胞个体较大，而后者个体较小，横线纹很密和无中央肋。

11. 近小沟状舟形藻　图版(plate) XI: 6

Navicula subhamulata Grunow *in* Van Heurck 1880—1885，p. 106，13/14；Cleve 1895，p. 138；Van Heurck 1896，p. 224，5/225；Mayer 1919，p. 202，6/50；Hustedt 1930，p. 282，fig. 468 a；Hustedt 1936 *in* Schmidt *et al.* 1874—，403/16—18；Proschkina-Lavrenko 1950，p. 166，54/28；Sabelina *et al.* 1951，p. 289，fig. 165，8；Hustedt 1961，p. 126，fig. 1258；Patrick & Reimer 1966，p. 495，47/6；Zhu et Chen(朱蕙忠　陈嘉佑)1989，p. 48；Patrick et Reimer 1966，p. 495，47/6；Zhu et Chen(朱蕙忠　陈嘉佑)2000，p. 179，28/15.

壳面线形或线椭圆形，有时中部略为凸出，末端宽圆形。轴区窄，中心区几乎不扩大或比轴区稍宽。壳缝直，丝状，胸骨(中肋)略为明显，近缝端略为膨大，远缝端长，向同一方向弯曲。壳面横线纹外、内粗、细略有差异，线纹稍辐射排列，中部稍稀疏，在 10 μm 内有 22—25 条，两端较密，在 10 μm 内有 30 条。壳面长 14—19 μm，壳面宽6—6.6 μm。

生境：淡水种，生长在河边小沼泽、温泉边的小溪流、滴水岩壁的环境中。

产地：西藏(乃东、察雅)；湖南(慈利索溪峪自然保护区)。

分布：欧洲(比利时，法国，俄罗斯，德国等)；北美洲(美国)。

5 组(Section 5)

壳面披针形、线形、椭圆形或近圆形。轴区和中心区是可变的，壳面具明显的线纹，线纹最显著的特征是具有短条纹或孔线纹。线纹在壳面末端呈辐射、平行或聚集状排列，线纹非凹凸不平至形成不规则的纵区。

本志收录 42 种，15 个变种和 2 个变型共 59 个分类单位。

5 组(Section 5)分种检索表

1. 壳面线纹具有明显的点(孔)线纹·· 2
1. 壳面线纹具有明显的细线条线纹·· 16
　2. 壳面线形·· 3
　2. 壳面宽线形、长线形·· 5
3. 壳面两边缘平行，中部短纹平行排列····························· **1. 阿比斯库舟形藻 N. abiskoensis**
3. 壳面边缘和中部短纹不如此形·· 4
　4. 轴区窄，中心区扩大形成不规则的卵形。中心区两边有 2—3 条短纹·· **11. 细长舟形藻 N. graciloides**
　4. 轴区很窄，中心区很小，中节两边有 3 条粗、稀的点条纹········ **13. 异点舟形藻 N. hetero-punctata**
5. 壳面宽线形·· 6
5. 壳面长线形，中部和近两端明显凸出，末端宽喙状。中部点线纹粗而稀，纵问组成波曲形·· **7. 可疑舟形藻 N. dubitanda**
　6. 末端喙状。轴区窄线形，中心区扩大形成不规则的圆形至椭圆形。线纹微波状至 S 形·········

23. 壳面末端非钝圆形 ··· 24
    24. 壳面末端近喙状。中心区扩大形成卵形至圆形 ······················ **41. 狐形舟形藻 N. vulpina**
    24. 壳面末端不如此形 ··· 25
25. 壳面末端宽钝形。中心区扩大，两边不对称 ······················· **36. 斯利夫舟形藻 N. slesvicensis**
25. 壳面末端不如此形。中心区对称 ·· 26
    26. 壳面末端喙状至头状。中心区小，线纹平行排列，在中部微辐射，在末端微聚集 ··················
        ··· **12. 群生舟形藻 N. gregaria**
    26. 线纹非平行排列 ··· 27
27. 壳面末端尖楔状微钝圆形，中心区很小，圆形至菱形 ·················· **18. 弯月舟形藻 N. menisculus**
27. 壳面末端楔圆形。中心区扩大形成圆形 ······················· **19. 米努沃昆舟形藻 N. minuewaukonensis**
    28. 壳面末端尖圆形。中心区大，具明显硅质增厚，两边具短线纹···· **27. 放(辐)射舟形藻 N. radiosa**
    28. 中心区无硅质增厚 ··· 29
29. 壳面末端窄圆形。中心区扩大不规则，两边有长、短粗纹相间 ···
        ··· **26. 假莱茵哈尔德舟形藻 N. pseudoreinhardtii**
29. 壳面末端非圆形 ··· 30
    30. 壳面末端喙状至头状。中心区扩大形成椭圆形或几乎矩形···· **29. 喙头舟形藻 N. rhynchocephala**
    30. 末端非喙状至头状 ··· 31
31. 末端楔状钝圆形。中心区扩大形成大矩形，几乎直达壳面边缘，两边有 2—3 条短线纹 ············
        ··· **39. 三斑点舟形藻 N. tripunctata**
31. 壳面末端宽圆形，顶端平截形。中心区大或几乎椭圆形，线条纹在 10 μm 内有 5—7 条 ············
        ··· **23. 移入舟形藻 N. peregrina**
    32. 壳面棍棒形，两边平行，末端截圆形。线纹具纵、横列 ············· **24. 羽状舟形藻 N. pinna**
    32. 壳面不如此形 ··· 33
33. 壳面线形至线椭圆形，末端宽圆形。轴区中等宽，中心区大，近圆形 ···· **21. 长圆舟形藻 N. oblonga**
33. 壳面不如此形 ··· 34
    34. 壳面长椭圆形，中部多少膨大，末端宽，钝圆形。线纹中部长、短相间排列 ··························
        ··· **28. 莱茵哈尔德舟形藻 N. reinhardtii**
    34. 壳面边缘不膨大 ··· 35
35. 壳面线状椭圆形，两侧边缘平行，末端圆形。中心区大，边缘具短纹几乎直达壳缘 ··················
        ··· **32. 饱满舟形藻 N. satura**
35. 壳面边不如此形 ··· 36
    36. 壳面轴区和中节具硅质增厚，边缘具 3 条短线纹 ············· **38. 对称舟形藻 N. symmetrica**
    36. 壳面轴区和中节无硅质增厚或一边增厚 ·· 37
37. 壳面末端尖圆形，轴区很窄，中心区微椭圆形。两边线纹不同 ····· **6. 隐柔弱舟形藻 N. cryptotenella**
37. 轴区窄，中心区不规则 ··· 38
    38. 中心区扩大形成不规则的矩形。壳缝骨一边增厚 ··········· **30. 短喙舟形藻 N. rostellata**
    38. 无增厚壳缝骨 ··· 39
39. 壳面宽披针形或椭圆形，末端尖圆形。线纹由点纹组成，中部辐射排列，近末端聚集排列··········
        ··· **35. 胚种舟形藻 N. semen**
39. 壳面和末端不如此形 ··· 40
    40. 壳面宽菱形椭圆形至菱形披针形，末端明显尖或短喙状。中心区扩大形成圆形。中心一侧常见
        一独立点纹 ··· **25. 具孔舟形藻 N. porifera**
    40. 壳面线形，中部和两端膨大，末端宽头状。中心区扩大形成不规则形···································
        ··· **37. 田洋舟形藻 N. tianyangensis**

1. 阿比斯库舟形藻　图版 (plate) XIV：1；XLII：15

Navicula abiskoensis Hustedt 1942，p. 118，fig. 36；Hustedt 1966，p. 806，fig. 1777；Krammer
    & Lange-Bertalot 1999，p. 139，48/1；Zhu et Chen（朱蕙忠　陈嘉佑）2000，p. 148，19/11.

Navicula dicephala var. *genuina* f. *abiskoensis*（Hustedt 1942）Cleve-Euler　1953，p. 142,
    fig. 792，d.

Navicula dicephala f. *obiskoensis*（Hustedt 1942）Hustedt 1966，p. 806.

    壳面线形，两侧近平行，末端宽喙状，略呈头状。轴区窄线形，中心区扩大形成椭
圆形。壳缝直线形或侧斜亦或微波状，近缝端向一侧斜弯。中央孔不明显，远缝端短，
稍弯斜，壳面横线纹由明显的孔（点）组成，除中部短纹略近平行排列外，其余均为辐射
状排列，孔线纹在 10 μm 内有 9—16 条，孔纹在 10 μm 内有 20—22 个。壳面长 21—45 μm，
壳面宽 5—9.5 μm。

    生境：淡水种，生长在小河流、湖边静水池、山沟流水石上附着物、小浅水池环境
中。

    产地：西藏（错那、芒康、扎达）。

    分布：欧洲（德国，芬兰，瑞士，挪威）；北美洲.

    本种被 Lange-Bertalot 等（1996）移入 *Placoneis* 属，并作为新联合种 *Placoneis*
abiskoensis（Hustedt）Lange-Bertalot & Metzeltin *in* Metzeltin & Witkowski（1996）。从
Metzeltin 等（2009），p. 242，figs. 14，15 看，图版的外形特征似乎与 *Placoneis* 属相似，
构造和线纹排列方式与 *Placoneis* 属相似，但构造和线纹排列方式有所差异，我们的标本
是否归入 *Placoneis* 属还需进一步观察和研究。

2. 沙生舟形藻　图版 (plate) XIV：2

Navicula arenaria Donkin 1861，p. 101，1/9；O′Meara 1876，p. 411，34/17；Peragallo et
    Peragallo 1897—1908，p. 101，13/5；Cleve-Euler 1953，p. 131，fig. 763；Silva 1960，
    p. 33，21/3，4；Prowse 1962，p. 40，12.a；Hendey 1964，p. 196，30/15；Patrick et Reimer
    1966，p. 512，48/21；Zhu et Chen（朱蕙忠　陈嘉佑）1994，p. 90；Krammer et
    Lange-Bertalot 1999，p. 118，39/1；Zhu et Chen（朱蕙忠　陈嘉佑）2000，p. 150，20/6.

Navicula lanceolata var. *arenaria*（Donkin 1861）Van Heurck 1885，p. 88，（8/18）.

    壳面披针形，末端延长呈尖喙状。轴区窄，清楚，中心区扩大形成圆形或椭圆形。
壳缝直线形，近缝端直，不偏斜，中央孔小圆形，远缝端短，弯曲。壳面横线纹由纵短
条纹组成，在中部辐射排列，向两端聚集或近平行。孔线纹中部 10 μm 内有 9—12 条，
向末端在 10 μm 内有 13—14 条。壳面长 34—64 μm，壳面宽 8—9 μm。

    生境：微咸水或高矿物水体中的种，生长在江河、硫酸钠亚型湖边积水坑、泉水边
环境中。

    产地：辽宁（葫芦岛、兴城、锦州）；西藏（斑戈、申扎）；贵州（江口、印江）。

    分布：亚洲（马来西亚）；欧洲（比利时，英国，奥地利，法国，德国）；北美洲（美国）。

3. 孟加拉舟形藻　图版(plate)XLII：8，9

Navicula bengalensis Grunow *in* A. Schmidt 1874，6/1，2；Hustedt 1966，p. 721，fig. 1703；
　　Wang(汪桂荣)1998，p. 315，3/6，7.

Navicula humerosa Brébisson *in* Cleve 1895，p. 43，e，p.

　　壳面宽线形至线椭圆形，两侧边缘不明显微凹，两侧边不明显微弯，末端宽喙状平截形或近平圆形。轴区窄，线形至披针形，中心区扩大呈不很规则的圆形至横椭圆形。壳缝直线形，近缝端不偏斜，中央孔略膨大的圆形，远缝端向同一方向微弯。壳面横线纹辐射排列，在中部线纹明显长、短不规则相间排列，呈波状至 S 形弯曲。线纹由明显点(假)孔纹组成，孔线纹在 10 μm 内有 9—11 条，疑线纹在 10 μm 内有 18—20 个。壳面长 40—60 μm，壳面宽 17—20 μm。

　　生境：一般在热带海洋、也出现在半咸水中，生长在海水和河口地区环境中。

　　化石产地及时代：广东(江门珠江三角洲全新世)。

　　分布：亚洲(孟加拉国的 Whatabevot 地区)。

　　本种由 Cleve(1895，p. 45)将其列为 *N. humerosa* Brébisson 的异名，Van Landingham(1975)沿用了这种观点。Hustedt(1966)认为，将 *N. bengalensis* 与 *N. humerosa* 视为同一物种是靠不住的，因为两者有明显的区别：*N. bengalensis* 有较窄的壳面，宽喙状的末端和近乎平截形的顶端以及较稀疏的横线纹，均明显区别于 *N. humerosa* 种，因此，*N. bengalensis* 应为独立种是正确的。

4. 中华舟形藻　图版(plate)XLII：10

Navicula chinensis Skvortzow　1930，p. 42，3/11.

　　壳面椭圆形，末端渐尖或尖圆形。轴区窄，中心区扩大呈近圆形。壳缝直线形，近缝端直不偏斜。壳面横线纹由细密点组成，横线纹呈有序的辐射排列，在 10 μm 内有 24 条。壳面长 42—43 μm，壳面宽 16—18 μm。

　　生境：淡水至半咸水种，生长在山区小水体环境中。

　　产地：福建(福州)。

5. 同心舟形藻　图版(plate)XIV：3

Navicula concentrica Carter 1981，p. 576，fig. 11/7；Lange-Bertalot 2001，p. 26，4/8—13，
　　72/6.

Navicula cymbula Donkin 1969，p. 294，18/6；Van Heurck 1880，7/22；Zhu et Chen(朱蕙
　　忠 陈嘉佑)2000，p. 157，2/9.

Navicula lanceolata var. *cymbula* (Donkin) Cleve 1895，p. 22.

Navicula lanceolata var. *cymbula* f. *lata* Cleve-Euler 1953，p. 135，fig. 772 c.

　　壳面披针形，末端逐渐变窄楔形，既非明显的尖形又非钝圆形。轴区远端区相当窄，中心区扩大呈中等大的披针形至菱形。壳缝略为侧斜。壳面横线条纹强烈辐射状排列，在末端仅微辐射而不聚集，每一条纹中由纵向短线组成，线条纹在 10 μm 内有 8—16 条。壳面长 28—67 μm，壳面宽 6—11 μm。

生境：淡水至微咸水种，生长在河流、泉水小溪、河边、湖畔流水边小积水、水清而冷的小水沟、水草丰富的小河沟、山泉积水坑、水草附着物、河流支流等环境中。

产地：西藏（聂拉木、定日、措美、江达、类乌齐、申扎、措勤、革吉）。

分布：欧洲（德国，比利时，英国）。

6. 隐柔弱舟形藻　图版（plate）XIV：4

Navicula cryptotenella Lange-Bertalot 1985，p. 62，18/22，23；19/1—10，27/1；Krammer & Lange-Bertalot 1999. p. 106，33/9—11，13—17.

Navicula radiosa var. *tenella*（Brébisson）Van Heurck 1885，p. 84；Van Heurck 1896，p. 180，3/114；Zhu et Chen（朱蕙忠　陈嘉佑）1994，p. 94；Zhu et Chen（朱蕙忠　陈嘉佑）2000，p. 175，27/6.

Navicula tenella Brébisson *in* Kützing 1849，p. 74 sensu Grunow *in* Van Heurck 1880，7/21，22.

壳面披针形至菱形披针形，末端尖圆形。轴区狭窄，近线形，中心区略微扩大呈椭圆形。壳缝丝状，近缝端略粗，中央孔稍膨大，不弯斜，远缝端细而弯斜。壳面横线纹辐射排列，向两端近平行至稍聚集状排列，中央节两侧线纹不同，一侧一条长线纹两边各有一条相等的短条纹，另一侧两条长线纹间仅一条短纹，线纹由非常细密的短线纹组成，在 LM 下观察难辨清，线纹在 10 μm 内有 11—15（—17）条。壳面长 21—36 μm，壳面宽 4—7 μm。

生境：淡水种，生长在江河、湖泊、溪流、水塘、水库、水井、稻田等环境中。

产地：黑龙江（镜泊湖、哈尔滨、五大连池、牡丹江、伊春、扎龙、绥芬河）；西藏（聂拉木、洛龙）；贵州（松桃、铜仁、江口）；湖南（吉首、古丈、麻阳、永顺、凤凰）。

本种由 Lange-Bertalot（1985）依据对 *N. tenella* 和 *N. radiosa* var. *tenella* 的深入观察研究，从形态特征看与 *N. tenella* 和 *N. radiosa* 较为相似，但构造特征包括轴区、壳缝和线纹等差别较明显，因此 Lange-Bertalot（1985）将其重新定为 *N. cryptotenella* Lange-Bertalot 新种。我国发现的标本，形态和构造特征与 *N. cryptotenella* 更相近，因此将 *N. radiosa* var. *tenella* 移入 *N. cryptotenella* 种中。

7. 可疑舟形藻　图版（plate）XV：1

Navicula dubitanda Hustedt et Kalbe *in* Hustedt 1961，p. 19，fig. 1183；Zhu et Chen（朱蕙忠　陈嘉佑）2000，p. 160，23/6.

Navicula lagerstedtii Kolbe 1959，p. 64，figs. 2—5.

壳面长线形，中部及近末端放宽，两端凸出比中部更明显，末端宽喙状。轴区窄线形，中心区扩大呈椭圆形或圆形。壳缝直线形，近缝端向一侧弯斜，中央孔具裂缝形延长，远缝端直。壳面横线纹由明显的点纹组成，中部点纹细而密，点线纹辐射排列，点线纹在中部 10 μm 内有 14 条，两端点纹在 10 μm 内有约 20 条，点纹在中部 10 μm 内有 16—17 个，两端点纹在 10 μm 内有 28—30 个。壳面长 38—40 μm，壳面宽 95—10 μm。

生境：淡水种，生长在草甸中沼泽化小水体环境中。

产地：西藏（隆子）。

分布：欧洲（瑞典）。

8. 华美舟形藻　图版（plate）XLII：11

Navicula elegans W. Smith 1853，p. 49，16/137；Okuno 1871，p. 23，4/1；O´Meara 1876，
p. 363，31/19；Wolle 1890，9/22，24/9；Cleve 1895，p. 68；Van Heurck 1896，p. 210，
27/761；Boyer 1916，p. 101，31/1；Hustedt 1930，p. 312，fig. 562；Sabelina *et al.* 1951，
p. 339，fig. 201，1；Hendey 1964，p. 215，34/1—4；Krammer & Lange-Bertalot 1999，
p. 236，82/7，8；Liu *et al.*（刘妍等）2006，p. 40，2/53.

Navicula elegans var.*smith* Cleve-Euler 1955，p. 3，fig. s. 973 a.

Navicula elegans var. *cuspidata* Cleve 1895，p. 68.

Pinnulavis elegans（Smith（1853）Okuno 1975，p. 109.

壳面披针形，末端尖形或近喙状。轴区很窄，中心区扩大形成大圆形或圆矩形。壳
缝直线形，近缝端有明显膨大的中央孔，远缝端呈半圆形。壳面横线纹较粗壮，在中部
较强烈辐射状排列，在末端呈聚集状排列，线纹在 10 μm 内有 9 条。壳面长 60—115 μm，
壳面宽 20—30 μm。

生境：微咸水种，生长在水渠中，常附着在水草上环境中。

产地：福建（金门岛）。

分布：亚洲（日本）；欧洲（英国，俄罗斯，比利时，法国，奥地利，瑞士，芬兰）；
北美洲（美国）。

本种由 Okuno（1975）将其移入新建的 *Pinnularvis* 属中组成新联合种 *P. elegans*（comb.
nov.）。本种的形态和构造特征（在 LM 下观察）基本上符合 *Navicula* 属的特征，因此目前
仍然沿用 *N. elegans* 种名，待今后对细微构造详细研究后确定存在构造上有明显的区别，
有可能再进行变动。

9. 似美丽舟形藻　图版（plate）XLII：12

Navicula elegantoides Hustedt 1942，p. 76，fig. 142；Prowse 1962，p. 42，8/d；Faged　1976，
p. 33，12/8—10；Wang（汪桂荣）1998，p. 316，2/9.

壳面披针形，两侧边缘略凸，两端多少延伸，末端鸭嘴状。轴区窄，中心区扩大形
成近圆形。壳缝直，略带线形，近缝端中央孔呈液滴状，相距较近。壳面横线纹粗，在
中部呈辐射状排列，向两端呈聚集状排列，在 10 μm 内 5—6 条。壳面长 98 μm，壳面宽
26 μm。

生境：淡水种，生长在受河流影响的潮间带环境中。

化石产地及时代：广东（珠江三角洲）全新世。

分布：亚洲（斯里兰卡）；北美洲（美国）。

本种与 *N. elegans* Smith 与 *N. yarrensis* Grunow 有相似的特征。但 Foged（1976）认为
有可能是介于上述两种间的种，其主要的区别在于中心区的形状与发育与否。事实上彼
此间的差别不仅仅在中心区不同，而且彼此间的壳面横线纹密度也各有不同。

10. 隆状舟形藻　图版（plate）XLII：13

Navicula gibbula Cleve 1894，p. 140，5/17；Hustedt 1930，p. 285，fig. 477；Hann 1932，p. 382.34/5；Skvortzow 1938，p. 273，1/24；Sabelina *et al.* 1951，p. 292，fig. 166，8；Hustedt 1961，p. 13，fig. 1180 a—f；Krammar & Lange-Bertalot 1999，p. 235，65/14，15.

Navicula terrestris Petersen 1915，p. 288，fig. 7，8.

Navicula gibbula var. *grnuina* Cleve-Euler 1953，p. 176，fig. 868 a，f.

　　壳面线椭圆形，末端微渐变的宽圆形。轴区窄线形，中心区扩大呈椭圆形。壳缝呈壮实的丝（线）状，近缝端有明显的中央孔，呈弯钩状并向同一方向达中心区，远缝端短并不清楚（明显）。壳面横线纹辐射排列，线纹由点纹组成，在中部 10 μm 内有 12—15 条，向末端 10 μm 内有 18—25 条。壳面长 20—28.9 μm，壳面宽 5—6.8 μm。

　　生境：淡水种，生长在山区河流的苔藓和岩石表面的环境中。

　　产地：黑龙江（哈尔滨）。

　　分布：欧洲（挪威，芬兰，俄罗斯等）；北美洲（美国）。

11. 细长舟形藻　图版（plate）XLII：14

Navicula graciloides Mayer 1919，p. 203，7/60；Hustedt 1930，p. 299，fig. 515；Sabelina *et al.* 1951，p. 330，fig. 192，3；Cleve-Euler 1953，p. 154，fig. 812A；Patrick et Reimer 1966，p. 516，49/9，10；Zhu et Chen（朱蕙忠　陈嘉佑）1994，p. 92；You *et al.*（尤庆敏等）2005，p. 249，II/8.

　　壳面线形至线披针形，末端多少呈楔状，几乎呈钝形至近尖圆形。轴区窄，中心区横向扩大，不规则的多少呈卵形。壳缝丝状，直。壳面横线纹辐射排列，向两端聚集状排列，中部有 2—3 条较短线纹，线纹在 10 μm 内有 7—9 条。壳面长 46—47 μm，壳面宽 9—10 μm。

　　生境：淡水种至微咸水种，生长在江河和新疆喀拉斯河鸭泽湖中的环境中。

　　产地：新疆（喀拉斯地区）；贵州（印江、石阡、思南、沿河）。

　　分布：欧洲（俄罗斯，德国）；北美洲（美国）。

　　本种是由 Krammer 和 Lange-Bertalot（1999）和 Lange-Bertalot（2001）把有问题的种移入 *N. cari*　Ehrenberg 种中，作为同异名，事实上这两种除形态特征较为相似外，构造特征是有区别的，像线纹的排列和组成，前者不成强烈的辐射排列，中心区扩大不呈矩形，后者线纹呈弧形弯，强烈的辐射排列，中心区扩大形成明显的横矩形，因此，前者应是独立种而不应是 *N. cari* 的同异名。

12. 群生舟形藻　图版（plate）XIII：21，22

Navicula gregaria Donkin 1861，p. 10，1/10；Donkin 1871，p. 43，6/13；Van Heurck 1896，p. 181，3/125；Skvortzow 1927，p. 105，fig. 10；Skvortzow 1930，p. 42；Hustedt 1930，p. 269，fig. 437；Sabelina *et al.* 1951，p. 273，fig. 155，1；Patrick et Reimer 1966，p. 467，44/6；Krammer & Lange-Bertalot 1999，p. 116，38/10—15；Zhu et Chen

（朱蕙忠 陈嘉佑）2000，p. 161，23/16.

Navicula cryptocephala sensu Wm. Smith 1853，17/155.

Navicula veneta Schumann 1867，2/30.

Navicula gregaria var. *genuina* Cleve-Euler 1952，p. 18，fig. 1356a；Cleve-Euler 1953，p. 130，
  fig. 756 a—c.

壳面披针形至椭圆披针形，末端喙状至头状。轴区窄，中心区小，常仅比轴区稍扩大。壳缝直，细丝状，近缝端和远缝端无偏斜。壳面横线纹平行排列，有时在壳面中部辐射排列，向两端稍聚集状，横线纹在 10 μm 内有 14—22 条，纵线纹明显或不明显，密，在 10 μm 内有 26—28 条。壳面长 13—26 μm，壳面宽 4—7 μm。

生境：淡水至微咸水种，生长在小河、溪流、泉水、沼泽、水塘、水坑环境中，pH
6.0—7.0。

产地：天津；西藏（亚东、墨脱、措美、昌都、芒康、江达、申扎）；福建（福州）。

分布：欧洲（俄罗斯，德国，英国，比利时和东欧地区）；北美洲（美国）。

13. 异点舟形藻　图版（plate）XIV：5，6

Navicula hetero-punctata Chin et Chen（金德祥　程兆第）1979，p. 144，fig. C，D.

壳面柳叶形，沿着纵轴鼓起，末端尖圆形。轴区非常窄或缺，中心区很小或稍扩大。壳缝直线形，近缝端稍膨大呈孔形向一侧弯斜，远缝端直，未见弯斜。壳面横线纹排列奇特，在鼓起部分为纵和斜的排列，两侧为纵和横的排列，线纹在 10 μm 内有 13 条，在中节两侧各有 3 条较粗和稀的距离较远的点条纹。壳面长 126 μm，壳面宽 17 μm。

生境：半咸水种，生长在泉州湾水体底栖环境中。

产地：福建（泉州湾）。

本种最大的特点在于壳面中节两侧各有 3 条较粗大的点纹或孔纹组成的点条纹。壳面形态和构造特征与 *Haslea crucigera*（W. Smith）Simonsen（1974）很相似，仅在中节两侧各有 3 条由粗和稀的点（孔）纹组成的横条纹，两者有明显的区别。

14. 复瓦状舟形藻　图版（plate）XIV：7

Navicula imbricata Bock 1963，p. 228，3/150—160；Hustedt 1966，p. 593，fig. 1598；Zhu et Chen（朱蕙忠　陈嘉佑）1989，p. 46；Zhu et Chen（朱蕙忠　陈嘉佑）1994，p. 92.

壳面宽椭圆形，末端宽圆形。轴区窄披针椭圆形，中心区横向扩大呈大而规则的矩形，中心区一侧有一明显独立点纹。壳缝直，线形，近缝端直不偏斜，远缝端直不弯斜。壳面横线纹均呈辐射状排列，中部两侧有 2—3 条短线纹，横线纹在 10 μm 内有 20 条左右。壳面长 9 μm，壳面宽 5 μm。

生境：淡水种，生长在溪流、稻田、潮湿岩壁上等静水环境中。

产地：贵州（松桃、铜仁、江口）；湖南（武陵源自然保护区）。

分布：Standorte（中欧）。

本种被 Krammer 和 Lange-Bertalot（1999）将其移入 *Navicula mutica* Kützing 种中作为异名，我们观察的标本从外形和壳面中央一侧有一独立点纹都很相似，但线纹由点纹组

成的特征不明显，本志中暂保留不变。

15. 弯曲舟形藻　图版(plate)XLII：16，17

Navicula inflexa(Gregery 1856)Ralfs *in* Pritchard 1861，p. 905：Donkin 1872，p. 54，8/2；
Cleve 1895，p. 31；Van Heurck 1896，p. 184，25/713；Boyer 1916，p. 96，27/18，
19；Proschkina-Lavrenko 1950，p. 93，64/7；Cleve-Euler 1953，p. 132，fig. 761；Hendey
1964，p. 197，30/7.

Pinnularia inflexa Gregory 1856，p. 48，5/20.

Navicula inflexa(Gregory 1856)Ralfe *in* Pritch.，1861，p. 905.

　　壳面披针形至椭圆披针形，末端尖圆形。在每一极端(点)出现暗色带。轴区窄，明
显，中心区稍扩大形成圆形。壳缝直线形。壳面横线纹强辐射排列，线纹由明显的线条
组成，在中心区两侧有规则或不规则的短条纹，线条纹在 10 μm 内有 7—11 条。壳面长
32—48 μm，壳面宽 9—11 μm。

　　生境：海水和微咸水种，生长在山区溪流和海水环境中。

　　产地：台湾(中部山区)。

　　分布：欧洲(英国，比利时，俄罗斯，芬兰，瑞典)；北美洲(美国)。

16. 常胜舟形藻　图版(plate)XIV：8

Navicula invicta Hustedt 1936 *in* Schmidt *et al.* 1874—，402/63；Hustedt 1937，p. 254，17/42；
Hustedt 1961，p. 88，fig. 1232；Zhu et Chen(朱蕙忠　陈嘉佑)1989，p. 46.

　　壳面薄而透明，椭圆披针形，近两端明显缢缩，末端尖(喙)头状。轴区非常窄，中
心区稍扩大呈椭圆披针形。壳缝丝状，直，近缝端直，不偏斜，中央孔微膨大。壳面横
线纹非常细密，在 10 μm 内有 32—36 条。壳面长 13—17 μm，壳面宽 3—4 μm。

　　生境：淡水种，生长在急流石表、缓流石表和潮湿岩壁的流水和静水环境中。

　　产地：湖南(武陵源自然保护区)。

　　分布：欧洲(Waldbach，Moosen，Subangp)。

17. 中凸舟形藻　图版(plate)XIV：9

Navicula medioconvexa Hustedt 1961，p. 151，fig. 1283；Krammer & Lange-Bertalot 1999，
p. 196，70/1—7；Zhu et Chen(朱蕙忠　陈嘉佑)2000，p. 165，24/18.

Navicula heufleriana var. *septentrionalis* Hustedt 1924，p. 556，17/4.

Navicula laticeps sensu Cleve-Euler 1953，p. 178，fig. 872，(non Hustedt 1942).

Pinnualria soehrensis var. *intermedia* Cleve-Euler 1953，p. 14，fig. 988 i，j.

　　壳面宽线形，中部外凸，近两端缢缩，末端宽头状。轴区窄线形，中心区扩大形成
规则的或不规则的横矩形。中肋明显。壳缝直线形，近、远缝端直不偏斜。壳面横线纹
在中部呈辐射状排列，向两端与中轴区垂直呈平行排列，中心区两侧边缘线纹明显较短，
线纹在 10 μm 内有 24—32 条。壳面长 11.7—24.6 μm，壳面宽 3.0—4.4 μm。

　　生境：淡水种，生长在山区小浅水池和小水塘环境中。

产地：西藏(乃东、类乌齐)。

分布：欧洲(德国，瑞士，芬兰)。

18. 弯月形舟形藻　图版(plate)XIV：10；XLIII：1—6；XLVI：12—14

Navicula menisculus Schumann 1867，p. 56，2/33；Dippel 1904，p. 48，fig. 97；Meister 1912，
　　p. 141，21/20；Hustedt 1930，p. 301. fig. 517；Sabelina *et al.* 1951，p. 317，fig. 178，
　　8；Zhu et Chen(朱蕙忠　陈嘉佑)1989，p. 47；Zhu et Chen(朱蕙忠　陈嘉佑)1994，p. 92；
　　Krammer & Lange-Bertalot 1999，p. 105，32./16—25；Zhu et Chen(朱蕙忠　陈嘉
　　佑)2000，p. 165，24/20；Lange-Bertalot 2001，p. 47，12/1—7.

Navicula menisculus var. Grunow *in* Van. Heurck 1880，8/21，22.

Navicula peregrina var. *menisculus* f. *acuta* Mayer 1919，p. 203，7/38.

Navicula menisculus var. *schumanni* Cleve-Euler 1953，p. 150，fig. 804 a—c.

Navicula menisculus var. *krenneri* Cleve-Euler 1953，p. 150，fig. 804 f—k.

　　壳面披针形，末端不延长的渐尖至楔状略钝圆形。轴区较(中度)窄，几乎是线形，
中心区相当小的圆形至菱形。壳缝侧斜，近缝端中央孔明显，微偏向次生边，远缝端呈钩
状。壳面横线纹中度(等)辐射状渐向平行排列至末端不明显聚集排列，线纹在 10 μm 内有
8—9.5 条，线纹由短线条纹组成，比较粗，在 10 μm 内有 24—25 条。壳面长 11.7—33 μm，
壳面宽 3.7—11 μm。

　　生境：淡水和微咸水种，生长在江河、水库、水塘、河滩边凹地、小瀑布岩石上、
湖边农田水坑、冲积小湖、沼泽化积水坑、山间急流中岩石上、泉边草地积水、山泉积
水坑等流水、静水环境中。

　　产地：北京；西藏(康马、错那、措美、察隅、芒康、江达、申扎、措勤、扎达)；
贵州(松桃、铜仁、江口、印江)；湖南(吉首、古丈、麻阳、永顺、凤凰、慈利索溪峪自
然保护区)。

　　化石产地及时代：内蒙古赤峰第四纪；云南丽江更新世；广东徐闻第四纪。

　　分布：欧洲(德国，俄罗斯，比利时，法国，瑞士，芬兰等)。

19. 米努沃昆舟形藻　图版(plate)XV：2，3

Navicula minuewaukonensis Elmore 1921，p. 78，9/331.332；Patrick et Reimer 1966，p. 520，
　　49/19；Zhu et Chen(朱蕙忠　陈嘉佑)2000，p. 166，24/23，24.

　　壳面披针形、长圆形或椭圆形，末端楔形或楔圆形。轴区窄线形，中心区扩大形成
圆形。壳缝直，线形，近缝端直，不偏斜，中央孔不明显，远缝端稍微弯钩形。壳面横
线纹粗壮，中部明显辐射状排列，向两端近平行至略聚集状排列，横线纹在 10 μm 内有
8—12 条，粗线纹由短纵向线条组成，在 10 μm 内有 42—44 条。壳面长 27—36 μm。壳
面宽 7—8 μm。

　　生境：咸水种，生长在咸湖边的积水坑、水中有许多其他藻类的环境中。

　　产地：西藏(斑戈)。

　　分布：北美洲(美国)。

20. 多点舟形藻　图版(plate)XV：4

Navicula multipunctata Chen et Zhu(陈嘉佑　朱蕙忠)1994，p. 124，1/5.

　　壳面椭圆披针形或线披针形，末端喙状。轴区线形，中心区扩大形成圆形至椭圆形，在中央节的两侧各有2—3个单独的点纹，壳缝直线形，近缝端直形，远缝端小，微弯。壳面横线纹辐射排列，中部线纹长、短相间排列，线纹由密集的点纹组成，线纹在中部10 μm 内有9—10条。两端在10 μm 内有12—14条，点纹在10 μm 内有28个。壳面长34—62 μm，壳面宽13—16 μm。

　　生境：淡水种，生长在江河和河流缓流区中的砾石表面上的环境中。

　　产地：贵州(松桃、铜仁)。

　　此种与温和舟形藻 *Navicula clemensis* Grunow 在形态上相类似，但前者中节是多点纹，而后者仅中央节一侧是单个点纹。

21. 长圆舟形藻

Navicula oblonga (Kützing 1833) Kützing 1844，p. 97，4/21；Van Heurck 1880—1885，p. 81，
　　7/1；Wolle 1890，21/10；Cleve 1895，p. 20；Van Heurck 1896，p. 177，3/100；Dippel
　　1904. p. 39，fig. 73；Meister 1912，p. 142；Boyer 1916，p. 97，27/21；Hustedt 1930，
　　p. 307，fig. 550；Proschkina-Lavrenko 1950，p. 185，45/13；Sabelina *et al.* 1951，p. 320，
　　fig. 182，1；Li(李家英)1983，p. 292，25/10；Huang *et al.*(黄成彦等)1998，p. 31，
　　70/1—5；Krammer & Lange-Bertalot 1999，p. 121，41.2；Zhu et Chen(朱蕙忠　陈嘉
　　佑)2000，p. 169，25/17；Lange-Bertalot 2001，p. 51，6/12—14，70/4.

Frustulia oblonga Kützing 1833，p. 548，14/24.

Navicula oblonga var. *lanceolata* sensu Dippel 1904，p. 39，fig. 73.

21a. 原变种　图版(plate)XV：5；XXXIX：1—8；XL：2—5

var. oblonga

　　壳面线形至线椭圆形或狭披针形。末端宽圆形，极少数有一点延长。轴区中等宽，中心区扩大呈中等大或近圆形。壳缝线形，常呈明显的侧生，近缝端向一侧偏斜，中央孔明显膨大呈扁形，远缝端弯钩形。壳面横线纹辐射状排列，向两端近极边缘呈聚集状排列，线纹在10 μm 内有5—9条，每条粗线纹由纵向短线条组成，在10 μm 内有32—34条。壳面长44—152 μm，壳面宽13—18 μm。

　　生境：淡水至微咸水种，生长在湖泊、河流、河边沼泽、小河、小水沟、小河沟、湖边草地浅水处、山坡沼泽化水坑、湖边农田小水坑、小溪、河滩台地流出的小泉等环境中。

　　产地：北京；黑龙江(七星河、烟筒屯)；西藏(聂拉木、定日、白地、多庆、浪卡子、亚东、康马、吉隆、仲巴、昂仁、墨脱、林芝、错那、措美、芒康、江达、类乌齐、斑戈、申扎、改则、措勤、普兰、噶尔、革吉、日土)；山西(太原)。

　　化石产地及时代：西藏斯潘古尔湖(错)晚更新世至全新世；西藏纳木湖全新世；内蒙古克什克腾晚更新世，内蒙古赤峰第四纪。

分布：欧洲(俄罗斯，德国，瑞士，比利时，奥地利，瑞典，匈牙利，英国)；北美洲(美国)；中美洲(危地马拉)。

21b. 披针变种　图版(plate)XXXIX：9，10

var. lanceolata Grunow 1860，p. 523，4/25；Cleve 1895，p. 21；Cleve-Euler 1932，p. 89，fig. 21；Proschkina-Lavrenko 1950，p. 185；Cleve-Euler 1953，p. 139，fig. 783 b；Li(李家英)1983，p. 292，25/9.

本变种与原变种的主要区别：本变种壳体较短，较宽的披针形。壳面长 82 μm，壳面宽 17 μm。

生境：淡水至微咸水，生长在湖泊环境中。

化石产地及时代：西藏斯潘古尔湖(错)晚更新世至全新世。

分布：Tákern Klingoseröd。

21c. 近平行变种　图版(plate)XV：6

var. subparallela Rattray 1887(1888)，p. 425，29/2；De Toni 1891，p. 38；Õstrup 1908，p. 80，1/6；Skvortzow 1930，p. 255，32/17；Skvortzow 1938，p. 59.

本变种与原变种的主要区别：本变种壳面线形，两侧边缘几乎平行，末端钝形(圆头形)。壳面横线纹在 10 μm 内有 6—7 条。壳面长 127—144 μm，壳面宽 17—18 μm。

生境：淡水和微咸水种，生长在湖泊和河流的环境中。

产地：黑龙江(喀尔古纳河)。

分布：亚洲(蒙古国，斯里兰卡)；欧洲(英国)。

22. 眼点舟形藻

Navicula ocellata Skvortzow 1938，p. 271，1/41.

22a. 原变种　图版(plate)XV：7

var. ocellata

壳面椭圆形至椭圆披针形，末端宽圆形。轴区窄线形，中心区扩大形成宽近圆形或横向椭圆形。壳缝直，丝状。壳面横线纹辐射状排列，线纹由点(孔)纹组成，点线纹在 10 μm 内有 18—20 条，在中央节间有独立的点纹，出现空白的纵带。壳面长 24 μm，壳面宽 13 μm。

生境：淡水种，生长在山区河流中岩石表面和与苔藓共生的环境中。

产地：黑龙江(哈尔滨)。

22b. 多形变种　图版(plate)XV：8，9

var. polymorpha Skvortzow 1938，p. 271，2/18，19.

本变种与原变种的主要区别：壳面长圆形，末端宽圆形。轴区窄线形，中心区扩大形成不对称的宽近圆形，即中心区明显的一边比另一边宽和较大，一侧有独立点。壳缝直，丝状。壳面横线纹辐射状排列，在 10 μm 内有 18 条。空白纵带不明显。壳面长 34 μm，壳面宽 14 μm。

    生境：淡水，生长在山区河流中岩石表面和与苔藓植物共生的环境中。

    产地：黑龙江(哈尔滨)。

23. 移入舟形藻

Navicula peregrina (Ehrenberg 1841)，Kützing 1844，p. 97，28/52c；Wolle 1890，12/20—22；Van Heurck 1896，p. 177，3/101；Boyer 1916，p. 94，26/20；Frenguelli 1923，p. 45，4/1，2；Hustedt 1930，p. 300，fig. 516；Skvortzow 1938，p. 485，4/22；Sabelina *et al.* 1951，p. 316，fig. 178，1；Hendey 1964，p. 201，30/12，13；Patrick et Reimer 1966，p. 533，51/5；Krammer et Lange-Bertalot 1999，p. 100，30/1。

Pinnularia peregrina Ehrenberg 1841 (1843)，p. 421，1/1，fig. 5，1/1，fig. 6，2/4. fig. 1。

Pinnularia peregrina f. *angusta* Kolbe 1927，p. 72，1/12，13。

Navicula peregrina var. *meniscus* f. *acuta* Mayer 1919，p. 203，7/38。

Navicula peregrina var. *peregrinoides* Cleve-Euler 1953，p. 149，fig. 803 a。

23a. 原变种　图版 (plate) XV：10；XXII：15

var. peregrina

    壳面披针形，末端宽圆形，极端平截。轴区近披针形，中心区扩大形成近圆形或有时几乎呈横椭圆形，但不达壳缘。壳缝直，宽线形，近缝端细，微偏斜，远缝端近弯钩形。壳面横线纹多数微辐射排列，向末端近平行至聚集，线条状的线纹由短条纹组成，在中部 10 μm 内有 5—6 条，在末端 10 μm 内有近 7 条。壳面长 62—72 μm，壳面宽 13—15 μm。

    生境：淡水至微咸水种，生长在山区溪流和平原急流水环境中。

    产地：黑龙江(哈尔滨、兴安岭)；四川(成都)。

    分布：欧洲(俄罗斯，比利时，德国，芬兰，奥地利，英国，西班牙)；北美洲(美国，墨西哥)。

23b. 中华变种　图版 (plate) XV：11，12

var. sinica Skvortzow 1938，p. 486，2/15，16。

    本变种与原变种的主要区别：本变种壳面线披针形，两侧壳缘在中部平行，末端近喙状。中心区扩大形成不达边缘的短矩形。近缝端直，不偏斜。横线纹线条状，在中心区明显较短，线纹在 10 μm 内有 7—8 条。壳面长 42—54 μm，壳面宽 8.5—10 μm。

    生境：淡水种，生长在平原地区的激流(江河)水环境中。

    产地：四川(成都)。

24. 羽状舟形藻　图版 (plate) XLIII：11

Navicula pinna Chin et Chen (金德祥　程兆第) 1979，p. 144，fig. E.

壳面棍棒形，两侧边缘平行，末端截圆形。轴区很狭，中心区扩大形成小的椭圆形。壳缝直，近缝端中央孔小而明显，稍膨大。端节大而明显。壳面横线纹呈纤细的点条纹，纵、横排列，向两端为剧聚集状排列，线纹在 10 μm 内有 24 条。壳面长 65 μm，壳面宽 9 μm。

生境：半咸水种，生长在半咸水底栖环境中。

产地：福建（平潭）。

25. 具孔舟形藻　　图版（plate）XLIII：12，13

Navicula porifera Hustedt 1944. p. 284，fig. 25；Hustedt 1966，p. 816，fig. 1788；Krammer et Lange-Bertalot 1986，p. 141，47/19—21；Huang（黄成彦）1990，p. 116，29/11.

壳面宽菱形椭圆形至菱形披针形，末端钝圆形。轴区线形，中心区扩大形成近圆形。壳缝直，线形，近缝端直不偏斜，远缝端直或略弯。壳面横线纹粗壮，辐射排列，中央线纹长、短相间，中心区一侧常见一独立点纹，线纹在 10 μm 内有 13—16 条。壳面长 29 μm，壳面宽 15 μm。

生境：淡水种，生长在湖泊环境中。

化石产地及时代：广东田洋第四纪（晚更新世）。

分布：欧洲（德国）。

26. 假莱茵哈尔德舟形藻　　图版（plate）XV：13

Navicula pseudoreinhardtii Patrick 1959，p. 104，7/9；Patrick et Reimer 1966 p. 516，49//11；Zhu et Chen（朱蕙忠　陈嘉佑）1989，p. 47.

壳面宽披针形，向圆形末端变窄。轴区清楚变窄，中心区因长短线纹而不规则。中部线纹在壳缝的每一边常出现较长或较短的差异。壳缝直线形，近缝端稍膨大，中央孔不明显，远缝端略微弯钩状。壳面横线纹辐射状排列，靠近壳面中部的线纹有时弯曲，向末端平行至略微聚集状排列，在 10 μm 内有 18—20 条，线纹由密而细的短线条组成。壳面长 15.3—19 μm，壳面宽 4.5—5.5 μm。

生境：淡水种，生长在水塘、稻田净水环境中。

产地：湖南（慈利索溪峪自然保护区）。

分布：北美洲（美国）。

本种最具特征的是中心区的形态。中心区的线纹在长度上很不规则，其形态特征与 *N. reinhardtii* Grunow 相类似，但构造特征有区别：前者壳体较小，线纹很微细，后者壳体较大，线纹粗，在中部线纹长、短相间排列明显。

27. 放（辐）射舟形藻

Navicula radiosa Kützing 1844，p. 91，4/23；Van Heurck 1880—1885，p. 83，7/20；Wolle 1890，21/6；Cleve 1895，p. 17；Van Heurck 1896，p. 180，3/112；Dippel 1904，p. 42，fig. 79；Meister 1912，p. 139，21/12；Boyer 1916，p. 94，26/17；Hustedt 1930，p. 299，fig. 513，Proschkina-Lavrenko 1950，p. 181，55/26；Sabelina *et al.* 1951，p. 315，fig.

177，1；Skvortzow 1975，p. 410，1/19，20；Li(李家英)1983，p. 293，25/13；Li et Li(李家英 李光芩)1988，p. 344，1/24；Yang(杨景荣)1988，p. 162，2/12，5/6—8；Zhu et Chen(朱蕙忠 陈嘉佑)1989，p. 47；Zhu et Chen(朱蕙忠 陈嘉佑)1994，p. 94；Huang et al.(黄成彦等)1998，p. 32，66/5—12；Krammer & Lange-Bertalot 1999，p. 99，29/1—4；Zhu et Chen(朱蕙忠 陈嘉佑)2000，p. 174，27/4；You et al.(尤庆敏等)2005，p. 249，1/9.

Navicula acuta Kützing 1844，p. 93，3/69.

Pinnularia radiosa Wm. Smith 1853，p. 56，18/173.

27a. 原变种　图版(plate)XVI：1—3；XLIV：1—13；XLV：1—10

var. **radiosa**

壳面线披针形或狭长披针形，末端尖圆形。轴区狭窄，明显，轴区和中节常常显现出比壳面较厚重的硅质化，中心区大、小可变，横向扩大不达壳面边缘。壳缝直线形，近缝端偏斜，中央孔略明显膨大。壳面横线纹均为辐射状排列，在中部线纹较短，线纹向末端呈聚集状排列，线纹在 10 μm 内有 9—10 条，末端在 10 μm 内有 12—15 条，线纹中由细而密的短条纹组成。壳面长 28—107 μm，壳面宽 5—12 μm。

生境：淡水至微咸水种，广泛生长在湖泊、河流、溪流、水库、水塘、泉水、井水、稻田等静水、流水、高山冷水环境中。

产地：黑龙江(哈尔滨、七星河、塔尔根、五大连池、绥芬河、牡丹江、扎龙、兴凯湖、齐齐哈尔、烟筒屯、镜泊湖、宁安)；吉林(长白山地区)；西藏(聂拉木、定日、曲水、多庆、浪卡子、亚东、吉隆、萨噶、仲巴、工布江达、墨脱、米林、林芝、乃东、朗县、加查、错那、隆子、措美、察隅、八宿、波密、昌都、芒康、察雅、洛隆、江达、贡觉、类乌齐、斑戈、申扎、改则、措勤、扎达、普兰、噶尔、革吉、日土)；宁夏(六盘山自然保护区)；贵州(松桃、铜仁、江口、印江、石阡、思南、沿河)；湖南(吉首、古丈、麻阳、永顺、凤凰、慈利索溪峪自然保护区)；青海；云南西北；四川西南；新疆(喀拉斯地区)；福建(福州地区)。

化石产地及时代：吉林长白马鞍山中新世，浑江岗头上新世，蛟河南岗上新世；山东山旺中新世；云南宜良晚中新世；西藏纳木湖(错)第四纪，斯潘古尔湖(错)晚更新世至全新世，羊八井第四纪；浙江嵊县中新世；广东徐闻第四纪；内蒙古克什克腾第四纪。

分布：亚洲(日本)；欧洲(俄罗斯，比利时，德国，瑞士，芬兰，英国，法国，挪威，匈牙利)；北美洲(美国)；非洲(南非)。

27b. 满洲里变种　图版(plate)XVI：4

var. **manschurica** Skvortzow 1928，p. 42，2/14.

本变种与原变种的主要区别：本变种壳面线形，末端尖，钝形。轴区极窄，中心区小，略扩大呈圆形。壳缝直，丝状。壳面横线纹在中部辐射状排列，向两端平行至聚集排列，线纹在 10 μm 内有 9 条。壳面长 76.6 μm，壳面宽 8.9 μm。

生境：淡水，生长在山区溪流环境中。

产地：内蒙古满洲里（兴安岭山区）。

27c. 微细变种　图版（plate）XLVI：2

var. **parva** Wallace 1960，p. 3，1/5；Partick et Reimer 1966，p. 510，48/16；Zhu et Chen（朱蕙忠　陈嘉佑）1994，p. 94.

　　本变种与原变种的主要区别：壳面狭披针形，末端尖圆形。轴区狭窄，中心区稍扩大呈小椭圆形。壳面横线纹辐射状排列，向两端呈聚集状排列，在 10 μm　内有 12—16 条。壳面长 23—45 μm，壳面宽 23—45 μm。

　　生境：淡水种，生长在江河、湖泊含低矿物质的水环境中。

　　产地：黑龙江（齐齐哈尔、烟筒屯、牡丹江、绥芬河、伊春、扎龙、宁安）；贵州（松桃、铜仁、江口）；湖南（吉首、古丈、麻阳）。

　　分布：北美洲（美国）。

27d. 亚高山变种　图版（plate）XVI：5

var. **subalpina** Cleve-Euler 1953，p. 156，fig. 816，i；Zhu et Chen（朱蕙忠　陈嘉佑）2000，p. 175，27/5.

Navicula radiosa var. *subalpina* f. *subundulata* Cleve-Euler 1953，p. 156.

　　本变种与原变种的主要区别：本变种壳面线形，两侧边缘稍微平行或凹入，向近两端明显变窄，末端喙状圆形。轴区窄，中心区扩大形成近圆形。壳面横线纹在中部较稀，在 10 μm 内有 9—11 条，向两端 10 μm 内有 12—14 条。壳面长 44—55 μm，壳面宽 6.5—7.0 μm。

　　生境：淡水种，生长在河滩渗水处沼泽化、溪流和稻田环境中。

　　产地：西藏（错那、林芝）；贵州（松桃、江口）；湖南（吉首、古丈等）。

　　分布：北美洲（美国）。

28. 莱茵哈尔德舟形藻

Navicula reinhardtii Grunow *in* Cleve et Möllor　1877，No. 25；Grunow *in* Van Heurck 1880，p. 86，7/5；Wolle 1890，23/17；Cleve 1895，p. 20，Van Heurck 1896，p. 185，3/132；Dippel 1904，p. 47，fig. 95；Meister 1912，p. 141，21/17，18；Boyer 1916，95，2/22；Hustedt 1930，p. 301，fig. 519；Skvortzow 1938，p. 57，1/23；Sabelina *et al.* 1951，p. 319，fig. 180，4；Okuno 1952，p. 43，25/7；Partick　et Reimer 1966，p. 517，49/12；Li（李家英）1983，p. 293，25/14；Huang *et al.*（黄成彦等）1998，p. 32，72/5，6；Krammer & Lange-Bertalot 1999，p. 120，40/1，2；Zhu et Chen（朱蕙忠，陈嘉佑）2000，p. 175，27/8；Metzeltin *et al.* 2009，p. 670，269/1；270/1，2，271/1.

Stauroneis reinhardtii Grunow 1860，p. 566，6/19.

Navicula vernalis Donkin 1896，p. 293，18/5.

Navicula reinhardtii var. *grnuina* Mayer 1913，p. 164，3/23.

Navicula reinhardtii var. *genuina* Cleve-Euler 1953，p. 159，fig. 821，a，b.

28a. 原变种　图版(plate) XVI：6，7；XLIII：14，15

var. reinhardtii

壳面长椭圆形或椭圆披针形，在中部多少有点膨大，末端宽钝圆形。轴区窄，中心区横向扩大。壳缝直线形，近缝端略微偏斜，中央孔膨大呈圆形，远缝端明显弯钩状。壳面横线纹粗，辐射状排列，在壳面中部条纹呈弯曲状，向末端横向列，中部条纹长、短相间排列，条纹中由密集的细短纹组成，条纹在 10 μm 内有 6—9 条，短纹在 10 μm 内有 22—26 条。壳面长 32—77 μm，壳面宽 10—17 μm。

生境：淡水至微咸水种，生长在湖泊、河流、溪流、湖边小积水、湖边静水池、小河石上附着物、河边小流水沟和小积水坑等流水和静水含矿物质较高和富营养型水体环境中。

产地：黑龙江(五大连池、喀尔古纳河)；西藏(浪卡子、亚东、错那、芒康、江达、措勤)。

化石产地及时代：吉林长白马鞍山中新世，蛟河南岗上新世；西藏斯潘古尔湖(错)晚更新世至全新世，纳木湖晚更新世至全新世；内蒙古克什克腾晚更新世至全新世，赤峰第四纪；云南腾冲上新世；广东徐闻第四纪。

分布：亚洲(日本，蒙古国)；欧洲(俄罗斯，比利时，德国，英国，瑞典，瑞士，芬兰等)；北美洲(美国)。

28b. 椭圆变种　图版(plate) XVI：8，9；XLV：13

var. elliptica Héribaud 1903，p. 8；Van Heurck 1880，7/6；Li(李家英)1983，p. 293，25/7；Li *et al.*(李家英 李光芩)1987，p. 343，1/44；Zhu et Chen(朱蕙忠 陈嘉佑)2000，p. 175，27/9.

Navicula reinhardtii var. *ovalis* Cleve-Euler 1953，p. 160.

本变种与原变种的主要区别：本变种壳面椭圆形，中心区横向扩大，比原变种大。中部线条纹长、短不规则交替(相间)排列，线纹辐射排列，近极端略为辐射或几乎平行排列，线纹在 10 μm 内有 8—9 条。壳面长 32—86 μm，壳面宽 13—17μm。

生境：淡水至微咸水种，生长在湖泊、河流环境中。

产地：西藏(亚东)。

化石产地及时代：西藏纳木湖晚更新世至全新世，斯潘古尔湖(错)晚更新世至全新世)。

分布：欧洲(比利时，法国，芬兰)；北美洲(美国)。

28c. 细长变种

var. gracilior Grunow *in* Van Heurck 1885，p. 87.

Navicula reinhardtii f. *gracilior*(Grunow *in* Van Heurck 1885)Hustedt 1930，p. 301；Skvortzow 1938，p. 486；Proschkina-Lavrenko 1950，p. 184；Sabelina *et al.* 1951，p. 319.

本变种与原变种的主要区别：本变种壳面明显细长，末端强壮圆形或微凸。壳面横线纹在 10 μm 内有 8—11 条。壳面长 47 μm，壳面宽 15 μm。

生境：淡水至微咸水种，生长在流水环境中。

产地：四川(成都)。

分布：欧洲(比利时，俄罗斯)。

本变种是 Skvortzow(1938c)在中国四川成都首次记录，只有描述没有图版。Lange-Bertalot(2001)将本变种(型)作为异名归到 *Navicula striolata*(Grunow) Lange-Bertalot 种中，变种是否移入，还需进一步对标本进行观察研究。

29. 喙头舟形藻

Navicula rhynchocephala Kützing 1844，p. 152，30/35；Wm. Smith 1853，p. 47，16/132；
　　Donkin 1871，p. 38，6/4；Van Heurck 1880—1885，p. 84，7/31；Cleve 1895，p. 15；
　　Van　Heurck 1896，p. 181，3/119；Pantocsek 1903，p. 9，1/26；Dippel 1904，p. 45，
　　fig. 88；Meister 1912，p. 139，21/9；Mayer 1913，p. 155，30/20；Boyer 1916，p. 97，
　　31/8；Hustedt 1930，p. 296，fig. 501；Sabelina *et al.* 1951，p. 310，fig. 173，2；Prowse
　　1962，p. 47，11/d，g；Zhu et Chen(朱蕙忠，陈嘉佑)1989，p. 47；Zhu et Chen(朱蕙
　　忠 陈嘉佑)1994, p. 101，30/5—8，31/1—2；Zhu et Chen(朱蕙忠 陈嘉佑)2000, p. 176；
　　Lange-Bertalot 2001，p. 64，9/6—10.

Navicula limpida Perty 1852，p. 204，17/9.

Navicula rhynchocephala var. *genuina* Grunow 1860，p. 530，2/31 b(4/31 b).

Navicula rhynchocephala var. *grunowii* Cleve-Euler 1939，p. 15，fig. 26.

Navicula rhynchocephalla var. *constricta* Hustedt 1954，p. 472，fig. 58.

29a. 原变种　　图版(plate)XX：9；XLVI：1；XLVII：10—13

var. rhynchocephala

壳面是可变的，从相当窄的披针形至宽披针形，两端明显延(伸)长，末端喙状至近头状。轴区窄，中心区稍微扩大形成椭圆形至几乎呈横矩形。壳缝略侧斜，近缝端中央孔明显膨大，在 SEM 下呈泪滴状(tear-drop shaped)，甚至于钩状(hook shaped)或 T 状(T-shaped)。壳面横线纹辐射状排列，逐渐变成平行至最末端呈聚集状排列，线纹在 10 μm内有 9—11 条，末端密可达 18 条。壳面长 24—55.5 μm，壳面宽 5—12 μm。

生境：淡水或微咸水种，生长在江河、湖泊、溪流、水库、水塘、水井、稻田、河边从阶地涌出的水泉、沼泽草甸中的小河、湖边和江边的沼泽、山泉沼泽化的小水沟、河畔小水坑、河滩边凹地、温泉边小溪流等流水和静水环境中。

产地：黑龙江(伊春、漠河、扎龙)；西藏(定日、白地、曲水、亚东、吉隆、噶萨、墨脱、林芝、措美、察隅、波密、芒康、察雅、贡觉、申扎)；贵州(松桃、铜仁、江口、印江、石阡、思南、沿河)；湖南(吉首、古丈、麻阳、永顺、凤凰、慈利索溪峪自然保护区)。

分布：亚洲(日本，马来西亚)；欧洲(德国，英国，比利时，俄罗斯，瑞士，瑞典，芬兰，挪威等)；北美洲(美国)；非洲(南非)。

29b. 缢缩变种 图版（plate）XX：10

var. **constracta** Hustedt 1954，p. 472，fig. 58；Zhu et Chen（朱蕙忠 陈嘉佑）1984，p. 47.

本变种与原变种的主要区别：本变种壳面中部明显缢缩。两端明显近头状。轴区很窄，中心区扩大呈不规则形。壳面横线纹中部微辐射状排列，向两端较强烈聚集状排列，中部线纹长、短相间排列，线纹在 10 μm 内有 14—18 条。壳面长 29—34.5 μm，壳面宽 6.5—8 μm。

生境：淡水，生长在急流石表和潮湿岩壁环境中。

产地：湖南（慈利索溪峪自然保护区）。

分布：欧洲（德国）。

本变种被 Lange-Bertalot（2001）归到原变种中，从形态上看，变种与原变种有明显的区别，因此不能将变种归入到原变种中。

29c. 细弱变种 图版（plate）XX：11，12

var. **tenua** Skvortzow 1938，p. 485，3/24，4/13；Skvortzow 1938，p. 55，1/42.

本变种与原变种的主要区别：本变种壳面较窄的披针形，向两端逐渐变细至末端近头状。轴区窄线形，中心区扩大呈宽近圆形。壳面横线纹辐射状排列，线纹在 10 μm 内有 14—15 条。壳面长 17—32 μm，壳面宽 5—6.8 μm。

生境：淡水，生长在河流和急流的水环境中。

产地：黑龙江（喀尔古纳河）。

30. 短喙形舟形藻 图版（plate）XVI：10

Navicula rostellata Kützing 1844，p. 95，3/65；Van Heurck 1880，7/23；Hustedt 1930，p. 297，fig. 502；Proschkina-Lavremko 1950，p. 179，55/20；Sabelina *et al.* 1951，p. 311，fig. 173，5；Zhu et Chen（朱蕙忠 陈嘉佑）1994，p. 94；Krammer & Lange-Bertalot 1999，p. 115，37/5—9；Zhu et Chen（朱蕙忠 陈嘉佑）2000，p. 176，27/11；Lange-Bertalot 2001，p. 91，35/1—6，65/5，71/1.

Navicula rhynchocephala var. *rostellata*（Kützing 1844）Cleve et Grunow 1880，p. 33.

Navicula viridula var. *rostellata*（Kützing 1844）Cleve 1895，p. 15.

Navicula rosllata f. *minor* Grunow *in* Van Heurck 1880，7/24.

Navicula rosllata var. *major* Cleve-Euler 1953，p. 158，fig. 818 a—c.

壳面线形、披针形至较窄的披针形，两端延长明显收缩，末端尖圆形或略微钝圆形。轴区窄，中心区扩大呈圆形至横向不规则的矩形，常呈现强烈的不对称，壳缝骨偏向中央节一侧增厚（SEM）。壳缝不呈直线形，近缝端向一侧偏斜，中央孔膨大呈豆瓣状，远缝端弯钩状。壳面横线纹较强烈辐射状排列，向极端明显聚集状排列，线纹在 10 μm 内有（中部）8—10 条，两端 10 μm 内有 12—18 条，线纹由短线纹组成，在 10 μm 内有 23—24 条。壳面长 28.5—58 μm，壳面宽 6.5—9 μm。

生境：淡水种，生长在江河、湖泊、河漫滩上的小溪、湖边附着物、溪流、浅水池、水塘、急流石表、缓流石表、水坑、滴水岩壁与潮湿岩壁、潮湿土壤、水井、稻田等环境中。

产地：黑龙江（牡丹江、绥芬河、哈尔滨、兴凯湖、伊春、漠河、齐齐哈尔、烟筒屯）；西藏（聂拉木、察隅、类乌齐、申扎、改则）；贵州（松桃、铜仁、江口、印江、石阡、思南、沿河）；湖南（吉首、古丈、麻阳、永顺、凤凰、慈利索西峪自然保护区）。

分布：亚洲（日本）；欧洲（俄罗斯，比利时，英国，德国等）；北美洲（美国）。

31. 圆形舟形藻　图版(plate)XLV：11

Navicula rotunda Andrews 1966，p. A16，2/8，9；Li（李家英）1983，p. 295，26/14.

壳面宽椭圆形，末端明显收缩，呈短而平的截圆形。轴区窄，中央区扩大呈圆形。壳缝直线形，近缝端直，中央孔略膨大呈圆形。壳面横线纹由点纹组成，辐射状排列，在 10 μm 内有 7—8 条，中央节两侧边缘有明显的短线纹。壳面长 32—35 μm，壳面宽 17—19 μm。

生境：淡水种，生长在湖泊环境中。

化石产地及时代：西藏斯潘古尔湖（曼冬错）全新世。

分布：北美洲（美国，化石产在晚更新世）。

32. 饱满舟形藻　图版(plate)XVI：11

Navicula satura Schmidt 1876 *in* Schmidt *et al.* 1874—，46/27；Cleve 1895，p. 32；Zhu et Chen（朱蕙忠　陈嘉佑）1989，p. 49.

壳面线椭圆形。边缘平行，末端圆形。轴区很窄，不明显，中心区大，不规则。壳缝几乎直线形，近缝端略微偏斜，远缝端呈较长弯钩状，端节与末端距离较远。壳面横线纹微辐射状排列，中节两侧短线纹几乎直达边缘，线纹在 10 μm 内有 5—8 条，线纹由短线条组成。壳面长 30—40 μm，壳面宽 8—15 μm。

生境：淡水至咸水种，生长在水坑、稻田净水环境中。

产地：湖南（慈利索溪峪自然保护区）。

分布：欧洲；非洲（好望角）。

33. 喜石生舟形藻　图版(plate)XVII：1

Navicula saxophila Bock *in* Hustedt 1966，p. 599，fig. 1603；Zhu et Chen（朱蕙忠　陈嘉佑）1989，p. 48；Krammr & Lange-Bertalot 1999，p. 155，63/4—6.

壳面椭圆形至线椭圆形或椭圆披针形，末端宽圆形。轴区相当宽，呈披针形，中心区扩大形成不对称的矩形。壳缝直线形，近缝端向相反方向弯斜，远缝端较长的弯钩形。壳面横线纹由细点纹组成，稍辐射状排列，中央线纹一侧很短，几乎近边缘，另一侧稍长，靠近末端有一个长形的大独立孔纹，点线纹在 10 μm 内有 22—24 条。壳面长 25—32 μm，壳面宽 9—13 μm。

生境：淡水种，生长在潮湿岩壁上与苔藓混生和水坑环境中。

产地：湖南（慈利索溪峪自然保护区）。

分布：欧洲（德国）。

34. 类盾形舟形藻　图版(plate)XVII：2

Navicula scutelloides Wm. Smith 1856，p. 91；Wm. Smith *in* Gregory 1856，p. 4，1/15；
　　Cleve 1895，p. 40；Van Heurck 1896，p. 211，27/763；Meister 1912，p. 133，20/7；
　　Mayer 1917，p. 33，3、15；Hustedt 1930，p. 311，fig. 557；Sabelina *et al.* 1951，p. 337，
　　fig. 198，4；Hustedt 1966，p. 631，fig. 1629；Huang *et al.*(黄成彦等) 1998，p. 32，
　　73/16；Wan(汪桂荣) 1998，p. 317，3/1；Krammer & Lange-Bertalot 1999，p. 160，
　　59/16—19；Zhu et Chen(朱蕙忠　陈嘉佑) 2000，p. 177，28/5.

Navicula scutelloides f. *typica*　Cleve-Euler 1953，p. 111；fig. 724.

Navicula rotula Cleve-Euler 1953，p. 112，fig. 725.

Navicula berriati Héribaud 1903，p. 13，9/24.

　　壳面宽椭圆形，末端宽圆形。轴区窄，中心区小，近圆形。壳缝线形，直，近缝端
变粗，中央孔膨大近滴状，远缝端微弯斜。壳面横线纹强烈辐射排列，常呈不规则长、
短相间排列，线纹由明显粗点纹组成，粗线纹在 10 μm 内有 9—16 条，粗点纹在 10 μm
内有 10—14 个。壳面长 12—22 μm，壳面宽 10—15.5 μm。

　　生境：淡水至微咸水种，生长在湖泊、湖边沼泽等静水富营养型水体环境中。

　　产地：西藏(亚东)。

　　化石产地及时代：吉林长白马鞍山中新世；内蒙古(赤峰第四纪，克什克腾晚更新世
至全新世)；云南(腾冲上新世，丽江更新世)；四川(米易更新世)；广东(徐闻第四纪，
珠江三角洲全新世)。

　　分布：欧洲(俄罗斯，法国，德国，瑞士，匈牙利，比利时等)；北美洲(美国)；非
洲(埃塞俄比亚)。

35. 胚种舟形藻　图版(plate)XXII：8

Navicula semen Ehrenberg 1841(1843)，p. 419，1/2，4/2，fig. 8；Wm. Smith 1853，p. 50，
　　16/141；Donkin 1870，p. 21，3/8；Wolle 1890，20/21；Cleve 1895，p. 14；Van Heurck
　　1896，p. 187，25/718；Boyer 1916，p. 98，26/11；Mayer 1919，p. 202，8/9，10；
　　Hustedt 1930，p. 283，fig. 469；Proschkina-Lavrenko 1950，p. 116，55/2；Sabelina *et
　　al.* 1951，p. 290，fig. 166，1；Cleve-Euler 1953，p. 178，fig. 873；Hustedt 1966，p. 761，
　　fig. 1735；Skvortzow 1976，p. 134，fig. 120.

Amphiprora navicularis Ehrenberg 1854，p. 122.

Pinnularia semen Ehrenberg 1854，14/12.

　　壳面宽披针形或椭圆形，末端尖圆形。轴区线形，中心区扩大形成圆形或椭圆形。
壳缝弯曲的波状，近缝端稍膨大，略偏斜，远缝端略弯斜。线纹由点纹组成，辐射排列，
近端聚集状，在中部 10 μm 内有 6—8 条，向末端 10 μm 内有 9—12 条，点纹在 10 μm 内
有 12—13 点纹。在中心区边缘有较大的点纹。壳面长 61—64 μm，壳面宽 25—29 μm。

　　生境：淡水种或气生种，生长在山区支流河口沼泽的环境中。

　　产地：内蒙古(满洲里大兴安岭西北部)。

　　分布：欧洲(俄罗斯，英国，德国，芬兰，比利时)；北美洲(美国)等。

本种与盘状藻属中的两球盘状藻 Placoneis amphibola(Cleve)Cox 相似，从形态和构造特征看，本种应从 Navicula 属移入 Placoneis 属更合适，但因标本不在中国无法深入观察和研究，只能暂保持原定种名不变。Skvortzow(1976)在描述本种时还描述了一个新变种胚种舟形藻线变种 Navicula semena var. lineata Skvortzow(1976，p. 134，fig. 121)，从描述和绘制的图形看与本种有些相似，但构造有明显的区别，尤其是壳面近边缘出现纵线纹，差异较大，因此未收入本志中。

36. 斯利夫舟形藻　图版(plate)XLVIII：11

Navicula slesvicensis Grunow *in* Van Heurck 1880，7/28，29；Krammer & lange-Bertalot 1999，p. 102，31/3—5.

Navicula viridula var. *slesvicensis*(Grunow *in* Van Heurck 1880)Grunow *in* Cleve et Möller 1881，No. 252，261；Van Heurck 1885，p. 180，3/118；Dippel 1904，p. 44，fig. 85；Mayer 1919，p. 203，7/52；Skvortzow 1929，p. 42；Skvortzow 1938，p. 56；Proschkina-Lavrenko 1950，p. 179，59/5；Sabelina *et al.* 1951，p. 311，fig. 173，7；Cleve-Euler 1953，p. 151，fig. 805 h.

壳面披针形、线披针形或椭圆形，末端不尖或宽钝形。轴区线形，中心区扩大，两侧不对称。壳缝线形，侧斜，近缝端中央孔平行伸展。壳面横线纹在中部辐射状排列，两端呈聚集状排列，线纹在 10 μm 内有 8—10 条，线纹由密的短条纹组成，短条纹在 10 μm 内大于 25 条。壳面长 42—45 μm，壳面宽 7—12 μm。

生境：淡水至微咸水，生长在河流和山区溪流环境中。

产地：黑龙江(额尔古纳河)；福建(福州)。

分布：欧洲(俄罗斯，德国，法国，比利时，芬兰，丹麦，瑞典，奥地利)；北美洲(美国)。

本种由 Grunow *in* Van Heurck(1880)确定后，Van Heurck(1885)又将其移入 *N. viridula* 种中成为一变种 *N. viridula* var. *slesvicensis* Van Heurck，直至 1999 年，Krammer 和 Lange-Bertalot 依据标本的形态和构造特征，认为本种与 *N. viridula* 的特征是有差异的，因此，纠正了后来的变化，仍沿用最早由 Grunow(1880)确定的种名 *N. slesvicensis*。

37. 田洋舟形藻　图版(plate)XLI：1—6

Navicula tianyangensis Huang(黄成彦)1990，p. 118，33/5—8；Huang(黄成彦)1998，p. 33，70/6—11.

壳面线形，中部和两端膨大，末端宽头状，顶端呈扁圆形。轴区窄，中心区横向扩大呈不规则形。壳缝直线形，近缝端略偏斜，中央孔膨大呈滴状，远缝端弯斜。壳面横线纹呈明显的辐射状排列，每条线纹由细而密的短条纹组成，线纹在 10 μm 内有 8—9 条。壳面长 60—80 μm，壳面宽 13—16 μm。

在 SEM 下观察，壳缝直线形，壳缝端向同一方向弯斜。内壳面观，在壳缝两侧有增厚的硅质条带(胸骨)，壳缝包裹其中。

生境：淡水种，生长在湖泊环境中。

化石产地及时代：广东(徐闻县田洋上新世—早更新世)。

本种与 *Navicula oblonga* 比较，在壳面形态特征上有所不同：前者壳面中部和两端膨大，末端宽头状，后者壳面线形或线披针形，末端圆形。从构造上也有区别：壳缝近直线形，后者略显波曲形。壳面横线纹前者中部辐射状排列，向两端平行排列，后者两端聚集状。

38. 对称舟形藻　图版(plate) XVII：3，4

Navicula symmetrica Patrick 1944，p. 5. fig. 6；Patrick et Reimer 1966，p. 513，49/2；
　　Lange-Bertalot 2001，p. 93，39/8—14.

壳面线形至线披针形，末端近圆形。轴区和中节的硅质显然比壳面其余部分较厚重。中心区横向扩大呈圆形或不规则形。壳缝线形，近缝端稍弯斜，中央孔明显膨大，远缝端弯钩状。壳面横线纹均为辐射状排列，在中部短条纹中长、短略有差异，线纹由短线条纹组成，线纹在 10 μm 内有 10—14 条，短线纹稍密，在 10 μm 内有 20—25 条。壳面长 32—45 μm，壳面宽 7—9 μm。

生境：淡水和微咸水种，生长在缓流石表、滴水岩壁、水塘等环境中。

产地：湖南(慈利索溪峪自然保护区)。

分布：北美洲(美国)。

1989 年朱蕙忠和陈嘉佑发表湖南武陵源(索溪峪)自然保护区的硅藻研究中有一种欧罗巴舟形藻 *Naviculla europaea* Cleve-Euler，在这次编志中，经对标本绘制的图和描述对比研究，其特征和构造与 *N. europaea* 有所不同，相反与对称舟形 *N. symmetrica* Patrick 很相同，因此将 *N. europaea* 改定为 *N. symmetrica* 种。标本的形态特征和构造与 *N. schroeteri* 也相似，但横线纹的数量和线纹中短条纹的密度有所差异。

39. 三斑点舟形藻　图版(plate) XVII：5，6；XLVI：3—9

Navicula tripunctata (Müller 1876) Bory 1822，p. 128；Bory 1831，p. 41，54/3；Patrick et
　　Reimer 1966，p. 513，49/3；Krammer & Lange-Bertalot 1999，p. 95，27/1—3；
　　Lange-Bertalot 2001，p. 73，1/18，67/3，4.

Vibrio tripunctatus O.F. Müller 1786，7/2a，b.

Navicula gracilis Ehrenberg 1838，p. 176，13/2；Van Heurck 1896，p. 179，3/109；Meister
　　1912，p. 137，21、1；Hustedt 1930，p. 299，fig. 514；Sabelina *et al.* 1951，p. 315，
　　fig. 177，3；Chen et Goa(陈功 高淑贞)1986，p. 64，fig. 28；Zhu et Chen(朱蕙忠 陈
　　嘉佑)1994，p. 992；Zhu et Chen(朱蕙忠 陈嘉佑)2000，p. 161，23/14.

Schizonema neglectum Thwaites 1848，p. 171，figs. 1—4；Thwaites 1880，7/9，10.

壳面线披针形至线形，末端楔状钝圆形，轴区很窄，中心区扩大几乎形成矩形，其横向有点超越壳面宽度的一半，由于壳面每边出现 2—3 条不规则的短线纹稍显不对称。壳缝丝状，直，近缝端不偏斜，中央孔不明显，远缝端略弯形。壳面横线纹微辐射排列，逐渐平行至末端稍聚集状排列，线纹在 10 μm 内有 8—14 条，每条线纹由短线条组成，在 10 μm 有 32—35 条。壳面长 39.6—62 μm，壳面宽 4.4—11.5 μm。

生境：淡水至微咸水种，生长在江河、湖泊、水沟、湖边静水池、小水沟、河边水塘、水渠流水石壁、溪流、冰川侧碛上流出的泉水、渗出泉水形成的小水坑环境中。

产地：黑龙江(哈尔滨、镜泊湖、七星河、烟筒屯、扎龙、五大连池、绥芬河、漠河、牡丹江、兴凯湖、伊春)；宁夏(六盘山自然保护区)；湖南(吉首、古丈、麻阳、永顺)；贵州(松桃、江口)。

分布：欧洲(比利时，德国，瑞士，俄罗斯，法国，芬兰等)。

本种是 Bory (1822) 从 *Vibrio tripunctatus* O.F. Müller 移入 *Navicula* 属中，并认为 *Navicula*(*Vibrio*)*tripunctatus* 和 *N. transversa* Bory 是同异名种。Ehrenberg (1838) 认为 *N. transversa* Bory 和 *N. gracilis* Ehrenberg 是相同种。此次编志过程中，对提及的同异名进行对比，认为我国的标本鉴定为 *N. gracilis* Ehrenberg 应归入 *N. tripunctatus* 中描述更符合分类要求。至于描述的变种 *N. gracilis* var. *neglectta* (Thwaites) Grunow，从标本的绘图看，形态和构造特征符合种的分类特征，因此应归入种中，不另作变种。

40. 淡绿舟形藻

Navicula viridula (Kützing 1833) Ehrenberg 1836，p. 53；Ehrenberg 1838，p. 183，13/17；Kützing 1844，p. 91，30/47，4/10，15；Brun 1880，p. 80，8/7；Van Heurck 1880—1885，p. 84，7/25；Wolle 1890，10/20；Cleve 1895，p. 15；Van Heurck 1896，p. 179，3/115；Dippel 1904，p. 43，fig. 83；Meister 1912，p. 139，21/10；Héribaud *et al.* 1920，p. 78，4/15；Hustedt 1930，p. 297，fig. 503；Skvortzow 1938，p. 55，1/16，2/30；Proschkina-Lavrenko 1950，p. 179，59/4；Krammer & Lange-Bertalot 1985，p. 99，21/14—17；Zhu et Chen(朱蕙忠 陈嘉佑)1989，p. 48；Zhu et Chen(朱蕙忠 陈嘉佑)1994，p. 96；Krammer & Lnage-Bertalot 1999，p. 114，37/1—9；Zhu et Chen(朱蕙忠 陈嘉佑)2000，p. 182，29、8；Lange-Bertalot 2001，p. 94，36/1—3；Liu *et al.*(刘妍等)2006，p. 40，2/50.

Frustulia viridula Kützing 1833，p. 23，13/12.

Navicula viridula var. *genuina* Mayer 1913，p. 158，/3，4；Mayer 1919，p. 203，8/5.

40a. 原变种　图版(plate)XVII：7—9；XLVII：1，4，5

var. **viridula**

壳面披针形至几乎是线披针形，两端强烈延长。末端少有钝圆形。轴区窄，中心区扩大形成大的圆形至横矩形，常常明显或强烈的不对称。壳缝线形，明显偏向一边，近缝端中央孔膨大向中心区一侧偏斜，在 LM 下，壳缝骨(胸骨)出现加宽，清楚向着不对称的中节。在 SEM 下观察，显现一个明显的特征，即节的一边加厚。壳面横线纹强烈的辐射状排列，向两端聚集状排列，线纹在 10 μm 内有 10—14 条，线纹由短线条组成，在 10 μm 内有 24 条。壳面长 23—70 μm，壳面宽 5—10 μm。

生境：淡水至微咸水种，生长在江河、湖泊、湖畔小积水塘、硫酸钠亚型湖边积水、干涸的盐碱湖、山泉、雪山下渗水坑、小水沟、小水池、山沟流水石上的附着物、江边岩石流水处、沼泽化水坑、泉边草地积水、山溪流水、山边溪流与沼泽化草甸的溪流会合处，河流冲积扇上的泉水小溪、潮湿岩壁上、急、缓流石表与苔藓混生、水库、稻田、湖边水沟和水草上附着等环境中。

产地：黑龙江(哈尔滨、额尔古纳河、七星河、五大连池、兴凯湖、漠河、牡丹江、镜泊湖、伊春、绥芬河)；西藏(定日、仲巴、墨脱、米林、乃东、错那、措美、昌都、芒康、江达、斑戈、申扎)；贵州(松桃、铜仁、江口、印江、石阡、思南、沿河)；湖南(吉首、古丈、麻阳、永顺、凤凰、慈利索溪峪自然保护区)；福建(金门岛)。

分布：欧洲(俄罗斯，德国，法国，比利时，瑞士，芬兰，丹麦等)；北美洲(美国)。

40b. 头端变型　图版(plate)XVII：10；XLVII：2

f. **capitata** (Mayer 1912) Husttedt 1930，p. 297；Zhu et Chen(朱蕙忠　陈嘉佑) 1994，p. 96；
　　Zhu et Chen(朱蕙忠　陈嘉佑) 2000，p. 182，29/9；Liu *et al.* (刘妍等) 2006，p. 40，2/51.
Navicula viridula var. *capitata* Mayer 1913，p. 158，4/5.
Navicula viridula var. *capitata* Cleve-Euler 1934，p. 68—69，4/114.
Navicula viridula var. *trochoidea* Cleve-Euler 1932，p. 92，fig. 224，a，b.

本变型与原变种的主要区别：本变型壳面线椭圆披针形，两端明显变窄延长，末端窄喙头状。壳面横线纹在 10μm 内有 10—18 条。壳面长 17—45 μm，壳面宽 3—10 μm。

生境：淡水种，生长在河流附近沼泽化小积水坑、河漫滩上的小溪沟、山沟的木和石上以及小瀑布岩石上、河流河汊中、水库、水塘、稻田、水井、湖边水沟等环境中。

产地：西藏(工布江达、林芝、措美、察隅、芒康、洛龙)；贵州(松桃、铜仁、江口)；湖南(吉首、古丈、麻阳、永顺、凤凰)；福建(金门岛)。

分布：欧洲(瑞典，德国)。

40c. 额尔古纳变种　图版(plate)XVII：11，12

var. **argunensis** Skvortzow 1938，p. 408，1/9，33；Skvortzow 1938，p. 56，1/13，33；Zhu
　　et Chen(朱蕙忠　陈嘉佑) 2000，p. 182，29/10.

本变种与原变种的主要区别：本变种壳面窄披针形，从中部向两端逐渐变窄至近尖形末端。壳面横线纹在 10 μm 内有 10—14 条。壳面长 30—35 μm，壳面宽 5—6 μm。

生境：淡水，生长在湖泊和湖边沼泽草甸、湖边沼泽化积水坑及河流环境中。

产地：黑龙江(额尔古纳河)；西藏(聂拉木、古隆、申扎、普兰)。

分布：欧洲(俄罗斯)。

40d. 香港变种　图版(plate)XVII：13，14

var. **hongkongensis** Skvortzow 1975，p. 411，figs. 24—28.

本变种与额尔古纳变种 var. *argunensis* Skvortzow 的主要区别：本变种壳面末端尖而狭窄形。壳面横线纹在 10 μm 内有 15—18 条。壳面长 25—30.6 μm，壳面宽 6—7 μm。

生境：近气生，生长在苔藓和树木的混生环境中。

产地：香港。

40e. 线形变种　　图版(plate) XVIII：1

var. **linearis** Hustedt 1936 *in* Schmidt *et al.* 1874—，405/13，14；Hustedt 1936，p. 264，19/1，
　　2；Patrick et Reimer 1966，p. 507，48/11；Zhu et Chen(朱蕙忠　陈嘉佑)1989，p. 48；
　　Zhu et Chen(朱蕙忠　陈嘉佑)1994，p. 96；Krammer & Lange-Bertalot 1999，p. 115，
　　fig. 37/3，4；Zhu et Chen(朱蕙忠　陈嘉佑)2000，p. 182，29/11.

　　本变种与原变种的主要区别：本变种壳面线披针形至线形，两侧边缘平行，有时稍
微凸出，末端楔形，喙状。端节明显，壳面横线纹在中部辐射状排列，向末端聚集排列，
线纹在 10 μm 内有 7—12 条。壳面长 37—56 μm，壳面宽 6—9 μm。

　　生境：淡水，生长在江河、水库、小溪流、小水坑、小溪阴暗处岩石上、河边沼泽
草甸中小河流水处、湖边农田水坑和沼泽化积水坑、江边小流水沟、山沟的木头和石头
上以及小瀑布岩石上、地下流水坑、山沟、泉边沼泽、草甸混合积水坑、雪山下渗水坑、
山泉积水坑和草地积水坑、稻田环境中。

　　产地：西藏(聂拉木、定日、亚东、康马、吉隆、萨嘎、仲巴、芒康、贡觉、类乌齐、
斑戈、申扎、错勤、普兰)；贵州(松桃、铜仁、江口)；湖南(吉首、古丈、麻阳、永顺、
凤凰、慈利索溪峪自然保护区)。

　　分布：亚洲(印度尼西亚)；欧洲(德国)；北美洲(美国)。

40f. 帕米尔变种　　图版(plate) XVIII：2，3

var. **pamirensis** Hustedt 1922，p. 133，9/37；Sabelina *et al.* p. 311，fig. 173，8；Zhu et Chen(朱
　　蕙忠　陈嘉佑)2000，p. 812，29、12.

　　本变种与原变种的主要区别：本变种壳面披针形，两端不延长，末端近圆形。轴区
窄，中心区稍扩大呈小圆形。壳面横线纹中部较稀，在 10 μm 内有 6—7 条，向两端较密，
在 10 μm 内有 12 条。壳面长 28—50 μm，壳面宽 5.5—9 μm。

　　生境：淡水至微咸水，生长在河边小水坑、湖边小水沟、湖边干涸及山区流水沟的
环境中。

　　产地：西藏(定日、吉隆、斑戈、帕米尔)。

　　分布：欧洲(俄罗斯)。

40g. 喙状变种　　图版(plate) XVIII：4

var. **rostrata** Skvortzow 1938，p. 56，1/17.

　　本变种与原变种的主要区别：本变种壳面线披针形，两边边缘平行，末端喙状。轴
区很窄，中心区扩大近宽圆形。壳缝被明显硅质线(胸骨)包围。壳面横线纹中部辐射状
排列，近两端聚集状排列，线纹在 10 μm 内有 10 条。壳面长 34 μm，壳面宽 8.5 μm。

　　生境：淡水，生长在河流环境中。

　　产地：黑龙江(额尔古纳河)。

　　变种形态特征上与 *N. rostellata* Kützing(1844)相似，但构造上差别较大。

41. 狐形舟形藻

Navicula vulpina Kützing 1844，p. 92，3/43；Van Heurck 1880—1885，p. 83，7/18；Wolle 1890，111/10；Cleve 1895，p. 15；Van Heurck 1896，p. 179，3/111；Dippel 1904，p. 42，fig. 82；Meister 1912，p. 140，21/15，16；Mayer 1919，p. 204，7，32；Hustedt 1930，p. 297，fig. 504；Proschkina-Lavrenko 1950，p. 180，55/21；Sabelina *et al.* 1951，p. 312，fig. 174，3；Cleve-Euler 1953，p. 155，fig. 815；Zhu et Chen（朱蕙忠 陈嘉佑）1994，p. 96；Krammer & Lange-Bertalot 1999，p. 121，41/1.

Navicula costei Héribaud 1903，p. 9，9/17.

Navicula viridula f. *major* Schmidt 1874 *in* Schmidt *et al.* 1874—，47/53，54.

壳面披针形，末端从中部渐变呈近喙状至钝形末端。轴区很窄，中心区扩大形成大的卵形至圆形。壳缝线形，近缝端中央孔膨大略偏斜，远缝端明显弯钩状。壳面横线纹在中部辐射状排列，向两端聚集状排列，线纹在 10 μm 内有 10—12 条，粗壮线纹由短线条组成，有时形成不规则的纵线（列）。壳面长 70—130 μm，壳面宽 12—16 μm。

生境：淡水种，生长在江河、溪流、急流石表、缓流石表、水库、水塘、水井、潮湿岩壁等环境中。

产地：贵州（松桃、铜仁、江口）；湖南（吉首、古丈、麻阳、永顺、凤凰、慈利索溪峪自然保护区）。

分布：欧洲（瑞典，瑞士，芬兰，爱尔兰，法国，德国，俄罗斯，比利时，丹麦，奥地利）；北美洲（美国）；大洋洲（新西兰）。

42. 亚拉舟形藻　　图版（plate）XLVII：3

Navicula yarrensis Grunow 1876 *in* Schmidt *et al.* 46/1—6；De Toni 1891，p. 15；Cleve 1895，p. 69；Õstrup 1902，p. 32，fig. 6；Boyer 1916，p. 101.25/14，14；Meister 1912，p. 43，fig. 139；Proschkina-Levrenko 1950，p. 206，72/10；Cleve-Euler 1955，p. 3，fig. 971；Foged 1976，p. 38，13/1—3；Wang（汪桂荣）1998，p. 317，2/6.

Navicula yarrensis var. *genuina* Cleve-Euler 1955 p. 3，fig. 971.

壳面披针形，末端钝圆形。轴区披针形至线形，中心区略扩大（略宽）。壳缝线形，直，远缝端小。壳面横线纹粗，在壳面中部呈辐射状排列，两端聚集状排列，线纹在 10 μm 内有 3—4 条，线纹由短线纹组成。壳面长 110—160 μm，壳面宽 25—30 μm。

生境：半咸水种，生长在潮间带或受海水影响的河口环境中。

化石产地及时代：广东珠江三角洲全新世。

分布：亚洲（日本，印度尼西亚，新加坡，斯里兰卡）；欧洲（俄罗斯，匈牙利，瑞士等）；北美洲（美国）；大洋洲（澳大利亚）；非洲（南非，喀麦隆，马达加斯加）。

6 组（Section 6）

壳体较小，多数种长度不超过 30 μm，宽度不超过 6 μm。轴区窄，中心区几乎不扩大或较小圆形或明显的扩大。线纹均为辐射排列或强辐射排列，在末端平行或聚集或不明显聚集。线纹由点（孔）纹和端线纹组成。

本志收录了 40 种，7 变种和 1 个变型共计 48 个分类单位。

6 组 (Section 6) 分种检索表

1. 喜沙舟形藻

Navicula ammophila Grunow 1882，p. 149，30/66—69；Cleve 1895，p. 29；Peragallo et Peragallo 1897—1908，p. 92，12/13；Proschkina-Lavrenko 1950，p. 192；Cleve-Euler 1953，p. 131；Hendey 1964，p. 199.

Navicula（cancellata var. ？）*ammophila* Grunow 1882，p. 1149，30/66—69.

Navicula ammophila var. *genuina* Cleve-Euler 1949，p. 21.

Navicula flanatica var. *scaldensis*（Van Heurck 1885）Cleve-Euler，1949，p. 20.

1a. 原变种

var. ammophila

    壳面线状披针形，末端近头状。轴区线形，中心区不扩大。壳缝直线形，中央近缝端不扩大，间距短，远缝端近刺刀形。壳面横线纹由细线纹组成，在中部近辐射，向末端近平行排列。

    我国原变种尚无记录，仅发现变型。

1b. 细微变型　图版（plate）XVIII：5

f. minuta（Grunow 1880）Õstrup. 1910，p. 204；Mills 1934，p. 976：Zhu et Chen（朱蕙忠 陈嘉佑）2000，p. 149，20/1.

Navicula cancellata f. *minuta* Grunow *in* Cleve et Grunow 1880，3/41；Grunow 1882，p. 149.

Navicula csncellata var. *minuta*（Grunow *in* Cleve et Grunow 1882）；De Toni 1891，p. 49.

Navicula ammophila var. *intermedia* Grunow 1882，p. 149，30/71—73.

    本变型与原变种的主要区别：本变型壳体较小，末端尖，近圆形。轴区窄线形，中央区不扩大。壳缝直线形。壳面横线纹细，中部在 10 μm 内有 14—18 条。壳面长 37 μm，壳面宽 5.5 μm。

    产地：西藏（加查）。

    分布：欧洲（奥地利，丹麦）。

2. 英吉利舟形藻　图版(plate)XVIII：6；XL：6，16

Navicula anglica Ralfs *in* Pritchard 1861，p. 900；O´Meara 1876，p. 414，34/24；Cleve 1895，
　　p. 22；Van Heurck 1896，p. 187，3/136；Dippel 1904，p. 50，fig. 103；Beyer 1916，
　　p. 96，26/26；Hustedt 1930，p. 303，fig. 530；Sabelina *et al*. 1951，p. 322，fig. 184，
　　1；Prowse 1962，p. 39，11/u；Zhu et Chen(朱蕙忠，陈嘉佑)1994，p. 90；Zhu et　Chen(朱
　　蕙忠，陈嘉佑)2000，p. 150，20/3.

Navicula anglica var. *genuina* Meister 1912，p. 146，22/12.

Navicula anglica var. *subsalsa* f. *major*(Ralfs *in* Pritchard 1861)Cleve-Euler1932. p. 84，fig.
　　197.

　　壳面椭圆披针形至披针形，末端喙状。轴区窄，明显，中心区小，横向扩大近横椭圆形。壳缝直，近缝端直，不偏斜，远缝端直。壳面横线纹辐射排列，向末端明显辐射，线纹在 10 μm 内在中部有 7—12 条，末端在 10 μm 内有 14—18 条。壳面长 11—30 μm，壳面宽 6.5—18 μm。

　　生境：淡水至微咸水种，生长在河流、溪流、湖边水坑、小水沟、小泉、湖边沼泽化积水坑和小河支流、泉边沼泽、渗水塘、湖岸浅小河或山泉出口处与苔藓共生的农田及水库环境中。

　　产地：辽宁(本溪、葫芦岛、沈阳、铁岭)；内蒙古(达里诺尔湖)；西藏(聂拉木、定日、亚东、康马、吉隆、仲巴、昂仁、墨托、林芝、乃东、错那、隆子、错美、察隅、波密、措勤、普兰、革吉)；贵州(松桃、铜仁、江口、沿河、印江)；湖南(吉首、古丈、麻阳、永顺、凤凰、慈利索溪峪自然保护区)。

　　分布：亚洲(马来西亚，日本)；欧洲(俄罗斯，瑞士，比利时，瑞典，芬兰，英国)；北美洲(美国)；拉丁美洲(厄瓜多尔)。

3. 窄舟形藻　图版(plate)XVIII：7

Navicula angusta Grunow 1860，p. 258，3/19；Krammer & Lange-Bertalot 1999，p. 97，
　　28/1—5；Lange-Bertalot 2001，p. 15，2/1—8，65/1.

Navicula cari var. *angusta* Grunow *in* Van Heurck 1880，7/17；Hustedt 1930，p. 299；Sabelina
　　et al. 1951，p. 314；Cleve-Euler 1953，p. 153，810 b；Zhu et Chen(朱蕙忠　陈嘉佑)2000，
　　p. 153，21/4；

Navicula cincta var. *angusta*(Grunow 1860)Cleve 1895，p. 17.

Navicula cincta var. *linearis* Õstrup，1910，p. 76，2/52.

Navicula pseudocari Krasske 1939，p. 59，2/21.

Navicula lobeliae Jorgensen 1948，p. 389，12/5.

　　壳面线形，末端楔形或略喙状，钝至宽圆形，有时略延长。轴区很窄，线形，中心区总在一侧变宽，形成很明显不对称的圆形。壳缝侧斜，外裂缝从极端至中心区紧靠边缘并回转至中线。壳面横线纹辐射状排列，向末端聚集状排列，线纹在 10 μm 内有 12—15条。壳面长 33.6—63 μm，壳面宽 6.6—8 μm。

　　生境：淡水种，生长在花岗岩石块下洼地水坑、小水沟及泥土表面、滴水岩壁、湿

土表面水生和半气生的环境中。

  产地：西藏（察隅、芒康）；湖南（武陵源自然保护区）。

  分布：欧洲（德国，俄罗斯，芬兰）；北美洲（美国）。

4. 喀尔古纳舟形藻　图版(plate)XVIII：8

Navicula argunensis Skvortzow 1938，p. 54，1/9；Proschkina-Lavrenko 1950，p. 207.

  壳面椭圆披针形，末端近喙状钝形。轴区和中心区非常窄。壳缝丝状，直，近缝端直，不偏斜，远缝端略分叉。壳面横线纹均为辐射排列，线纹细而密，在 10 μm 内有 34—36 条。壳面长 18.7 μm，壳面宽 6 μm。

  生境：淡水种，生长在山区河流环境中。

  产地：黑龙江（额尔古纳河）。

  分布：欧洲（俄罗斯）。

5. 布鲁克曼舟形藻

Navicula brockmanni(*brockmannii*) Hustedt 1934，p. 382，fig. 11；Hustedt 1961，p. 93，fig. 1240；Krammer et Lange-Bertalot 1999，p. 183，79/16，17；Zhu et Chen（朱蕙忠　陈嘉佑）2000，p. 152，20/14.

5a. 原变种　图版(plate)XVIII：9

var. brockmanni

  壳面线形，两侧边缘平行或略外凸，末端宽头状。轴区窄线形，中心区横向扩大形成横椭圆形。壳缝直线形，近缝端和远缝端直，不偏斜。壳面横线纹在中部辐射排列，向两端近平行或聚集状排列，线纹在中部 10 μm 内有 20—24 条，向两端 10 μm 内有 28—30 条。壳面长 21—22.5 μm，壳面宽 5—5.5 μm。

  生境：淡水种，生长在山区温泉边的小溪流、温泉附近潮湿草地附着物以及小水池环境中。

  产地：西藏（察雅、洛隆、贡觉）。

  分布：欧洲（德国，奥地利，瑞士）。

5b. 波缘变种　图版(plate)XVIII：10

var. undulata Zhu et Chen（朱蕙忠　陈嘉佑）2000，p. 152，20/15.

  本变种与原变种的主要区别：本变种壳面两侧壳缘呈波曲（三波）状。壳面横线纹中部辐射排列，两端近平行排列，线纹在 10 μm 内有 20—28 条。壳面长 22 μm，壳面宽 5 μm。

  生境：淡水种，生长在水清而冷、微流动的小水沟环境中。

  产地：西藏（江达）。

6. 二凸舟形藻　图版(plate)XVIII：11

Navicula bigibba Chen et Zhu（陈嘉佑　朱蕙忠）1994，p. 123，1/1.

壳面线形，两侧边缘各具二凸，末端宽圆形。轴区宽线形，其宽度为壳面宽的1/4—1/3，中心区扩大形成圆形。壳缝直，线形，近缝端直，中央孔间距较大，远缝端延长似刺刀状。壳面横线纹辐射状排列，线纹密，在 10 μm 内有 28 条。壳面长 21.5 μm，壳面宽 4—5 μm。

生境：亚气生种，生长在潮湿岩壁上的环境中。

产地：湖南(凤凰)。

此种壳面形态特征与布雷克舟形藻二凸变种 *Navicula brekkaensis* var. *bigibba* Hustedt 类似，但后者的轴区窄，极节远离末端，线纹较密并与中线垂直而有所区别。

7. 头辐射舟形藻 图版(plate) XVIII：12；XLVII：6—9

Navicula capitatoradiata Germain 1981，p. 188，72/7；Lange-Bertalot 2001，p. 22，29/15—20.

Navicula cryptocephala var. *intermedia* Grunow *in* Van Heurck 1880，8/10；Sabelina *et al.* 1951，p. 309，fig. 172，2；Zhu et Chen(朱蕙忠 陈嘉佑)1989，p. 45；Zhu et Chen(朱蕙忠 陈嘉佑)2000，p. 156，21/17.

Navicula salinarum var. *intermedia* (Grunow *in* Van Heurck 1880) Cleve 1895，p. 19.

壳面披针形至椭圆披针形，末端短，长喙状。轴区很窄，中心区小，有不规则的边。壳缝丝状，直，近缝端不偏斜，中央孔明显。壳面横线纹辐射状排列，在末端(极)呈聚集状排列，围绕中心区线纹长、短相间排列，在 10 μm 内有 10—16(—20)条。壳面长 18—37 μm，壳面宽 4—8 μm。

生境：淡水至微咸种，生长在河流、溪流、泉水、有藻类植物的湖中、泉水小溪、河边沼泽草甸流水处、湖中片岩及水草附着物、河湾渗水处、冲积水清小湖、江边岩石流水处、水沟及小瀑布岩石上、小河边的浅池、小水坑滴水岩壁、潮湿岩壁、急流石表、缓流石表、水塘等流水、静水及半气生环境中。

产地：西藏(聂拉木、定日、浪卡子、亚东、错那、察隅、芒康、洛隆、贡觉、类乌齐、斑戈、申扎)；湖南(武陵源自然保护区)。

分布：欧洲(俄罗斯，比利时，德国)等。

在我国发现的标本一直放在隐头舟形藻中型变种中(*N. cryptocephala* var. *intermedia* Grunow)，此次编志过程中，对标本并参照原始描述，形态和构造特征与 *N. capitatoradiata* 更接近，仅在种的末端略有差异。由于我们的标本未进行 SEM 下的观察研究，微细构造不好对比，仅对 LM 下的特征进行比较，将原定的变种移至 *N. capitatoradiata* 种中更符合分类特征。

8. 系带舟形藻

Navicula cincta (Ehrenberg 1854) Ralfs *in* Pritchard 1861，p. 901；Van Heurck 1880—1885，p. 82，7/13，14；Cleve 1895，p. 16；Van Heurck 1896，p. 178，3/105 a；Meister 1912，p. 138，21/6；Hustedt 1930，p. 298，fig. 510；Sabelina *et al.* 1951，p. 314，fig. 176，1；Li(李家英)1982，p. 461；Zhu et Chen(朱蕙忠 陈嘉佑)2000，p. 153，21/6；Krammer & Lange-Bertalot 1999，p. 98，28/8—15；Lange-Bertalot，2001，p. 26，41.1—29.

Pinnularia cincta Ehrenberg 1854，10/2，fig. 6a—e.
Navicula beufleri Grunow 1860，p. 528，3/32.
Navicula inutilis Krasske 1949，p. 83，fig. 10.
Navicula umida Bock 1970，p. 238，figs. 212—215.

8a. 原变种　图版（plate）XVIII：13；XLVIII：1，2

var. cincta

　　壳面椭圆形至披针形至线椭圆披针形，末端不延长的钝圆形。轴区窄，中心区小，基于可变的位置和周围线纹长度使其不规则。壳缝丝状，较直，近缝端几乎不偏斜，中央孔略膨大成点状。壳面横线纹在中部强烈辐射状排列，向末端聚集状排列，线条纹在10 μm 内有 8—12（—16）条。壳面长 16—42 μm，壳面宽 4—8 μm。

　　生境：淡水至微咸水种，生长在多水草的湖水、河流中的砾石上、河谷冰锥表面、河湾处、静水沼泽、湖边小水坑、小水沟、山泉石壁、河畔小积水坑、湖边烂泥滩、沼泽化草滩、滴水和潮湿岩壁上、急流和缓流石壁上、急流和缓流石表等流水、静水和半气生的环境中。

　　产地：西藏（聂拉木、定日、白地、亚东、康马、吉隆、萨噶、昂仁、墨脱、米林、林芝、乃东、加查、错那、隆子、措美、察隅、八宿、波密、昌都、芒康、江达、贡觉、斑戈、申扎、错勤、扎达、普兰、革吉）；四川（成都）；湖南（武陵源自然保护区）。

　　化石产地及时代：山东山旺中新世。

　　分布：欧洲（俄罗斯，德国，比利时，瑞士，法国）。

8b. 休弗变种　图版（plate）XVIII：14；XLVIII：3

var. heufleri (Grunow 1860) Grunow *in* Van Heurck 1880—1885，p. 82，7/12，15；Cleve 1895，p. 16；Van Heurck 1896，p. 197，3/106；Meister 1912，p. 138，21/7；Mayer 1919，p. 203，7/34；Hustedt 1930，p. 198，fig. 511；Sabelina *et al.* 1951，p. 315，fig. 176，3；Cleve-Euler 1953，p. 152，fig. 809 d—f；Zhu et Chen（朱蕙忠　陈嘉佑）1989，p. 45；Zhu et Chen（朱蕙忠　陈嘉佑）2000，p. 154，21/7.

Navicula heufleri Grunow 1860，p. 528，3/32.

　　本变种与原变种的主要区别：本变种壳面线披针形，末端略延长呈钝圆形。轴区窄，中心区扩大形成近圆形或菱形披针形。壳缝丝状，近缝端略偏斜。壳面横线纹较稀，在10 μm 内有 8—12 条。壳面长 18—34 μm，壳面宽 4—7 μm。

　　生境：淡水至微咸水，生长在湖边流水沟、湖边农田小水坑、湖边沼泽化草滩、湖边浅水滩、积水坑、小浅水池、泉水附近潮湿草地、小河溪流、山间流水、沼泽化草甸积水坑、咸水湖、滴水岩壁等水生和半气生环境中。

　　产地：西藏（聂拉木、康马、吉隆、昂仁、乃东、措美、察隅、申扎、改则、扎达、普兰）；湖南（武陵源自然保护区）。

　　分布：欧洲（奥地利，俄罗斯，德国，瑞士，芬兰，比利时）。

8c. 细头变种　图版(plate)XIX：1

var. **leptocephala** (Brébisson) Grunow *in* Van Heurck 1880，7/16；Van Heurck 1896，p. 179，
　　3/107；Dippel 1904，p. 40，fig. 77；Sabelina *et al.* 1951，p. 314，fig. 176，2；Cleve-Euler
　　1953，p. 153，fig. 809 g，h；Zhu et Chen(朱蕙忠　陈嘉佑)1989，p. 45；Zhu et Chen(朱
　　蕙忠　车嘉佑)2000，p. 154，21/8.

Navicula leptocephala Brébisson *herb.* Kützing ex Grunow *in* Van Heurck 1880，7/16.

Navicula heufleri var. *leptocephala* (Brébisson ex Grunow) Peragallo 1897，p. 99，12/32.

　　本变种与原变种的主要区别：本变种壳面披针形，末端略延长的钝圆形。轴区窄披
针形，中心区横向扩大略不规则。壳缝直，线形，近缝端几乎不膨大。壳面横线纹稍细，
在 10 μm 内有 12—14 条。壳面长 25—45 μm，壳面宽 5—8 μm。

　　生境：淡水至微咸水，生长在湖边小水坑、渠道渗水的静水沼泽、湖边草滩积水坑、
河源小水沟、河畔小水坑、山泉小瀑布和石壁上、江边小水坑、沼泽化草甸积水坑、咸
水湖、泉水小溪、小溪旁的水坑、河滩凹地、洼地水坑、阶地旁小水沟、花岗岩山下涌
出的泉水、湖滨草地上的水坑、高山上流下的小溪、长有轮藻的沼泽地、湖畔小积水坑、
湖岸边、雪山下渗水坑、山泉积水坑、碳酸盐型的湖流出的小河沟、河边小流水沟、河
谷地小河和沼泽化水坑等流水、静水和半气生的环境中。

　　产地：西藏(亚东、康马、吉隆、萨噶、仲巴、昂仁、拉萨、墨脱、措美、察隅、八
宿、芒康、斑戈、申扎、措勤、扎达、革吉)；湖南(武陵源自然保护区)。

　　分布：欧洲(比利时，俄罗斯，法国，德国，芬兰)；北美洲(美国)。

8d. 微小变种　图版(plate)XVIII：15；XLVIII：4

var. **minuta** Skvortzow 1937，p. 445，1/17.

　　本变种与原变种的主要区别：本变种的壳面为较小的线披针形，末端渐尖、圆形。
轴区窄，中心区略较宽。壳缝直线形。壳面横线纹辐射排列，在 10 μm 内有 11—12 条。
壳面长 13.6 μm，壳面宽 3.4 μm。

　　生境：淡水和微咸水，生长在潮湿泥土、苔藓或沼泽、岩石表面及树上等半气生环
境中。

　　产地：上海。

9. 似隐头状舟形藻　图版(plate)XIX：2；XLVIII：18

Navicula cryptocephaloides Hustedt 1936 *in* Schmidt *et al.* 1874—，403/56—59；Hustedt
　　1937，p. 261，18/1，2；Zhu et Chen(朱蕙忠　陈嘉佑)1989，p. 46.

　　壳面披针形，末端明显延长呈喙状。轴区窄，中心区扩大呈不对称的不规则形。壳
缝直，丝状，近缝端直，不偏斜，中央孔明显。壳面横线纹中部辐射排列，中央节两侧
边缘有 2—3 条较短线纹，线纹向两端明显聚集状排列，线纹在 10 μm 内有 14—16 条。
壳面长 22—28 μm，壳面宽 5—7 μm。

　　生境：淡水种，生长在缓流石表、水塘、水坑、急流石表、湿土表面、潮湿和滴水
岩壁流水、静水及半气生环境中。

产地：湖南（武陵源自然保护区）。

分布：亚洲（印度尼西亚）；欧洲（德国）。

10. 落下舟形藻　图版（plate）XIX：5

Navicula demissa Hustedt 1945，p. 918，41/5；Hustedt 1961，p. 160，fig. 1294 a，b；Zhu et Chen（朱蕙忠　陈嘉佑）1994，p. 92.

壳面菱形椭圆形，末端短尖形。轴区直线形，中心区不扩大与轴区无区别或出现微凹入。壳缝直线形，近缝端间有较大距离。壳面横线纹均为辐射状排列，在 10 μm 内有 18—20 条。壳面长 10—12 μm，壳面宽 5—6 μm。

生境：淡水种，生长在流水的江河环境中。

产地：贵州与湖南武陵山区。

分布：欧洲（巴尔干半岛，瑞士，德国，奥地利）。

11. 洪积舟形藻　图版（plate）XLVIII：8，9

Navicula diluviana Krasske 1933，p. 90，Abb. 2/2 a，b，Abb. 3，4；Sabelina *et al.* 1951，p. 322，fig. 184，4 a，b；Proschkina-Lavrenko 1950，p. 186，56/8 a，b；Cleve-Euler 1953，p. 141，fig. 789 a，b；Li（李家英）1983，p. 293，25/8，12；Li et Li（李家英，李光芩）1988，p. 344，1/22，3/9；Krammer & Lange-Bertalot 1999，p. 144，49/10—13.

Cymbella diluviana（Krasske 1933）Florin 1971，p. 112.

壳面披针形至椭圆披针形，末端宽近平截圆形。轴区窄披针形，中心区几乎不扩大或略扩大。壳缝丝状，直，近缝端间距明显，远缝端短，像点状。壳面横线纹辐射排列，中部较稀，在 10 μm 内有 9—10 条，向两端较密，在 10 μm 内有 13—14 条。壳面长 22—30 μm，壳面宽 7—8 μm。

生境：淡水种，生长在湖泊环境，常发现在化石中。

化石产地及时代：西藏斯潘古尔湖（曼冬错）全新世和西藏纳木湖（错）第四纪。

分布：欧洲（苏联，德国）。

12. 细长舟形藻　图版（plate）XIX：6

Navicula exilis Kützing 1844，p. 95，4/6；Lange-Bertalot 2001，p. 34，19/9—20.

Navicula cryptocephala var. *exilis* Grunow in Van Heurck 1880—1885，p. 85，19/9—20；Cleve 1895，p. 14；Van Heurck 1896，p. 181，3/124；Meister 1912，p. 138，21/4；Mayer 1919，p. 203，7/43；Proschkina-Lavrenko 1950，p. 178；Sabelina *et al.* 1951，p. 309；Cleve-Euler 1953，p. 154，fig. 813 c，e，k；Skvortzow 1935，p. 470，1/37；Skvortzow 1938，p. 486，2/14.

壳面披针形，末端短楔形至较长、渐窄、尖形至钝圆形。轴区窄、中心区扩大呈横椭圆形至矩形并明显不对称。壳缝丝状，极小数略为偏斜。壳面横线纹辐射排列，向末端聚集状排列，线纹在 10 μm 内有 20—22 条。壳面长 12—24 μm，壳面宽 4.2—6.8 μm。

生境：淡水种，生长在湖泊、水池、流动水中的石头表面环境中。

产地：上海；四川（成都）；山西（运城）；江西（鄱阳湖）。

分布：欧洲（俄罗斯，比利时，德国，瑞士，芬兰）。

本种最初由 Kützing（1844）确定为 *N. exilis* 种，后被 Grunow 移至 *N. cryptophala* 中成为变种一直沿用至今。标本的形态和构造特征与 *N. cryptocephala* 比较有所不同。Lange-Bertalot（2001）认为 Kützing（1844）的分类定名是正确的。在中国发现的标本也进行了相应的变动，将所定变种作为异名归入 *N. exilis* 种中。

13. 法兰西舟形藻

Navicula falaisensis（falaisiensis）Grunow *in* Van Heurck 1880，p. 108，14/5；Cleve 1895，p. 21；Van Heurck 1896，p. 228，5/232；Dippel 1904，p. 74，fig. 162；Hustedt 1930，p. 302，fig. 524；Sabelina *et al.* 1951，p. 321，fig. 183，1；Zhu et Chen（朱蕙忠 陈嘉佑）1989，p. 46；Zhu et Chen（朱蕙忠 陈嘉佑）1994，p. 92；zhu et Chen（朱蕙忠 陈嘉佑）2000，p. 60，23/9.

Navicula falaisiensis var. *typica* Cleve-Euler 1953，p. 135，fig. 773.

13a. 原变种　图版（plate）XIX：7

var. falaisensis

壳面窄披针形，末端近喙状，极端不呈尖的。轴区非常窄，中心区稍微扩大形成圆形或椭圆形。壳缝直，丝状，近缝端直，中央孔不明显，远缝端略呈钩状。壳面横线纹辐射状排列，在 10 μm 内有 18—24 条。壳面长 14—32 μm，壳面宽 3—5 μm。

生境：淡水种，生长在水清沙砾的河中、小河石上附着物、泉水小溪、河边草甸沼泽微流水、滴水岩壁上、水库环境中。

产地：西藏（定日、亚东、波密、察雅、江达）；贵州（松桃、铜仁、江口）；湖南（吉首、古丈、麻阳、永顺、凤凰、慈利索溪峪自然保护区）。

分布：亚洲（尼泊尔）；欧洲（英国，比利时，俄罗斯，德国，丹麦）；北美洲（美国）。

在以往的文献资料中，对本种的描述中尚无不对称（指壳面）的提及。Kremmer 和 Lange-Bertalot（1999）在描述种，认为壳面几乎是不对称的，舟状，有背、腹之分。从图上看（134/14—22）较为明显，因此将本种移入桥弯藻属 *Cymbella falaisensis*（Grunow）Krammer & Lange-Bertalot（1985）中的新联合种，并将 *N. falaisensis* 作为异名种。对中国的标本所定的种是否改变，尚待进一步观察研究，本次编志中，仍沿用 *N. falaisensis* 种名。

13b. 披针变种　图版（plate）XIX：8

var. lanceola Grunow *in* Van Heurck 1880，14/6 B；Cleve-Euler 1895，p. 21；Mayer 1917，p. 77，3/16—17；Boyer 1927，p. 400；Zhu et Chen（朱蕙忠 陈嘉佑）2000，p. 160，23/10.

本变种与原变种的主要区别：本变种的壳面线状披针形，末端明显的喙状。壳面横线纹辐射状排列，在中部 10 μm 内有 23—24 条，向两端在 10 μm 内可达 27—28 条。壳面长 15—16 μm，壳面宽 3—4 μm。

　　生境：淡水，生长在河边流出的泉水、水清的环境中。

　　产地：西藏(定日、芒康)。

　　分布：亚洲(尼伯尔)；欧洲(比利时，德国)。

14. 球状舟形藻　　图版(plate)XIX：9

Navicula globosa Meister 1934(1935)，p. 89，fig. 8；Hustedt 1962，p. 222，fig. 1339；Zhu
　　et Chen(朱蕙忠　陈嘉佑)1989，p. 46. fig. 841.

Navicula planiceps Cleve-Euler 1953，p. 165，fig. 841.

　　壳面线椭圆形，末端明显的喙头状。轴区窄线形，中心区扩大形成不规则的圆形或
不规则的圆矩形。壳缝线形，直，近缝端中央孔呈现不同方向的侧斜，远缝端呈弯钩状。
壳面横线纹均呈辐射排列，中部略长、短相间排列，在 10 μm 内有 20—25 条，两端较密，
在 10 μm 内有 28—30 条。壳面长 16—24 μm，壳面宽 6—7 μm。

　　生境：淡水种，生长在溪流石表的环境中。

　　产地：湖南(武陵源自然保护区)。

　　分布：欧洲(瑞士，瑞典)。

　　本种的形态和构造特征与 *N. schadei* Krasske(1929)有些相似，Krammer 和 Lange-
Bertalot(1999，p. 199，71/32—38)将 *N. globosa* 作为异名归并至 *N. schadei* 种中。从形态
描述看两者是有区别的，首先壳面中部凸出不同，其次末端也不相同，壳面构造也有区
别，两者均为辐射排列，但中部和两端是有差异的，因此，从我们的标本特征看，仍然
归于 *N. globosa* 种中，不属于 *N. schadei* 种。

15. 戈塔舟形藻　　图版(plate)XIX：10

Navicula gottlandica (gothlandica)Grunow *in* van Heurck 1880，8/8；Cleve 195，p. 14；Mayer
　　1919，p. 203，7/32；Hustedt 1930，p. 296，fig. 499；Sabelina *et al*. 1951，p. 310，fig.
　　173，1；Zhu et Chen(朱蕙忠　陈嘉佑)1989，p. 46；Zhu et Chen(朱蕙忠　陈嘉佑)1994，
　　p. 92；Krammer & Lange-Bertalot 1999，p. 122，41/3，4；Zhu et Chen(朱蕙忠　陈嘉
　　佑)2000，p. 161，23/13；Lange-Bertalot 2001，p. 36，5/5—9，72/3，4.

　　壳面披针形，两端延长呈喙状，末端尖圆形。轴区窄，中心区扩大形成披针形或不
对称的近圆形。壳缝直或略侧位，近缝端中央孔紧挨。壳面横线纹明显呈辐射排列，近
末端呈聚集状排列，细纹由密点组成，线纹在 10 μm 内有 14—20 条。壳面长 29—40 μm，
壳面宽 6.5—10 μm。

　　生境：淡水和微咸水种，生长在江河、溪流、水塘、湖泊、河湾、小水沟、湖边及
积水坑、山溪流水、稻田、潮湿岩壁等与苔藓植物混生的环境中。

　　产地：西藏(亚东、察隅、波密、芒康、类乌齐、斑戈)；贵州(松桃、铜仁、江口)；
湖南(吉首、古丈、麻阳、永顺、凤凰以及武陵源自然保护区)。

　　分布：欧洲(俄罗斯，比利时，德国，瑞典)；北美洲(美国)；大洋洲。

　　本种的形态和构造特征的描述以及绘图与 Krammer 和 Lange-Bertalot(1999，p. 122，

41/3，4）及 Lange-Bertalot（2001，p. 36，5/5—9）的描述和图出现较大差异，尤其是轴区（中心区）和壳缝差异明显，是标本观察有误或是绘图的问题，对西藏等地的标本还需进一步观察研究后，再确定是否有变动。

16. 格里门舟形藻　图版（plate）XIX：11，12

Navicula grimmii（grimmei）Krasske　1925，p. 45，1/14；Hustedt 1930，p. 274，fig. 448；Sabelina *et al.* 1951，p. 283，fig. 160，4；Cleve-Euler 1953，p. 194，fig. 911 a，b；Patrick et Reimer 1966，p. 448，40/8；Hustedt 1966，p. 769，fig. 1742 a—d；Zhu et Chen（朱蕙忠　陈嘉佑）1994，p. 92；Zhu et Chen（朱蕙忠　陈嘉佑）2000，p. 162，23/17.
Navicula bicapitellata Hustedt 1925，p. 349，fig. 3.

　　壳面椭圆披针形，末端稍微头状或喙状。轴区窄，中心区扩大形成不很规则的矩形，不直达壳面边缘。壳缝直线形，远缝端的构造不清楚。壳面横线纹均为辐射状排列，两端微辐射排列，在中心区的两侧出现长、短相间线纹，线纹在 10 μm 内有 15—25 条。壳面长 18—24 μm，宽 5—6.5 μm。

　　生境：淡水至微咸水种，生长在河边、温泉湖边潮湿草地附着物、洼地及水稻田流水和静水环境中。

　　产地：西藏（定日、察隅、察雅）；湖南西北部和贵州东北部武陵山地区。

　　分布：欧洲（俄罗斯，德国，芬兰）；北美洲（美国）。

17. 戟形舟形藻　图版（plate）XX：1；XLVIII：5

Navicula hasta Pantocsek 1892，5/74，14/213；Cleve 1895，p. 25；Meister 1913，p. 310，4/11，12；Hustedt 1930，p. 306，fig. 541；Skvortzow 1936，p. 275；Skvortzow 1938，p. 486；Sabelina *et al.* 1951，p. 326，fig. 189，4；Okuno 1952，p. 42，14/6，25/6；Cleve-Euler 1953，p. 135，fig. 774；Krammer & Lange-Bertalot 1999，p. 114，26/1；Zhu et Chen（朱蕙忠　陈嘉佑）2000，p. 162，24/2.

　　壳面披针形至近菱形披针形，两端明显延长，末端渐尖形。轴区窄，线形，中心区扩大形成明显披针形。壳缝直，线形，近缝端较直，中央孔不明显，远缝端略弯曲。壳面横线纹均为明显辐射状排列，中部稀，两端密，在中部 10 μm 内有 6—8 条，两端 10 μm 内有 12 条。壳面长 49.5—66 μm，壳面宽 9—13 μm。

　　生境：淡水至微咸水种，生长在小水坑、浅水塘、河汊、温泉边小溪流静水和流水环境中。

　　产地：西藏（林芝、芒康、江达）；四川（成都）。

　　分布：亚洲（日本）；欧洲（俄罗斯，匈牙利，芬兰）。

18. 赫定舟形藻　图版（plate）XX：2，3

Navicula hedini Hustedt 1922，p. 132，9/36.

　　壳面椭圆形，在中部膨大，两端拉长，末端头状，极端宽圆形或近戟形。轴区窄，中心区小。壳缝直，近缝端中央孔距小或接近，远缝端弯斜。壳面横线纹细密，中部辐射状排列，向两端聚集状排列，在中部周围有长、短交互小节，线纹在 10 μm 内有 36 条。壳面长 38—42 μm，壳面宽 8—9 μm。

　　生境：淡水种，生长在湖边环境中。

　　产地：西藏（西藏中部、北部地区）。

19. 偏喙头舟形藻　图版(plate)XX：4

Navicula laterostriata Hustedt 1925，p. 349，fig. 4；Hustedt 1930，p. 301，fig. 521；Proschkina-Lavrenko 1950，p. 185，56/4；Sabelina *et al.* 1951，p. 320，fig. 181，1a，b；Okuno 1952，p. 42，26/6；Hustedt 1961，p. 146，fig. 1279；Patrick et Reimer 1966，p. 523，49/25；Zhu et Chen（朱蕙忠　陈嘉佑）1989，p. 47；Zhu et Chen（朱蕙佑）1994，p. 92；Krammer & Lange-Bertalot 1999，p. 197，70/22—24；Zhu et Chen（朱蕙忠　陈嘉佑）2000，p. 164，24/14.

Navicula inflata sensu Donkin 1870，p. 21，3/9（non Kützing 1833）.

Navicula mournel Patrick 1959，p. 94，7/16.

　　壳面披针形至椭圆披针形，近两端缢缩，末端喙状。轴区窄，清晰，中心区扩大近圆形。壳缝直线形，近缝端略偏斜，中央孔较明显偏斜，远缝端呈短小弯钩状。壳面横线纹均为辐射状排列，中部线纹长、短相间呈不规则排列，在中部 10 μm 内有 12—15 条，在两端 10 μm 内有 20—22 条。壳面长 22—24 μm，壳面宽 7—9 μm。

　　生境：淡水种，生长在江河、河边泉水、湖滨草地的水坑、急流石表、水库、水塘、稻田流水和静水环境中。

　　产地：西藏（定日、八宿）；湖南（吉首、古丈、麻阳、永顺、慈利索溪峪自然保护区）；贵州（松桃、江口）。

　　分布：亚洲（日本）；欧洲（俄罗斯，德国，波兰，英国）；北美洲（美国）。

20. 单眼舟形藻　图版(plate)XX：5

Navicula monoculata Hustedt 1945，p. 921，41/4；Hustedt 1962. p. 183，fig. 1317；Krammer & Lange-Bertalot 1985，p. 81；Zhu et Chen（朱蕙忠　陈嘉佑）1989，p. 47；Krammer & Lange-Bertalot 1999，p. 174，66/12—18，83/6；Zhu et Chen（朱蕙忠　陈嘉佑）2000，p. 166，25/2.

Navicula pseudogrestris Kund 1946，p. 47，fig. 6 X-AA.

　　壳面通常椭圆形或菱形椭圆形，少见线椭圆形或椭圆披针形，末端钝或宽圆形，少见尖或楔圆形。轴区窄线形，中心区几乎不扩大或略呈凹入。壳缝不直，向同一方向侧斜（略偏斜），近缝端中心孔不明显，远缝端侧斜。壳面横线纹辐射排列，有 1 条或 2 条纵纹将线纹隔断，横线纹在 10 μm 内有 24—28 条。壳面长 12.5—15 μm，壳面宽 4.7—5.5 μm。

　　生境：淡水种，生长在潮湿岩壁和水坑的环境中。

　　产地：西藏（乃东）；湖南（慈利索溪峪自然保护区）。

　　分布：欧洲（德国，奥地利，瑞士，保加利亚，英国）。

21. 栖藓舟形藻　图版(plate)XX：6

Navicula mucicola Hustedt 1939，p. 559，25/11—13；Hustedt 1962，p. 230，fig. 1350；Zhu et Chen(朱蕙忠　陈嘉佑)1989，p. 49；Zhu et Chen(朱蕙忠　陈嘉佑)1994，p. 94.

细胞壁薄。壳面宽椭圆披针形，末端尖，钝圆形。轴区披针形，中心区无特别变化。壳缝直线形，近缝端无偏斜，中央孔明显膨大呈圆形，远缝端直。壳面横线纹辐射状排列，线纹细而密，在 10 μm 内有 40 条。壳面长 7—8 μm，壳面宽 3.5—4.0 μm。

生境：淡水种，生长在江河、潮湿岩壁流水和半气生环境中。

产地：贵州(松桃、铜仁、江口)；湖南(吉首、古丈、麻阳、永顺、凤凰、慈利索溪峪自然保护区)。

分布：欧洲(德国，法国，瑞士，奥地利)。

22. 纳木舟形藻　图版(plate)XLVIII：16，17

Navicula namensis Li(李家英)1988，p. 342，3/10—11.

壳体小型。壳面椭圆形，末端钝圆形。轴区窄线形，中心区不明显扩大。壳缝较直，粗线形，近缝端略为偏斜，胸骨明显增厚，远缝端略偏斜。壳面横线纹粗，中部稍稀，每条线纹由 2 个粗点纹组成，线纹辐射排列，在 10 μm 内有 9—10 条。壳面长 10—16 μm，壳面宽 4—7 μm。

生境：淡水种，生长在高原湖泊环境中。

化石产地及时代：西藏(纳木湖阶地晚更新世至全新世)。

从沉积物中发现的标本，壳面的形态大小与 *N. aceeptata* Hustedt 非常相似，但线纹的构造、数目和排列上有区别，前者线纹粗，由点纹组成，在 10 μm 内有 9—10 条，后者线纹在 10 μm 内有 16—18 条。与 *N. recondita* Hustedt 有些近似，但构造特征两者差异较大。

23. 假舟形藻　图版(plate)XX：7

Navicula notha Wallace 1960，p. 4，1/4 A—D；Patrick et Reimer 1966，p. 528，50/10—11；Zhu et Chen(朱蕙忠　陈嘉佑)1989，p. 47；Zhu et Chen(朱蕙忠　陈嘉佑)2000，p. 169，25/16；Lange-Bertalot 2001，p. 89，40/16—28，65/7.

壳面窄披针形至线形披针形，末端渐尖喙状，有时略微延长，尖或钝圆形，亦或略微头状。轴区很窄，中心区小或很小，形状不清楚或不对称的小圆形。壳缝丝状，近缝端向一侧偏斜，中央孔略膨大明显(清楚)。壳面横线纹在中部较强烈辐射状排列，向两端渐变成平行至聚集状排列，线纹在 10 μm 内有 16—18 条，细纹由细而密的点(或线)组成。壳面长 21—32 μm，壳面宽 5—5.5 μm。

生境：淡水种，生长在湖泊近岸、河谷地小河、河滩沼泽化的渗水、洪积扇上流出的小泉、滴水岩壁上等环境中。

产地：西藏(林芝、扎达、日土)；湖南(慈利索溪峪自然保护区)。

分布：北美洲(美国)；南美洲；大洋洲(新西兰)。

24. 显喙舟形藻　图版(plate)XX：8

Navicula perrostrata Hustedt 1936 *in* Schmidt *et al.* 1874—，404/59—61；Hustedt 1966，p. 773，fig. 1746；Zhu et Chen(朱蕙忠 陈嘉佑)2000，p. 171，26/5.

壳面线披针形，两侧边缘平行，近末端明显收缩，末端延长呈明显的喙状。轴区很窄，线形，中心区微扩大形成小的近方形。壳缝直线形，端缝无偏斜。壳面横线纹在中部微辐射，向末端较强烈辐射，线纹在 10 μm 内有 20—22 条。壳面长 23—25 μm，壳面宽 5.0 μm。

生境：淡水至微咸水种，生长在泉水小溪流、河边沼泽草甸中的小河流水环境中。

产地：西藏(定日)。

分布：欧洲(德国，奥地利，瑞士)。

25. 瑞克舟形藻　图版(plate)XLVIII：19

Navicula rakowskae Lange-Bertalot 2001，p. 61，57/1—6；Li *et al.*(李艳玲等)2007，p. 320，1/17.

壳面披针形，末端延长呈喙状，极端尖，钝圆形。轴区宽，向两端逐渐变窄，中心区明显扩大形成不规则的横矩形或椭圆形。壳缝明显侧生，内、外裂缝平行，近缝端中央孔不明显，向一侧偏斜，远缝端微弯。壳面横线纹辐射状排列，中央节两侧线纹稀而粗，未见长、短相间排列，线纹由点纹组成，在中部 10 μm 内有 7—9 条，两端在 10 μm 内有 12—15 条，点纹在 10 μm 内有 30—31 个。壳面长 85—100 μm，壳面宽 15—17.5 μm。

生境：淡水种，生长在古湖环境中。

化石产地及时代：湖北江汉平原第四纪。

分布：欧洲(波兰)。

本种形态和构造特征与 *Navicula hasta* 很相似，区别在于前者中心区扩大呈披针形，后者中心区呈矩形或椭圆形。横线纹中的点纹密度不同，前者点纹在 10 μm 内有 30—31 个，后者 10 μm 内有 25—26 个。

26. 盐生舟形藻

Navicula salinarum Grunow *in* Cleve et Möller 1878，p. 33，2/34；Van Heurck 1880—1885，p. 82，8/9；Cleve 1895，p. 19l；Meister 1912，p. 142，21/21；Boyer 1916，p. 95，26/24；Hustedt 1930，p. 295，fig. 498；Skvortzow 1938，p. 485，4/5；Proschkina-Lavrenko 1950，p. 183，59/14；Sabelina *et al.* 1951，p. 318，fig. 180，2；Zhu et Chen(朱蕙忠 陈嘉佑)1994，p. 94；Krammer & Lange-Bertalot 1999，p. 110，35/5—8；Zhu et Chen(朱蕙忠 陈嘉佑)2000，p. 176，27/1；Lange-Bertalot 2001，p. 65，45/1—8.

Navicula salinarum var. *genuina* Cleve-Euler 1953，p. 159，fig. 820 a.

Navicula salinarum var. *tenuirostris* Cleve-Euler 1953，p. 159，fig. 820 d—f.

26a. 原变种　图版(plate)XXI：1，2；XLVI：15—18

var. salinarum

壳面宽披针形,末端喙状。轴区窄,中心区小至中等大,扩大呈几乎半圆形。壳缝丝状,略为偏斜或侧斜,近缝端中央孔膨大明显,远缝端略弯斜。壳面横线纹强烈辐射状排列并多少弯曲,向两端渐平行至末端聚集状排列,线纹在 10 μm 内有 12—18(—20)条,线纹围绕中心区出现长、短相间排列,线纹由短线条组成,在 LM 下很难分辨(区分)。壳面长 21—35 μm,壳面宽 7—9 μm。

生境:淡水至微咸水或至咸水种,生长在江河、湖泊、湖边水沟、小泉流水沟、湖畔积水坑、湖边浅水滩、山沟和小瀑布岩石上、水库、河湾渗水岩石附着物、山坡沼泽化积水坑、沼泽化草甸积水坑、湖边小积水、稻田等环境中。

产地:西藏(亚东、萨噶、昂仁、乃东、错那、昌都、芒康、斑戈);四川(成都);贵州(松桃、铜仁、江口、印江、石阡、思南、沿河);湖南(吉首、古丈、麻阳、永顺、凤凰)。

分布:欧洲(俄罗斯,比利时,瑞士,德国,匈牙利,挪威,英国,瑞典,奥地利等);北美洲(美国等)。

26b. 中型变种　图版(plate)XXI:3

var. intermedia (Grunow) Cleve 1895,p. 19;Meister 1912,p. 142,21/22;Cleve-Euler 1953,
　　　p. 159,fig. 820 b,c;Zhu et Chen(朱蕙忠　陈嘉佑)1989,p. 48;Zhu et Chen(朱蕙忠
　　　陈嘉佑)1994,p. 94;Zhu et Chen(朱蕙忠　陈嘉佑)2000,p. 176,28/1.

本变种与原变种的主要区别:本变种壳面较窄的披针形,两端略为延长,末端钝圆形至近头状。轴区窄线形,中心区很小,几乎不扩大或略微扩大。壳缝直,线形,几乎不弯斜。壳面横线纹辐射排列,向两端聚集状排列,线纹在 10 μm 内有 12—16 条。壳面长 29—37 μm,壳面宽 29—37 μm。

生境:淡水或微咸水,生长在江边小流水沟、小河边积水池和湖边沼泽化积水坑、急流石表、潮湿岩壁上环境中。

产地:西藏(吉隆、萨噶、洛隆);贵州(江口、印江);湖南(慈利索溪峪自然保护区)。

分布:欧洲(瑞典,芬兰);大洋洲(新西兰)。

27. 粗糙舟形藻　图版(plate)XX:13

Navicula scabellum Hustedt 1942,p. 62,fig. 112—117;Hustedt 1962,p. 275,fig. 1405;
　　　Zhu et Chen(朱蕙忠　陈嘉佑)2000,p. 176,28/2.

壳面椭圆形,末端钝圆形。轴区与中心区相连接呈披针形。壳缝直线形,近缝端和远缝端直,不偏斜。壳面横线纹全部呈辐射状排列,在 10 μm 内有 16—17 条(中部),向两端 10 μm 内有 18—20 条。壳面长 10—14 μm,壳面宽 5—6 μm。

生境:淡水种,生长在小水体环境中。

产地:西藏(墨脱)。

分布:亚洲(印度尼西亚)。

28. 苏州舟形藻　图版（plate）XXI：4

Navicula soochowensis Skvortzow 1946，p. 20，3/19.

　　壳面披针形，两端明显延长，末端尖圆形。轴区线形，中心区扩大形成长椭圆形。壳缝直线形，近缝端几乎不偏斜，中央孔略微膨大，远缝端略弯钩状。壳面横线纹均为辐射状排列，线纹非短线条或点纹组成。线纹在中部 10 μm 内有 9 条，极端在 10 μm 内有 15 条，壳面长 68—70 μm，壳面宽 15.3—16 μm。

　　生境：淡水种，生长在较小的湖泊环境中。

　　产地：江苏（苏州）。

29. 静水舟形藻　图版（plate）XXI：5

Navicula stagna Chen et Zhu（陈嘉佑　朱蕙忠）1994，p. 125，1/6.

　　壳面线形，中部略缢缩，末端宽圆形。轴区直，中心区微扩大形成小圆形。壳缝波状弯曲；近缝端中央孔小，近圆形，远缝端延长，似刺刀状。壳面横线纹辐射排列，中部线纹较稀，在 10 μm 内有 11—13 条，向两端较密，在 10 μm 内有 16—20 条。壳面长 39.0—64.5 μm，壳面宽 10—15 μm。

　　生境：淡水种，生长在河流缓流区的水草上、水库、水田的环境中。

　　产地：贵州（松桃、江口）；湖南（吉首）。

30. 近杆状舟形藻　图版（plate）XXI：6

Navicula subbacillum Hustedt 1936，p. 256，18/3—6；Hustedt 1961，p. 117，fig. 1251；
　　Zhu et Chen（朱蕙忠　陈嘉佑）1989，p. 48；Zhu et Chen（朱蕙忠　陈嘉佑）1994，p. 96；
　　Zhu et Chen（朱蕙忠　陈嘉佑）2000，p. 179，28/14.

　　壳面线形，末端宽圆形。轴区窄线形，中心区扩大形成菱形椭圆形或椭圆形。壳缝直线形，近缝端直，不偏斜，中央孔略微膨大近圆形，远缝端短，略微弯钩状。壳面横线纹均为辐射状排列，在中部（中节）线纹稀疏而粗壮，每侧大约有 7 条，中部在 10 μm 内有 14—20 条，向两端 10 μm 内有 25—30 条。壳面长 22—24 μm，壳面宽 5—5.5 μm。

　　生境：淡水至半咸水种，生长在江、河、湖叉沼泽地、草原上河边静水弯、潮湿岩壁环境中。

　　产地：西藏（聂拉木、错那）；贵州（松桃、铜仁、江口）；湖南（古丈、吉首、麻阳、永顺、凤凰、慈利索溪峪自然保护区）。

　　分布：欧洲（德国，奥地利，瑞典）。

　　本种经 Krammer 和 lange-Bertalot（1985，1999）的观察研究，认为形态和构造特征与 *Navicula stroemii* 相似，因此将本种作为异名归并到 *N. stroemii* 中。在本次编志中，对标本的进一步研究，认为这两种标本在形态上有相似之处，但构造上有较大的区别，因此，我们分别进行描述。

31. 近极高舟形藻　图版（plate）XXI：7

Navicula subprocera Hustedt 1945，p. 920，41/1；Hustedt 1962，p. 204，fig. 1323；Zhu et

Chen（朱蕙忠 陈嘉佑）2000，p. 179，28/17.

壳面线披针形，末端略延长呈钝圆形。轴区窄线形，中心区扩大形成菱形或菱形椭圆形。壳缝直线形，近缝端直，略微膨大，远缝端未见偏斜。壳面横线纹在中部辐射状排列，向两端垂直于轴区或平行排列，线纹在中部 10 μm 内有 28 条，两端密，在 10 μm 内有 36 条。壳面长 20 μm，壳面宽 5 μm。

生境：淡水种，生长在小河边的小水池环境中。

产地：西藏（洛隆）。

分布：欧洲（德国，奥地利，瑞典）。

本种被 Krammer 和 Lange-Bertalot（1999，p. 204，205）认为有可能是 *N. digitulus* Hustedt（1943）种的异名种，但从标本的形态和构造特征来看，虽然有点相似，但差异更为明显，因此不可能是 *N. digitulus* 的异名。

32. 近喙头舟形藻　图版（plate）XXII：1

Navicula subrhynchocephala Hustedt 1935，p. 156，1/11；Zhu et Chen（朱蕙忠 陈嘉佑）1989，p. 48.

壳面椭圆披针形，少有见披针形，近两端明显缢缩，末端延长呈近喙状，轴区窄线形，中心区扩大呈菱形椭圆形。壳缝线形，近缝端直形，中央孔明显膨大呈近圆形，远缝端明显呈钩状。壳面横线纹有点弯曲，在中部辐射状排列，向两端近平行至聚集状排列，在中部围绕中心区在 10 μm 内有 11—12 条，向两端在 10 μm 内有 14—16 条。壳面长 27.2—34 μm，壳面宽 6.6—7.3 μm。

生境：淡水种，生长在缓流石表的环境中。

产地：湖南（慈利索溪峪自然保护区）。

分布：欧洲（瑞典）。

33. 近圆形舟形藻　图版（plate）XXI：8

Navicula subrotundata Hustedt 1945，p. 917，figs. 30—33；Hustedt 1962，p. 272，fig. 1402 a—m；Zhu et Chen（朱蕙忠 陈嘉佑）1989，p. 48；Zhu et Chen（朱蕙忠 陈嘉佑）1994，p. 96；Krammer & Lange-Bertalot 1999，p. 204，73/16—20.

壳面长椭圆形或菱形披针形，末端圆形或宽圆形。轴区线形，中心区扩大呈近圆形。壳线直线形，近、远缝端不偏斜。壳面横线纹均辐射状排列，中部线纹长、短明显相间排列，线纹在 10 μm 内有 24—28 条。壳面长 8—15 μm，壳面宽 4—6.5 μm。

生境：淡水种，生长在溪流、缓流石表与苔藓植物共生的环境中。

产地：贵州（松桃、铜仁、江口）；湖南（吉首、古丈、麻阳、永顺、慈利索溪峪自然保护区）。

分布：欧洲（德国，奥地利，瑞士）。

34. 极细舟形藻

Navicula subtilissima Cleve 1891，p. 37，2/15；Hustedt 1930，p. 285，fig. 475；Sabelina *et* *al.* 1951，p. 293，fig. 167，6；Cleve-Euler 1953，p. 174，fig. 864；Prowse 1962，p. 48，12/1；Jao（绕钦止）1964，p. 172；Krammer et Lange-Bertalot 1999，p. 182，79/22—26；Zhu et Chen（朱蕙忠　陈嘉佑）1989，p. 48；Zhu et Chen（朱蕙忠　陈嘉佑）1994，p. 96；Zhu et Chen（朱蕙忠　陈嘉佑）2000，p. 179 28/19.

34a. 原变种　图版（plate）XXI：9

var. subtilissima

壳面线形，近末端缢缩，末端头状。轴区很狭窄，中心区几乎不扩大。壳缝直、丝状。壳面横线纹密，中部长、短相间，辐射排列，两端聚集状排列，线纹在 10 μm 内有 32—42 条。壳面长 16.0—24.5 μm，壳面宽 3.5—5.5 μm。

生境：淡水种或亚气生，生长在河畔流动的小水坑、湖畔积水塘、河边沼泽草甸中小河、浅水池、稻田和滴水岩壁上等环境中。

产地：西藏（打隆、定日、吉隆、米林、隆子、类乌齐、斑戈）；湖南（吉首、古丈、麻阳、永顺、凤凰）；贵州（松桃、铜仁、江口）。

分布：欧洲（俄罗斯，德国，芬兰，瑞典，奥地利）。

34b. 疏线变种　图版（plate）XXI：10，11

var. paucistriata Chen et Zhu（陈嘉佑　朱蕙忠）1989，p. 34，1/5；Chen et Zhu（陈嘉佑　朱蕙忠）2000，p. 180，28/20.

本变种与原变种的主要区别：本变种中心区扩大形成圆形。壳面横线纹较稀而清晰，在壳面中部在 10 μm 内有 17—20 条，两端在 10 μm 内有 18—28 条。壳面长 15.5—23.5 μm，壳面宽 3.7—4.5 μm。

生境：亚气生，生长在溪流、溪边岩石上、滴水岩壁上和潮湿岩壁环境中。

产地：西藏（察雅）；湖南（慈利，桑植）。

35. 细小舟形藻　图版（plate）XXII：2

Navicula tantula Hustedt 1934 *in* Schmidt *et al.* 1874—，399/54—57；Hustedt 1934，p. 383；Hustedt 1943，p. 162；Sabelina *et al.* 1951，p. 280，fig. 158，5；Hustedt 1962，p. 250，fig. 1375；Zhu et Chen（朱蕙忠　陈嘉佑）2000，p. 180，28/22.

壳面线形、线椭圆形或椭圆形，两侧略平行，末端宽圆形。轴区窄线形，中心区横向扩大不达边缘的矩形。壳缝直线形，近缝端不偏斜，缝端间距较大。壳面横线纹均为辐射状排列，在 10 μm 内有 23—28 条，中心区两侧边缘短线条一般有 3—5 条，线纹整齐不分长、短相间。壳面长 7.5—10.5 μm，壳面宽 2.5—3.5 μm。

生境：淡水种，生长在流水小水坑、小浅水池、地下泉水边的草地环境中。

产地：西藏（措美、贡觉、类乌齐）。

分布：欧洲（俄罗斯，德国，瑞士，奥地利）。

Krammer 和 Lange-Betalot（1999 p. 229）将本种归入 *N. minima* Grunow 中，两种的形态和构造特征很相似，尤其是形态和大小接近。但构造特征和线纹排列、中心区的大小和短纹的数量以及长、短排列等两者都有差别，因此，在分类中应分别进行描述。

36. 石莼舟形藻　图版（plate）XXII：3

Navicula ulvacea (Berkeley) Van Heurck 1896，p. 233，27/781；Peragallo et Peragallo 1897—1908，p. 58，7/36；Karsten 1928，p. 279，fig. 369 C—E；Hustedt 1962，p. 289，fig. 1413；Zhu et Chen（朱蕙忠　陈嘉佑）1994，p. 96；Zhu et Chen（朱蕙忠　陈嘉佑）2000，p. 181，29/5.

Dickieia ulvacea Berkekey *in litt* Kützing 1844，p. 119.

Dickieia ulvoides　Berkeley et Ralfs 1844，p. 328，9/1.

壳体环带面观具有多条环带。壳面线形，通常两侧边缘平行，少见中部稍有凸出，末端宽圆形，见有略微尖圆形。轴区极窄的线形，中心区略微横向扩大。壳缝直线形。壳面横线纹均为辐射状排列，线纹在 10 μm 内有 15—16 条。壳面长 24—27.5 μm，壳面宽 6.5.—7.7 μm。

生境：淡水种，生长在泉水涌入的一湖叉、江河、稻田、长有许多水生植物的环境中。

产地：西藏（波密）；贵州（松桃、铜仁、江口）；贵州（吉首、古丈、麻阳、永顺、凤凰）。

37. 沃切里舟形藻　图版（plate）XXII：4

Navicula vaucheriae Boye Petersen 1915，p. 291，fig. 13；Boye Petersen 1935，p. 145，fig. 5；Hustedt 1961，p. 159，fig. 1292；Zhu et Chen（朱蕙忠　陈嘉佑）1989，p. 48；Krammer & Lange-Bertalot 1999，p. 231，76/27—29；Zhu et Chen（朱蕙忠　陈嘉佑）2000，p. 181，29/6.

细胞小型，壳面椭圆形或椭圆披针形，末端圆形或尖圆形。轴区线形，中心区几乎不扩大。壳缝直线形，近、远缝端直，不偏斜。壳面横线纹稍辐射排列，在 10 μm 内有 20—22 条。壳面长 7.8—9.5 μm，壳面宽 3.6—4.5 μm。

生境：淡水种，生长在高山闭塞湖和急流石表环境中。

产地：西藏（墨脱）；湖南（慈利索溪峪自然保护区）。

分布：欧洲（德国，奥地利，瑞士，丹麦）。

本种在分类上有不同的差异：Krammer 和 Lange-Bertalot（1999，p. 223，76/21—26）将本种放入 *N. subminuscula* Manguin（1941）中描述，Lange-Bertalot　*in* Lange-Bertalot & Meser（1994）将本种移入 *Naviculadicta* 属中描述。标本形态和构造特征更接近 *N. subminuscula* 的形态和构造，与 *Naviculadicta* 属征差异明显，在编志中暂沿用 Beye Petersen 的分类。

38. 腹面舟形藻

Navicula ventralis Krasske 1923，p. 197，fig. 13；Krasske 1925，p. 44，1/18；Hustedt 1930，p. 274，fig. 450；Cleve-Euler 1853，p. 192，fig. 905；Hustedt 1961，p. 140，fig. 1273 a—b；Krammer & Lange-Bertalot 1999，p. 197，71/1—2；Zhu et Chen（朱蕙忠 陈嘉佑）2000，p. 181.

Navicula capitata Fontell 1917，p. 17，2/35.

38a. 原变种

var. ventralis

壳面椭圆形，中部两侧凸出，近末端明显缢缩，末端宽头状。轴区较宽线形，中心区扩大呈较大的不规则形。壳缝丝状，较直，几乎不偏斜。壳面横线纹均为辐射状排列，中心区两侧短线纹长、短略为不齐，线纹在 10 μm 内有 24—29 条。壳面长 11.5—25 μm，壳面宽 4.5—5.5 μm。

中国尚未发现原变种，仅发现 1 变种。

38b. 简单变种　图版(plate)XXII：5

var. simplex Hustedt 1934 *in* Schmidt *et al.* 1874—，400/77；Hustedt 1943，p. 162，fig. 38；Zhu et Chen（朱蕙忠 陈嘉佑）1994，p. 96；Zhu et Chen（朱蕙忠 陈嘉佑）2000，p. 182，29/7.

Navicula ventralis f. *simplex*（Hustedt 1934）Hustedt 1961，p. 140，fig. 1273 e.

本变种与原变种的主要区别：本变种壳面椭圆披针形，两侧边缘几乎不凸出，末端不呈扩大的头状。壳面长 13 μm，壳面宽 4.7 μm。

生境：淡水，生长在江河及流水小水坑环境中。

产地：西藏(江达)；贵州(松桃、铜仁、江口)；湖南(吉首、古丈、麻阳、永顺、凤凰)。

分布：欧洲(瑞士，德国，奥地利)。

39. 乌普萨舟形藻　图版(plate)XLIII：7—10；XLVIII：6，7

Navicula upsaliensis（Grunow 1880）Peragallo 1903，p. 642；Lnage-Bertalot 2001，p. 75，12/8—14，64/2，3；Liu，Fan et Wang（刘妍，范亚文，王全喜）2013，p. 836，1/10，11.

Navicula menisculus var. *upsaliensis* Grunow *in* Van Heurck 1880，8/23，24；*in* clever& Grunow 1881，p. 33；Krammer & Lange-Bertalot 999，p. 105，32/18—25.

壳面宽披针形，末端楔形或略延长近喙状。轴区较窄，线形，中心区横向扩大形成不规则的较大形，形状随着标本的大小或围绕中央节较长、较短线纹相间的不同是可变的。壳缝不直，略偏斜。横线纹在正常和较大细胞中会出现强辐射排列，向末端出现聚集，线纹在 10 μm 内有 10—12 条。壳面长 18—35 μm，壳面宽 6—10 μm。

生境：淡水或微咸水种，生长在湖泊、湖泊沿岸带、沼泽环境中(仅在达尔滨湖及其周围沼泽中出现)，pH 5.4—8.9.

产地：内蒙古(阿尔山)；山西(太原)。

分布：欧洲(瑞士)。

本种最早由 Grunow(1880)确定为 *Navicula menisculus* var. *upsaliensis* 变种，M.

Peragallo(1903)将变种独立成种 *Navicula upsaliensis*(Grunow)Peragallo。Van Landingham (1975)不承认独立种，认为应将其归入 *N. menisculus* Schumann(1867，p. 56，2/33)种作为异名。在中国发现的标本，形态和构造特征与 *N. upsaliensis* 很接近，因此 Liu 等(2013)将其归入此种中。

40. 威蓝色舟形藻　图版(plate)XXII：6

Navicula veneta Kützing 1844，p. 95，30/76；Krammer et Lange-Bertalot 1999，p. 104，
　　32/1—4；Lange-Bertalot 2001，p. 78，14/30.
Navicula cryptocephala var. *veneta*(Kützing)Rabenhorst 1864，p. 198，Skvortzow 1929，p. 41；
　　Skvortzow 1976，p. 132，figs. 103—105；Zhu et Chen(朱蕙忠　陈嘉佑)1989，p. 46；
　　Zhu et Chen(朱蕙忠　陈嘉佑)2000，p. 156，22/1.
Navicula cryptocephala var. *pumila*(Grunow in Van Heurck 1880)De Toni 1891，p. 46；Cleve
　　1895，p. 14.
　　壳面短线披针形至菱形披针形，末端延长，常略为楔形。轴区窄，线形，中心区相当小，几乎对称，中心区横向扩大呈矩形。壳缝丝状，近缝端中央孔清楚。壳面横线纹微辐射排列，向两端聚集状排列，线纹在 10 μm 内有 12—18 条。壳面长 17—34 μm，壳面宽 5—7.3 μm。
　　生境：淡水至微咸水种，生长在河流、泉水小溪、小溪阴暗处岩石上、河流、小河溪上附着物、小沟和小瀑石上、盐井区水体、清水沟、河边浅池、湖边水草、冰川下流泉边沼泽、雪山下渗水坑、小溪旁的水坑、河滩凹地、滴水岩壁、潮湿岩壁、湿土表面、急流石表、缓流石表、与苔藓混生、水塘、水库等流水、静水环境中。
　　产地：北京；西藏(聂拉木、亚东、康马、吉隆、昂仁、错那、措美、察隅、八宿、昌都、芒康、察雅、洛隆、江达、贡觉、申扎)；湖南(武陵源自然保护区)；福建(厦门)。
　　分布：欧洲(德国，瑞士，英国，法国，比利时)；北美洲(美国)。
　　本种由 Lange-Bertalot(2001)依据标本的形体矮和构造特征认为原 Kützing(1844)所定的 *N. veneta* 符合分类的要求。Rabenhorst(1964)曾将该种移至 *N, cryptocephala* 种中作为变种 *N. cryptocephala* var. *veneta*(Kützing)Rabenhorst，其特征有所区别，因此将变种作为 *N. veneta* 的异名。

41. 维里舟形藻　图版(plate)XXII：7

Navicula virihensis Cleve-Euler 1953，p. 141，fig. 790 A；Zhu et Chen(朱蕙忠　陈嘉佑)2000，p. 183，29/13.
　　壳面线披针形，两侧边缘略为平行，末端喙头状。轴区窄线形，中心区扩大形成小圆形。壳缝直线形，近缝端中央孔膨大呈圆形，远缝端呈弯钩状，壳面横线纹均呈辐射状排列，中部稀，两端密，在 10 μm 内有 14—24 条。壳面长 39 μm，壳面宽 10 μm。
　　生境：淡水种，生长在山区小浅水池环境中。
　　产地：西藏(类乌齐)。
　　分布：欧洲(瑞典，芬兰)。

附录 I 总检索表(英文)

Appendix

The Bacillariophyta contains 2 classes，named Centricae and Pennatae. The present volume 317 taxa are described，37 new combination species，32 new combination varieties，3 new combination forms belong to 18 genus. 1 families and 1 order of the Pennatae in Chinese fresh water and brackish water Diatoms.

Bacillariophyta
Biraphidiniales
Key to the genus of Naviculaceae

1. Valves linear，linear-lanceolate ·· 2
1. Valves elliptical，linear-elliptical··· 9
    2. Valves strongly arched. The raphe sternum almost straight，broad，flat，simple ··········· ***Hippodonta***
    2. Valves not strongly arched ·· 3
3. Cells solitary，not forming chains. All species under 25 μm long. Stria dense to very dense，distinctly radiate，abruptly convergent towards the valve ends ·· ***Adlafia***
3. Cell up to 25 μm long·· 4
    4. Ends of the valve shortly rounded or acutely rounded. Striae uniseriate. Proximal raphe ends and terminal raphe ends T form ·· ***Diadesmis***
    4. Ends of the valve not shortly rounded ·· 5
5. Axial area narrow，central area widened forming shortly stauros or rectangular，a distinct isolated punctum present·· ***Luticola***
5. Central area without a distinct isolated punctum·· 6
    6. Valves with central constriction，ends obtusely rounded or rostrate. Striae puncta，near the center with 1—3 larger puncta series·· ***Neidiomorpha***
    6. Valves without central constriction·· 7
7. Raphe—sternum central，expanted widened centrally into a round or rectangular area ················· ***Petroneis***
7. Valves not so structure·· 8
    8. Axial area narrow，central area widened forming a broad hyaline "lyre" ···················· ***Fallacia***
    8. Axial area variable. Striae of the valve with puncta，linear or costa ·························· ***Navicula***
9. Raphe undulate or slightly undulate. Striae coarser，near axial area uniseriate areolae，near margins biseriate，shortened·· ***Aneumastus***
9. Raphe not so formed ·· 10
    10. Ends of the valve obtusely to broadly rounded ··· 12
    10. Ends of the valve rostrate，subcapitate or capitate. Axial area widened forming rounded or rectangular
    ·· 11
11. Transapical bar-like thickenings occur at the poles ·· ***Sellaphora***
11. Transapical bar-like not thickening occur at the poles. Terminal raphe ends hooked towards the same or

opposite sides ⋯⋯⋯⋯⋯⋯⋯⋯⋯⋯⋯⋯⋯⋯⋯⋯⋯⋯⋯⋯⋯⋯⋯⋯⋯⋯⋯⋯⋯⋯⋯⋯⋯⋯⋯⋯ *Placoneis*

   12. Axial area linear, central area widened forming rounded or elliptical. Striae consisting of fine and close puncta ⋯⋯⋯⋯⋯⋯⋯⋯⋯⋯⋯⋯⋯⋯⋯⋯⋯⋯⋯⋯⋯⋯⋯⋯⋯⋯⋯⋯⋯⋯⋯ *Geissleria*

   12. Axial area moderately to very broadly. Raphe straight, proximal raphe ends lateral deflection, terminal raphe ends hooked. Striae uniseriate, less biseriate ⋯⋯⋯⋯⋯⋯⋯⋯⋯⋯⋯⋯⋯ *Mayamaea*

13. Valves boat-shaped (naviculoid) or lanceolate, ends narrow, rostrate or subcapitate. Central pores of the raphe more distant or hooked, terminal raphe ends hooked. Striae almost parallel or weakly convergent at the ends, longitudinal ribs and transverse striae formed craticulae ⋯⋯⋯⋯⋯⋯⋯⋯⋯⋯⋯⋯ *Craticula*

13. Valves and structure not so formed ⋯⋯⋯⋯⋯⋯⋯⋯⋯⋯⋯⋯⋯⋯⋯⋯⋯⋯⋯⋯⋯⋯⋯⋯⋯⋯⋯⋯⋯⋯⋯⋯⋯ 14

   14. Valves linear-lanceolate or rhombic-lanceolate, ends rounded. Striae uniseriate, fine and close, in the middle portion, alternately larger and shorter ⋯⋯⋯⋯⋯⋯⋯⋯⋯⋯⋯⋯⋯⋯⋯⋯ *Cavinula*

   14. Valves and ends not so formed ⋯⋯⋯⋯⋯⋯⋯⋯⋯⋯⋯⋯⋯⋯⋯⋯⋯⋯⋯⋯⋯⋯⋯⋯⋯⋯⋯⋯⋯⋯⋯⋯ 15

15. Valves lanceolate or elliptical, ends rostrate or strongly capitate. Axial area narrowly linear, central area widened forming langer rounded or elliptical. Raphe straight, central pore more distant, expanded forming conical ⋯⋯⋯⋯⋯⋯⋯⋯⋯⋯⋯⋯⋯⋯⋯⋯⋯⋯⋯⋯⋯⋯⋯⋯⋯⋯⋯⋯⋯⋯⋯ *Cosmioneis*

15. Ends of the valve not so formed ⋯⋯⋯⋯⋯⋯⋯⋯⋯⋯⋯⋯⋯⋯⋯⋯⋯⋯⋯⋯⋯⋯⋯⋯⋯⋯⋯⋯⋯⋯⋯⋯⋯ 16

   16. Valves broadly elliptical, ends cuneate obtusely to broadly rounded or rostratte with foramina circular in shape outside, arranged essentially by the three systems of striae, which cross each other in angles of "60—80" forming a regular quincunx pattern ⋯⋯⋯⋯⋯⋯⋯⋯⋯⋯⋯⋯⋯⋯⋯ *Decussata*

   16. Striae of valve not forming a regular quincunx pattern ⋯⋯⋯⋯⋯⋯⋯⋯⋯⋯⋯⋯⋯⋯⋯ *Prestauroneis*

Key to the species of the *Adlafia*

1. Vales elliptic to elliptic lanceolate ⋯⋯⋯⋯⋯⋯⋯⋯⋯⋯⋯⋯⋯⋯⋯⋯⋯⋯⋯⋯⋯⋯⋯⋯⋯⋯⋯⋯⋯⋯⋯⋯ 2

1. Vales linear ⋯⋯⋯ 4

   2. Transverse striae strongly radiate of the valve, convergent at the ends. Striae, 30—36 in 10 μm ⋯⋯⋯⋯

   ⋯⋯⋯⋯⋯⋯⋯⋯⋯⋯⋯⋯⋯⋯⋯⋯⋯⋯⋯⋯⋯⋯⋯⋯⋯⋯⋯⋯⋯⋯⋯⋯⋯⋯⋯⋯⋯⋯⋯ **3. *A. minuscula***

   2. Transverse striae radiate of the valve ⋯⋯⋯⋯⋯⋯⋯⋯⋯⋯⋯⋯⋯⋯⋯⋯⋯⋯⋯⋯⋯⋯⋯⋯⋯⋯⋯⋯⋯ 3

3. Transverse striae parallel. Striae 26—28 in 10 μm ⋯⋯⋯⋯⋯⋯⋯⋯⋯⋯⋯⋯⋯⋯⋯⋯**4. *A. muralis***

3. Transverse striae 24 in 10 μm ⋯⋯⋯⋯⋯⋯⋯⋯⋯⋯⋯⋯⋯⋯⋯⋯⋯⋯⋯⋯⋯⋯⋯**6. *A. pseudomuralis***

   4. Central area smaller of the valve. Transverse striae of the valve fine, 32—38 in 10 μm ⋯**2. *A. bryophila***

   4. Central area larger of the valve. Transverse striae of the valve less than 30 in 10 μm ⋯⋯⋯⋯⋯⋯

5. Central area widened forming nearly rounded. Transverse striae 25—28 in 10 μm ⋯⋯⋯⋯ **1. *A. aquaeductae***

5. Central area expanted, elliptica. Transverse striae 11 (—12) —14 in 10 μm ⋯⋯⋯⋯⋯⋯⋯⋯**5. *A. paucistriata***

Key to the species of the *Aneumastus*

1. Valves broadly lanceolate or elliptic, ends usually not distinctly rostrate, altogether small, less than 11 μm broad ⋯⋯**2. *A. minor***

1. Character combination otherwise ⋯⋯⋯⋯⋯⋯⋯⋯⋯⋯⋯⋯⋯⋯⋯⋯⋯⋯⋯⋯⋯⋯⋯⋯⋯⋯⋯⋯⋯⋯⋯⋯⋯ 2

   2. Striae appearing evenly punctate from the valve middle to the margin ⋯⋯⋯⋯⋯⋯⋯⋯⋯⋯⋯⋯ 6

   2. Striae with obvious double raws of puncta at margin ⋯⋯⋯⋯⋯⋯⋯⋯⋯⋯⋯⋯⋯⋯⋯⋯⋯⋯⋯⋯ 3

3. Raphe strongly undulate ⋯⋯⋯⋯⋯⋯⋯⋯⋯⋯⋯⋯⋯⋯⋯⋯⋯⋯⋯⋯⋯⋯⋯⋯⋯⋯⋯⋯⋯**7. *A. tusculus***

3. Raphe at most gently undulate ⋯⋯⋯⋯⋯⋯⋯⋯⋯⋯⋯⋯⋯⋯⋯⋯⋯⋯⋯⋯⋯⋯⋯⋯⋯⋯⋯⋯⋯⋯⋯⋯⋯ 4

   4. Valves lanceolate-elliptic, ends protracted, rostrate. Central area stauroid, length and breadth usually delimited by 4—5 irregularly shortened striae ⋯⋯⋯⋯⋯⋯⋯⋯⋯⋯⋯⋯⋯⋯⋯⋯⋯⋯**4. *A. rostratus***

4. Central area not stauroid ⋯⋯⋯⋯⋯⋯⋯⋯⋯⋯⋯⋯⋯⋯⋯⋯⋯⋯⋯⋯⋯⋯⋯⋯⋯⋯⋯⋯⋯⋯⋯⋯⋯ 5

5. Valves broadly elliptic， ends abruptly protracted， narrow-rostrate or fairly rostrate-capitate. Central area broader forming bow-tie-like⋯⋯⋯⋯⋯⋯⋯⋯⋯⋯⋯⋯⋯⋯⋯⋯⋯⋯⋯⋯⋯⋯⋯ **3. *A. mongolicus***

5. Valves elliptic， ends rostrate. Central area slightly bow-tie-like. Striae 12—14 in 10 μm⋯⋯**6. *A. tusculoides***

   6. Valves elliptic-lanceolate， ends narrow rostrate. Central area broadly rectangular， 3—4 shorter striae at the margin⋯⋯⋯⋯⋯⋯⋯⋯⋯⋯⋯⋯⋯⋯⋯⋯⋯⋯⋯⋯⋯⋯⋯⋯⋯⋯⋯⋯⋯⋯⋯ **1. *A. apiculatus***

   6. Valves linear-elliptic， ends short rostrate. Central area narrow stauroid， 1—3 shorter striae at the margin ⋯⋯⋯⋯⋯⋯⋯⋯⋯⋯⋯⋯⋯⋯⋯⋯⋯⋯⋯⋯⋯⋯⋯⋯⋯⋯⋯⋯⋯⋯⋯⋯⋯ **5. *A. stroesei***

Key to the species of the *Cavinula*

1. Valves elliptical-lanceolate， ends subrostrate ⋯⋯⋯⋯⋯⋯⋯⋯⋯⋯⋯⋯⋯⋯⋯⋯⋯⋯⋯⋯⋯⋯⋯⋯ 2

1. Valves not elliptical-lanceolate， ends broadly rounded or broadly rostrate⋯⋯⋯⋯⋯⋯⋯⋯⋯⋯⋯ 3

   2. Central area slightly widened， almost elliptical. Transverse striae very feinere， alternately longer and shorter at the center of the valve 20—28 in 10 μm ⋯⋯⋯⋯⋯⋯⋯⋯⋯⋯**1. *C. cocconeiformis***

   2. Central area distinctly widened， transverse rounded. Transverse striae robust， 6—6.5 in 10 μm ⋯⋯⋯⋯⋯⋯⋯⋯⋯⋯⋯⋯⋯⋯⋯⋯⋯⋯⋯⋯⋯⋯⋯⋯⋯⋯⋯⋯⋯⋯⋯⋯⋯⋯⋯ **2. *C. maculata***

3. Valves rounded or almost orbicular in shape， ends broadly rounded. Transverse striae strongly radiate， 11—16 in 10 μm ⋯⋯⋯⋯⋯⋯⋯⋯⋯⋯⋯⋯⋯⋯⋯⋯⋯⋯⋯⋯⋯⋯ **5. *C. scutelloides***

3. Valve not rounded ⋯⋯⋯⋯⋯⋯⋯⋯⋯⋯⋯⋯⋯⋯⋯⋯⋯⋯⋯⋯⋯⋯⋯⋯⋯⋯⋯⋯⋯⋯⋯⋯⋯⋯⋯⋯⋯ 4

   4. Valves broadly elliptical， ends broadly rounded. Central area indistinct. Transverse striae strongly radiate， alternately longer and shorter in the middle portion of valve ⋯⋯⋯⋯⋯ **3. *C. pseudoscutiformis***

   4. Valves elliptical， ends broadly rostrate. Central area distinct， langer， transverse elliptical.Transverse striae very fine， close together， alternately longer and shorter at the center of the valve， radiate toward the ends of the valve， 30 in 10 μm ⋯⋯⋯⋯⋯⋯⋯⋯⋯⋯⋯⋯⋯⋯⋯⋯⋯ **4. *C. pusio***

Key to the species of the *Craticula*

1. Valves relatively large， valves rhombic-lanceolate⋯⋯⋯⋯⋯⋯⋯⋯⋯⋯⋯⋯⋯⋯⋯⋯⋯⋯⋯⋯⋯⋯⋯ 2

1. Valves smaller， no rhombic-lanceolate⋯⋯⋯⋯⋯⋯⋯⋯⋯⋯⋯⋯⋯⋯⋯⋯⋯⋯⋯⋯⋯⋯⋯⋯⋯⋯⋯⋯ 4

   2. Ends rostrate to subcapitate. Striae of the valve 13—20 in 10 μm ⋯⋯⋯⋯⋯⋯⋯**2. *C. ambigua***

   2. Ends not so formed ⋯⋯⋯⋯⋯⋯⋯⋯⋯⋯⋯⋯⋯⋯⋯⋯⋯⋯⋯⋯⋯⋯⋯⋯⋯⋯⋯⋯⋯⋯⋯⋯⋯⋯ 3

3. Ends acute or obtusely rounded. Transverse striae of the valve parallel， 13—20 in 10 μm， longitudinal striae， 22—28 in 10 μm ⋯⋯⋯⋯⋯⋯⋯⋯⋯⋯⋯⋯⋯⋯⋯⋯⋯⋯⋯⋯⋯⋯⋯⋯**3. *C. cuspidata***

3. Ends rostrate. Transverse striae of the valve， 8—9 in 10 μm at the centrer， 13—16 in 10 μm ⋯⋯⋯⋯⋯⋯⋯⋯⋯⋯⋯⋯⋯⋯⋯⋯⋯⋯⋯⋯⋯⋯⋯⋯⋯⋯⋯⋯⋯⋯⋯⋯⋯**6. *C. perrotettii***

   4. Valve elliptical with short， acute subrostrate. Transverse striae of the valve， 16—17 in 10 μm at the center， 20—22 in 10 μm toward the ends ⋯⋯⋯⋯⋯⋯⋯⋯⋯⋯⋯⋯⋯**1.*C. accomoda***

   4. Valve not so formed ⋯⋯⋯⋯⋯⋯⋯⋯⋯⋯⋯⋯⋯⋯⋯⋯⋯⋯⋯⋯⋯⋯⋯⋯⋯⋯⋯⋯⋯⋯⋯⋯⋯ 5

5. Valves rhombic to broad lanceolate with acute or acutely rounded ends. Transverse striae of the valve， 21—23 in 10 μm ⋯⋯⋯⋯⋯⋯⋯⋯⋯⋯⋯⋯⋯⋯⋯⋯⋯⋯⋯⋯⋯⋯⋯⋯⋯**4. *C. halophila***

5. Valve lanceolate with slightly rostrate ends. Transverse striae of the valve， 18 in 10 μm⋯⋯⋯⋯⋯⋯⋯⋯⋯⋯⋯⋯⋯⋯⋯⋯⋯⋯⋯⋯⋯⋯⋯⋯⋯⋯⋯⋯⋯⋯⋯⋯⋯ **5. *C. halophilioides***

Key to the species of the *Diadesmis*

1. Valves linear-lanceolate to linear-elliptical with acutely rounded or rostrate ends， sometimes obtuse. Axial

area linear-lanceolate or widening into a broad, lanceolate area, striae radiate throughout the valve, indistinctly punctate striae 16—24 in 10 μm ·· **2. *D. confervacea***

1. Valves linear ··· 2
   2. Ends near broad capitate. Axial area narrow. Central area expanded forming elliptical or near rounded. Striae fine, parallel, sometimes slightly radiate at the middle portion, striae 28—40 in 10 μm ············
   ··· **3. *D. contenta***
   2. Ends not capitate ·· 3
3. Ends broadly rounded. Axial area narrow linear. Central area expanded forming small elliptical. Raphe short. Striae parallel, 22 in 10 μm ··· **1. *D. brekkaensis***
3. Apices truncate.Axial area broad lanceolate, central area expanded forming broad elliptical. Raphe long striae radiate, 30—40 in 10 μm ··· **4. *D. perpusilla***

Key to the species of the *Fallacia*

1. Valve elliptical-lanceolate with slightly protracted, obtuse rounded ends. Axial area narrow without central area ··· **1. *F. indifferens***
1. Valves not so formed ··· 2
   2. Valves elliptical with broadly rounded ends. Central area transverse, margin with two narrow lateral areas ··· **3. *F. pygmaea***
   2. Vales linear-elliptical with obtusely, broadly rounded ends. Central area not so forme ······· **2. *F. omissa***

Key to the species of the *Geissleria*

1. Valves ends distinctly (sub-) capitate or (sub-) rostrate ··· 2
1. Valves ends broadly to flatly rounded at most only slightly protracted ······························· 3
   2. Valves linear with undulate margins ··· **3. *G. ignota***
   2. Valves elliptical without undulate margins ·· **6. *G. similis***
3. Valves linear or linear-elliptical ··· **4. *G. paludosa***
3. Valves linear or linear-elliptical ·· 4
   4. Valves transapical striae comparatively coarse, moderately radiate to subparallel throughout ··············
   ·· **1. *G. acceptala***
   4. Valves transapical striae radiate throughout or becoming parallel to weakly convergent at the ends ······· 5
5. A stigma near the central nodule is present or absent ····································· **5. *G. schoenfeldii***
5. A stigma near the central nodule is usually present ·· 6
   6. Valve transapical striae radiate to strongly radiate, usually sinuous ················· **2. *G. decussis***
   6. Valves transapical striae not sinuous ··· 7
7. Valves linear or linear-lanceolate. Valves length 12.7—15.3 μm, breadth 4.5—6.4 μm ······ **7. *G. taishanica***
7. Valves linear-elliptical or elliptical-lanceolate. Valves length 33—38 μm, breadth 13—14 μm ····················
··· **8. *G. tectissima***

Key to the species of the *Hippodonta*

1. Valves broad in the middle, ends distinctly protracted, distinctly rostrate to capitate ············ **1. *H.capitata***
1. Valves not broad in the middle, ends not protracted, ends broadly or obtusel rounded ·············· 2
   2. Valves broadly elliptic. Areolae arranged in regular double rows ······················· **2. *H. hungarica***
   2. Valves not broadly elliptic. Areolae arranged in single rows, forming lineolae ····························· 3

3. Valves linear to linear-elliptic. Central striae weakly radiate ·· **4. *H. linearis***

3. Valves lanceolate or narrow lanceolate ·· 4

    4. Valves very arched and the girdle relatively broad，ends acutely to obtusely rounded. Axial area narrow，becoming lanceolate towards the small，transverse rectangular central area not reaching the valve margins ··· **5. *H. lueneburgensis***

    4. Valves not arched，ends obtusely rounded. Arial area narrow，central area a distinctly transverse fascia reaching the valve margins ··· **3. *H. lanceolata***

Key to the species of the *Luticola*

1. Central area on one side of the valve with a large characteristic stigma ····································· 2

1. Central area on one side of the valve with a distinct isolated punctum ······································· 4

    2. Proximal fissures of the raphe toward a side curved formed (forming) S-shaped ············ **7. *L. major***

    2. Proximal fissures of the raphe not S-shaped ··· 3

3. Valve broadly elliptical. Raphe not straight，proximal fissures and terminal fissures of the raphe turned in the same direction. On one side of central area is a distinct characteristic stigma near margin of the valve ·········· ·· **10. *L. muticoides***

3. Valve elliptical to elliptical-lanceolate. Raphe straight，proximal fissures and terminal fissures of the raphhe curved not same direction. On one side of central area far the margin of the valve ············· **19. *L. terminata***

    4. Valve broadly elliptical or linear-elliptical ··· 5

    4. Valve not broadly elliptical to linear-elliptical ·· 9

5. Ends of the valve broadly rounded. Axial area narrow linear，central area widening into a rectangular ······· 6

5. Ends of the valve not broadly rounded. Axial area lanceolate or broadly linear. Central area widening not a rectangular ·· 7

    6. An distinct isolated punctum on one side of the central area. Striae distinctly punctate，14—25 in 10 μm，puncta 16—18 in 10 μm ·· **1. *L. cohnii***

    6. An distinct smaller isolated punctum on one side of the central area. Striae distinctly punctate，slightly radiate，longitudinal lines undulate，14—16 in 10 μm，puncta 15—16 in 10 μm ······ **16. *L. plausibilis***

7. Ends of the valve broadly obtuse to subcapitate. Axial area narrow lanceolate，central area widening into a irregular subrounded. Striae distinctly punctate，radiate et convergent toward the ends of the valve，9 in 10 μm ··· **4. *L hongkongensis***

7. Ends of the valve not broadly obtuse to subcapitate. Striae radiate throughout the valve ···················· 8

    8. Valve broadly elliptical，ends rounded. Axial area broadly lanceolate.Striae 22—24 in 10 μm············ ·· **5b. *L. kotschyi* var. *robusta***

    8. Valve elliptical-lanceolate，ends acute. Axial area narrow linear. Striae 11—15 in 10 μm ·················· ·· **5c. *L. kotschyi* var. *rupestris***

9. Valve rhombic-lanceolate or elliptical-lanceolatte ··· 10

9. Valve not lanceolate ·· 13

    10. Margins of the valve triundulate ··· 11

    10. Margins of the valve not triundulate ·· 12

11. Ends of the valve obtuse-rostrate. Axial area narrow，linear-lanceolate，central area widening almost reaching margins，on the side of the central area with a distinct isolated punctum near margin of the valve. Striae with irregular longitudinal undulate-lines ··· **2. *L. dismutica***

11. Ends of the valve truncate. Axial area very narrow. On one side of the central area with a smaller isolated punctum. Proximal and terminal fissures of raphe turned in the same direction···································

.... **6. *L. lagerheimii*** (Cl.) Li *et* Qi var. ***lagerheimii***

12. Ends of the valve obtusely rounded or rostrate. On the side of the central area with a very distinct isolated punctum. proximal fissures of raphe turned in same direction ·················· **3. *L. goeppertiana***

12. Ends of the valve slightly constricted, protracted, rostrate-broadly rounded. One side of the central area with a no distinct isolated punctum. Proximal fissures of raphe not turned ···
··· **15. *L. paramutica*** (Bock) Mann var. ***paramutica***

13. Valve linear or linear-elliptical·· 14

13. Valve not linear-linear elliptical ··· 17

   14. Margins of the valve triundulate··· 15

   14. Margins of the valve not so formed ··· 16

15. Ends of the valve broadly rostrate. Axial area very narrow, linear, central area transversely widening not reaching the margins of the valve. On one side of the central area with a slightly isolated punctum·············
··· **12. *L. nivalis*** (Her.) var. ***nivalis***

15. Axial area linear-lanceolate, central area of the valve asymmetrically widened, not reaching the margins of the valve. On one dise of the central area with a distinct isolated punctum. Striae formed by shorter lineate·
··· **13. *L. nivaloides***

   16. Margins of the valve subparallel on the middle, ends broadly capitate, apices subtruncate. Axial area narrow linear, central area widening into a asymmetric elliptical or rectangular, not reaching the margins of the valve ·· **14. *L. palaearctica***

   16. Margins of the valve convex, ends broadly rounded capitate. Axial area slightly lanceolate, central area widening into a asymmetric rectangular, not reaching the margins of the valve ············· **8. *L. murrayi***

17. Valves broad, almost rectangular, margins of the valves parallel toward the ends distinctly constricted, ends capitate. Axial area narrow, linear-lanceolate···························· **11. *L. muticopsis***

17. Valve not so formed··· 18

   18. Valves rhombic-elliptical to broadly rounded or rhombic-lanceolate. Ends broad to obtuse cuneate. Transverse striae radiate, smaller puncta, the puncta forming symmetric shorter lines on two sides of the central area, 18—20 in 10 μm································ **9. *L. mutica*** Kütz. var. ***mutica***

   18. Valve not so formed ·· 19

19. Valve elliptica, ends broadly rounded. Axial area broad linear, central area widening into a large, transverse elliptical. striae radiate, distinctly punctate, formed undulate, longitudinal lines with irregular undulate, striae 13—22 in 10 μm ································ **18. *L. suecorum***

19. Valves not elliptical ·· 20

   20. Valves elliptical-lanceolate, ends not broadly rounded··························· **17. *L. pseudodemerarae***

   20. Valves lanceolate, ends rostrate-capitate··· **20. *L. ventricosa***

Key to the species of the *Mayamaea*

1. Central area of the valve transversely widened ·· 2

1. Central area of the valve not widened ··· 4

   2. Central area of the valve rectangular or elliptical. Transversely widened not reaching the margins of the valve·· 3

   2. Central area of the valve rectangular widened reaching the margins of the valve. Transverse striae slightly radiate, 7—8 in 10 μm·· **6. *M. fukiensis***

3. Valve elliptical with obtusely rounded or broadly rounded ends. Central area of the vlve widened becoming transverse elliptical. Striae 18—24 in 10 μm ······································ **1. *M. asellus***

3. Valve linear or narrow elliptical-lanceolate with broad rounded or nearly cspitate ends. Central area of the valve widened becoming nearly rectangular or nearly elliptical. Striae 24—28 in 10 μm ⋯⋯⋯**3. *M. disjuncta***

    4. Valve thin，transparent. Valve linear-elliptical ends obtusely rounded. Striae very fine (linear) ⋯⋯⋯⋯⋯
⋯⋯⋯**7. *M. permitis***

    4. Valve not thin⋯⋯⋯⋯⋯⋯⋯⋯⋯⋯⋯⋯⋯⋯⋯⋯⋯⋯⋯⋯⋯⋯⋯⋯⋯⋯⋯⋯⋯⋯⋯⋯⋯⋯⋯⋯⋯⋯⋯ 5

5. Valve elliptical with obtuse-cuneate，broadly rounded ends. Striae radiate，18—20 in 10 μm **5. *M. fossalis***

5. Striae strongly radiate⋯⋯ 6

    6. Striae robust，12—16 in 10 μm ⋯⋯⋯⋯⋯⋯⋯⋯⋯⋯⋯⋯⋯⋯⋯⋯⋯⋯⋯⋯⋯⋯⋯⋯**4. *M. excelsa***

    6. Striae fine，21—28 in 10 μm⋯⋯⋯⋯⋯⋯⋯⋯⋯⋯⋯⋯⋯⋯⋯⋯⋯⋯⋯⋯⋯⋯⋯⋯⋯⋯⋯**2. *M. atomus***

Key to the species of genus *Neidiomorpha*

1. Valves linear，with central margins constricted，ends of valve protracted，obtusely rounded，and rostrate
⋯⋯⋯⋯⋯⋯⋯⋯⋯⋯⋯⋯⋯⋯⋯⋯⋯⋯⋯⋯⋯⋯⋯⋯⋯⋯⋯⋯⋯⋯⋯⋯⋯⋯⋯⋯⋯**1. *N. binodiformis***

1. Valves non linear⋯⋯ 2

    2. Valves elliptical-lanceolate，with central margins barely constricted，ends of valve sharply protracted，
       obtusely rounded，and rostrate，The axial area narrow，linear and the central area small，transversely
       elliptical to angular to indistinct⋯⋯⋯⋯⋯⋯⋯⋯⋯⋯⋯⋯⋯⋯⋯⋯⋯⋯⋯⋯⋯⋯⋯**2. *N. binodis***

    2. Valves linear-elliptical，with a distinct central margins constricted，ends of valve rostrate. Axial area
       narrow linear，central area small，transversely elliptical，asymmetrical⋯⋯⋯⋯⋯⋯**3. *N. sichuaniana***

Key to the species of the *Petroneis*

1. Valves linear-elliptical，ends shorter，sunbrostrate. Central area transverse subelliptical or subrectangular
⋯⋯**1. *P. deltoides***

1. Valves larger-elliptical，two side of the valve parallel，ends short rostrate. Central area transversely
subrounded⋯⋯⋯⋯⋯⋯⋯⋯⋯⋯⋯⋯⋯⋯⋯⋯⋯⋯⋯⋯⋯⋯⋯⋯⋯⋯⋯⋯⋯⋯⋯⋯⋯⋯⋯**2. *P. humerosa***

Key to the species of the *Placoneis*

1. Apices of the valve rostrate or capitate ⋯⋯⋯⋯⋯⋯⋯⋯⋯⋯⋯⋯⋯⋯⋯⋯⋯⋯⋯⋯⋯⋯⋯⋯⋯⋯⋯⋯⋯⋯⋯⋯ 2

1. Apices of the valve acutely rounded or protracted，rostrate-capitate⋯⋯⋯⋯⋯⋯⋯⋯⋯⋯⋯⋯⋯⋯⋯⋯⋯⋯⋯ 7

    2. Valves linear-elliptical to elliptical-lanceolate or rhombic-lanceolate，slightly asymmetrical of the valve
    ⋯⋯⋯ 3

    2. Valve symmetrical ⋯⋯⋯⋯⋯⋯⋯⋯⋯⋯⋯⋯⋯⋯⋯⋯⋯⋯⋯⋯⋯⋯⋯⋯⋯⋯⋯⋯⋯⋯⋯⋯⋯⋯⋯⋯⋯⋯⋯ 4

3. Central area widened forming broader irregular rectangular Central area without two isolated punctum ⋯⋯⋯⋯
⋯⋯**1. *P. amphibola***

3. Central area more or less rectangular in shape. Central area without two isolated puncta ⋯⋯⋯⋯**2. *P. clementis***

    4. Valves broad linear to linear-lanceolate⋯⋯⋯⋯⋯⋯⋯⋯⋯⋯⋯⋯⋯⋯⋯⋯⋯⋯⋯⋯⋯⋯⋯⋯⋯⋯⋯⋯⋯⋯ 5

    4. Valves not so formed ⋯⋯⋯⋯⋯⋯⋯⋯⋯⋯⋯⋯⋯⋯⋯⋯⋯⋯⋯⋯⋯⋯⋯⋯⋯⋯⋯⋯⋯⋯⋯⋯⋯⋯⋯⋯⋯ 6

5. Margins of the valve parallel. Central area widened forming near rectangular. Striae throughout radiate，
curved in shape，8—20 in 10 μm ⋯⋯⋯⋯⋯⋯⋯⋯⋯⋯⋯⋯⋯⋯⋯⋯⋯⋯⋯⋯⋯⋯⋯⋯**3. *P. dicephala***

5. Margins of the valve not parallel. Central area widened forming irregular rectangular or rounded Striae at
the center of the valve radiate，10—12 in 10 μm，toward the ends of the valve parallel，14—16 in 10 μm
⋯⋯⋯**4. *P. elginensis***

    6. Valves elliptical-lanceolate with acutely rounded and capitate ends. Central area widened forming
       slightly rectangular. Striae radiate，10—19 in 10 μm⋯⋯⋯⋯⋯⋯⋯⋯⋯⋯⋯⋯⋯⋯**5. *P. exigua***

6. Valve elliptical with rostrate to capitate ends. Central area small，irregular in shape. Striae at the central of the valve radiate，toward the ends of the valve parallel，13—15 in 10 μm ·········**8. P. interglacialis**

7. Valve longer rounded with produced，rostrate-capitate ends. Central area widened forming larger near rectangular or elliptical，not reaching the margins of the valve. Striae radiate at the center of the valve，10 in 10 μm，parallel at the ends，20 in 10 μm ··**6. P. explanata**

7. Valve not so formed·· 8

8. Central area slightly widened forming transverse，irregular in shape. Striae radiate throughout the valve. Striae alternately longer and shorter at the middle pertion of the valve，irregular，5—10 in 10 μm，11—19 in 10 μm at the ends ··**7. P. gastrum**

8. Central area not so formed ·· 9

9. Central area widened forming smaller rounded. Striae radiate thoughout the valve. Striae not alternately longer and shorter about the central area. Striae，8—14 in 10 μm ···································· **9. P. placentula**

9. Central area widened forming elliptical. Striae not longer and shorter at the central area ·······**10. P. subsalsa**

Key to the species of the genus *Prestauroneis*

Valves lanceolate or lanceolate-elliptical to linear，ends subrodtrate or subcapitate，acutely rounded. Axial area narrow，central area small. Striae uniseriate，more widely spaced and radiate in the centre of the valve or becoming nearly parallel at the apices. A pseudoseptum at each apex.

1. Valve lanceolate to lanceolate-elliptical ·· 2

1. Valve linear or elliptical-lanceolate，ends broadly rostrate or obtusely cuneate. Axial area narrow，central area slightly widened becoming small rounded. Striae more radiate，nearly parallel at the ends ·············· ··**3. P. protracta** Liu，Wang & Kociolek var. **protracta**

2. Ends of the valve rostrate to subcapitate. Central area elliptical-lanceolate. Striae radiate，13—16 in 10 μm in the middle portion，22—24 in 10 μm at the ends··**1. P. lowei**

2. Ends of the valve acutely rounded. Striae more radiate in the middle portion，nearly parallel at the ends，17—18 in 10 μm at the ends ··**2. P. nenwai**

Key to the species of the *Sellaphora*

1. Valves broadly linear or linear ··· 2

1. Valves elliptica ·· 15

2. Ends broadly rounded or bluntly rounded ·· 3

2. Ends subcapitate or rostrate ·· 6

3. Axial area broad or moderately wide ·· 4

3. Axial area narrow or very narrow ·· 7

4. Axial area broad.，central area expanded rounded or elliptical. Transapical striae at the middle part 12—14 in 10 μm··**1. S. americana** (Ehr.) Mann var. **americana**

4. Axial area moderately wide ·· 5

5. Central area almost rounded.Transapical striae 14—21 in 10 μm································**5. S. boltziana**

5. Central area slightly (a little) asymmetric (al)，elliptical. Transapical striae.15—19 in 10 μm ················ ··**8. S. gregoryana**

6. Axial area narrow linear，central area rhombic. Transapical striae 14—16 in 10 μm ····**9. S. kretschmeri**

21. Valves slightly convex margins in the middle part，ends broad subcapitate. Central area expanded strong bow-tie shaped，with 5—7 shortened striae. Transapical striae 16—18 in 10 μm ·········· **22. *S. schrothiana***

Genus *Navicula* Bory
J.B.M. Bory　1822，p. 128

Frustulus usually without inter calary bands. Some taxa have internal plates，but the are not true septa. Valves linear，lanceolate to elliptical in shape. A simple raphe is present on both valves in the axial area and extends the length of the valve. Raphe between two thickened siliceous ribs. Striae uniseriate or biseriate，the striae with distinctly lineolae，punctate or rib-like.

Key to the Section of *Navicula*

1. Raphe between two the thickened siliceous ribs···································· **Section 4**
1. Raphe without two thickened siliceous ribs ···································· 2
　　2. Margins of the valve with parallel or only parallel in the middle portion of the valve ············· **Section 3**
　　2. Striae of the valve not parallel·· 3
3. Margins of the valve with very short-striae. Axial area very large··············· **Section 1**
3. Margins of the valve without very short-striae·································· 4
　　4. Striae (with) lineolae，punctate or rib-like······························· **Section 5**
　　4. Striae of the valve without lineolae ······································ 5
5. Axial area vary narrow. Central area almost widened··························· **Section 6**
5. Axial area very narrow. Central area small or large，transversel widened becoming rectangular reaching the margins of the valv·· **Section 2**

Key to the species of Section 1

Valve elliptical，langer elliptical，elliptical-lanceolate. Axial area large or without central area. Transverse striae of the valve short，almost reaching the margins of the valve.

1. Valve elliptical-lanceolate with broadly capitate ends ······················**2. *N. margaritacea***
1. Valve not so formed·· 2
　　2. Valve elliptical with rounded ends. Axial area broadly lanceolate······················**3. *N. recondita***
　　2. Valve longer elliptical ··· 3
3. Ends of the valve broadly rounded. Axial area elliptical lanceolate ··············· **4. *N. clamans***
3. Ends of the valve obtusely，cuneate. Axial area near H shape····················· **4. *N. teneroides***

Key to the species of the Section 2

Frustules smaller. The connecting zone is not complex. The valves　are linear to linear-elliptical in shape. The axial area is narrow，central area smallor large，often transversely widened becoming rectangular central area，reaching the margins of the valve or with short lineate. Striae fine，indistinctly punctate，and are more or less radiate.

1. Central area of the valve transversely widened forming rectangular and reaching the margins of the valve·· 2

1. Central area of the valve transversely widened not reaching the margins of the valve ·································· 7
　　2. Valve lanceolate or linear-lanceolate，linear ·· 3
　　2. Valve linear-elliptical or broadly-elliptical ·· 6
3. Valve margin parallel on both sides of the middle portion·· 4
3. Valve margins not parallel on both sides of the middle portion ·· 5
　　4. Central area of the valve with an isolate punctum at the center···························· **6. _N. kovalchookiana_**
　　4. Central area of the valve without an isolated punctum at the center································**8. _N. lucinensis_**
5. Valve linear，margins slightly，convex on both sides of the middle portion，ends broadly capitate ···········
　　··**18. _N. subnympharum_**
5. Valve lanceolate，ends obtusely rounded. Central area transversely widened，only on one side of the central
　　area reaching the margin of the valve ··· **22. _N. tibetica_**
　　6. Valve broadly elliptical，ends broadly rounded or slightly rostrate. Striae 20—24 in 10 μm·················
　　··· **10. _N. nitrophila_**
　　6. Valve linear-elliptical，ends broadly rounded. Striae slightly radiate，18 in 10 μm ······**16. _N. soodensis_**
7. Central area widened becoming near rectangular or butterfly·· 8
7. Central area not so formed·· 9
　　8. Valve linear-elliptical to elliptical，ends broadly，obtusely rounded. Axial area linear，central area
　　widened，on both sides of the central area alternately longer and shorther striae ··············· **7. _N. lapidosa_**
　　8. Valve linear to linear elliptical，ends broadely rounded. Axial area narrowly linear，on both sides. Central
　　area with 3 short striae ·· **9. _N. minima_**
9. Valve lanceolate or linear ··· 10
9. Valve linear-elliptical or broadly elliptical ·· 17
　　10. Valve margins parallel on both sides of the middle portion··· 11
　　10. Valve margins not parallel on both sides of the middle portion ·· 13
11. Ends of the valve cuneate，Striae curved at the middle portion of the valve，towards the ends　parallel to
　　convergent·· **3. _N. cari_**
11. Ends of the valve not so formed··· 12
　　12. Ends of the valve rounded. Central area widened transapically (transversely) subrectangular，with 4
　　very short striae on both sides of the central srea ··· **1. _N. adversa_**
　　12. Ends of the valve subcapitate or obtusely rounded. Central area small to moderately large or
　　transapically elliptical，with more short striae on both side　of the central area ·····**4. _N. cryptocephala_**
13. Valve margins parallel，ends broadly，obtusely rounded，with 1—2 short striae on both sides of the central
　　area ··**2. _N. begeri_**
13. Valve margins not parallel ·· 14
　　14. Valve with triundulate margins·· 15
　　14. Valve without triundeulate margins ·· 16
15. Ends of the valve constricted，capitata. Central area widened becoming the irregularly rounded. Striae
　　radiate toward the ends of the valve convergent. Striae 36—40 in 10 μm ·······················**23. _N. tridentula_**
15. Ends of the valve broadly capitate. Central area widened becoming small rounded. Striae throughout
　　parallel，28—32 in 10 μm ·· **15. _N. soehrensis_**
　　16. Valve margins convex，ends broadly capitate. Central area widened subrectangular not reaching the
　　margins of the valve，with 3 short striae on both sides of the central area····················· **17. _N. stroemii_**
　　16. Valve margins parallel，ends rounded. Central area widened not reaching the margins of the valve，with
　　4 short striae on both sides of the central area ·· **21. _N. tantula_**

17. Valve margins convex ··· 18
17. Valve margins not convex·· 19
   18. Ends of the valve obtusely rounded or subcapitate. Central area widened near rounded or irregularly rectangular，but not reaching margins of the valve ··**12. *N. schadei***
   18. Ends of the valve broadly capitate. Central area widened near rectangular not reaching margins of the valve，with 2—3 short striae on both sides of the central area ································**24. *N. vitabunda***
19. Valve margins paralle，ends obtusely rounded. Central area widened becoming irregularly rectangular. Striae paralle，20 in 10 μm··**19. *N. subocculta***
19. Valve margins not so formed ··· 20
   20. Ends of the valve broadly rounded ··· 21
   20. Ends of the rounded ··· 22
21. Axial area very narrowly linear，Central area almost no widened. Striae throughout radiate ··················· ··**13. *N. seminuloides***
21. Axial area linear。Central area widened becoming rectangular almost reaching margins of the valve，with 2—3 short striae on both sides of the central area ··**14. *N. seminulum***
   22. Valve linear-elliptical，ends acutely，obtusely rounded. Central area widened becoming rectangular，but not reaching margins of the valve. Striae close，30 in 10 μm ·························**5. *N. hangchowensis***
   22. Valve not so formed ··· 23
23. Valve elliptical，ends rounded. Central area widened bacoming large rectangular，with irregularly short striae on both sides of the central area··**11. *N. rotaeana***
23. Valve linear-lanceolate，margins slightly convex，ends obtusely rounded. Central area widened becoming large rounded ··**20. *N. subseminulum***

Key to the species of the Section 3

    Valve linear，linear-lanceolate，linear-elliptical to elliptical. Axial area linear or narrowly linear，central area not widened or slightly widened. Striae parallel or slightly parallel in the middle portion of the valve.

1. Striae parallel of the valve ·· 2
1. Valve linear，subparallel in the middle margins. Central area very small. Striae weakly radiate，more widely spaced or coarser in the centre of the valve··**6. *N. longirostris***
   2. Valve linear-lanceolate，ends obtusely rounded，slightly capitate. Axial area linear，central area almost not widened ···**1. *N. delicatula***
   2. Valve not so formed ··· 3
3. Valve elliptical，linear-elliptical，elliptical-lanceolate·· 4
3. Valve or narrowly linear··· 9
   4. Ends of the valve slightly acutely rounded. Axial area very narrow，central area widened near rounded· ··**2. *N. harbinensis***
   4. Ends of the valve not so formed ·· 5
5. Ends of the valve slightly（near）constricted，capitate. Striae very fine，parallel，32—40 in 10 μm ········· ··**3. *N. impexa***
5. Ends of the valve not capitate ··· 6
   6. Ends of the valve broad obtusely rounded. Striae parallel towed the ends radiate，30—32 in 10 μm ······

....**4. *N. infirmata***

    6. Valve linear-elliptical，ends broadly rounded ·· 7

7. Axial area narrow-linear，central area distinctly widened becoming large elliptical. Striae finely punctate 20 in 10 μm···**11. *N. spirata***

7. Central area not distinctly widened·· 8

    8. Central area almost no widened ··**9. *N. parva***

    8. Central area very small ···**10. *N. plicatoides***

9. Ends of the valve conical···**12. *N. stagnalis***

9. Ends of the valve not so formed·· 10

    10. Ends of the valve broadly rounded. Central area not widened·······························**5. *N. lenzii***

    10. Ends of the valve not broadly rounded ··· 11

11. Valve linear，margins at central of the valve slightly convex，ends obtuse，cuneately rounded. Central area on both sides with 1—3 short striae ···**7. *N. mediocris***

11. Valve linear，margins of the valve parallel ·· 12

    12. Valve narrow linear，ends rounded. Central area widened·······························**13. *N. tientsinensis***

    12. Valve linear-lanceolate，ends broadly rounded. Central area slightly concave. Striae short·····················
    ··**8. *N. muraliformis***

Key to the species of the Section 4

1. Frastules lightly silicified. Raphe apparently more heavily silicified the rest of the frustule······ **1. *N. arvensis***

1. Frustules not so formed ··· 2

    2. Valve elliptical，ends broadly rounded·· 3

    2. Valve elliptical-lanceolate，ends not brosdly rounded ··· 6

3. Axial area broadly linear. Central area widened becoming rounded. Central striae rare than the striae in the ends of the valve ···**10. *N. perpusilloides***

3. Axial area and central area not so formed ·· 4

    4. Axial area broadly lanceolate，central area broadly rounded. Striae radiate throughout the valve···········
    ·· **2. *N. hunanensis***

    4. Central area not broadly rounded ··· 5

5. Axial area narrower linear，central area slightly concave. Striae fine，close，45—55 in 10 μm··············
··**9. *N. pelliculosa***

5. Axial area narrow linear，central area not widened··· **8. *N. nolens***

    6. Ends of the valve brosdly rostrate or slightly capitate. Axial area narrow，central area not widened. Striae radiate throughout the valve，valve margins coarser towards axial area fined ····················· **3. *N. ingrata***

    6. Ends of the valve not so formed ·· 7

7. Ends of the valve rostrate，cuneately rounded. Striae of the valve very fine and close，40 in 10 μm···········
··**5. *N. krasskei***

7. Ends of the valve short，obtusely rounded or near cuneately rounded. Axial area very narrow linear，Central area widened becoming irregular. Striae radiate，16—18 in 10 μm·· **7. *N. modica***

    8. Valve lanceolate，ends rounded or attenuate-rounded. Axial area narrow，central area large，orbicular. Striae regularly shortened about the central area，becoming convergent at the ends ······ **6. *N. lanceolata***

    8. Valve not so formed ··· 8

9. Valve elliptical-rhombic-elliptical，ends broadly rounded. Axial area and central area becoming distinctly elliptical ···**4. *N. insociabilis***

9. Valve linear or linear-elliptical，margins at the center of the valve slightly convex，ends brosdly rounded. Axial area narrow，central area almost not widened ··· **11.** *N. subhamulata*

Key to the species of the Section 5

Valve lanceolate，linear，elliptical or near orbicular. Axial area and central area variable.

Valve with distinctly striae，striae is most easily characterized with the cross-lineate and cross-punctate striae. The striae at the ends of the valve may be radiate，parallel，or convergent. The striae are not broken to form irregular longitudinal areas.

1. Striae of the valve with distinctly cross-punctate（striae）··· 2
1. Striae of the valve with distinctly cross-lineate（striae）··· 16
  2. Valve linear··· 3
  2. Valve broadly linear，long linear ·· 5
3. Valve margins parallel. Short-striae parallel in the middle portion of the valve ················· **1.** *N. abiskoensis*
3. Valve margins not so formed ··· 4
  4. Axial area narrow. Central area widened becoming irregular oval，2—3 shorter striae on the both sides of the central area ··· **11.** *N. graciloides*
  4. Axial area very narrow，central area very small，on each sides of the central nodule with 3 robustly rarely punctum striae ··· **13.** *N. hetero-punctata*
5. Valve broadly linear ··· 6
5. Valve long linear with mostly convex at the both ends and in the middle portion，ends broadly rostrate. Striae of the centre with longitudinal undulate ··· **7.** *N. dubitanda*
  6. Ends rostrate. Axial area narrow linear，central area widened becoming irregular rounded to elliptical. Striae slightly undulate or s in shape ··· **3.** *N. bengalensis*
  6. Ends broadly capitate. Axial area narrow linear，central area widened becoming irregularly rectangular. Striae radiate in the middle portion，parallel at the ands·· **17.** *N. medioconvexa*
7. Valve lanceolate or elliptical-lanceolate·· 8
7. Valve not so lanceolate ··· 10
  8. Ends protracted acutly rostrate. Central area widened becoming rounded or near elliptical. Striae moderately radiate，parallel to slightly convergent at the ends··· **2.** *N. arenaria*
  8. Ends not so formed ·· 9
9. Ends acutly capitate. Central area widened becoming elliptical-lancealate. Striae fine closely，32—36 in 10 μm ·· **16.** *N. invicta*
9. Ends rostrate. Central area widened becoming rounded to elliptical，2—3 distinct stigma present on both sides. Striae radiate，alternately longer and shorter in the center of the valve··············· **20.** *N. multipunctata*
  10. Valve elliptical，ends broadly rounded·· 11
  10. Valve broadly elliptical to near rounded ··· 13
11. Central area widened becoming broadly rounded or transversely elliptical distinct stigma punctate present ·· **22.** *N. ocellata*
11. Central area not so formed·· 12
  12. Central area widened becoming irregular rectangular，on one side of the central area a distinct longer，larger isolated punctatum present ··· **33.** *N. saxophila*
  12. Central area widened becoming near rounded. Striae distinct finely，closely punctate ··· **4.** *N. chinensis*

30. Ends of the valve rostrate to capitate. Central area widened becoming elliptical or almost rectangular ···
·· **29. *N. rhynchocephala***

30. Ends of the valve not rostrate to capitate ·· 31

31. Ends of the valve cuneate，bluntly rounded. Central area widened becoming lange rectangular，almost reaching the margins of the valve ·· **39. *N. tripunctata***

31. Ends of the valve broadly rounded. Central area large or almost elliptical. Striae coarser，5—7 in 10 μm ···
·· **23. *N. peregrina***

32. Valve clavate，margins of the valve parallel，ends truncate rounded. Striae with longitudinal and transverse lines··· **24. *N. pinna***

32. Valve not so formed ·· 33

33. Valve linear to linear-elliptical，ends broadly rounded. Central area large，near rounded ························
·· **21. *N. oblonga***

33. Valve not linear ··· 34

34. Valve lange-elliptical，margins slight convex in the middle portion，ends broad，bluntly rounded. Striae alternately longe and shorter in the middle portion of the valve ································· **28. *N. reinhardtii***

34. Valve margins not convex ·· 35

35. Valve liner-elliptical，margins parallel，ends rounded. Central area large，with short striae reaching the margins of the valve ··· **32. *N. satura***

35. Valve margins not parallel ·· 36

36. Axial area and central nodule of the valve apparently more heavily silicified ············ **38. *N. symmetrica***

36. Axial area and central nodule of the valve without more heavily silicified······································· 37

37. Ends of the valve acutely rounded area. Axial area very narrow，central area slightly elliptic···············
·· **6. *N. cryptotenella***

37. Axial area narrow，central area irregular ··· 38

38. Central area widened becoming irregularly rectangular in shape，or a　side nodular thickening···········
·· **30. *N. rostellata***

38. A side nodular not thickening··· 39

39. Valve broadly lanceolate or elliptical，ends acutly rounded. Striae consisting of puncta，on the moderately radiate，convergent at the ends·· **35. *N. semen***

39. Valve and ends not so formed ·· 40

40. Valves broadly rhombic-lanceolate or rhombic elliptical，ends distinctly acute or short rostrate. Central area widened becoming rounded. A side on the central area of the valve with a punctum· **25. *N. porifera***

40. valves linear，in the middle portion of the valve and ends swollen，ends broadly　capitate. Central area widened becoming irregular in shape ··· **37. *N. tianyangensis***

Key to the species of the Section 6

Valves smaller length not more than 30 μm，and breadth not more 6 μm. Axial area narrow. Central area almost not broadened or becoming smaller rounded or distinctly broadened. Striae throughout or strongly radiate，parallel convergent at the ends. Striae consisting of puncta and lineolae (lineolate) .

1. Cells small，valves small，length not more than 20 μm，or breadth not more than 6 μm ······················· 2

19. Central area not longer elliptical ··· 20
    20. Central area expanded subsquare. Striae radiate in the middle, towards the ends Strongly radiate ··········
    ·· **24. *N. perrostrata***
    20. Central area expanded becoming irregularly rectangular or rounded ··· 21
21. Striae strongly radiate, more or less curved, towards the ends convergent, striae consisting of lincolae ···
·· **26. *N. salinarum*** Grun.var. ***salinarum***
21. Striae not so formed ·· 22
    22. Striae consisting of punctate, 7—9 in 10 μm in the middle, 12—15 in 10 μm at the ends, punctate
    30—31 in 10 μm ·· **25. *N. rakowskae***
    22. Striae not consisting of punctate ·· 23
23. Central area not widened or almost not widened ··· 24
23. Central area widened ·· 25
    24. Axial area very narrow, central area small, rounded or elliptical ···
    ·· **13. *N. falaisensis*** Grun. var. ***falaisensis***
    24. Axial area narrow lanceolate ··· **11. *N. diluviana***
25. Axial area narrowly linear, central area widened forming distinct lanceolate. Central pores less close
··· **17. *N. hasta***
25. Axial area very narrow, central area small ·· 26
    26. Central area subrounded. Striae radiate throughout, alternately irregular longer and shorter in the
    middle, 12—15 in 10 μm, 20—22 in 10 μm at he ends ····························· **19. *N. laterostriata***
    26. Central area not so formed ·· 27
27. Central area widened becoming rhombic-elliptical. Raphe straight, central pores distinctly subrounded.
Striae weakly curved, radiate in the middle, parallel to convergent at the ends ····························
··· **32. *N. subrhynchocephala***
27. Central area widened not becoming rhombic-elliptical ··· 28
    28. Central area relatively small, symmetrical rectangular ······································· **40. *N. veneta***
    28. Central area not so formed ·· 29
29. Central area widened becoming elliptical ·· **2. *N. angulica***
29. Central area widened becoming smaller rounded ···································· **41. *N. virihensis***
    30. Valves linear ·· 31
    30. Valves elliptical ··· 37
31. Ends cuneate (wedge-shaped) or weakly rostrate, obtusely to broadly rounded. Central area widened
becoming asymmetrical rounded ·· **3. *N. angusta***
31. Ends not cuneate ·· 32
    32. Ends broadly capitate. Margins of the valve parallel or out convex. Central area widened becoming
    transversely elliptica ·· **5. *N. brockmanni*** Hust. var. ***brockmanni***
    32. Ends broadly rounded ··· 33
33. Margins of the valve with 2 convex. Central area rounded. Striae closes, 28 in 10 μm ······· **6. *N. bigibba***
33. Margins of the valve without 2 convex ·· 34
    34. Valves constrict in the middle. Central area smaller rounded. Raphe undulate ·················· **29. *N. stagna***
    34. Valves not so formed ·· 35
35. Valves narrowly linear, central area widened becoming rhombic-elliptical or elliptical. Raphe straight.
Central pores distinctly subrounded ··· **30. *N. subbacillum***
35. Central area not so formed ·· 36

36. Axial area very narrow，central area almost widened. Striae radiate，towards the ends convergent，32—42 in 10 μm ·· **34. *N. subtilissima*** Cl. var. ***subtilissima***

36. Margins of the valve parallel. Striae radiate throughout，15—16 in 10 μm ····················· **36. *N. ulvacea***

37. Valves convex in the middle，near ends constrict apical ends broadly capitate·· **38. *N. ventralis*** Krasske var. ***ventralis***

37. Valves not convex in the middle ··· 38

38. Ends of the valves not protracted，obtusely rounded ······················· **8. *N. cincta*** (Ehr.) Ralfs var. ***cincta***

38. Ends of the valves not obtusely rounded ··· 39

39. Ends of the valve protracted，capitate，apical ends broadly rounded ································ **18. *N. hedini***

39. Ends cuneate slightly near rostrate. Axial area narrow linear，central area widened becoming asymmetrical large rounded·· **39. *N. upsaliensis***

附录Ⅱ 汉、英术语对照

（按笔画顺序排列）

C-形　C-shaped
H-形　H-shaped
S-形　sigmoid
T-形　T-shaped
刀形　scalpelli-form
上壳　epitheca
上壳面　epivalve
上新世　Pliocene
下壳　hypotheca
下壳面　hypovalve
小孔　foramen
小刺　spinule
小亚基　rRNA（SSUrRNA）
月形纹　lunula rib
中新世　Miocene
中央孔　central pore
中心区　central area
中心区或带　fascia
中央节（中节）　central nodule
分叉状　forked
无性生殖　asexual reproduction
长轴（纵轴）　longitudinal axis
内壳面　internal valve
内壳面观　internal view（EV）
内壳缝（内隙）　inner fissure
内裂缝或内壳缝　internal raphe fissures
不规则形　irregular
双列型　two row
双列　biseriate
外裂缝或外壳缝　external raphe fissure
支持突　fultoportula or strutted process
头状　capitate
末端缝（远缝端）　terminal raphe end
色素体或质体　plastids
光学显微镜　light microscopy（LM）
舟形　naviculoid
全新世　Holocene
肋纹　costa

列纹状　costa-like
肋膜　pleure
长椭圆形　long-elliptical
近端缝（近缝端）　proximal raphe end
网孔　areole
休眠孢子　resting spore
长裂纹　elongated slit
长室孔　lveoli
有性生殖　sexual reproduction
异体融合（异配）　anisogamy
舌状缝　tengue raphe
自体融合（自配）　autogamy
扫描电子显微镜　scanning electron microscopy
　（SEM）
多列型　more rows
沟 sulci 或 furrows
角突　cor nu
角　horn
极节　polar nodule
壳缝骨（胸骨）　rephe-sternum
连结带　connecting band
间生带　intercalary band
拟孔　false pore or poroids
拟孔状网孔　poroid arcolo
环带　girdle（band，annulus）
单源的　monophylic
单列型　single row（s）
直向　straight
壳环　cingulum
壳环面观　girdle view
壳套合部　valvecopula
壳面（瓣面）　valve（plane）
壳套　valve mantle
壳体（硅藻细胞）　frustule（cell）
壳缝（骨）　raphe-sternum
壳面观　valve view
更新世　Pleistocene
扭转形　twisted

纵轴(顶轴) apical axis
板片 plates
单列 uniseriate
弧形点 stigma
组 group
细胞分裂 cell division
弯转 deflected
相同方向弯转 deflected in the same direction
相反方向弯转 deflected in the opposite direction
苔形 Conopeam
质体 plastid
复合壳缝 complex raphe
透射电子显微镜 transmission electron microscopy
　　(TEM)
点孔纹 puncte
沟(槽)缝 grrove raphe
钩状 hooked
线纹 striae，-a
线舟形(状) linear-naviculoid
胸骨 sternum
贯壳轴 pervalvar axia
室 loculus
茧形 cocoon-shaped
活瓣形 flap-like
刺刀形 bayane-shaped
裂缝形 slit-like
突起 process
疣突 protuberance
披针形 lanceolate
浅绿形 viridis-like
钝形 obtuse
矩形 rectanglar
硅质条片 conopeum
圆形 rounded
唇形突 labiate process or rimoportuleor
复大孢子或接合子 auxospore or zygote

通孔 passage pore
菱形 rhombic
颈 collum
高尔基体 G-ER-M
轴区 axial area
逗号形或号形 comma or C shaped
斜圆形 obliquely rounded
眼纹或网纹 areolae
梅花形 guncunx or heneycomb
套或连结带 copulo
梭形 shuttle-form(like)
眼斑 ocellus
蛋白核 pyrenoid
透明区 hyaline field
混合型 mixed rows
喙状 rostrate
喙圆形 rostrate-rounded
假孔 poroides
假节 pseudonodulus
辐节 stauros
第四纪 Quaternary
短缝形 slite-like
滴状(点状) drop-like
楔形 cuneate
隔膜 septum，-a
隔室 chamber
棍形 clavate
辐节 stauros
横炬形 transverse
端节 terminal nodule
强钩状 strongly hooked
横切面观 cross section view
横肋纹 transapical rib
横轴(切顶轴) transapical axis
螺旋舌(喇叭舌) helictoglossa
镰刀形 sickle-like

参 考 文 献

包文美，王全喜，瑞墨尔·查.1992.长白山地区硅藻研究.Bull. Bot. Research，12(2)：125-143

蔡石勋.1985.一个天然水体硅藻区系的演替.山西农业大学学报，5：17-30

陈功，高淑贞.1986.宁夏六盘山自然保护区硅藻调查.宁夏农学院学报，1-2：60-79

陈俊仁，黄成彦，林茂福等.1990.广东田洋火山湖第四纪地质.北京：地质出版社

程兆第 高亚辉.2012.中国海藻志 第五卷 硅藻门 第二册，羽纹纲I.北京：科学出版社

高淑贞.1987.华山的硅藻.武汉植物学研究，5(4)：329-338

郭玉清，谢淑琦.1994.山东泰山硅藻一新种.植物分类学报，32(3)：271-271

郭玉清，谢淑琦.1996.山东泰山硅藻研究.山东大学学报，19：215-220

郭玉清，谢淑琦，刘安文，李克红.1996.山东泰山硅藻研究.山西大学学报(自然科学版)，19(2)：215-220

胡鸿钧，魏印心.2006.中国淡水藻类——系统、分类及生态.北京：科学出版社

胡鸿钧，李尧英，魏印心，朱蕙忠，陈嘉佑，施之新.1980.中国淡水藻类.上海：科技出版社：1-525

黄成彦.1982.西藏羊八井第四纪硅藻植物群.青藏高原地质文集4：176-191，图版IV-VI，北京：地质出版社

黄成彦.1988.西藏尼木县安岗古湖硅藻植物群.喜马拉雅岩石圈构造演化——西藏古生物论文集.北京：地质出版社：
 359-383，图版1-6

黄成彦，蔡祖仁.1984.浙江中新世嵊县组的硅藻植物群.古生物学报，23：358-368，图版I-IV

黄成彦，谷白湮.1994.云南腾冲上新世芒帕硅藻植物群.地层古生物论文集.25.北京：地质出版社：221-234，图版32-35

黄成彦，王雨灼，孙健中.1983.吉林省长白、永吉、浑江和蛟河地区新第三纪硅藻植物群.地层古生物论文集.10.北京：
 地质出版社：119-200，图版1-21

黄成彦，刘师成，程兆第，毛毓华.1998.中国湖相化石硅藻图集.北京：海洋出版社

金德祥.1951.中国矽藻目录(1847-1946).厦门水产学报，1(5)：41-231

金德祥.1978.硅藻分类系统的探讨.厦门大学学报(自然科学版)，17(2)：31-50

金德祥，陈兆第，林均民，刘师成.1982.中国海洋底栖硅藻类(上卷).北京：海洋出版社

金德祥，陈兆第，刘师成，马俊亨.1991.中国海洋底栖硅藻类(下卷).北京：海洋出版社

蓝东兆，陈永惠，陈峰.1999.九龙江口岩心中的硅藻特征及其地质意义.台湾海峡，18(3)：283-290

雷安平，施之新，魏印心.1995.东湖浮游硅藻群落结构及其在水体营养类型评价上的意义.见：刘建康.东湖生态学研究(二).
 北京：科学出版社：188-206

李家英.1982.山东山旺中新世硅藻组合.植物学报24(5)：456-467，图版I-II

李家英.1983.西藏曼冬错(斯潘古尔湖)硅藻土中的硅藻植物群.青藏高原地质文集.3：272-319页，图版1-10，北京：地质
 出版社

李家英，黄成彦.1966.陕西蓝田全新世硅藻化石.陕西蓝田新生代现场会议文集.北京：科学出版社：197-224

李家英，李光芩.1987.西藏纳木湖(错)第四纪硅藻植物群的研究.喜马拉雅岩石圈构造演化西藏古生物论文集.8.北京：地质
 出版社，327-358，图版1-3

李家英，严维枢.1999.香港西博寮海峡WB7孔的第四纪沉积及硅藻研究.地质论评，43(6)：616-630

李家英，齐雨藻.2010.中国淡水藻志，第十四卷 硅藻门 舟形藻科(I).北京：科学出版社

李家英，齐雨藻.2014.中国淡水藻志，第十九卷 硅藻门 舟形藻科(II).北京：科学出版社

李家英，郑绵平，魏乐军.2005.西藏台错古湖沉积物中的硅藻及其古环境.地质学报，79(3)：295-302，图版1-2

李家英，王金星，王永，关友义，迟振卿.2009. 暗额藻属Aneumastus在中国的出现及其地层意义.地球学报，30(6)：733-738

李进道，李向峰，张学超，傅成科.1997.附着舟形藻种群分布型的初步研究.海洋湖沼通报，2：43-47

李晶，范亚文，王泽斌，杨立萍.2007.黑龙江七星河湿地硅藻植物初步研究.植物研究，27(1)：25-31

李艳玲，龚志军，谢平，沈吉.2007.中国硅藻化石新种和新纪录种.水生生物学报，31(3)：319-324

林碧琴.1986.达里诺尔湖及其主要附属水体的秋季硅藻.河南师范大学学报，49(1)：55-65

林碧琴，王福开，张晓波.1987. 辽宁桓仁地区春、夏硅藻调查初报. 西南师范大学学报，1：74-88

林碧琴，王起华，刘岩.1998. 小生境对硅藻群落组成的影响. 植物学报，40(3)：277-281

林碧琴，王福开，凌渌琼，刘岩.1994. 长白山地区夏季的硅藻(长白山地区藻类研究之一). 见：(中国科学院长白山森林生态站编)森林生态系统研究，97：62-72，北京：知识出版社

林碧琴，姜彬慧，凌渌琼，等.1991. 乌金塘水库春季藻类研究初报(锦州地区藻类研究之一). 辽宁大学学报(自然科学版)，18(4)：44-50

刘雪娴.1982. 吉林省长白县、海龙县、抚松县硅藻土中硅藻植物群及其沉积环境研究. 南京大学学报(藻类专辑)，170-174

刘妍，尤庆敏，王全喜.2006. 福建金门岛的淡水硅藻初报. 武汉植物学研究，24(10)：38-46

刘妍，范亚文，王全喜.2013. 大兴安岭舟形藻科(硅藻门)中国新纪录植物. 西北植物学报，33(4)：0835-0839

刘永定，范晓，胡征宇.2001. 中国藻类学研究. 武汉：武汉出版社

马燕，王苏民.1992. 内蒙岱海近400年来的硅藻植物群及其古环境意义. 湖泊科学，4(2)：19-24

闵华明，马家海.2007. 上海市滩涂夏季底栖硅藻初步研究. 热带亚热带植物学报，15(3)：390-398

齐雨藻，张子安.1977. 扫描电子显微镜下的硅藻分类研究. 植物分类学报，15(2)：113-120，图版1-6

齐雨藻，谢淑琦.1984. 湖北神农架苔藓沼泽硅藻(上). 暨南理医学报，3：86-92

齐雨藻，谢淑琦.1985. 湖北神农架苔藓沼泽硅藻(下). 暨南理医学报，1：98-108，图版I

齐雨藻，李家英主编.1995. 中国淡水藻志 第四卷，硅藻门-中心纲. 北京：科学出版社

齐雨藻，李家英主编.2004. 中国淡水藻志 第十卷，硅藻门-羽纹纲(无壳缝目，拟壳缝目). 北京：科学出版社

齐雨藻，李家英，高亚辉，孙琳.2010. 硅藻分类系统与系统学研究进展. 第二届全国藻类多样性和藻类分类学研讨会会议论文集(摘要)，12

饶钦止.1962. 五里湖1951年湖泊调查(三)浮游生物. 水生生物学集刊，1：74-92

饶钦止.1964. 西藏南部地区的藻类. 海洋与湖沼，6(2)：169-189，图版I-II

饶钦止，朱蕙忠，李尧英.1973. 我国西藏南部珠穆朗玛峰地区硅藻概要. 科学通报，18(1)：30-32

饶钦止，朱蕙忠，李尧英.1974. 珠穆朗玛峰地区的藻类(1966-1968). 生物与高山地理，北京：科学出版社：92-126

钱澄宇，邓新晏，王若南，继宏.1985. 滇池藻类植物调查研究. 云南大学学报(增刊)，(7)：15-18

施之新.1997. 江汉平原47号钻孔中的化石硅藻及其在古环境分析上意义. 植物学报，39(1)：68-76

施之新主编.2004. 中国淡水藻志，第十二卷，硅藻门，异极藻科. 北京：科学出版社

施之新，魏印心，朱蕙忠.1994. 西南地区藻类资源考察专辑. 北京：科学出版社：1-51，75-130

孙博，陶君蓉，王宪增，李家英.1999. 山东植物化石. 济南：山东科学技术出版社

汪桂荣.1998. 珠江三角洲全新世硅藻. 古生物学报，37(3)：305-325

王金星，李家英.2007. CLSM技术应用于化石硅藻微构造的尝试研究. 地球学报，28(1)：79-8

谢淑琦，郭玉清，王翠红.1991. 晋阳湖硅藻之研究. 山西大学学报(自然科学版)，14(4)：412-418

谢淑琦，辛晓云，李峰.1993. 运城盐池浮游硅藻的研究. 山西大学学报(自然科学版)，16(3)：332-339

杨景荣.1988. 云南宜良晚中新世硅藻植物群. 微体古生物学报，5(2)：153-170

尤庆敏，王全喜.2007. 新疆羽纹藻属(硅藻门)的中国新纪录. 武汉植物学研究，25(6)：572-575

尤庆敏，李海玲，王全喜.2005. 新疆喀纳斯地区硅藻初报. 武汉植物学研究，23(3)：247-256

张金鹏，崔兆国，彭学超，陈泓君，等.2012. 南海西沙海槽111PC孔的硅藻与古环境. 微体古生物学报，29(3)：226-234

钟肇新，包少康，谭明初，王明书.1986. 北碚缙云山黛湖水域硅藻植物研究初报.西南师范大学学报，2：103-121

朱浩然，刘志礼.1981. 硅藻土的硅藻组合及其物理化学性能的关系. 南京大学学报，1：82-90

朱蕙忠，陈嘉佑.1989. 索溪峪硅藻的新种和新变种. 见：黎尚豪等. 湖南武陵源自然保护区水生生物.北京:科学出版社:33-37

朱蕙忠，陈嘉佑.1989. 索溪峪的硅藻研究. 见：黎尚豪等. 湖南武陵源自然保护区水生生物. 北京：科学出版社：38-60

朱蕙忠，陈嘉佑.1994. 武陵山区硅藻研究. 见：施之新等. 西南地区藻类资源考查专集. 北京：科学出版社：75-130

朱蕙忠，陈嘉佑.1995. 西藏硅藻的新种类. 植物分类学报，34(1)：102-104

朱蕙忠，陈嘉佑.2000. 中国西藏硅藻. 北京：科学出版社

Agardh C. A. 1824. Systema Algarum. Adumbravit C. A. Agardh. Literis Berlingianis, XXXVII+312 pp.，Lundae

Agardh C. A. 1830-1832. Conspectus Criticus Diatomacearum. (Part 1)p. 1-16(1830)；(Part 2)p. 17-38(1830)；(Part 3)p.

39-48(1831); (Part 4)p. 48-66(1832), Lundae

Alverson A. J. 2008. Molecular systematics and the diatom species.Protist, 159: 330-353

Antoniades D., Hamilton, p. b., Douglas, M. S.V., Smol, J. P. 2008. Diatoms of north America. The freshwater floras of Prince Patrick. Ellef Ringnes and northern Ellesmere Islands from the Canadian Arctic Archipeago. *Iconographia diatomologica*, 17: 1-649

Archibald R. E. M. 1966. Some new and rare diatom from South Africa, 2. Diatom from Lake Sibayi and Lake Nhlange in Tongaland(Natal). Nova Hedwigia, 12: 477-495

Archibald R. E. M. 1983. The Diatoms of the Sundays and Great Fish Rivers in the Eastern Cape Provnce of South Africa. Bibl. Diatomologica, 1: 1-432

Bastow R. F. 1954. New and rare freshwater diatoms from Devon. Rep. and Transact., Devonshire Ass. For the Adv of Science. Lit. and Arts, 86: 285-290

Bhattacharya D., Medln I.K. 1995. The phylohheny of plastids. A. review based on comparisons of small subunit RNA coding regions. J. Phycol., 31: 489-498

Biddington N. L., Dearman A. S. 1985. The Effect of Mechanically Induced Stress on the Growth of Cauloglower, lettuce and celery seedlings. Ann. Bot., 55(1): 109-119

Boyer C. S. 1916. Diatomaceae of Philadelphia and Vicinity. J. B. Lippincott Co., Philadelphia, 143 p., 40 pls

Boyer C. S. 1926-1927. Synopsis of North American Diatomaceae. Proc. of the Academy of Natural Sciences of Philadelphia, vol. 78, supplement, Part I, p. 1-228(1926); vol. 79, supplement, part 2, p. 229-583(1927)

Brébisson, A. de et Godey. 1835. Algues de environs de Falaise. Mémoires de la Société Acadé-mique des Sciences, Arts et Belles-lettres de Falaise 1835(1836), p. 1-66, 256-269. 8 pls. Imprimerie de Brée l´ Aîné, Falaise

Bruder K. 2006. Taxonomic revision of diatom belonging to the family Neviculaceae based on morphological and molecular data. Dissertation of zur Erlangung des Akademischen Graedes eines Doktors der Naturwissenschaften. Universitat Bremen Germany

Bruder K., Medlin L. K. 2007. Molecular assessment of phylogenetic relationships in selected species/genera in the naviculoid diatom(Bacillariophyta). I. The genus *Placoneis*. Nova Hedw, 85: 331-352

Bruder K., Medlin L. K. 2008. Molecular assessment of phylogenetic relatinships in selected species/genera in the naviculoid diatoms(Bacillariophyta)II. The genus *Hippondonta*. Diatom Res., 23: 283-329

Bruder K., Medlin L.K. 2008. Molecular assessment of phylogenetic relationships in selected species/genera in the naviculoid diatoms(Bacillariophyta)III. Selected genera and families. Diatom Res., 23: 331-347

Bruder K., Medlin L. K. 2008. Morphological and molecular investigations of Naviculoid Diatoms II, Selected genera and Families. Diatom Resarch, 23(2): 283-329

Bruder K., Sato, S., Medlin L.K. 2008. Molecular assessment and phylogenetic relationships in selected species/genera in the naviculoid diatoms (Bacillariophyta) IV. The genera *Pinnularia* and *Caloneis*. Diatom Res., 24: 8-24

Brun J. 1880. Diatombés des Alpes et du Jura et de la Région Suisse et Francaise des Environs de Genéve. Ch. Schuchardt, Genéve, 146p. , 9 pls.

Cantonati M., Lange-Bertalot H., Angeli N. 2010. *Neidiomorpha* gen. nov.(Bacillariophyta): A new freshwater diatom genus separated from Neidium Pfitzer. Botanical Studies.51: 195-202

Carruthers W. 1864. The Diatomaceae. *In*: Grey J. E. Handbook of British Freshwater Weeds or Algae. London: R. Hardwick: iv+123 pp

Carter J. R., Bailey-Watts A. E. 1981. A texonomic study of diatoms from standing freshwater in Shetland. Nova Hedwigia, 33: 513-629

Cholnoky B. J. 1970. Bacillariophyceae from the Bangweulu Swamps. Hydrobiol. Surv. Lake Bangweulu, Luapula River Basin., 5(1): 1-65, 2 pls

Cleve P. T. 1894-5. Synopsis of the Naviculoid Diatoms. Kongliga Sv. Vet. Akad, Handl., Bd. 26: 1-194, pl. 1-5(part I, 1894); Bd. 27: 1-219, pl. 1-4, (part II, 1895)

Cleve-Euler A. 1932. Die Kieselalgen des Tåkernsees in Schweden. Kungliga Svenska Vetenskapsakademiens Handlinger, Ser. 3,

Bd. 11, Heft 2, S.1-254, 378 Fig.

Cleve-Euler A. 1955. Die Diatoméen von Schwaden und Finnland. Kungl. Svenska Vetenskapsakademiens Handlingar. Fjarde serien, Bd. 5, Nr.4, S. 1-232, Fig. 971-1306 (Teil IV, Biraphideae II, 1955 Stockholm.)

Cox E. J. 1977. Raphe structure in Naviculoid diatoms as revealad bu the Scanning electron microscope. Nava Hedwigia, Beih, 84: 261-274

Cox E. J. 1979. Symmetry and valve stracture in naviculoid diatom. Nova Hedwigia Beih., 64: 193-206

Cox E. J. 1979. Taxoromic Studies on the Diatom genus *Navicula* Bory: The Typification of the Genus. Bacillaria, 2: 137-153

Cox E. J. 1981. The use of chloroplasis and other features of the living cell in the taxonomy of naviculoid diatoms. In Proceedings of the 6th Symposium on Recent and Fosssil Diatoms(Ross, R., editor0, 115-133. O. Koeltz, Koenigstein.

Cox E.J. 1987. *Placoneis* Mereschkowsky, The re-evaluation of a diatom genus originally characterized by its chloroplast type. Diatpms Research., 2: 145-157

Cox E.J. 1999. Studies on the Diatom genus *Navicula* Bory. VIII. Variation in valve Morphology in relation to the generic diagnosis based on Navicula tripunctata(O.F. Müller)Bory. Diatom Research, 14(2): 207-237

Cox E. J. 2003. Placoneis Mereschkowsky (Bacillarophyta) resolution of several typification and nomenclatural problems, including the generitype. Bot. J. of the linnean Society, 141: 55083, 110pls

Cox E. J., Ross. R. 1980. The striae of Pennate diatoms. In Proceeding of the 6th International Diatom Symposium(ed. R. Rosss), pp. 267-278

Cox E.J., Walliams D, 2000. Systenatics of naviculoid diatoms: the interrelationships of some taxa with a stauros. Furo. J. Phycol., 35: 273-282

De Toni, G. B. 1891—1894 Sylloge algarum omnium hucusque cognitarum. Vol. II, Bacillarieae, Sectio I, Raphideae, p. 1-490(1891), Sectio II, Pseudoraphideae, p. 491-817(1892), Sectio III, Cryptoraphideae, p. 818-1556 (1894), Typis Seminarii, Patavii

Dippel L. 1904. Diatomeen der Rhein-Mainebene. Friedrich Vieweg und Sohn, Braunschweig. 165 S, 372 Fig

Donkin A. S. 1870-1873. The Natural History of the British Diatomaceae. Part 1, p. 1-24, pl. 1-4(1870). Part 2, p. 25-48, pl. 5-8(1871). Part 3, p. 49-74, pl. 9-12, (1872, 1873). London

Edlund M.B., Soninkhishig N. 2009. The *Navucula reinhardtii* species flock(Bacillariophyceae)in ancient Lake Hövsgöl, Mongolia: description of four taxa. Beihefte zur Nava Hedwigia, 135: 239-256

Edlund M.B., Soninkhishig N., Stoermer E.F. 2006. The diatom (Bacillariophyta) flora of Lake Hövsgöl National Park, Mongolia. *In*: Goulden C., Sitnikova T., Gelhaus J., Boldgiv B. The Geology, Biodiversity and Ecology of Lake Hövsgöl(Mongolia). Leiden: Backhuys Publishers: 145-177

Edlund M.B., Williams R. M., Soninkhishig N. 2003. The planktonic diatom diversity of ancient Lake Hövsgöl, Mongolia. Phycologia, 42: 232-260

Edlund M.B., Soninkhishig N., Williams R.M., Stoermer E. F. 2001.Biodiversity of Mongolia: Checklist of diatoms, including new distributional reports of 31 taxa. Nova Hedwigia, 72: 59-177

Ehrenberg C. G. 1845.Neue Untersuchungen über das Kleinste Leben als Geologisches Moment. Mit kurzer Charakteristik von 10 neuen genera und 66 neuen Arten. Ber. über die zur Bekanntmachung geeigneten Verhandlungen der Königl. Preuss. Akademie der Wissenschaften zu Berlin: S. 53-88

Ehrenberg C. G. 1854-1856. Mikrogeologie. das Erden und felsen schaffende wirken des unsichtbar kleinen selbststandigen Lebens auf der Erde. Leopold Voss, Leipzig: S.1-374. 40Taf, (1854); (Fortsetzung, S. 1-88, 1856)

Florin M. B. 1970. The fine structure of some pelagic fresh-water diatom species under the scanning electron microscoppe. Svensk. Bot. tidskr, 64: 51-64

Fogéd N. 1964. Freshwater Diatoms from Spitsbergen. Transö Museums Skrifter. Vol. 11, 204 p,

Foged N. 1971. Freshwater Diatoms in Thailand. Nova Hedwigia, 22: 1-124, 19 pls

Foged N. 1974. Freshwater Diatoms in Iceland. Bibliotheca Phycologica, 15: 1-192

Foged N. 1976. Freshwater Diatoms in Sri-Lanka(Ceylon). Bibliotheca Phycologica, 23: 1-64. 24 pls.

Foged N. 1978. Diatoms in Eastern Australia. Biliotheca Phycologica, 41: 1-243, 48 pls.

Foged N. 1980. Diatoms in Egypt. Nova Hedwigia, 33: 629-707, 16 pls

Fourtanier E., Kociolek P. 1999. Catalogue of the diatom genera. Diatom Res., 14: 1-190

Gligorn M., Krali K., Plenkovic A., Hinz F., Acs F., Grigorszky I., ..& Van de Vijver.B. 2009. Observations on the diatom *Navicula hedinii* Hustedt(Bacillatiophyceae)and its transfer to a new genus Envekadea Van de Vijver *et al*. gen. nov. European Journal of Phycology, 44(1): 123-138

Grunow A. 1867. Diatomeen auf *Sargassum* von Honduras, gesammelt von Lindig. Hedwigia, Bd. 6, Nr. 1-3, S. 1-8, 17-37

Grunow A. 1868. Algae In Reise der osterreichschen fragatte Novara um die frde in der Jahren 1857, 1858, 1859, Bot. pt. 1, 104 pp

Grunow A. 1879. Algen und Diatomaceen aus dem Kaspischen Meere. New Species and Varieties of Diatomaceae from the Caspian Sea by A Grunow; Translated wadditional notes by F. Kitton. Journal of the Royal Microscopical Society, 2 (1879): 677-691, Pl. 21

Grunow A. 1884. Die diatomeen ven Frauz-Josefs-Land. Denkschriften der mathematisch-Naturwissenschaftlichen Classe der Kaiserlichen Akademie der Wissenschaften, Bd. 48, S. 53-112, 5 Taf

Grunow A. 1886. Diatomaceae. *In*: Martelli U. Florula Bogosensis. Firenze, 169 pp. 1 pl.

Guermeur P. 1954. Diatoméen de l' Afrique Occidentale Francaise(Prémiere Liste: Sénégal). Institut Francaise D' Afrique Noire, Catalogues, no. XII. Dakar. 137 p. , 24 pls

Guillou L., Chrétinnot-Dinet M.J., Medlin L.K., Loiseaux-de Goër S., Vaulot D. 1999. Bolidomonas, a new genus with two species belonging to a new algal class, the Boido-phyceae (Heterokonta). J. Phycol., 35: 368-381

Hanna G. D. 1932. Pliocenee diatoms of Wallace County, Kansas. University of Kansas Science Bulletin, 20, no. 21: 369-394, pls. 31-34

Hanna G. D. 1933. Diatoms of the Florida peat deposits. Florida State Geological survey, Twenty-Third and Twenty Fourth Annual Roport, p. 68-119, 2 pls

Hanna G. D. 1970. Fossil diatoms from the Pribilof Islands, Bering Sea, Alaska, Proc. Calif. Acad. Sci. 4th Ser, 37(5): 167

Hasle G. E. 1972. Two types of valve processes in centric diatoms Nova Hedwigia Beih. 39: 44-78

Hasle G.R. 1973. The "mucilage pore"of pinnate diatom. Nova Hedwigia Beih, 45: 167-194

Hendey N. I. 1964. An Introductory Account of the smaller Algae of British Coastal water. Part V. Bacillariophyceae (Diatoms). London: HMSO: 317

Héribaud J. 1893. Les Diatomées d' Auvergne. Libe. Sci. Nat. Paris, 233 p. pl. 1-6(1893)

Héribaud J. 1902. Les Diatomées fossiles d' Auvergne. Libraire des Sciences Naturelles. Paris: Premoire memoire: 1-79

Héribaud J. 1908. Les Diatomees fossiles d' Auvergne. Paris: Troisiéme memoire: 1-70

Hustedt F. 1922. Bacillariales aus Innerasien, gesammelt von Dr. Sven Hedin *in* S. Hedin(Herausg): "Southern Tibet", Vol. 6, part 3, Botany, p. 107-152, 2 pl. Lithographic Institute of the General Staff of the Swedish Army. Stockholm

Hustedt F, 1935. Untersuchungen über den Bau der Diatomeen. XII, Berichte der Deutschen Batanischen Gesellschaft, Jahrgang 1935, Bd. 53, Heft 2, S, 246-264

Hustedt F. 1927-1937. Die Kieselalgen Deutschlands, Österreichs und der Schweiz unter Beruchsichtigung der überigen Länder Europas sowie der angrenzenden Meeresgebiete *in* L. Rabenhorst's "Kryptogamen-Flora von Deutschland, Österreich und der Schweiz". Band 7, Teil 1, Lief. 1, S.1-227, Figs 1-114. Akademische Verlagsgesellschaft m. b. h. Leipzig

Hustedt F. 1930. Bacillariophyta (Diatomeae) *in* A. Pascher (Ed.): "Die Süsswasser-Flora Mitteleuropa, Heft 10, 466 S., 875 Fig. (zweite Auflage). Gustav Fischer, Jena.

Hustedt F. 1938. Systematische und Ökologische Untersuchungen über die Diatomeen-Flora von Java, Bali und Sumatra. Arch. Hydrobiol. suppl. Bd. 15, p. 131-150

Hustedt F. 1938-1939. Systematische und Ökologische Untersuchungen uber die Diatomeen. "Flora von Java, Bali und Sumatra nach dem Material der Deutschen Limnologischen Sunda-Expedition." Allgemeiner Teil. I ubersicht uber das Untersuchungsmaterial und Charakteristik der Diatomeenflora der einzelnen Gebiete. Archiv für Hydrobiologie. suppl. Bd. 15, S. 638-790, Fig. 1-16, Taf. 1-84 (1938). II. Die Diatomeenflora der untersuchtn Gewässertypen. Archiv Für Hydrobiologie, Suppl. Bd.16, Heft 1, S.

1-155, mit 14 Tabellen im text und auf 12 tabellenbeilagen (1938) III. Die Ökologischen Faktoren und ihr Einfluss auf die diatomeenflora. Archiv für Hydrobiologie, suppl. Bd. 16, Heftl, S. 274-394 (mit 13 Tabellen im Text und auf 5 beilagen) (1939)

Hustedt F. 1942. Diatomeen *in* G. Huber-Pestalozzi, "Das Phytoplankton des Süsswasers. Systematik und Biologie"(von G. Huber-Pestalozzi unter Mitwirkung von F. Hustedt). A. Thienemann, "Die Binnengewässer". Band 16, Teil 2, Halfte 2, S. 367-549, Taf. 118-178. E. Schweizerbart´ sche Verlagsbuchhandlung, Stuttgart

Hustedt F. 1945. Diatomeen aus Seen und Ouellgebieten der Balkan-Halbinsel. Arch. Für Hydrobiologie, Bd. 40, S. 867-973. 12 Taf.

Hustedt F. 1956. Diatomeen aus dem Lago de Maracaibo in Venezuela. Ergebnisse der deutschen Iimnologischen Venezuela-Expedition 1952, Bd. 1, S. 93-140. Deutscher Verlag der Wissenschaften, Berlin

Hustedt F. 1985. "The Pennate Diatoms" a Translation of Hustedt´s "Die Kieselalgen, 2, TEIL." with supplement by Norman G. Jensen. Koeltz Scientific Books Koenigstein, 1985. pp. 1-918, fig. 543-875

Ichinomiya M. Yoshikawas S., Kamiya M., Ohki K. Takaichi S., Kuwata A. 2011. Isolation an characterization of Parmalis (Heterokonta/ Heterokontophyta/Stramenopiles) from the Oyasio Region Western north Pacific. J. Phycol., 47: 144-151

Iwahashi Y. 1936. Studies on fresh water diatoms of Western Japan. I. Jour. Jap. Bot, 12: 390-401

Johamsen J.R., Sray J.C. 1998. Microcostatus gen. nov., A new aerophilic Diatom genus based on *Navicula krasskei* Hustedt. Diatom Research, 13(1): 93-101

Kaczmarska I. 1979. Structure of longitudinal siliceous ribs in some species of   *Navicula*. Arch. Hydrobiol., Suppl., 56(Algological Studies 22): 29-39

Kaczmarska I., Ehrman J. M., Bates S. S. 2001. A review of auxospore structure, ontogeny and diatom phylogeny. *In*: Economou-Amilli A. (ed.) Proceedings of the 16th International   Diatoma Symposium. University of Athens, Greece, pp. 153-168

Karsten, G. 1897. Untersuchungen über Diatomeen III. Flora, 83: 203-222

Karsten G. 1928. Abteilung Bacillariophyta (Diatomeae), *in* A. Engler und K. Prantl, "Die natürlichen Pflanzenfamilien", Auflage 2. Bd. 2, Peridineae (Dinoflagellatae), Diatomeae (Bacillariophyta), Myxomycetes, S. 105-345, mit Textfig. 93-447. Wilhelm Engelmann, Leipzig

Karayeva N. I. 1978. New genus of the family Naviculaceae West.(in Russian). Bot. Zh. SSSR., 65: 1593-1596

Kociolek J. P. 1999. Cataloque of the Diatom genera Diatom Research. Vol. 14 (1): 1-190.

Kobayasi H., Haraguchi K. 1969. Diatom-association from spring pools in the vicinity of Klawagoe City, Saitama Pref. Preprinted from Bulletin of Chichibu Museum of Natural History, Japan 1969, No. 15, p. 27-54

Kociolek J. P., Spaulding S. A. 2003. Symmetrical Naviculoid Diatoms *in* Freshwater Algae of North America Elsevier Science

Kociolek J. P. S. A. Spaulding, Lowe R. L. 2015. Bacillariophyceae: The Raphid Diatoms. *In* John, D. Freshwate rAlgae of North America. 705-772

Kooistra W.H, Mann C.F., D. G. Medln, L. K. 2003. The phylogeny of the diatoms: a review. *In*: Muller W. Silica in biological systems. 59-97. Elsevier Press. London, UK Me lin, L.K.(2009)The use of the terms and pennates. Diatom Res..24: 499-501

Krammer K. 1982. Observations on the alveoli and areolae of some Naviculaceae. Nova Hedwigia, Beih., 73: 35-80

Krammer K., Lange-Bertalot H. 1985. Naviculaceae, Neue und wenig bekannte Taxa, neue Kombinationen und Synonyme Sowie Bemerkungen zu einigen Gattungen. Bibliotheca Diatomlogica Band 9, S.1-230, mit 43, Taf., (Braunschuleig)

Krammer K. and Lange-Bertalot. H. 1986. Bacillariophyaceae 1: Naviculaceae. SüBwasserflora von Mitteleuropa. Vol. 2.1., Crammer. 440 pp

Krammer K., Lange-Bertalot H. 1999. Bacillariophyceae, Teil 1: Naviculaceae. In: Ettll, Gerloff. J. Heyning H. Mollenhauer D. eds. Süsswassorflora von Mitteleuropa (Begründet von A. Pascher). Nachdr. Heidelberg: Spektrum Akademischer Verlag., 206 Taf., 2976 Fig. 2(1): 1-876

Krammer K, Lange-Bertalot H. 2004. Bacillariophyceae.4.Teil: Achnanthaceae.Kritische Ergänzungen zu Achnthes S.1. *Navicula* S. Gomphonema Gesamtliter-verzeichnis Teil 104. In Süssswasserflora von Mitteleurapa Band 2/4.Heideberg: Spektrum verlag. 486 pp

Krasske G. 1932. Beitrage zur Kenntnis der Diatomeenflora der Alpen. Nova Hedwigia, 72: 92-134, Taf. I. II

Krasske G. 1932. Diatomeen ous dem Oberpliocän von Willershausen. Arch. zür Hydrobiologie，Bd. 24，Heft 3，S. 430- 448，Taf. 16

Krasske K. 1933. über kiesekgur Geschiebe van Oderlitz-Bralitg. Z. furGeschiebeforschung，9：84-95

Krasske G. 1951. Die Diatomeenflora der Acudas Nordostbrasiliens (zur Kieselalgenflora Brasiliens (II.) Arch. für Hydrobiol.，Bd. 44，S. 639-653，1 Taf.，4，Tab.，14 Abb

Kützing F. T. 1844，1865. Die Kieselschaligen. Bacillarien oder Diatomeen. Nordhausen，152 S.，30 Taf. (1844). Nordhausen, 152S., 30 Taf. 1865 zweite Auflage

Kützing F.T. 1849. Species Algarum. F. A. Brockhaus，Lipsiae，992 S

Lange-Bertalot H. 2000. Transfer to the generic rank of Decussata Partrick as a subgenus of Navicula Bory. Iconographia Diatomology，9：670-673

Lange-Bertalot H. 2001. Diatoms of Europe volmme 2：Navicula sensu stricto 10 genera separated from Navicula sensu lato. Frustulia. In：Horst Lange-Bertalot. Diatoms of European，Inland Water and Comparable Habitats Vol. 2，A. R.G. Gantner Verlag，K.G. Ruggell. pp. 1-526

Lange-Bertalod H. 2003. Diatoms of Sardinia：Rare and 76 new species in rock pools and other and other ephemeral water：[I conographia Diatmologica Annotated Diatom Micrographs：Vol. 12 Biogeography-Ecology-taonomy，with 1369 fig.，137 pl.

Lange-Bertalot H.，Metzeltin D. 1996. Indicators of oligotrophy Iconographia diatomalogica 2：1-390

Lange-Bertalot H.，Genkal S.I. 1999. Diatoms from Siberia I. Islands in the Arctic Ocean (Yugorsky-Shar Strait). Vol6，A.R.G. Gantner Verlag K. G. Ruggell. Distributed by Koeltz，Koenigstein，pp. 1-390

Lange-Bertalot H.，Metzeltin D. & Witkowski A. 1996. Hippodonta gen. nov. Iconographia Diatomologica，4：247-276 Koelfg, Scientifie Books, Königstein

Levkov Z.，Williams D. 2011. Fifteen new diatom (Bacillariophyta) species from Lake Ohrid，Macedonia. Phytotaxa，30：1-41

Levkov, Z, Nakov, T., Metzeltin D. 2006. New species and combination from the genus Sellaphora Mereschkowsky from Macedonia. Diatom Research，21(2)：297-312

Li Chiawei (李家维). 1976. A study on the benthic diatoms communities of mountain streams in central Taiwan. Reprinted without change of from Taiwania，21(1)：52-72

Li Chiawei (李家维). 1978. Notes on marine Littoral diatom of Taiwan. 1，Some diatoms of Pescadores. Nova Hedwigia，29(3+4)：787-812

Li Jiaying，Qi Yuzao (李家英，齐雨藻). 1986. Neogene Diatom Assemblages in China. 8th Diaotm-Symposium 1984，p. 699-711，4 pls

Linda.K.M.Edlin. 2016. Evolution of the diatoms：major steps in their evolution and a review of the supporting molecular and morphological evidence Phycologia Phycologia，55(1)：79-103

Liu Yan，Kociolek J.P.，Wang Q. 2012. Pseudofallacia gen. nov.，a new freshwater diatom (Bacillariophyceae) genus based on Navicula occulta Krasske. Phycologia，Vol. 51：620-626

Liu Qi，Kociolek J. P.，Wang Q. X.，Fu C.X. 2014. Two new Prestauroneis Bruder & Medlin (Bacillariophyceae) species from Zoige Wetland，Sichuan province，China，and comparison wih Parlibellus E.J.Cox. Diatom Research At：14-17

Mann D. G. 1981. Sieves and flaps：siliceous minutiae in thr pores of raphid diatoms. In Proceedings of the 6th Symposium on Recent and Fossil Diatoms(Ross，R. editor)，279-300. O. Koeltz，Koenigstein

Mann D. G. 1983. Symmetry and cell division in raphid diatoms. Ann. Bot.，52：573-581

Mann D. G.1984. Auxospore formation and development in Neidium (Bacillariophyta). British Phycol. J.，19：319-331

Mann D. G. 1984. Observations on copulation in Navicula pupula and Amphora ovalis in relation to the nature of diatom soecies. Ann. Bot.，54：429-438

Mann D. G. 1984. Protoplast Rotation，Cell Division and Frustule Symmetry in the Diatom Navicula bacillum Ann. Botory，53：295-302

Mann D. G.1985. In vivo observations of plastid and cell division in raphid diatoms and their relevance to diatom systematics. Ann. Bot.，55：95-106

Mann D. G. 1989. The diatom genus *Sellaphora*: Separation from *Navicula*.. British Phycological Journal., 24(1): 1-20

Mann D. G. 1993. Patterns of Sexual reproduction in diatoms. Hydrologia, 269/270: 11-20

Mann D. G. 1999. Phycological Reviews 18, The species concept in Diatoms. Phycologia. 38(6): 437-495

Mann D. G., Stickle A.J. 1988. Nuclear movement and frustule symmetry in raphid pinnate diatoms. In Proceedings of the 9th International Diatoms Symposium(round, F.E., editor), 281-291. O. Koeltz, Koenigstein & Biopress Ltd, Bristol

Mann D. G., Chepurnov V.A. 2005. Auxosporulation. Mating system, and reproductive isolation in *Neidium* (Bacilriophyta). Phycologia, 44: 249-274

Mann D. G., Evans K. M. 2007. Molecular geneties band the neglected art of diatomics. *In*: Brodie J., Lewis J. 2007. Unravelling the algae. The past, present, and fyture of algae systematic. CRC Press: 231-244

Mann D. G., McDonald S. M., Bayer M. M., Droop S, J. M., Chepurnov V. A., Loke R. E., Ciobanu A., Hans du Buf J. M. 2004. The *Sellaphora pupula* species complex (Bacillariophyceae): morphometric analysis, ultrastructure and mating data provide evidence for five new species. Phycologia, Vol 43 (4): 459-482

Mayer A. 1913 (1912). Die Bacillariaceen der Regensburger Gewässer. Heft für das Jahr 1912, XIV. Allgemeiner Teil, 50 S, Systamatischer Teil. 364 S., 30 Taf

Medlin L.K. 2009. The use of the terms centric an pinnate. Diatom Res., 24: 499-501

Medlin L.K. 2009. The biological reality of the core and basal group of araphi iatoms. Diatom Res, 24: 503-508

Medlin L. K. 2011. A review of the evolution of the Diatoms from the origin of the lineage to their population. *In*: Seckbach J., Kocilek J. P. The Diatom World. Cellular. Life in extreme habitats and astrobiology. 19L 93-118 Springer Science Business Media B.V. 2011

Medlin L.K., Kaczmarska I. 2004. Evolution of the diatoms: V. Morphological an cytological support for the major clades an a taxonomic revision. Phycologia, 43: 245-270

Meister F. 1912. Die kieselalogen der Schuleig."Beiträge zur Kryptogamenflora der Schweiz". Band 4, Haft 1 254 S., 48 Taf. Wyss, Bern

Meister F. 1932. Kieselalgen aus Asien. 56 S., 19 Taf. Verlag von Gebruder Borntraeger, Berlin

Mereschkowsky C. 1902. On *Sellaphora*, a new genus of diatoms. Ann. Mag. Nat. Hist., Ser., 7, 9: 185-195

Mereschkowsky C. 1903. Über *Placoneis* m ein neues Diatomeen-Genus. Beihefie zum Botanischen Centralblatt 15, 8. 1-29

Mereschkowsky C. 1906. Diatomeenalgen Tibets (Mongolie und Kam). Arb. D. Exp. d. Kais. Rass. Geogr. Gesells. i. d. Jahren 1899-1901, unter der leitung von P. K. Koslow, Bd. 8, letzte Lief., (S. 383). Bulletin de Société Imperiale Russe de Géographic st. Petersbourg, 16 p. , 5 Textfig (12., Separate pagination)

Metzeltin D., Lnage-Bertalot H., Nergui S. 2009. Diatoms in Mongolia. Iconographia Diatomologica, 20: 1-686

Miho A. & H. Lange-Bertalot 2004. Deversity of the genus *Placoneis* in Lake Ohrid and other freshwater habitats of Albania. Eighteenth International Diatom Symposium 2004 Midzyzdroije, Poland(A. Witkowski, ed.), pp. 301-313

Millis F.W. 1933-1935. An Index to the Genera and Species of the Diatomaceae and their Synonyms, 1816-1932. Wheldon and Wesley, London. p. 1-526 (1933); p. 527-1484 (1934); p. 1481-1726 (1935)

Moser G., Lange-Bertalot H., Metzeltin D. 1998. Insel der Endemiten Geobotanisches Phänomen Neukaledonien (Island of endemics Naw Caledonia-a geobotanical phenomenon). Bibliotheca Diamologica, 38: 464 pp

Müller. O. 1908, 1910. Bacillariaceen aus dem Nyassalande und einigen benachbarten Gebieten. (Engier's) botanische Jahrbücher für Systemetik, Pflanzengeschichte und Pflanzengeographie. IV Folge, Naviculoideae-Naviculeae-Naviculinae, Fragilarioideae-Fragilarieae-Fragilarineae, Eunotianae(Bd. 45, Heft I, S. 69-122, 2 Taf.) (1910)

Norman A. A., Edlund M. B. 2001. Index to Diatom Research. Volumes 1-4, 1986-1999. Diatom Reasearch, 16 (1): 125-246

Okuno H. 1952. Atlas of Fossil Diatoms from Japanese Diatomite Deposits. Batanical Institute, Kyoto University of Industrial Arts and Textile Fibers, Kanikyoko, Kyoto. Kawakita Printing co., Kyoto, 49 pl, 29 pl.

Okuno H. 1956. Electron-microscopic fine structure of fossil diatoms. Part 4. *Palaeontol. Soc. of Japan*, Trans. Proc.n. s., 21: 133-139, 2 pl

Östrup E. 1908. Beiträge zur Kenntnis der Diatomeenflora des Kossogolbeckens in der nordwestlichen Mongolei. Hedwigia, Bd.

48: 74-100, 2 Taf.

Pantocsek J. 1903-1905. Beiträge zur Kenntniss der fossilen Bacillarien Ungarns. W. Junk, Berlin. Zweite Verbesserte Auflage, Teil 2, Brackwasser-Bacillarien, S.1-122, Taf.1-30; Teil 3, Beschreibung neuer Bacillarien, S. 1-118, Taf.1-41

Pascher A. 1921. Uber dia Ubereinstimmugen zwischen den diatomeen. Heterokonten und Chrysomonaden. Ber. Dt. Bot. ges., 39: 236-240

Patrick R. 1959. New species and nomenclatural changes in the genus *Navicula* (Bacillariophyceae). Proc. Acad. Sci. Philad., 111: 91-108

Patrick M, Reimer C. W. 1966. The Diatoms of the United States. Exclusive of Alaska and Hawaii. Vol. 1, Monographs of the Academy of Natural Sciences of Philadelphia, No. 13: 1-688, 64 pls

Patrick M., Reimer C. W. 1975. The Diatoms of the United States. Eexclusive of Alaska and Hawaii. Vol. 2. Part 1, Monographs of the Academy of Natural Sciences of Philadelphia, No. 13, p. 1-231, 28 pls

Pavlov A., Levkov Z., Williams D., Edlund M. 2013. Observations on *Hippodonta* (Bacillariophyceae) in selected ancient lakes. Phytotaxa, 90(1): 1-53

Petit P. 1890. Note relative aus Diatomées fossils du Japon de MM. Brun et Tempére. Jour. De Micrograph. t., 14: 148-151

Pritchard A. 1842-1849, 1852, 1861. A history of infusoria, living and fossil arranged according to " Die Infusionsthierchen" of C. G. Ehrenberg; containing colored engravings illustrative of all the genera, *etc*. viii +439 p. , 12 pls. London. Whittaker and Co. 1842. Edition I reprinted in 1845 and 1849 without change except to leave out vii-viii containing the list of original subscribers (reprinted as Edition II). Editi III, 1852, A history of Infusorial animacules, living and fossils; illustrated by several hundred magnified representations. A. new edition enlarged, viii+704 p. , 24 pl. London. Whittaker and Co. Edition IV, 1861. Revised and enlarged by J. T. Arlidge, W. Archer, J. Ralfs, W. C. Williamson and the author, xiii+968 p. , 40 pl. London. Whittaker and Co

Proschkina-Lavrenko A. I. 1949-1950. Diatomovyi Analis. Kniga 1-3. Botanicheskii Institut *im* V. L. Komarova Akademii Nauk U. S. S. R

Proschkina-Lavrenko A.I. 1953. Diatomavye vodorosli, popazateli solenosti vody. V Kn.: Diatomovyi shornik, 1953, s. 186-205. Leningrad

Proschkina-Lavrenko A.I. 1955. Neue und wenig bekannte Diatomeen der sovjetunion. II. Botanicheskie materialy otdela sporovykh rastenii Botanicheskii instituta, Akademii Nauk S. S. S. R., Bd. 10, S.54- 61, 4 fig. , 13 Lit. hinw.(auf russisch)

Prowse G. A. 1962. Diatoms of Malayan Freshwaters. Garden's Bulletin, Singapore., Vol. 19: 1-104

Qi Liu, J. P. Kociolek, Quanxi. Wang &. Chengxin Fu. 2014. Valve morphology of the three secies of *Neidiomorpha* (Bacillariophyceae)from Zoigê Wetland, China, including description of *Neidiomorpha sichuaniana* nov. sp. Phytotaxa, 166(2): 123-131

Rabenhorst L. 1853. Die Süsswasser—Diatomaceen (Bacillarien) für Freunde der Mikroskopie. Leipzig: Edwaed Kummer: 1-72, 9 Taf

Rabenhorst L. 1864. Flora Europaea Algarum aquae dulcis et submarine. Sectio 1. Algas diatomaceas complectens, cum figuris generum ominium xylographice impressis, Lipsiae: Apud Eduardum Kummerum: V-XX, p. 1-359

Ralfs J. 1843. On the British Diatomaceae. Annals and Magazine of Natural History 1843: 346-352, pl. 9

Reichardt E.1988. Süsswasser-diatomeen von Papua-Neuguinea. Nova Hedwigia, 47: 81-127

Reimer C. W. 1959. The diatom genus *Neidium*.1. New species, new records, and taxonomic revisions. Proceedings of the Academy of Natural Sciences of Philadephia, 111: 1-36

Ross R. 1947. Freshwater diatomaceae(Bacillariophyta), *In*: Polunin N. V. "Botany of the Canadian Eastern Arctic II". National Museum of Canada, Bulletin, 97: 178-233, 3 pls

Ross R., Sims P. A. 1972. The fine structure of the frustules in centric iatoms: a suggeste terminology. Br. Phycol. J., 7: 139-163

Ross R., Sims P. A.1973. Observations on family and generic limits in the Centrales. Nova Hedwigia, Beih., 45: 97-121

Round F. E., Crawford R. M. 1981. The lines of evolution of the Bacillariophyta I. Origin. Proc. Roy. Soc. London, B. 211: 237-260

Round F. E., Crawford R. M., Mann D.G. 1990. The Diatoms. Biology et Morphology of the genera.747 pp. Cambridge Univ. Press

Cambridge

Sabelina M. M., *et al.* 1951. (Zabelina M.M., *et al.*)1951. Key to the Freshwater Algae of the U.S.S.R. Diatomovie Vodorosli. Opred. Predshov. Vodor. S. U.S.S.R. vypusk 4，488 pp. ，372 fig. Moskova

Schmidt A.，*et al.* 1874—. Atlas der Diatomaceen-Kunde. R. Reisland，Leipzig.*etc. etc.* Heft 1-120，Tafeln 1-460(Taf. 1-216，A. Schmidt；213-216，M. Schmidt；217-240，1900-1901，F. Fricke；241-244，1903，H. Heiden；245-246，1904，Otto Müller；247-256，1904-1905，F. Fricke；257-264，1905-1906，H. Heiden；265-268，1906，F. Fricke；269-472，1911-1959，F. Hustedt)

Schönfeldt，H. von. 1913. Bacillariales (Diatomeae). A. Pascher，"Die Süsswasserflora Deutschlands，Österreichs und der schweiz". Heft 10，187 S. G. Fischer，Jena

Schrader H. J. 1969. Die pennaten Diatomeen aus dem obereozan van Oamara，Neuseealnd. Nova Hedwigia，Beih.，28：124

Schrader H. J. 1971. Morphologische-Systematische Untersuchungen on Diatomeen.1. Die Gattungen Oestrupia Heiden. Progonoia Schrader，*Caloneis* Cleve. Nova Hedwigia，22：915-938

Schrader H. J. 1974. Types of raphe structure in the Diatom. Nova Hedwigia，Beih，45：195-217

Schütt F. 1896. Bacillariales (Diatomeae). A. Engler und K. Prantl." Die naturlichen Pflanzenfamilien"，Teil 1，Abteilung 1b，S. 1-153. Wilhelm Engelmann，Leipzig

Schwarz，Dr.，(Berlin) 1874. Grundproben aus den chinensischen Gewassen，gesammelt von Rud. Rabenhorstfil. Hedwigia，11：161-166

Simonsen R. 1928. A contribution to the Diatoms of Baikal Lake. Proceeding of the Sungaree River Biological Station，1(5)：1-55，3 pls.

Simonsen R. 1972. Ideas for a more natural system of the centric diatoms. Nova Hedwigia，Beiheft，39：37-54

Simonsen R. 1979. The Diatom System：Ideas on Phylogeny，Bacillaria，2：9-71

Simonsen R. 1987. Atlas and Catalogue of the Diatom Types of Friedrich Hustedt.Vols. 1-3，525 pp，772 pls. J. Cramer

Sims P. A.，Mann G.，Medlin L.K. 2006. Evolution of the diatoms：insights from fossil，biological and molecular data. Phycologia.，45：361-402

Skuja H. 1937. "Algae" *in* H. R. E. Handel-Mazzetti，"Symbolae Sinicae"，Botanische Ergebnisse der Expedition der Akademie der Wissenschaften in Wien nach Sudwest-China 1914-1918，Teil 1，105 S.，3 Taf.

Skvortzow B. W.(Skvortzov B.W.). 1927. Diaoms from Teintsin，North China. Journal of Botany，p. 102-109，28 figs

Skvortzow B. W. 1928. Diatoms fron Khingan，North Manchuria，China. Philippine Journal of Science，35(1)：39-51，5 pls

Skvortzow B. W. 1928. A contribution to the Diatoms of Baikal Lake. Proceeding of the Sungaree River Biological Station，1(5)：1-55，3 pls

Skvortzow B. W. 1928. Diatoms from the Ponds of Peking. Peking Society of Natural History，Bulletin，3：43-48，1pl

Skvortzow B. W. 1928. Die Englenaceengattung，Phacus Duj.，Eine Systematische Uebersicht Ber Deutsch Bot.，Ges，46：105-125

Skvortzow B. W. 1929. A contribution to the Algae. Primorsk District of Far East，U.S.S.R. Diatoms of Hanke Lake. Memoirs of Southen Ussuri Branch of the State Russian Geographical Society，66 p.，9 pls.(In Russian). Vladivostok

Skvortzow B. W. 1929. Freshwater diatoms from Amoy，South China. The China Journa，11(1)：40-44，1pl

Skvortzow B. W. 1930 (1929b). Alpine Diatoms from Fukien Province，South China. Philippine Journal of Science，41(1)：39-49，3. pls

Skvortzow B. W. 1930. Notes on Ceylon Diatoms. 1 Annais of the Royal Botanic Gardens，Peradeniya(The Ceylon Journal of Science，Section A-Botany)，11(3)：251-260，3. pls

Skvortzow B. W. 1930. Diatoms from Dalai-Nor-Lake，Eastern Mongolia. Philipppine Journal of Scicences，41(1)：31-36

Skvortzow B. W. 1932. Notes on Ceylon Diatoms 2. Annals of the Royal Botanic Gardens. Peradeniya(The Ceylon Journal of Science)，Section A-Botany，11(4)：333-338，2 pls

Skvortzow B. W. 1935. Diatoms from Poyang Lake，Hunan，(Changed：Hunan must be changed in to Jiangxi because Poyang Lake is situated in Jiangxi Province，China)China. Philippine Journal of Science，57(4)：465-478，3 pls

Skvortzow B. W. 1935. Diatomées recoltées par le pere E. Licent au cours de ses voyages dans le Nord de la Chine，au bas Tibet，eu Mongolie et en Mandjourie. Publ. Mus. Hoangho Peiho de Tien Tsin，36：1-43，pl. 1-9. Tienstsin

Skvortzow B. W. 1936. Diatoms from Kizaki Lake, Honshu Island, Nippon. Philippine Journal of Science, 61(1): 253-296, 8 pls

Skvortzow B. W. 1936. Diaoms from Biwa Lake, Honshu Island, Nippon. Philippine Journal of Science, 61(2): 9-73, 16 pls

Skvortzow B. W. 1937. Neogene Diatoms from Eastern Shantung. Bull. Geol. Sor. China. Vol. 17(1-4): 194-208, 2pl

Skvortzow B. W. 1937. Botton Diatoms from Olhon Gate of Baikal Lake, Siberia. Philippine Journal of Science, 62(3): 293-377, 18 pls

Skvortzow B. W. 1937. Subaërial diatoms from Shanghai. Philippine Journal of Science, 64(4): 443-451, 2pl

Skvortzow B.W. 1937. Subaërial diatoms from Hangchow, Chekiang Province, China. Bulletin of the Fan Memorial Institute of Biology(Botany), 7(6): 219-230, 1 pl

Skvortzow B. W. 1938. Subaërial Diatoms from Pin-Chiang-Sheng Province, Manchoukuo. Philippine Journal of Science, 65(3): 263-281, 4 pls

Skvortzow B. W. 1938. Diatoms from Argun River, Hsing-An-Pei Province, Manchoukuo. Philippine Journal of Science, 66(1): 43-72, 2 pls

Skvortzow B. W. 1938. Diatoms from Chengtu, Szechwan, Western China. Philippine Journal of Science, 66(4): 479-496, 4 pls

Skvortzow B.W. 1938. Diatoms from a peaty bog in Lianchiho River Valley, Eastern Siberia. Philippine Journal of Science, 64(2): 61-182, 3 pls

Skvortzow B. W. 1946. Species novae et minus cognitae Algarum, Flagellatarum et Phycomicetarum Asiae, Africae, Ameriae et Japoniae nec non Ceylon anno 1931-1945, descripto et illustrato per tab. 1-18. Proceedings of the Harbin Society of Natural History and Ethnography, No. 2, Botany, 34 p. , 18 pls. Harbin

Skvortzow B.W. 1969. Siberiana and Chinese Fresh Water Diatoms. Botanica Notiser, Vol. 122: 375-379

Skvortzow B. W. 1971. On some new fresh-water diatoms from Soochow, Prov-Liangsu, middle China. With 19 figures, Quart. J. Taiwan Mus. Vol XXI, N.17 2: 59-65

Skvortzow B. W. 1975. Subaërial diatom flora from Hong Kong, eastern Asia. Quat. Journal of the Taiwan Mus. Vol. XXVIII, N. 3&4, 407-430

Skvortzow B. W., Mayer C. I. 1928. A Contribution to the Diatoms of Baikal Lake. Proceedings of the Sungaree River Biological Station, 1(5): 1-55, 3 pls

Skvortzow B.W. 1976. Moss diatoms flora river Gan in the northern part of Great Khingan Mountains. Inner Mongolia, China, with description of a new genera *Porosularia* gen.nov.From Inner Mongolia, Northern Mahchuria and Southern China, Firstpart. Quart. J. of the Taiwan Mus. Vol. XIX, nos. 1&2, p. 111-152

Skvortzow B.W. 1976. Moss diatoms flora from river Gan in the Great Khingan MTS, China. With description of a new genera *Porosularia* gen.nov. from Northern and Souhern China. The Second Part, from Norther and Southern China. The second part. Quart. J. of the Taiwan Mus. Vol. XXIX, Nos 374, p. 397-439

Smith W. 1853, 1856. Synopsis of British Diatomaceae. John van Voorst, London. Vol. 1, 89 p, pls. 1-31 (1853), Vol. 2, 107 p. , pl. 32-60, Supplementary pls. 61-62, pls. A-E (1856)

Spaulding S. A., Stoermer E.F. 1997. Taxonomy and distribution of the genus *Muelleria* Frenguelli. Diatom Res., 12: 95-115

Stoermer E. F., Smol J. P. 1999. The Diatoms: Applications for the Environmental and Earth Sciences. Cambridge University Press: 1-466

Stoermer E. F., Pankratz H. S., Drum R.W. 1964. The fine structure of *Mestogloia grevillei* Wm. Smith. Protoglasma, 59: 1-13

Tempére J., Peragallo H. 1889-1895. Diatomées Collection, J. Tempére et H. Peragallo, 8 Supplements(Texts et Tables de la Collection des Diatomées du Monde Enter).Imp. Hy-Tribout, Paris. 304+62 p. <625 slides>

Van Heurck H. 1880-1885. Synopsis des Diatomées de Belgique. Atlas, pls. 1-30 (1880); pls. 31-77 (1881); pls. 78-103 (1882); pls. 104-132(1883); pls. A. B. C.(1885). Ducaju et Cie., Anvers. Table Alphabetique. J. F. Dieltjens, Anvers, 120 p. (1884). Texte, Mtin. Brouwers et Co., Anvers, 235 p. (1885). Types du Synopsis des Diatomées de Belgique, Série I-XXII, 1880-1887

Van Heurck H. 1896. A Treatise on the Diatomaceae. Translated by W. E. Baxter, William Wesley et Son, London. 558 p. , 35 pls

Van Landingham S. L. 1964. Miocene Non-marine Diaotms from the Yakima Basalt in South Central Washington. Beihefte zur Nova Hedwigia, Heft 16, 74 p. , 56 pls. 2 maps

Van Landingham S. L. 1967. Paleoceology and Mcrofloristics of Miocene Diatomites from the Otis basin-Juntura region of Harhey and maleur Counties, Oregon. Nova Hedwigia, Heft 26, p. 77, pl. 25

Van Landingham S. L. 1967-1979. Catalogue of the Fossil and Recent Genera and Speices of Diatoms and their Synonyms. Part I-VIII. Verlag von J. Gramer, Weinheim, Germany

Watanabe T, Asai K., Houki A., *et al.* 1986. Saprophilous and eurysaprobic Diatom Taxa to Organic water Pollution and Diatom assemblage index (DAIpo).Diatom, 2: 23-73

Watanabe T., Asai K., Houki A., Sumita M. 1990. Numerical Simulation of organic pollution based on the attached diatom assemblage in Lake Biwa (1). Diatom, 5: 9-20

West W., *et al.* 1911. Freshwater Algae. British Antarctic Expedition 1907-1909, Vol. 1, 1911, p. 263-298, 3 pls

Williams D.M. 2007. Classification and diatom systematics: the past, the present, and the future. *In*: Brodie J., Lewis J. 2007. Unravelling the algae. The past, present, and future of algal syetematic. p. 57-92

Wislouch. S. M. 1924. Beiträge zur Diatomeenflora von Asian. II: Neuer Untersuchungen über die Diatomeen des Baikalsees. Berichte der Deutschen Botanischen Gesellschaft, Bd., 42, S. 163-173, 1 fig

Witkowski A. W., Lange-Bertalot H., Metzeltin D. 2000. Diatom flora of marine coasts 1. Lconographia Diatomologica, 7: 925 (219 pls.) Königstein

Wolle F. 1890. Diatomaceae of North America. Illustrated with twenty-three hundred figures from the Author's drawings on one hundred and twelve plates. Comenius Press, Bethlehem, Pa., U. S. A.112 pls

Yanling L., Lange-Bertalot H., Metzeltin D. 2009. *Sichuania lacustris* soec, et gen. nov. an as yet monospecific genus from oligotrophic high mountain lakes in the Chinese Province Sichuan. *Iconographia Diatomologica*, 20: 687-703

Yim W. W.-S (严维枢), Li Jiaying (李家英). 2000. Diatom preservation in an inner Continental shelf borehore from the South China Sea. Jour. Asian Earth Sciences, 18: 471-488

Zhiu W. J., Lu X. F., Deng L., Jull A. J. T., Donnahue D., Beck. W. 2003. Peat recoed reflectiong Holocene climatic change in the Zongê Plateau and AMS radiocarbon dating. Chinese Scuence Bull., 47 (1): 66-70

中 文 索 引

学 名 索 引

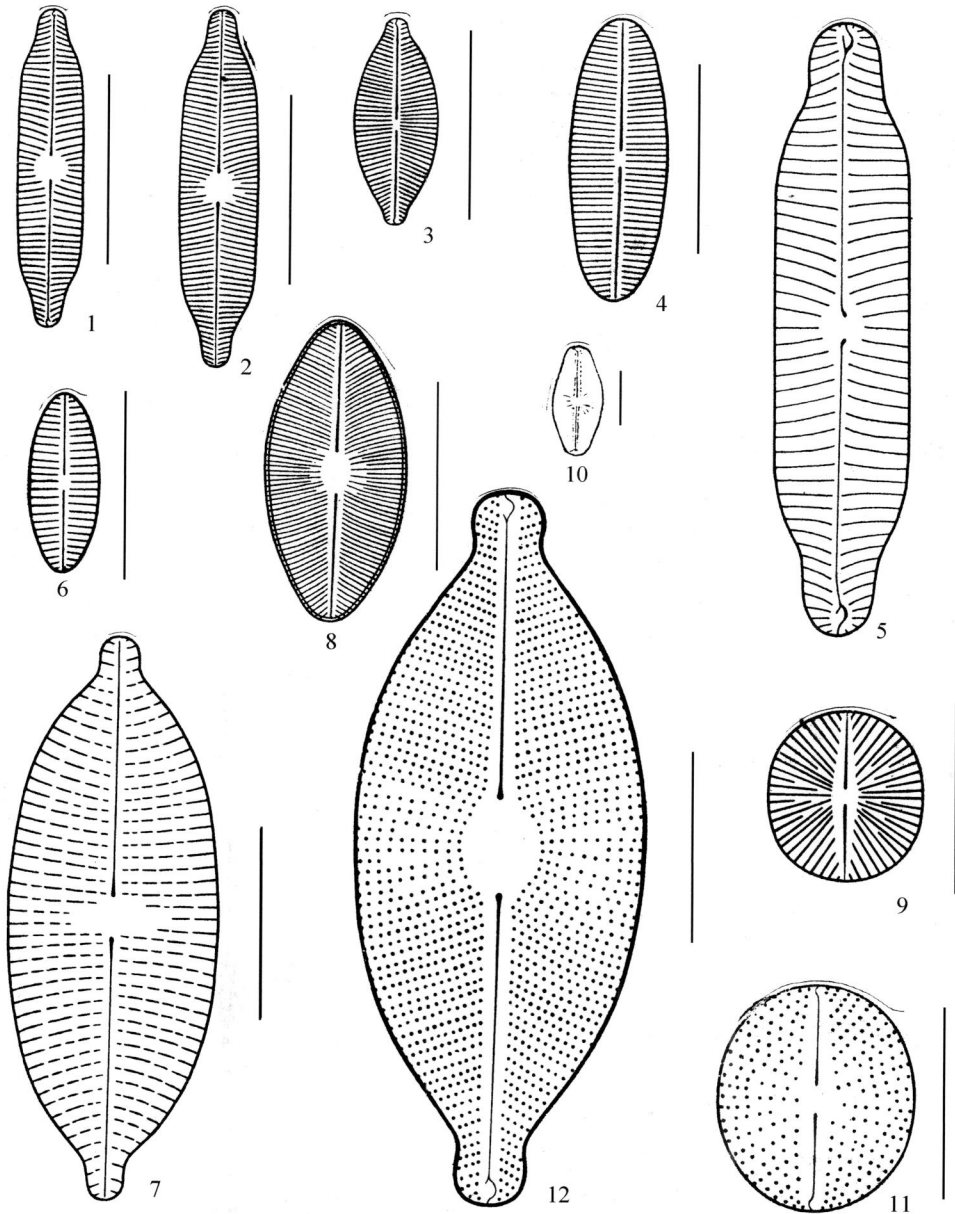

1. 水生拉菲亚藻 *Adlafica aquaeductae*（Krasske）Lange-Bert.；2. 嗜苔藓拉菲亚藻 *A. bryophila*（Peters.）Lange-Bert.；3. 小型拉菲亚藻 *A. minuscula*（Grun.）Lange-Bert.；4. 峭壁拉菲亚藻 *A. muralis*（Grun.）Li et Qi；5. 疏线拉菲亚藻 *A. paucistriata*（Zhu et Chen）Li et Qi；6. 伪峭壁拉菲亚藻 *A. pseudomuralis*（Hust.）Li et Qi；7. 吐丝暗额藻原变种 *Aneumastus tusculus*（Ehr.）Mann & Stickle var. *tusculus*；8. 卵形洞穴形藻 *Cavinula cocconeiformis*（Greg. ex Grev.）Mann & Stickle；9. 伪盾形洞穴形藻 *C. pseudoscutiformis*（Hust.）Mann & Stickle；10. 极小洞穴形藻 *C. pusio*（Cl.）Li et Qi；11. 盾状洞穴形藻 *C. scutelloides*（Wm. Smith）Mann & Stickle；12. 微小科斯麦阿藻 *Cosmioneis pusilla*（Wm. Smith）Mann & Stickle

除注明外，所有图示壳面和比例尺均为 10 μm（Scaleber=10 μm），下同

图版 II

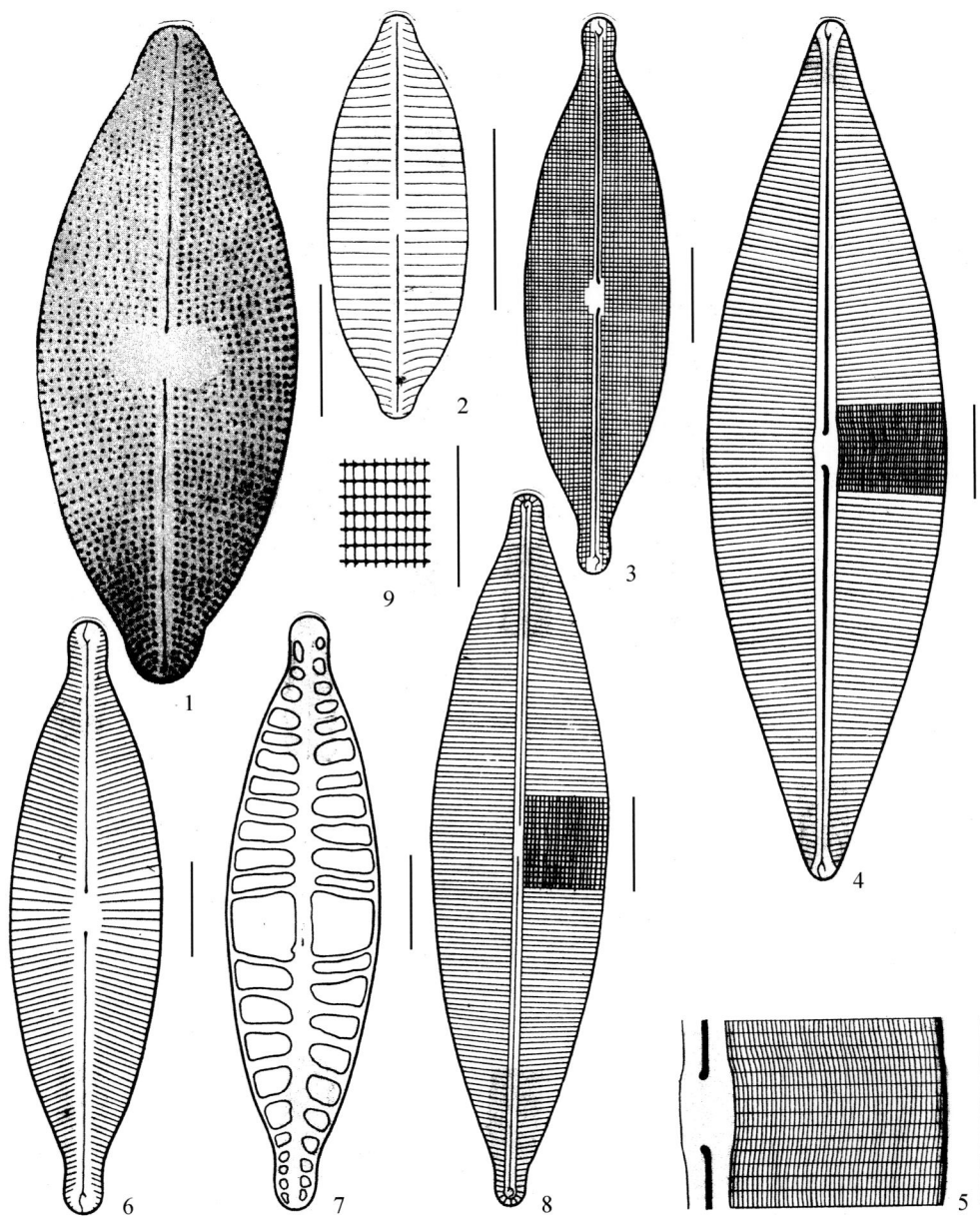

1. 点状洞穴形藻 *Cavinula maculata*（Bail.）Li et Qi；2. 适中格形藻 *Craticula accomoda*（Hust.）Mann；3. 模糊格形藻 *C. ambigua*（Ehr.）Mann；4—5. 急尖格形藻原变种 *C. cuspidata*（Kütz.）Mann var. *cuspidata*；6—7. 急尖格形藻赫里保变种 *C. cuspidata* var. *héribaudii*（Perag.）Li et Qi；8—9. 急尖格形藻西藏变种 *C. cuspidata* var. *tibetica*（Jao）Li et Qi；9. 示壳面线纹局部放大

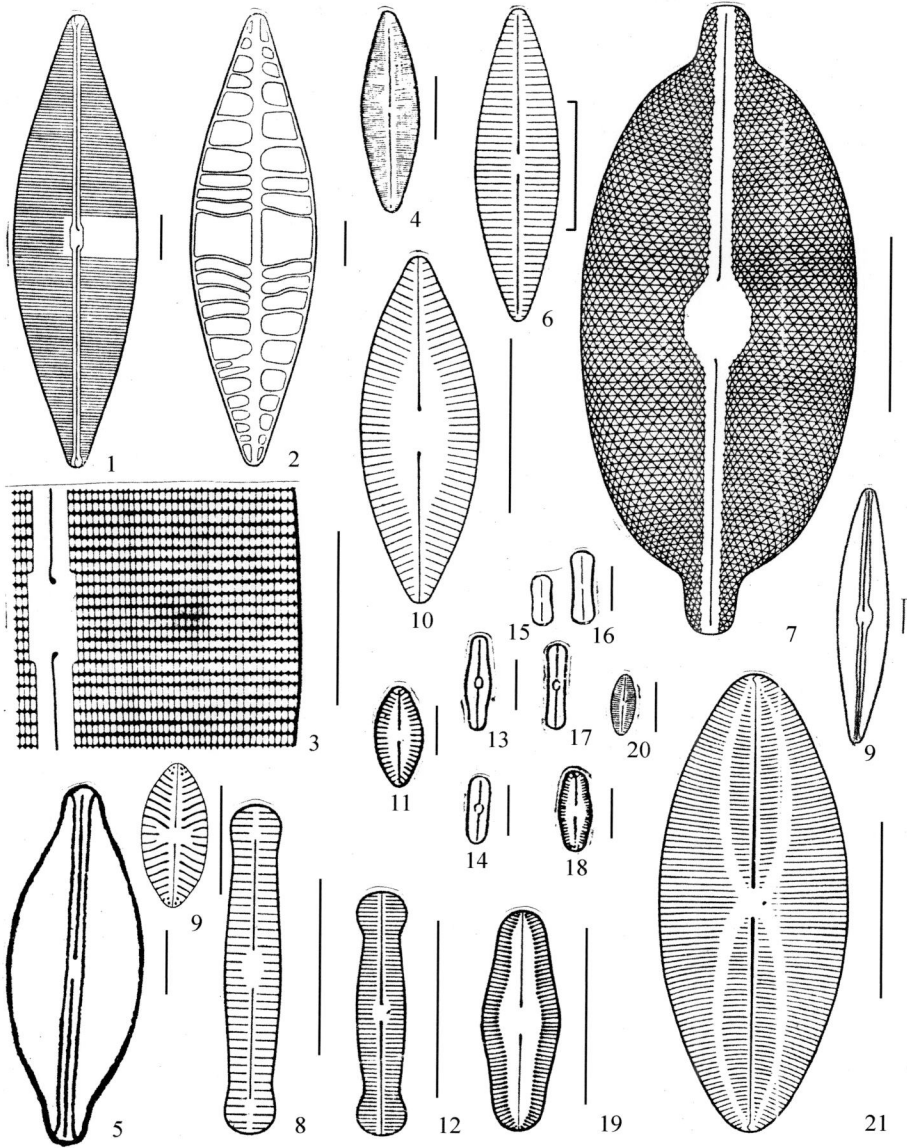

图版 III

1—3. 佩罗特格形藻 *Craticula perrotettii* Grun.；4. 嗜盐生格形藻原变种 *C. halophila*（Grun.）Mann var. *halophila*；5. 嗜盐生格形藻喙状变种 *C. halophila* var. *rostrata*（Skv.）Li et Qi；6. 类嗜盐生格形藻 *C. halophilioides*（Hust.）Li et Qi；7. 胎座交互对生藻 *Decussata placenta*（Ehr.）Lange-Bert. & Metz.；8. 布雷卡全链藻原变种 *Diadesmis brekkaensis*（Peter.）Mann var. *brekkaensis*；9. 舍恩菲尔德盖斯勒 *Geissleria schoenfeldii*（Hust.） Lange-Bert. & Metz.；10—11. 丝状全链藻 *D. confervacea* Kütz.；12. 狭全链藻原变种 *D. contenta*（Grun. et Van Heurck）Mann var. *contenta*；13. 狭全链藻椭圆变型 *D.contenta* f. *elliptica*（Krasske）Li et Qi；14. 狭全链藻平行变型 *D. contenta* f. *parallela*（Hust.）Li et Qi；15—17. 狭全链藻二头变种 *D. contenta* var. *biceps*（Cl.）Li et Qi；18—19. 极矮小全链藻原变种 *D. perpusilla*（Grun.）Mann var. *perpusilla*；20. 极矮小全链藻亚洲变种 *D. perpusilla* var. *asiatica*（Skv.）Li et Qi；21. 矮小伪形藻 *Fallacia pygmaea*（Kütz.）Stickle & Mann

图版 IV

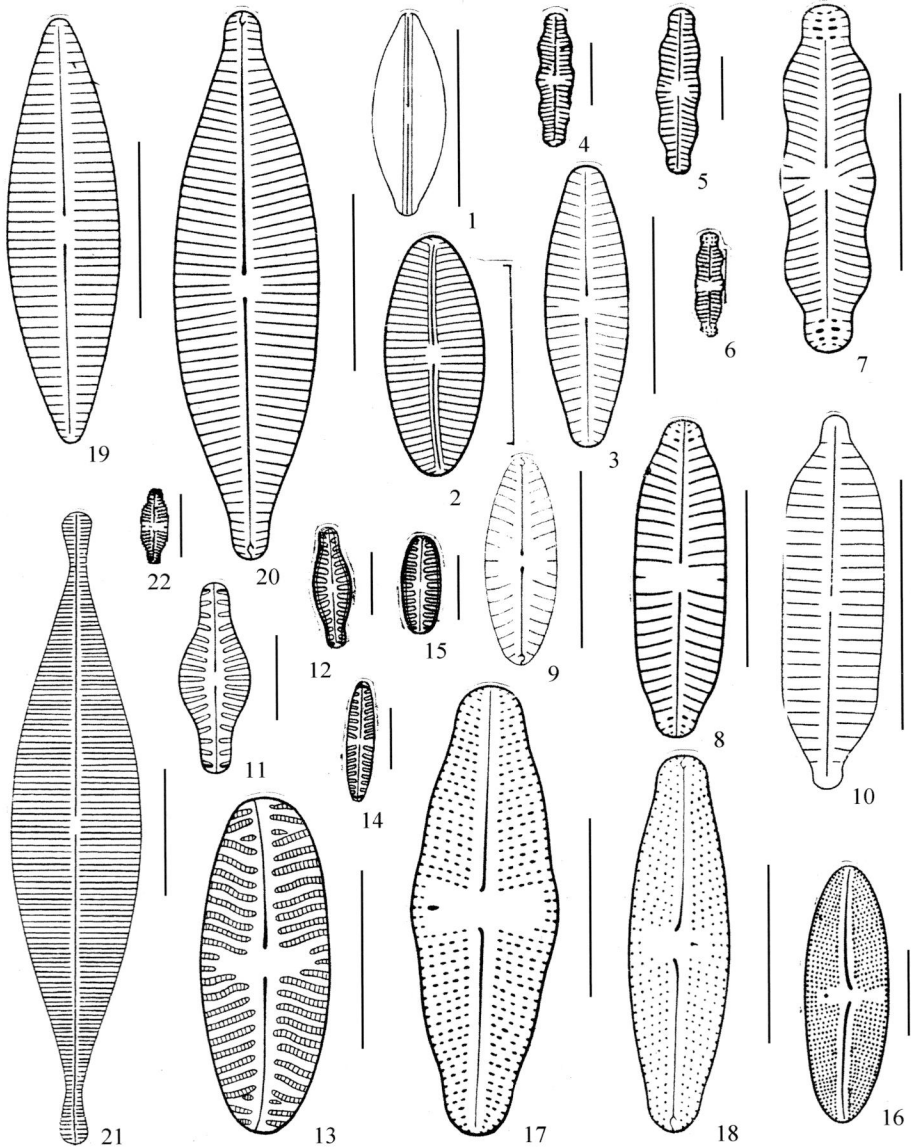

1. 相同伪形藻 *Fallacia indifferens*(Hust.) Mann；2. 忽视伪形藻 *F. omissa*(Hust.) Mann；3. 适意盖斯勒藻 *Geissleria acceptata*(Hust.) Lange-Bert. & Metz.；4—7. 无名盖斯勒藻原变种 *G. ignota*(Krasske) Lange-Bert. & Metz. var. *ignata*；8. 沼泽盖斯勒藻 *G. paludosa*(Hust.) Lange-Bert & Metz.；9. 舍恩菲尔德盖斯勒藻 *G. schoenfeldii*(Hust.) Lange-Bert & Metz.；10. 相似盖斯勒藻原变种 *G. similis*(Krasske) Lange-Bert. & Metz. var. *similis*；11—12. 头端蹄形藻 *Hippodonta capitata*(Ehr.) Lange-Bert & Metz.；13. 匈牙利蹄形藻 *H. hungarica* (Grun.) Lange-Bert & Metz.；14. 披针形蹄形藻 *H. lanceolata*(Skv.) Li et Qi；15. 线形蹄形藻 *H. linearis* (östrup) Lange-Bert & Metz.；16. 科恩泥栖藻 *Luticola cohnii*(Hilse.) Mann；17. 非钝泥栖藻 *L. dismutica* (Hust.) Mann；18. 桥佩蒂泥栖藻 *L. goeppertiana*(Bleish) Mann；19. 类嗜盐生格形藻 *Craticula halophilioides*(Hust.) Li et Qi；20. 嗜盐生格形藻原变种 *C. halophila*(Grun.) Mann var. *halophila*；21. 嗜盐生格形藻细嘴变型 *C. halophila* f. *tenuirostris*(Hust.) Li et Qi；22. 泰山盖斯勒藻 *Geissleria taishanica*(Guo et Xie) Li et Qi

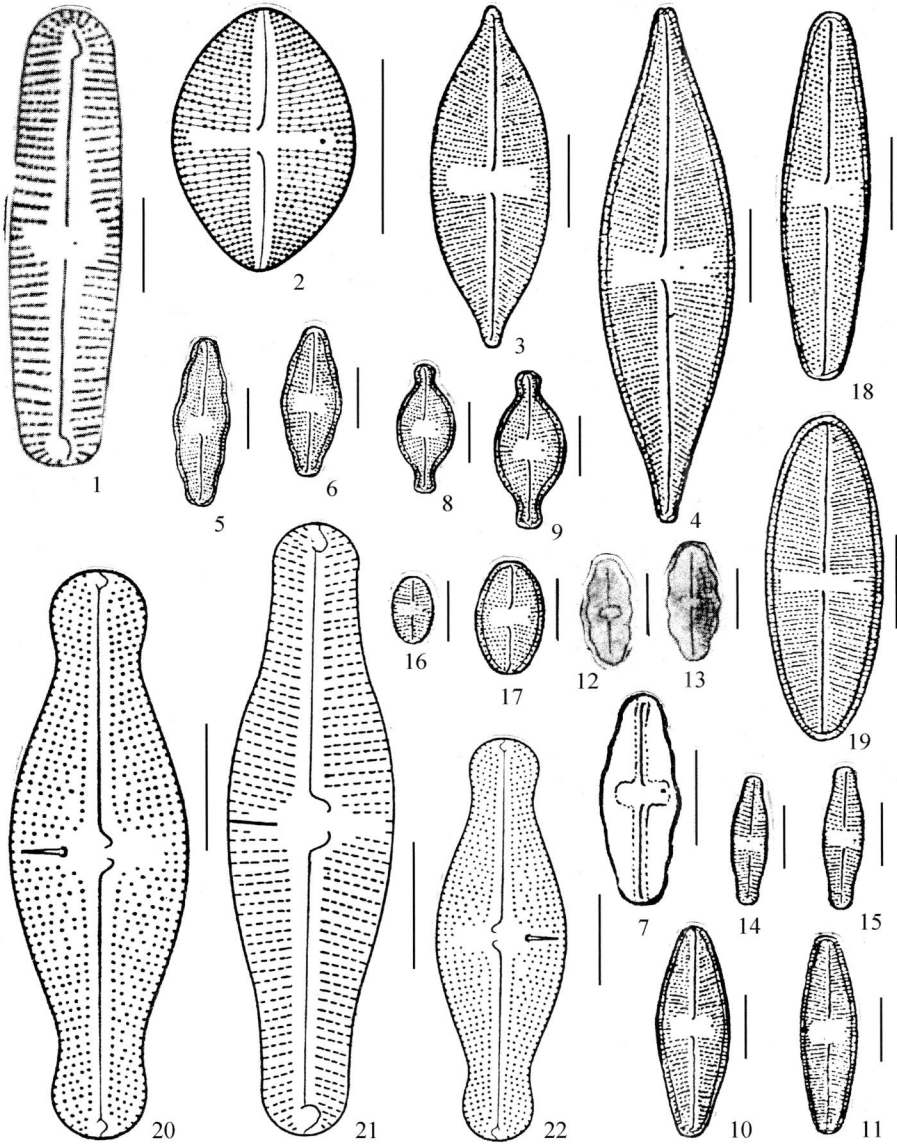

1. 香港泥栖藻 *Luticola hongkongensis*（Skv.）Li et Qi；2. 考斯基泥栖藻粗壮变种 *L. kotschyi* var. *robusta*（Hust.）Li et Qi；3—4. 考斯基泥栖藻岩生变种 *L. kotschyi* var. *rupestris*（Skv.）Li et Qi；5—7. 拉氏泥栖藻原变种 *L. lagerheimii*（Cl.）Li et Qi var. *lagerheimii*；8—9. 拉氏泥栖藻头状变种 *L. lagerheimii* var. *capitata*（Skv.）Li et Qi；10—11. 拉氏泥栖藻中型变种 *L. lagerheimii* var. *intermedia*（Hust.）Li et Qi；12—13. 拉氏泥栖藻香港变种 *L. lagerheimii* var. *hongkangensis*（Skv.）Li et Qi；14—15. 拉氏泥栖藻披针变种 *L. lagerheimii* var. *lanceolata*（Skv.）Li et Qi；16—17. 拉氏泥栖藻卵圆形变种 *L. lagerheimii* var. *ovata*（Skv.）Li et Qi；18—19. 拉氏泥栖藻强壮变种 *L. legerheimii* var. *robusta*（Skv.）Li et Qi；20—22. 较大泥栖藻 *L. major*（Zhu et Chen）Li et Qi

图版 VI

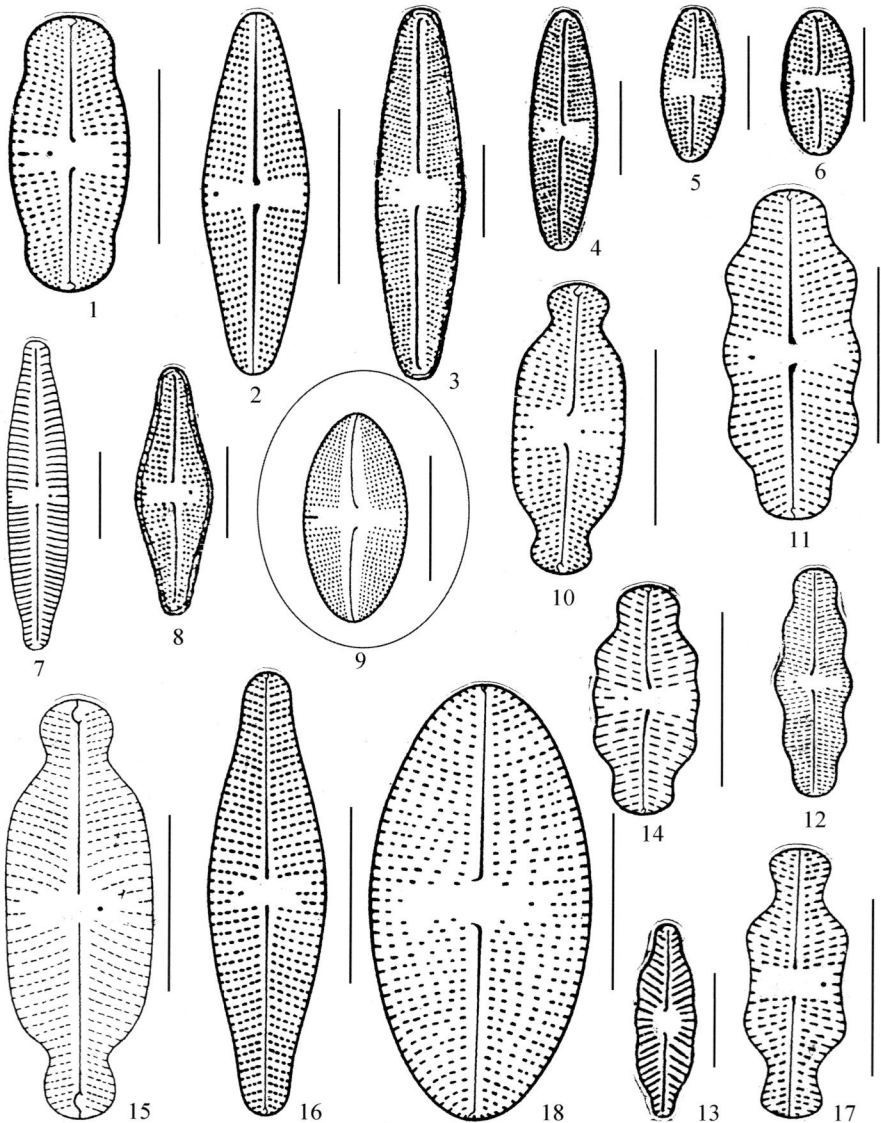

1. 穆拉泥栖藻 *Luticola murrayi*（W. et G. S.West）Li et Qi；2—6. 钝泥栖藻原变种 *L.mutica*（Kütz.）Mann var. *mutica*；7. 钝泥栖藻披针变种 *L. mutica* var. *lanceolata*（Freng.）Li et Qi；8. 钝泥栖藻菱形变种 *L. mutica* var. *rhombica*（Skv.）Li et Qi；9. 类钝泥栖藻 *L. muticoides*（Hust.）Mann；10. 似钝泥栖藻 *L.muticopsis*（Van Heurck）Mann；11—12. 雪白泥栖藻原变种 *L.nivalis*（Ehr.）Mann var. *nivalis*；13. 雪白泥栖藻中华变种 *L. nivalis*（Ehr.）var. *chinensis*（Skv.）Li et Qi；14. 类雪白泥栖藻 *L. nivaloides*（Bock）Li et Qi；15. 古北极泥栖藻 *L. palaearctica*（Hust. ex Sim.）Mann；16. 近钝泥栖藻原变种 *L. paramutica*（Bock）Mann var. *paramutica*；17. 近钝泥栖藻二结变种 *L. paramutica* var. *binodis*（Bock）Li et Qi；18. 可赞赏泥栖藻 *L. plausibilis*（Hust.）Li et Qi

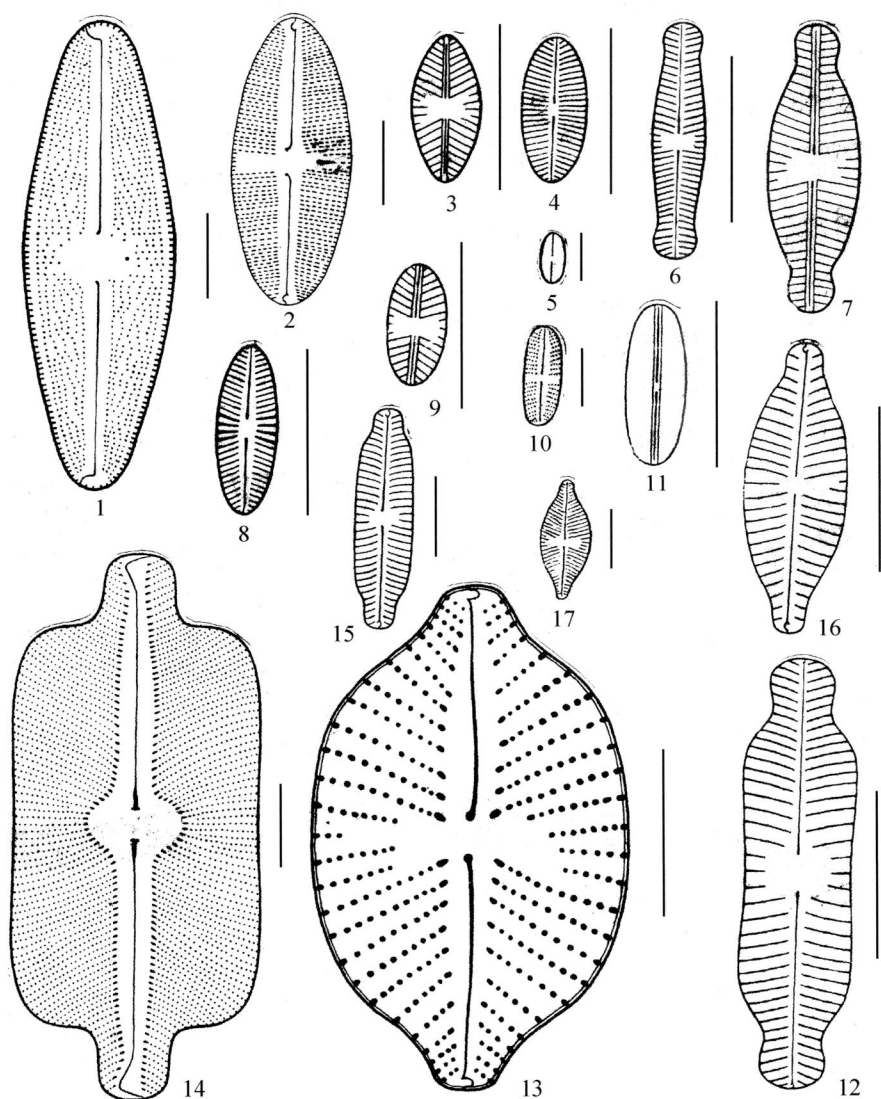

1. 许科泥栖藻 *Luticola suecorum*（Carls.）Li et Qi；2. 顶生泥栖藻 *L. terminata*（Hust.）Li et Qi；3. 联合马雅美藻 *Mayamaea asellus*（Weinh.）Lange-Bert.；4—5. 细柱马雅美藻 *M. atomus*（Kütz.）Lange-Bert.；6. 不连马雅美藻原变种 *M. disjuncta*（Hust.）Li et Qi var. *disjuncta*；7. 不连马雅美藻英吉利变型 *M. disjuncta* f. *anglica*（Hust.）Li et Qi；8. 高马雅美藻 *M. excelsa*（Krasske）Lange-Bert.；9. 小沟马雅美藻 *M. fossalis*（Krasske）Lange-Bert.；10. 福建马雅美藻 *M. fukiensis*（Skv.）Li et Qi；11. 混合马雅美藻 *M. permitis*（Hust.）Li et Qi；12. 双头盘状藻缢缩变种 *Placoneis dicephala* var. *constricta*（Cl.- Eul.）Li et Qi；13. 肩部岩生藻 *Petroneis humerosa*（Bréb.）Stickle & Mann；14. 三角形岩生藻 *P. deltoides*（Hust.）Mann；15. 双头盘状藻原变种 *Placoneis dicephala*（W. Smith）Meresch. var. *dicephala*；16. 短小盘状藻原变种 *P. exigua*（Greg.）Meresch. var. *exigua*；17. 短小盘状藻中华变种 *P. exigua*（Greg.）Meresch. var. *sinica*（Skv.）Li et Qi

图版 VIII

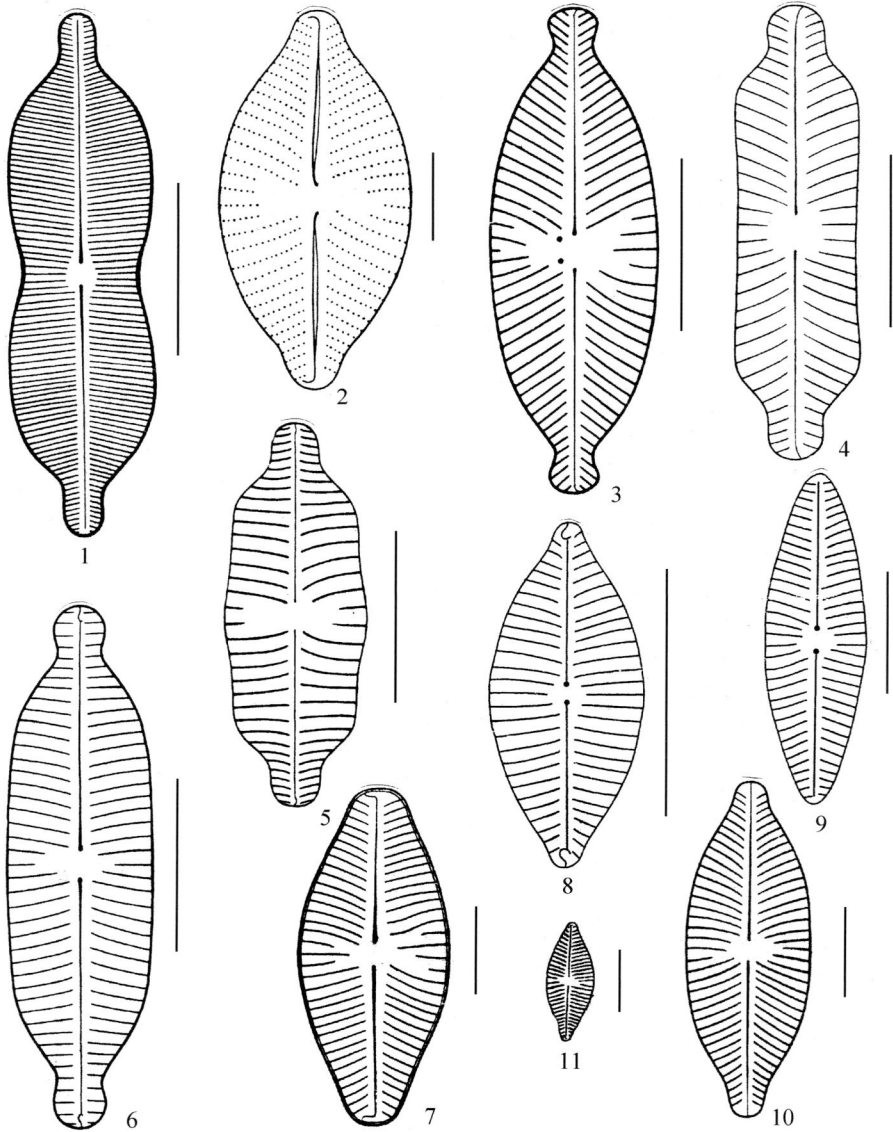

1. 双结长篦形藻 *Neidiomorpha binodis* (Ehr.) Cant., Lange-Bert. & Angeli.；2. 两球盘状藻原变种 *Placoneis amphibola* (Cl.) Cox var. *amphibola*；3. 温和盘状藻线形变种 *P. clementis* var. *linearis* (Brand. ex. Hust.) Li et Qi；4. 双头盘状藻缢缩变种密线变型 *P. dicephala* var. *constricta* f. *densestriata* (Cl.-Eul.) Li et Qi；5. 双头盘状藻波缘变种 *P. dicephala* var. *undulata* (östrup.) Li et Qi；6. 埃尔金盘状藻 *P. elginensis* (Greg.) Cox；7. 胃形盘状藻原变种 *P. gastrum* (Ehr.) Meresch. var. *gastrum*；8. 小胎座盘状藻原变种 *P. placentula* (Ehr.) Heinz. var. *placentula*；9. 小胎座盘状藻披针变型 *P. placentula* f. *lanceolata* (Grun.) Li et Qi；10. 小胎座盘状藻喙头变型 *P. placentula* f. *rostrata* (May.) Li et Qi；11. 小胎座盘状藻宽圆变种 *P. placentula* var. *latiuscula* (Grun.) Li et Qi

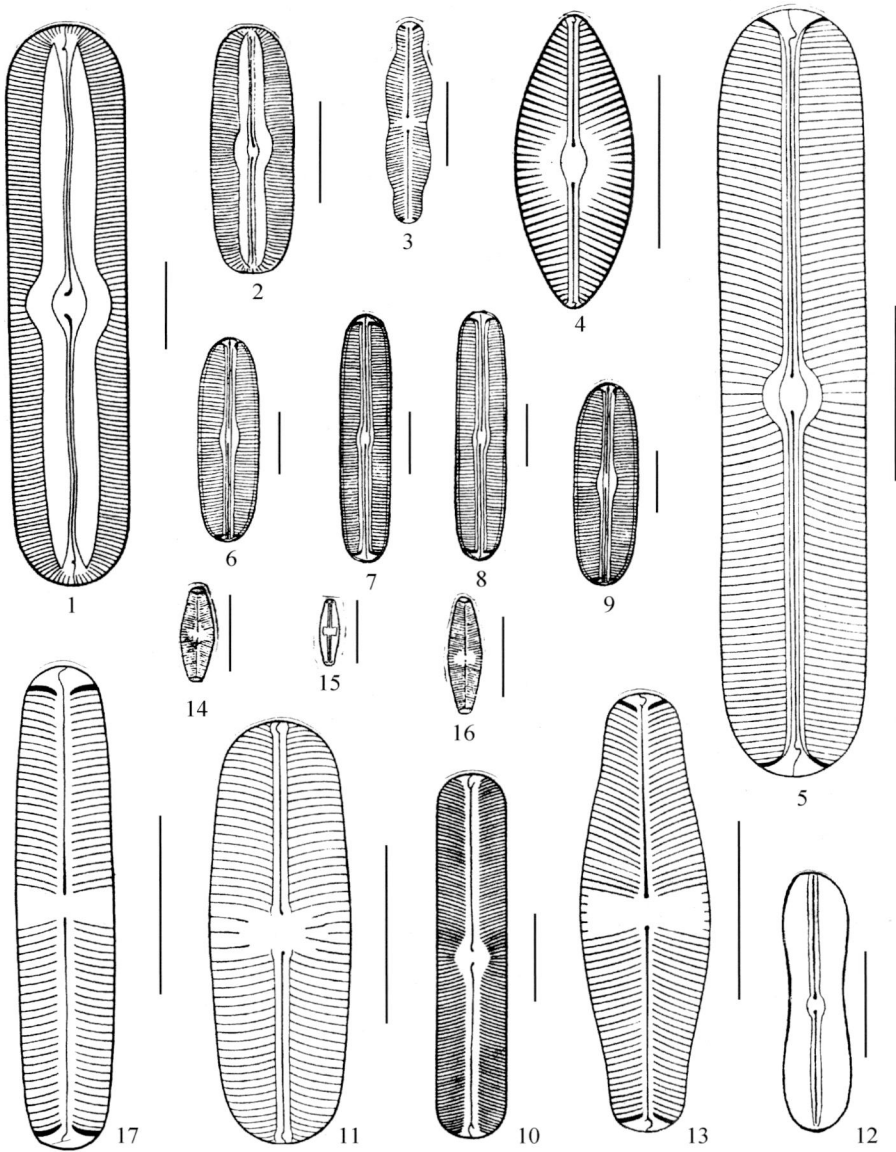

1—2. 美利坚鞍型藻原变种 *Sellaphora americana*(Ehr.)Mann var. *americana*；3. 水管鞍型藻 *S. aquaeductae*(Krasske)Li et Qi；4. 类杆状鞍型藻 *S. bacilloides*(Hust.)Levkov，Krestic & Nakov；5. 杆状鞍型藻原变种 *S. bacillum* Ehr. var. *bacillum*；6—9. 杆状鞍型藻平行变种 *S. bacillum* var. *parallela*(Skv.)Li et Qi；10. 球头棒形鞍型藻 *S. fusticulus*(östrup)Lange-Bert.；11. 光滑鞍型藻 *S. laevissima*(Kütz.)Mann；12. 楔鞍型藻原变种 *S. lambda*(Cl.)Metzltin & Lange-Bert. var. *lambda*；13—16. 瞳孔鞍型藻原变种 *S. pupula*(Kütz.)Meresch. var. *pupula*；17. 伪瞳孔鞍型藻 *S. pseudopupula*(Krasske)Li et Qi

图版 X

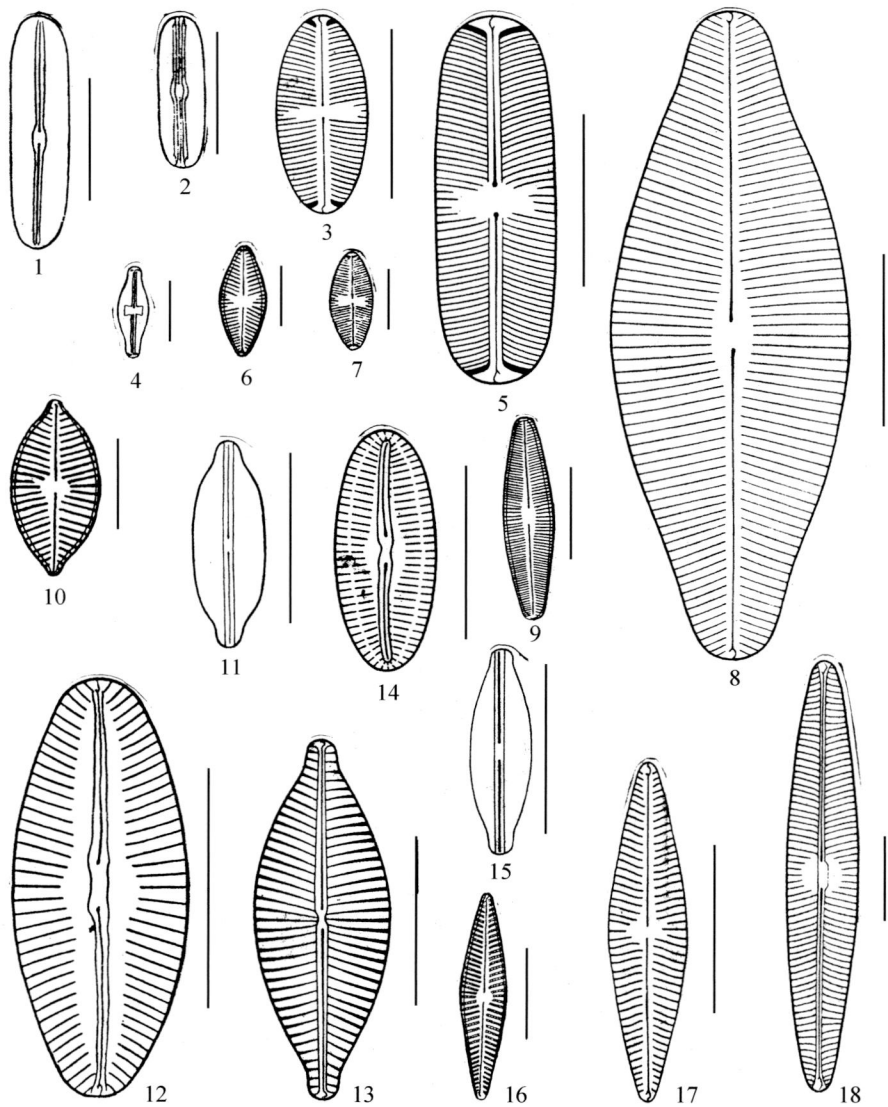

1. 楔鞍型藻直变种 *Sellaphora lambda* var. *recta*(Skv.) Li et Qi；2. 楔鞍型藻中华变种 *S. lambda* var. *sinica*(Skv.) Li et Qi；3. 瞳孔鞍型藻椭圆变种 *S. pupula* var. *elliptica*(Hust.) Li et Qi；4. 瞳孔鞍型藻变异变种 *S. pupula* var. *mutata*(Hust.) Li et Qi；5. 矩形鞍型藻 *S. rectangularis*(Greg.) Li et Qi；6—7. 喙状鞍型藻 *S. rostratus*(Hust.) Li et Qi；8—9. 近盐生盘状藻 *Placoneis subsalsa* Meresch.；10. 小胎座盘状藻宽圆变种 *P. placentula* var. *latiscula*(Grun.) Li et Qi；11. 奥尔韦舟形藻 *Navicula arvensis* Hust.；12. 湖南舟形藻 *N. hunanensis* Chen et Zhu；13. 劣味舟形藻 *N. ignota* Krasske；14. 不联合舟形藻 *N. insociabilis* Krasske；15. 克拉斯克舟形藻 *N. krasskei* Hust.；16—18. 披针形舟形藻 *N. lanceolata*(Ag.) Kütz

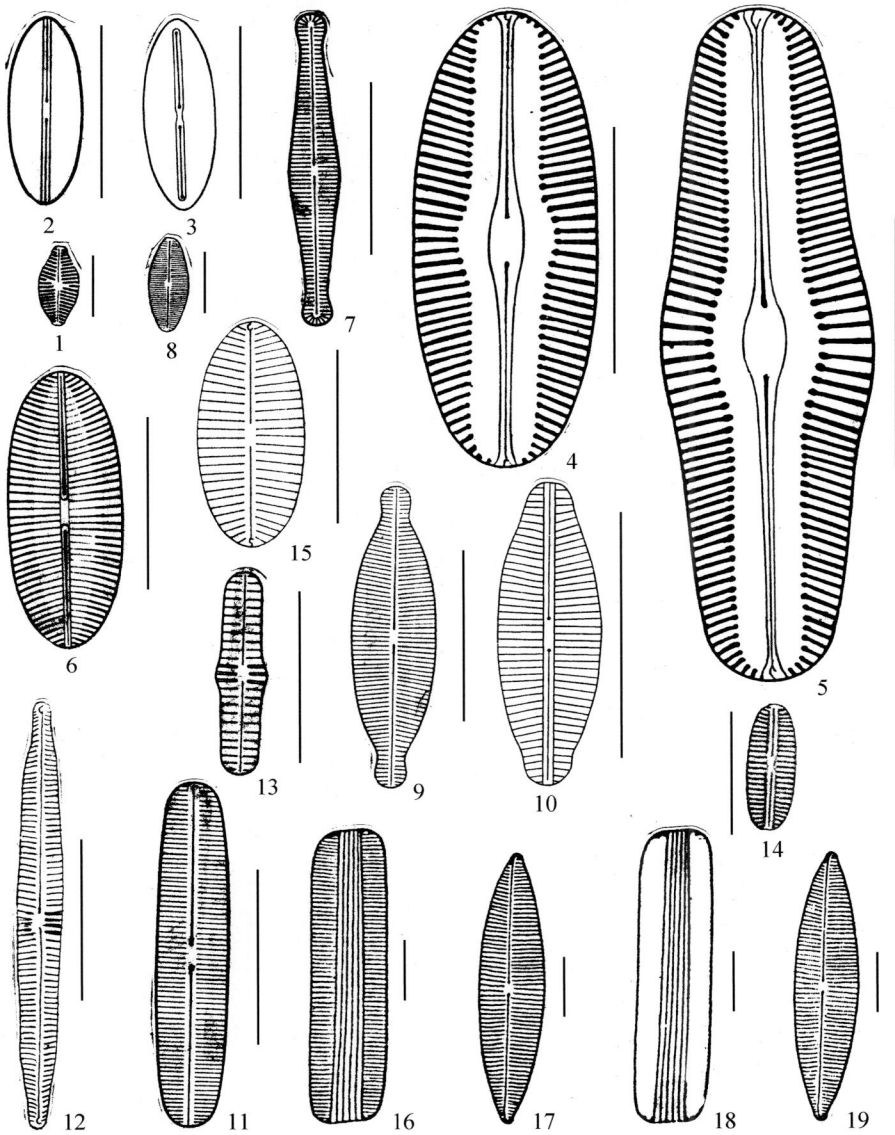

1. 温和舟形藻 *Navicula modica* Hust.；2. 诺拉舟形藻 *N. nolens* Sim.；3. 小皮舟形藻 *N. pelliculosa* Hilse；
4—5. 类极微小舟形藻 *N. perpusilloides* Chen et Zhu；6. 近小沟状舟形藻 *N. subhamulata* Grun.；7. 优美
舟形藻 *N. delicatula* Cl.；8. 哈尔滨舟形藻 *N. harbinensis* Skv.；9. 无毛舟形藻 *N. impexa* Hust.；10. 无用
舟形藻 *N. infirmata* Hust. et Mang.；11. 伦茨舟形藻 *N. lenzii* Hust.；12. 具长喙舟形藻 *N. longirostris* Hust.；
13. 平凡舟形藻 *N. mediocris* Krasske；14. 峭壁形舟形藻 *N. muraliformis* Hust.；15. 微小舟形藻 *N. parva*
（Meneg. et Kütz.）Cl.-Eul.；16—19. 类褶舟形藻 *N. plicatoides* Hust

图版 XII

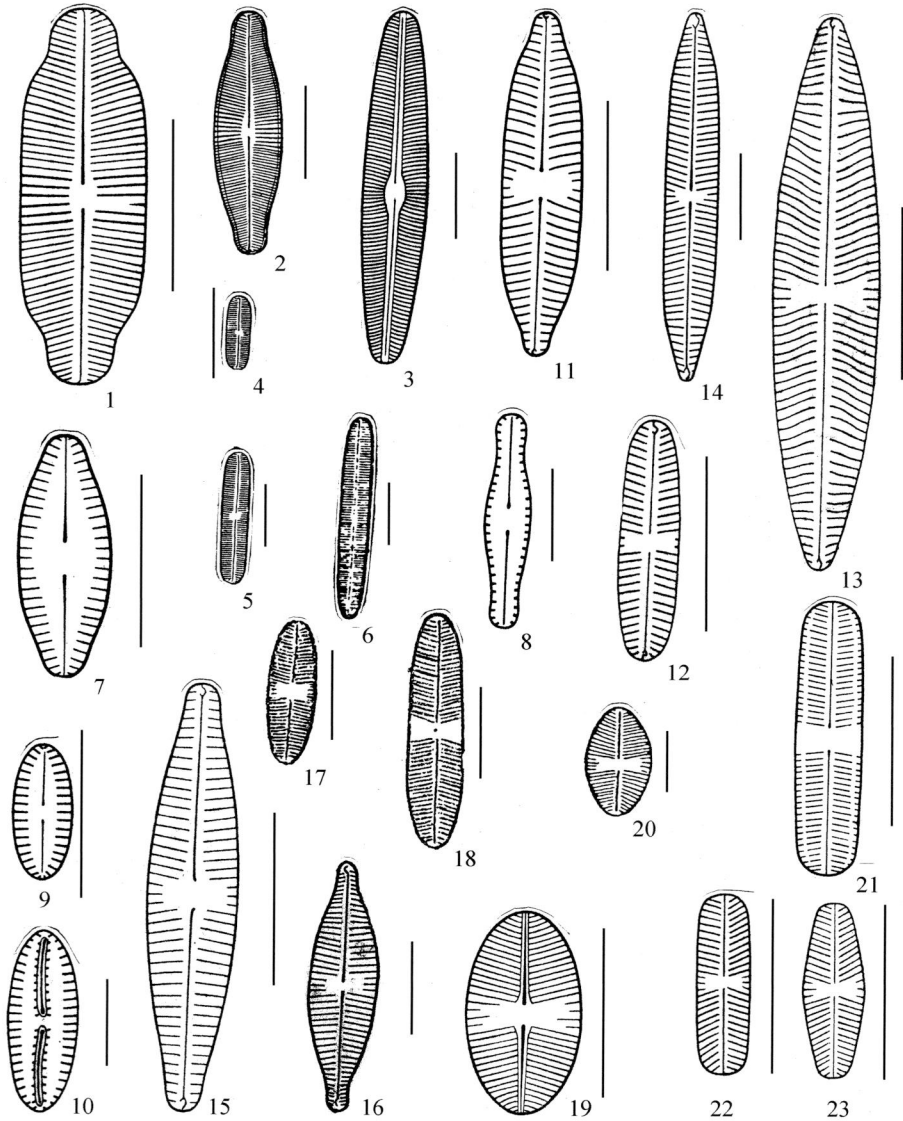

1—2. 凸出前辐节藻原变种 *Prestauroneis protracta* (Grun. ex cl.) Liu，Wang & Kociol. var. *protracta*；3. 凸出前辐节藻椭圆变种 *P. protracta* var. *elliptica* Gall.；4—5. 池生舟形藻 *Navicula stagnalis* Skv.；6. 天津舟形藻 *N. tientsinensis* Skv.；7. 克拉曼舟形藻 *N. clamans* Hust.；8. 珍珠舟形藻 *N. margaritacea* Hust.；9. 隐形舟形藻 *N. recondita* Hust.；10. 柔弱舟形藻 *N. teneroides* Hust.；11. 相对舟形藻 *N. adversa* Krasske；12. 贝格舟形藻 *N. begeri* Krasske；13. 卡里舟形藻原变种 *N. cari* Ehr. var. *cari*；14. 卡里舟形藻线形变种 *N. cari* Ehr. var. *linearis* (Õstrup) Cl.-Eul.；15—16. 隐头舟形藻 *N. cryptocephala* Kütz.；17. 杭州舟形藻 *N. hangchowensis* Skv.；18. 科氏舟形藻 *N. kovalchookiana* Skv.；19—20. 多石舟形藻 *N. lapidosa* Krasske；21. 卢辛舟形藻 *N. lucinensis* Hust.；22—23. 微小型舟形藻 *N. minima* Grun

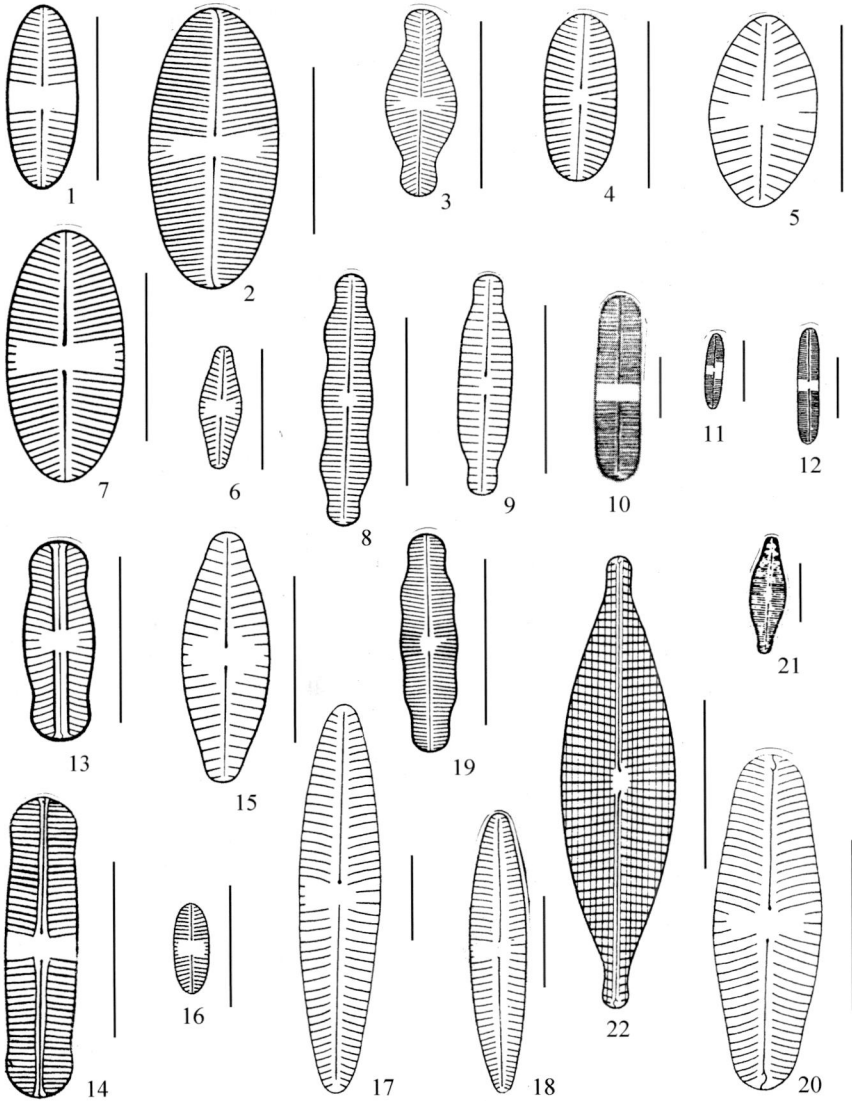

1. 喜氮舟形藻 *Navicula nitrophila* Peters.；2. 罗塔舟形藻 *N. rotaeana*（Rabh.）Grun.；3. 沙德舟形藻 *N. schadei* Krasske；4—5. 类半裸舟形藻 *N. seminuloides* Hust.；6. 半裸舟形藻原变种 *N. seminulum* Grun. var. *seminulum*；7. 半裸舟形藻中型变种 *N. seminulum* var. *intermedia* Hust.；8. 索尔舟形藻原变种 *N. soehrensis*（söhrensis）Krasske var. *sorhrensis*；9. 索尔舟形藻头端变种 *N. soehrensis* var. *capitata* Krasske；10. 索登舟形香港变种 *N. soodensis* var. *hongkongensis* Skv.；11. 索登舟形藻相等辐节变种 *N. soodensis* var. *isotauron* Skv.；12. 索登舟形藻平行变种 *N. soodensis* var. *parallela* Skv.；13. 施特罗姆舟形藻 *N. stroemii* Hust.；14. 近蛹形舟形藻 *N. subnympharum* Hust.；15. 近半裸舟形藻 *N. subseminulus* Hust.；16. 细小舟形藻 *N. tantula* Hust.；17—18. 西藏舟形藻 *N. tibetica* Jao et Lee；19. 三齿舟形藻 *N. tridentula* Krasske；20. 多维舟形藻 *N. vitabunda* Hust.；21—22. 群生舟形藻 *N. gregaria* Donk

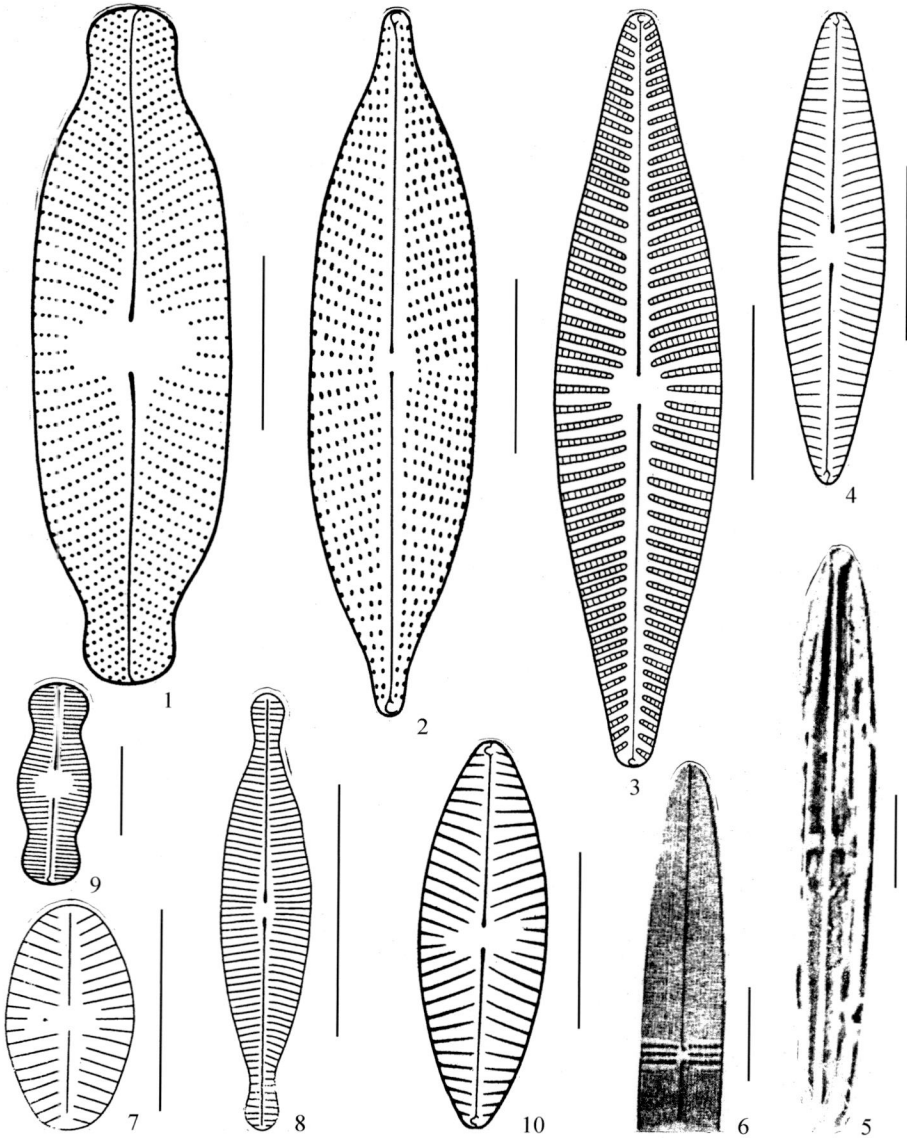

1. 阿比斯库舟形藻 *Navicula abiskoensis* Hust.；2. 沙生舟形藻 *N. arenaria* Donk.；3. 同心舟形藻 *N. concentrica* Cart.；4. 隐柔弱舟形藻 *N. cryptotenella* Kütz.；5—6. 异点舟形藻 *N. hetero-punctata* Chin et Chen；7. 复瓦状舟形藻 *N. imbricata* Bock；8. 常胜舟形藻 *N. invicta* Hust.；9.中凸舟形藻 *N. medioconvexa* Hust.；10. 弯月形舟形藻 *N. menisculus* Schum

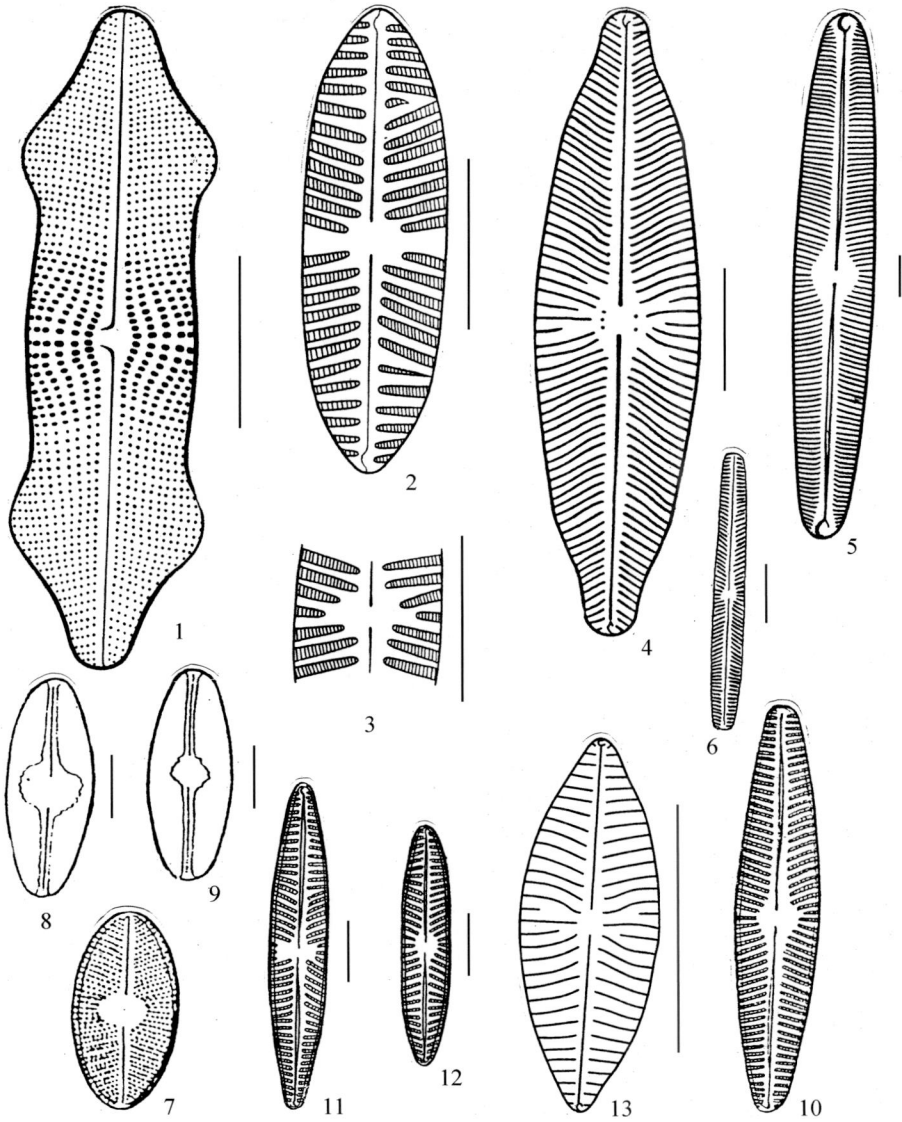

1. 可疑舟形藻 Navicula dubitanda Hust.；2—3. 米努沃昆舟形藻 N. minuewaukonensis Elmore；3. 示壳面两种不同的中心区；4. 多点舟形藻 N. multipunctata Chen et Zhu；5. 长圆舟形藻原变种 N. oblonga (Kuetz.) Kütz. var. oblonga；6. 长圆舟形藻近平行变种 N. oblonga var. subparallela Ratt.；7. 眼点舟形藻原变种 N. ocellata Skv. var. ocellata；8—9. 眼点舟形藻多形变种 N. ocelllata var. polymorpha Skv.；10. 移入舟形藻原变种 N. peregrina (Ehr.) Kütz. var. peregrina；11—12. 移入舟形藻中华变种 N. peregrina var. sinica Skv.；13. 假莱茵哈尔德舟形藻 N. pseudoreinhardtii Patr

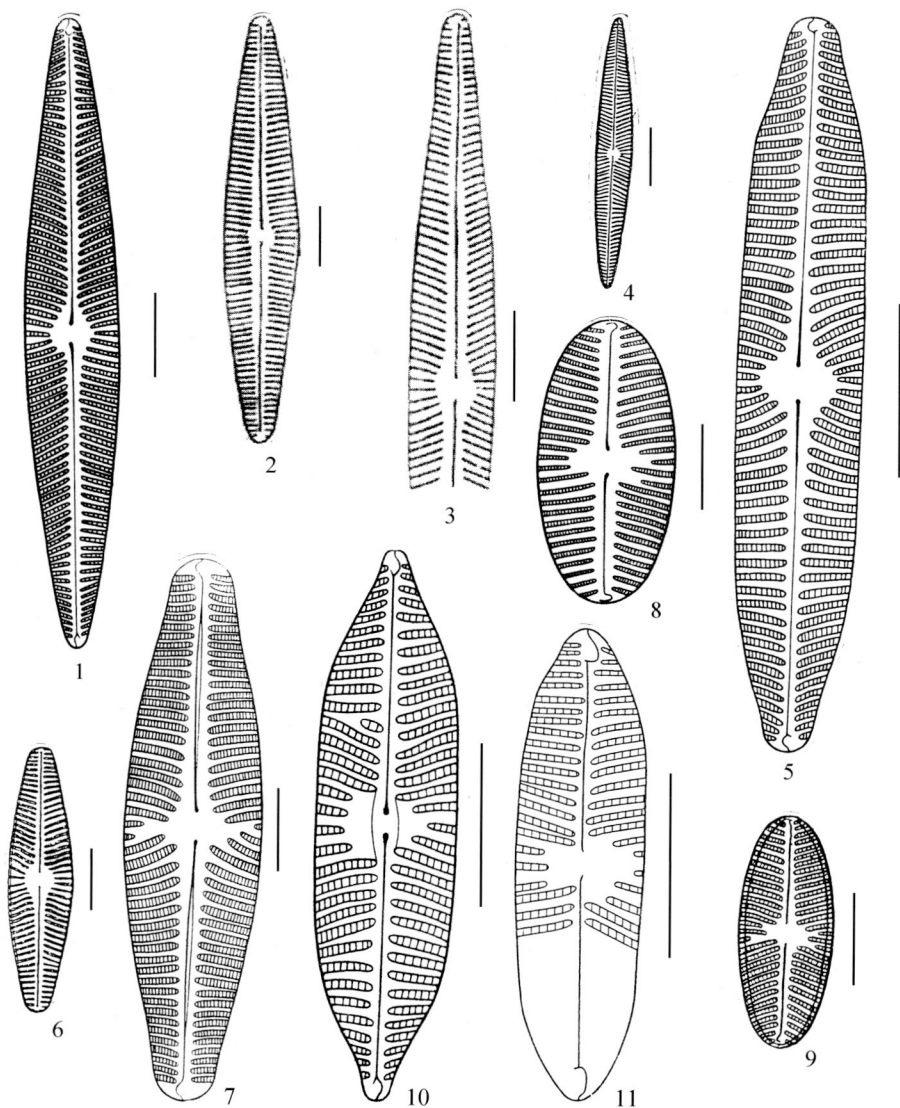

图版 XVI

1—3. 放(辐)射舟形藻原变种 *Navicula radiosa* Kütz. var. *radiosa*；4. 放(辐)射舟形藻满洲里变种 *N. radiosa* var. *menschurica* Skv.；5. 放(辐)射舟形藻亚高山变种 *N. radiosa* var. *subalpina* Cl.- Eul.；6—7. 莱茵哈尔德舟形藻原变种 *N. reinhardtii* Grun. var. *reinhardtii*；8—9. 莱茵哈尔德舟形藻椭圆变种 *N. reinhardtii* var. *elliptica* Hérib.；10. 短喙形舟形藻 *N. rostellata* Kütz.；11. 饱满舟形藻 *N. satura* Schm

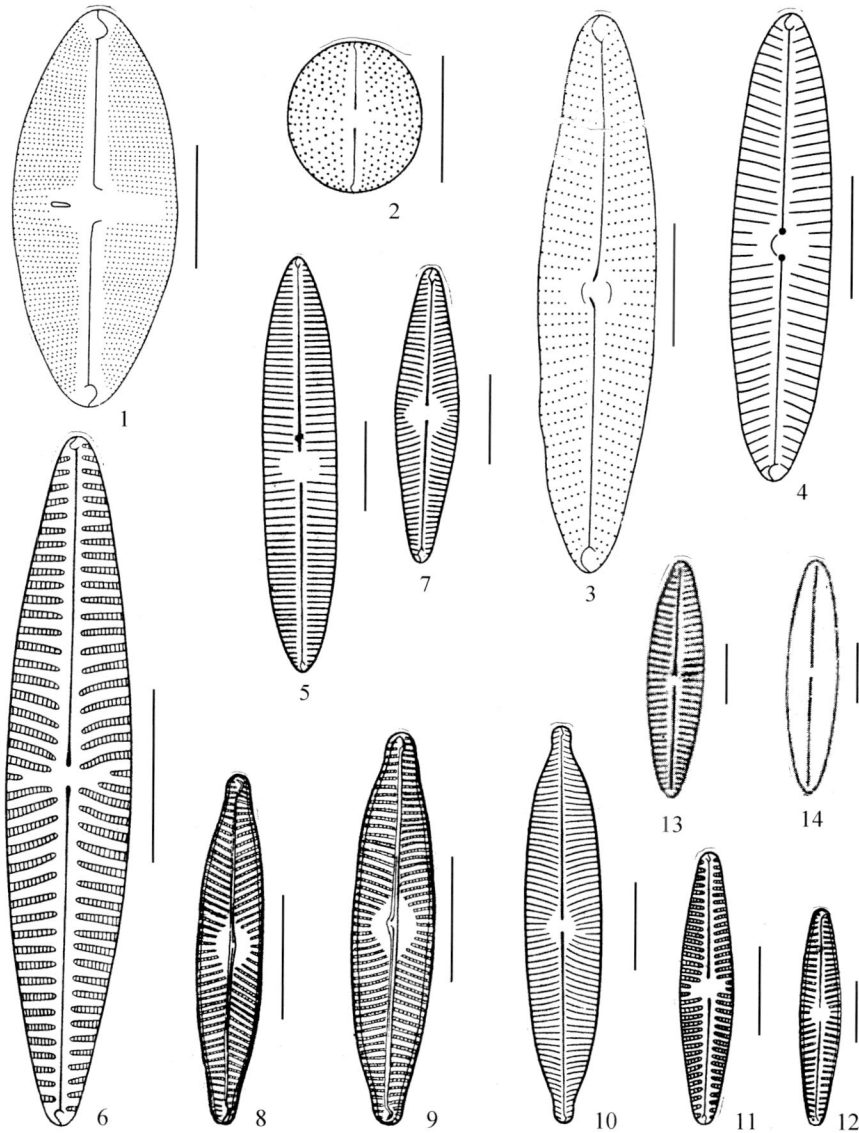

1. 喜石生舟形藻 *Navicula saxophila* Bock；2. 类盾形舟形藻 *N. scutelloides* Wm. Sm.；3—4. 对称舟形藻 *N. symmetrica* Patr.；5—6. 三斑点舟形藻 *N. tripunctata*（Müll.）Bory；7—9. 淡绿舟形藻原变种 *N. viridula*（Kütz.）Ehrenberg var. *viridula*；10. 淡绿舟形藻头端变型 *N. viridula* f. *capitata*（Mayer）Hust.；11—12. 淡绿舟形藻额尔古纳变种 *N. viridula* var. *argunensis* Skv.；13—14. 淡绿舟形藻香港变种 *N. viridula* var. *hongkongensis* Skv

図版 XVIII

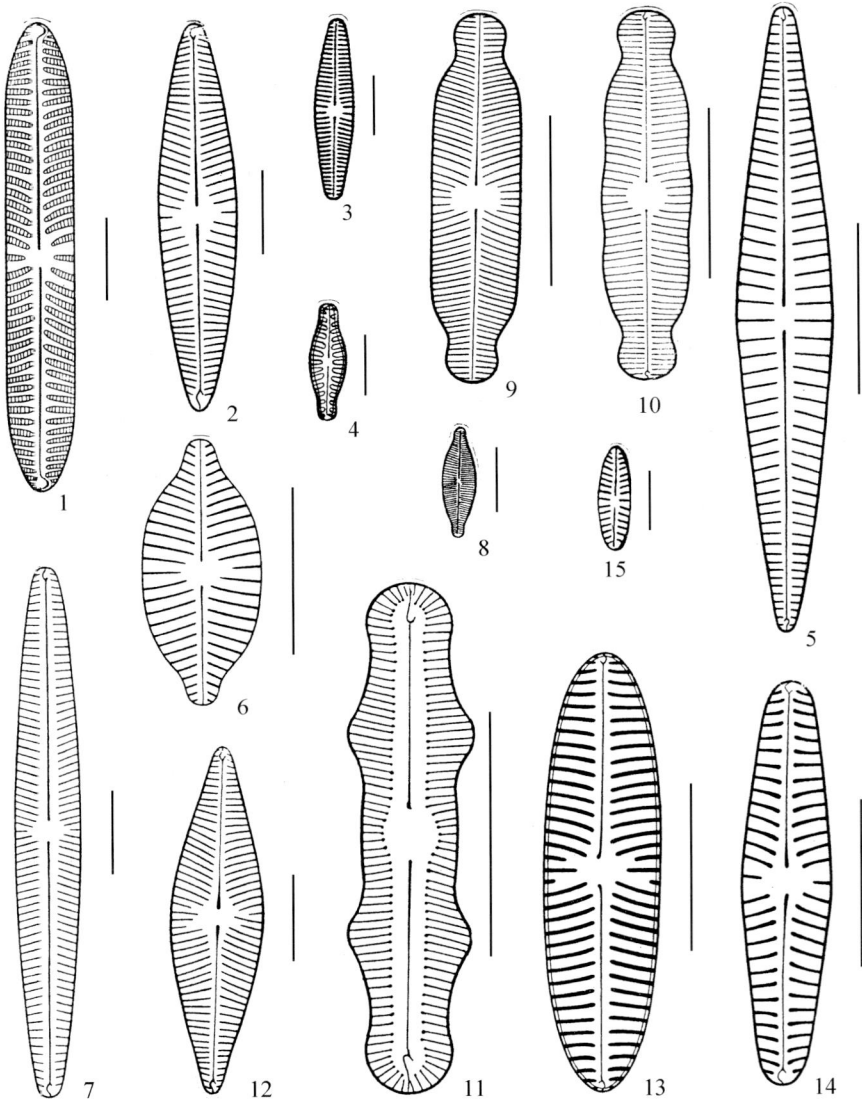

1. 淡绿舟形藻线形变种 *Navicula viridula* var. *linearis* Hust.；2—3. 淡绿舟形藻帕米尔变种 *N. viridula* var. *pamirensis* Hust.；4. 淡绿舟形藻喙状变种 *N. viridula* var. *rostrata* Skv.；5. 喜沙生舟形藻细微变型 *N. ammophila* f. *minuta* (Grun.) Õstroup；6. 英吉利舟形藻 *N. anglica* Ralfs；7. 窄舟形藻 *N. argusta* Grun.；8. 喀尔古纳舟形藻 *N. argunensis* Skv.；9. 布鲁克曼舟形藻原变种 *N. brockmanni* (*brockmannii*) Hust. var. *brockmanni*；10. 布鲁克曼舟形藻波缘变种 *N. brockmanni* var. *undulata* Zhu et Chen；11. 二凸舟形藻 *N. bigibba* Chen et Zhu；12. 头辐射舟形藻 *N. capitatoradiata* Germ.；13. 系带舟形藻原变种 *N. cincta* (Ehrenberg) Ralgs var. *cincta*；14. 系带舟形藻休弗变种 *N. cincta* var. *heufleri* (Grun.) Grun.；15. 系带舟形藻微小变种 *N. cincta* var. *minuta* Skv

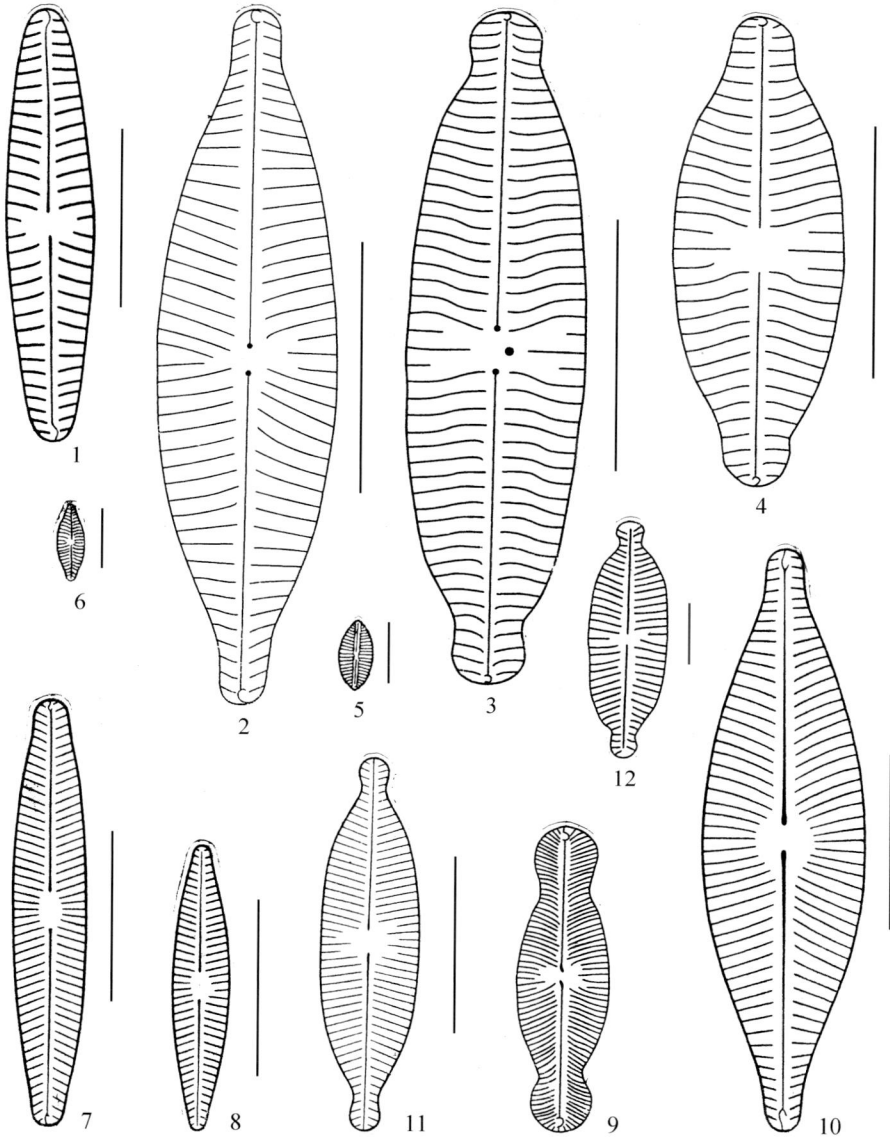

1. 系带舟形藻细头变种 *Navicula cincta* var. *leptocephala*（Breb.）Grun.；2. 似隐头状舟形藻 *N. cryptocephaloides* Hust.；3—4. 美容盖斯勒藻 *Geissleria. decussis*（Hust.）Lange-Bert.& Metz.；5. 落下舟形藻 *Navicala. demissa* Hust.；6. 细长舟形藻 *N. exilis* Kütz.；7. 法兰西舟形藻原变种 *N. falaisensis* Grun. var. *falaisensis*；8. 法兰西舟形藻披针变种 *N. falaisensis* var. *lanceola* Grun.；9. 球状舟形藻 *N. globosa* Meist.；10. 戈塔舟形藻 *N. gottlandica* Grun.；11—12. 格里门舟形藻 *N. grimmii* Krasske

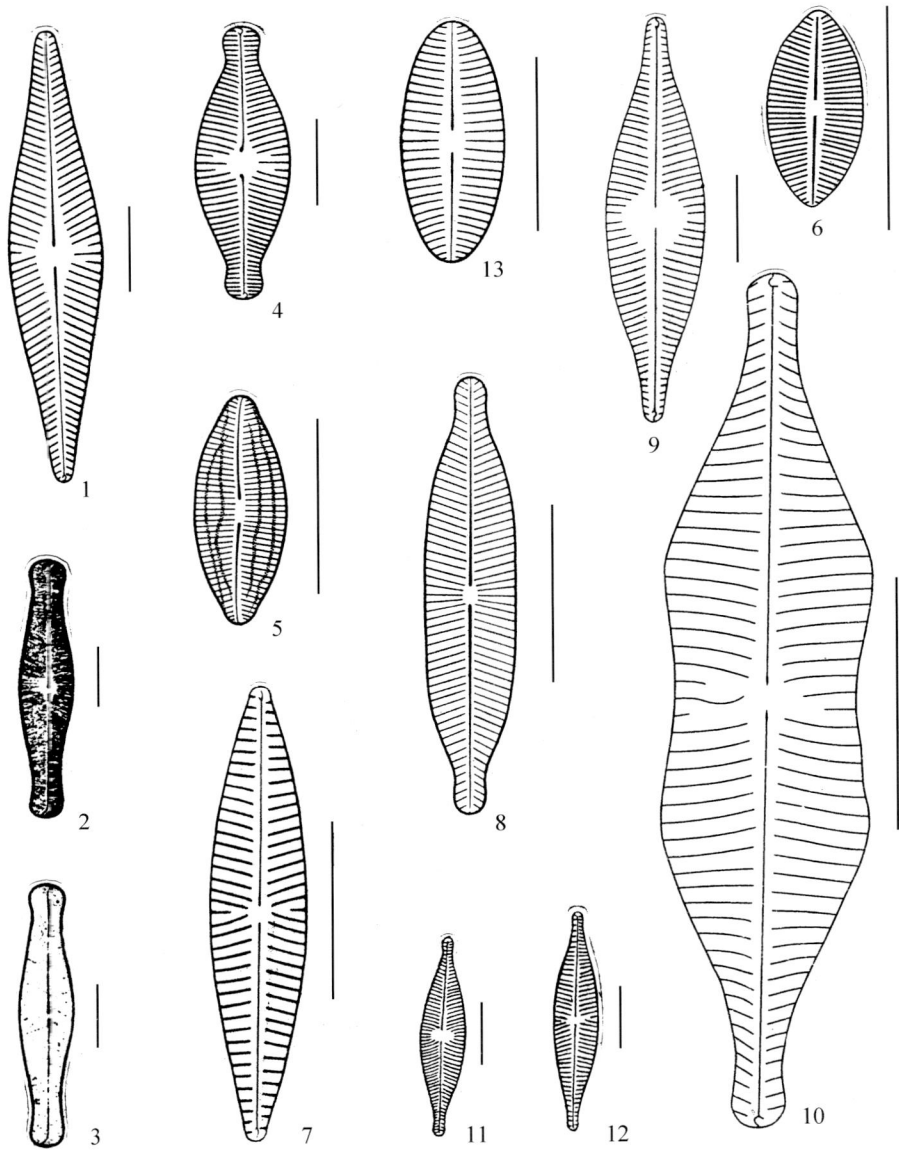

图版 XX

1. 戟形舟形藻 *Navicula hasta* Pant.；2—3. 赫定舟形藻 *N. hedini* Hust.；4. 偏喙头舟形藻 *N. laterostriata* Hust.；5.单眼舟形藻 *N. monoculata* Hust.；6. 栖藓舟形藻 *N. mucicola* Hust.；7. 假舟形藻 *N. notha* Woll.；8. 显喙舟形藻 *N. perrostrata* Hust.；9. 喙头舟形藻原变种 *N. rhynchocephala* Kütz. var. *rhynchocephala*；10. 喙头舟形藻缢缩变种 *N. rhynchocephala* var. *constracta* Hust.；11—12. 喙头舟形藻细弱变种 *N. rhynchocephala* var. *tenua* Skv.；13. 粗糙舟形藻 *N. scabellum* Hust

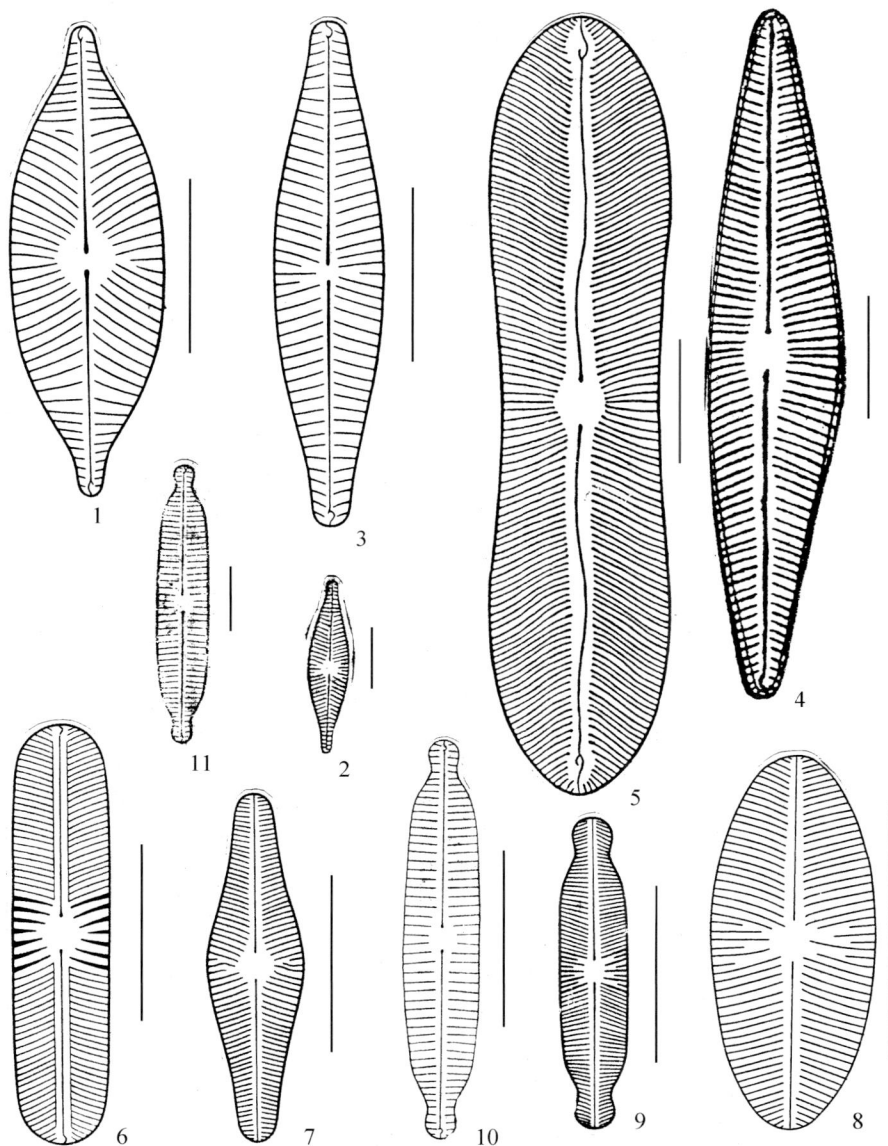

1—2. 盐生舟形藻原变种 *Navicula salinarum* Grun. var. *salinarum*；3. 盐生舟形藻中型变种 *N. salinarum* var. *intermedia*（Grun.）Cl.；4. 苏州舟形藻 *N. soochowensis* Skv.；5. 静水舟形藻 *N. stagna* Chen et Zhu；6. 近杆状舟形藻 *N. subbacillum* Hust.；7. 近极高舟形藻 *N. subprocera* Hust.；8. 近圆形舟形藻 *N. subrotundata* Hust.；9. 极细舟形藻原变种 *N. subtilissima* Cl. var. *subtilissima*；10—11. 极细舟形藻疏线变种 *N. subtilissima* var. *paucistriata* Chen et Zhu

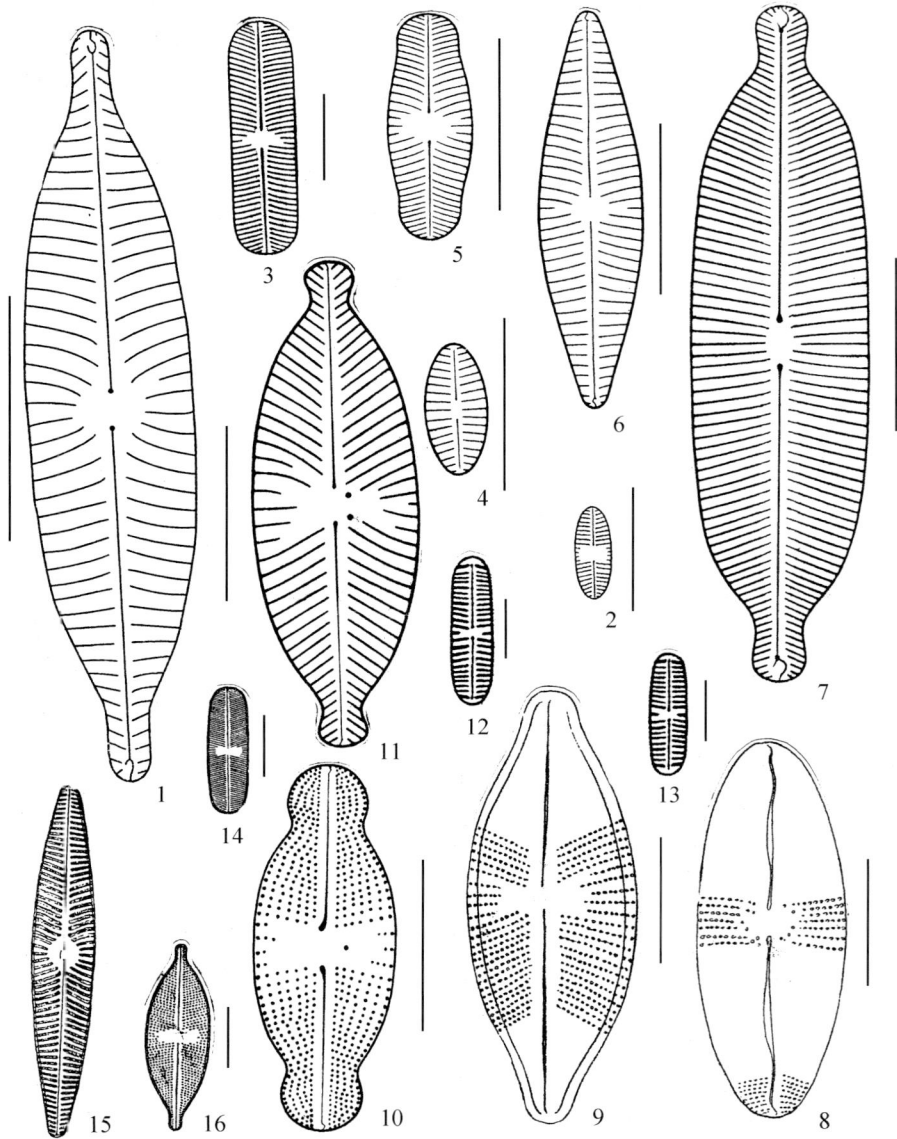

1. 近喙头舟形藻 *Navicula subrhynchocephala* Hust.；2. 细小舟形藻 *N. tantula* Hust.；3.石莼舟形藻 *N. ulvacea*（Berk.）Van Heurck；4. 沃切里舟形藻 *N. vaucheriae* Bory Peters.；5. 腹面舟形藻简单变种 *N. ventralis* var. *simplex* Hust.；6. 威蓝色舟形藻 *N. veneta* Kütz.；7. 维里舟形藻 *N.virihensis* Cl.- Eul.；8. 胚种舟形藻 *N. semen* Ehr.；9. 两球盘状藻原变种 *Placoneis amphibola*（Cl.）Cox var. *amphibola*；10. 偏凸泥栖藻 *Luticola ventricosa*（Kütz.）Mann；11. 温和盘状藻线形变种 *Placoneis clementis* var.，*linearis*（Br. ex Hustedt）Li et Qi；12—13. 线形蹄形藻 *Hippodonta linearis*（östr.）Lange-Bert. *et al.*；14. 光滑鞍型藻 *Sellaphora laevissima*（Kütz.）Mann；15. 移入舟形藻原变种 *Navicula peregrina*（Ehr.）Kütz. var. *peregrina*；16. 两球盘状藻满洲里变种 *Placoneis amphibola* var. *manschurica*（Skv.）Li et Qi

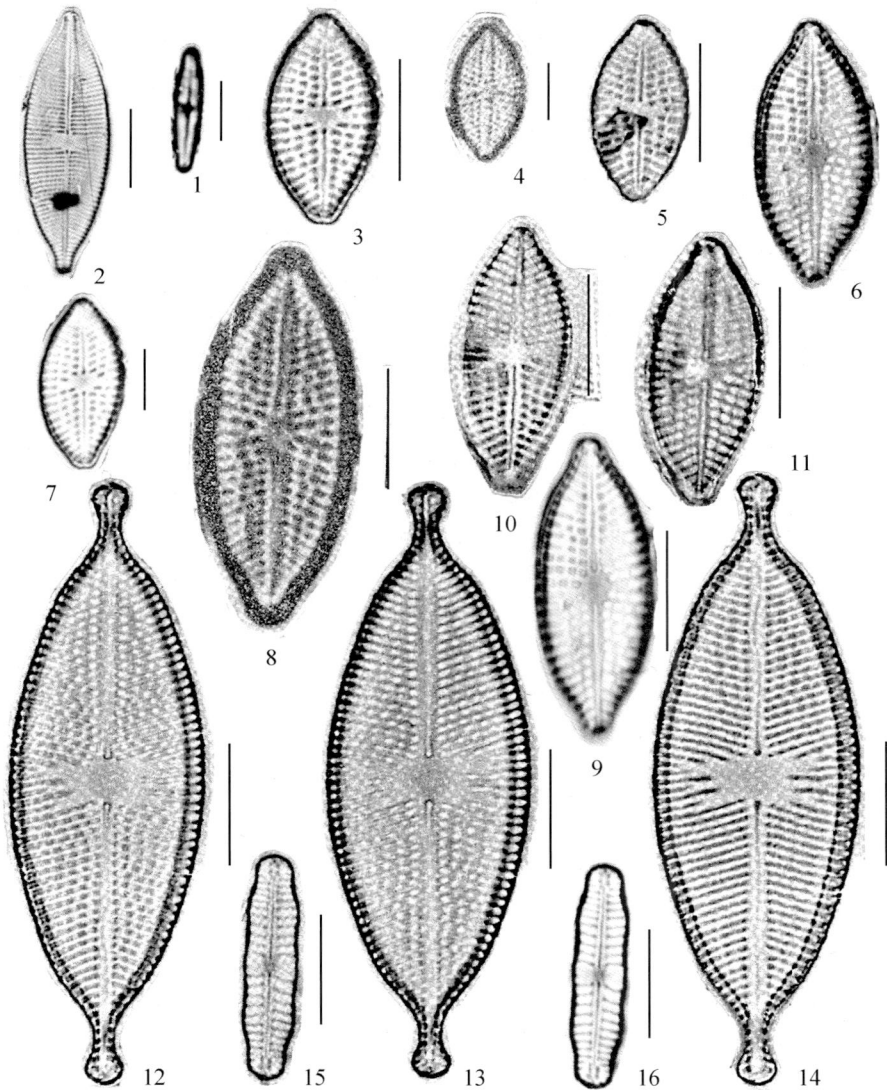

1. 嗜苔藓拉菲亚藻 *Adlafia bryophila* (Peter.) Lange-Bertalot；2. 具细尖暗额藻 *Aneumastus apiculatus* (östrup) Lange-Bert.；3—7. 小暗额藻 *A. minor* (Hust.) Lange-Bert.；8—11. 喙暗额藻 *A. rostratus* (Hust.) Lange-Bert.；12—14. 蒙古暗额藻 *A. mongolicus* Metz. et Lange-Bert.；15—16. 无名盖斯勒藻 *Geissleria ignota* (Krasske) Lange-Bert. & Metz

除注明外，其余图均示壳面(LM)，比例尺均为 10 μm (Scaleber=10 μm)，下同

图版 XXIV

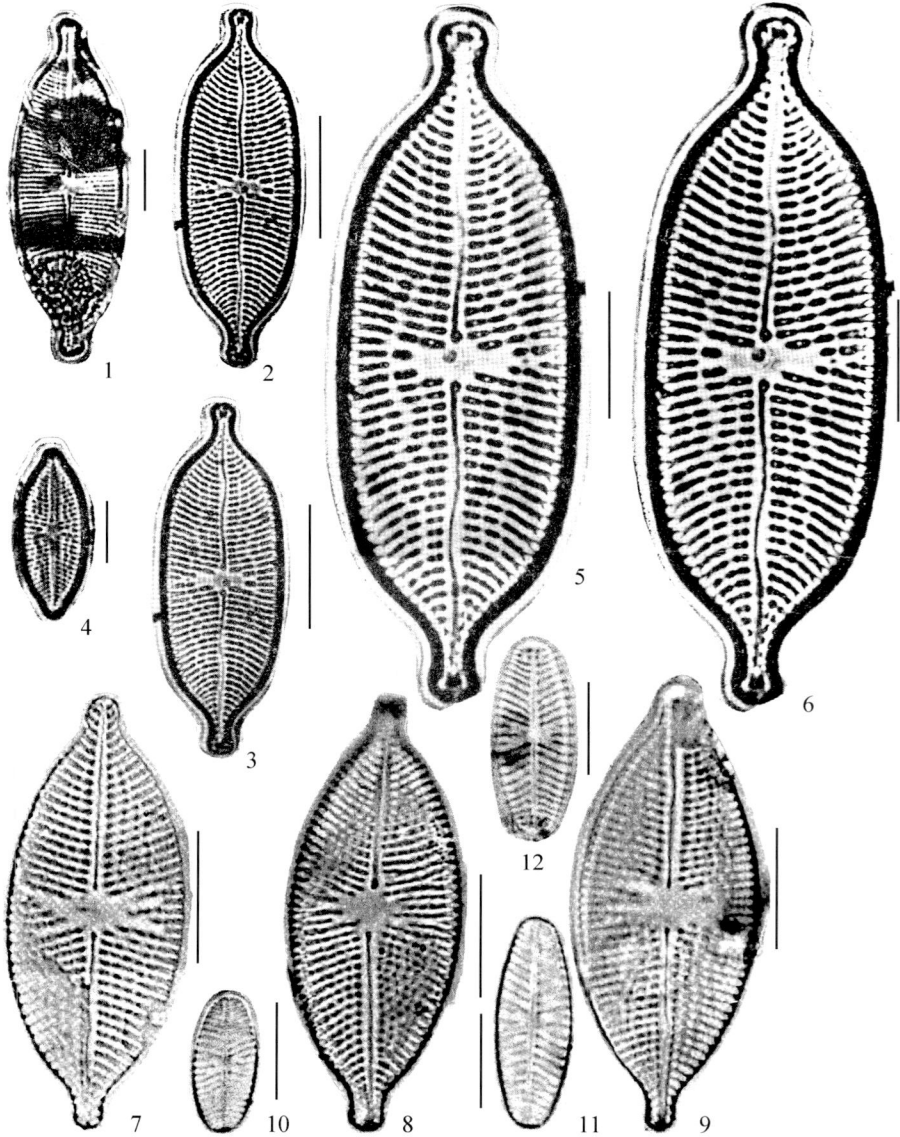

1. 施特罗斯暗额藻 *Aneumastus stroesei* (Östrup) Mann & Stickle; 2, 3, 5, 6. 吐丝状暗藻原变种 *A. tusculus* (Ehr.) Mann & Stickle var. *tusculus*; 4. 喙暗额藻 *A. rostratus* (Hust.) Lange–Bert.; 7—9. 吐丝状暗额藻 *A. tusculoides* (Cl.-Eul.) Mann; 10—11. 舍恩菲尔德盖斯勒藻 *Geissleria schoenfeldii* (Hust.) Lange-Bert. & Metz.; 12. 沼泽盖斯勒藻 *G. paludosa* (Hust.) Lange-Bertzlot & Metzeltin

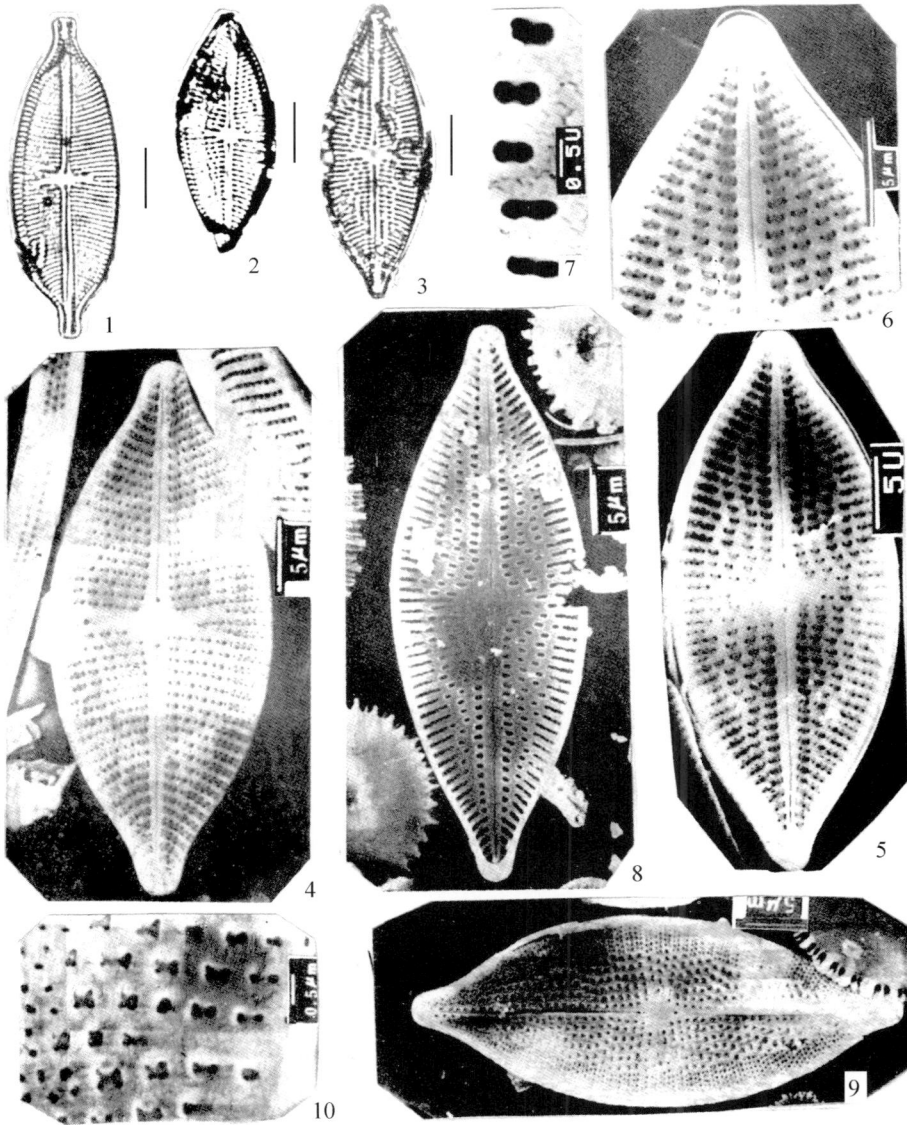

1. 施特罗斯暗额藻 *Aneumastus stroesei*（östrup）Mann & Stickle；2，3，8. 喙暗额藻 *A. rostratus*（Hust.）Lange-Bert，8. SEM，内壳面观，示孔纹和壳缝；4—7，9，10. 吐丝暗额藻原变种 *A. tusculus*（Ehr.）Mann & Stickle var. *tusculus*；SEM. 4，5，9. 外壳面观，示孔纹和壳缝；5. 内壳面观，示孔纹和壳缝；6—7. 为 5 一端放大，示孔纹；10. 为 9 一侧局部放大

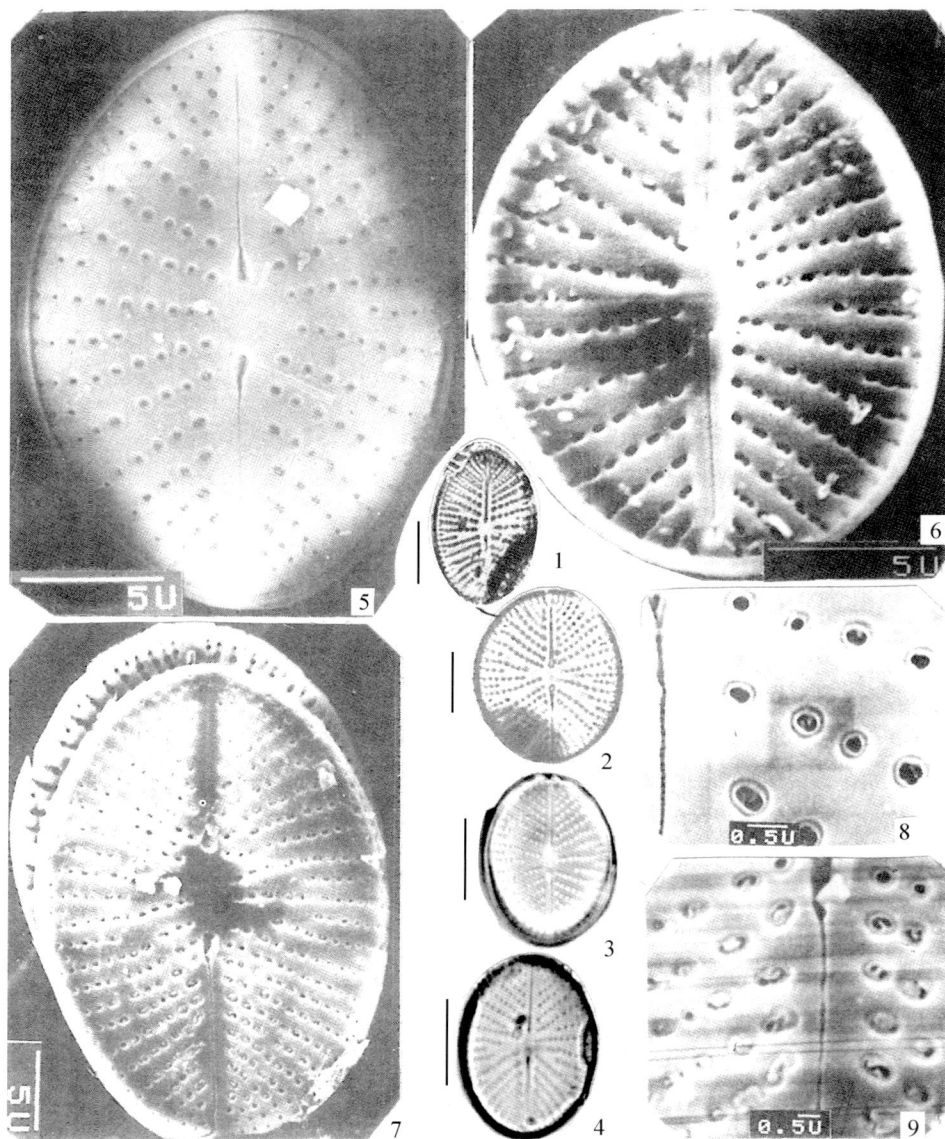

图版 XXVI

1—4. 盾状洞穴形藻 *Cavicula scutelloides*（Wm. Smith）Mann & Stickle；5—9. 盾状洞穴形藻 *C. scutelloides*（W. Smith）Mann & Stickle；SEM，5，8. 壳面观，5.示壳面和构造，8 为 5 壳面局部放大，示壳面孔纹；6，7，9 示内壳面及构造，9 为 7 的局部放大，示内壳面孔纹

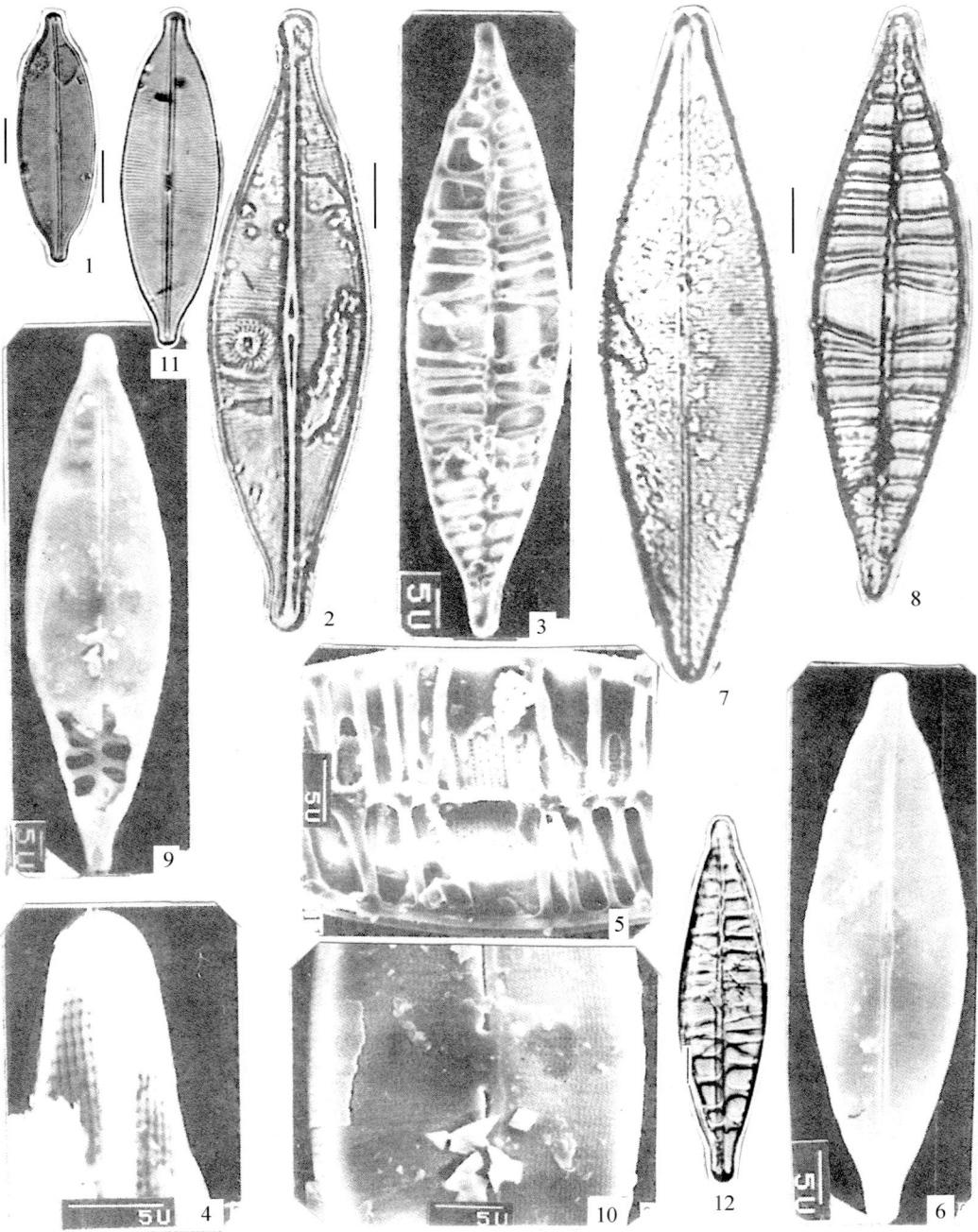

1—6，11 模糊格形藻 C. ambigua（Ehr.）Mann，1—2. 壳面观；3—6. SEM；3，5 示格片（支架），6. 内壳面，4. 末端放大；7—10. 急尖格形藻原变种 C. cuspidata（Kütz.）Mann var. cuspidata；8. 示隔片（支架）；9，10，SEM，9. 壳面观，10. 壳面中部放大，示近缝端；12. 急尖格形藻赫里保变种 C. cuspidata var. héribaudii（M. Perag.）Li et Qi，示隔片（支架）

图版 XXVIII

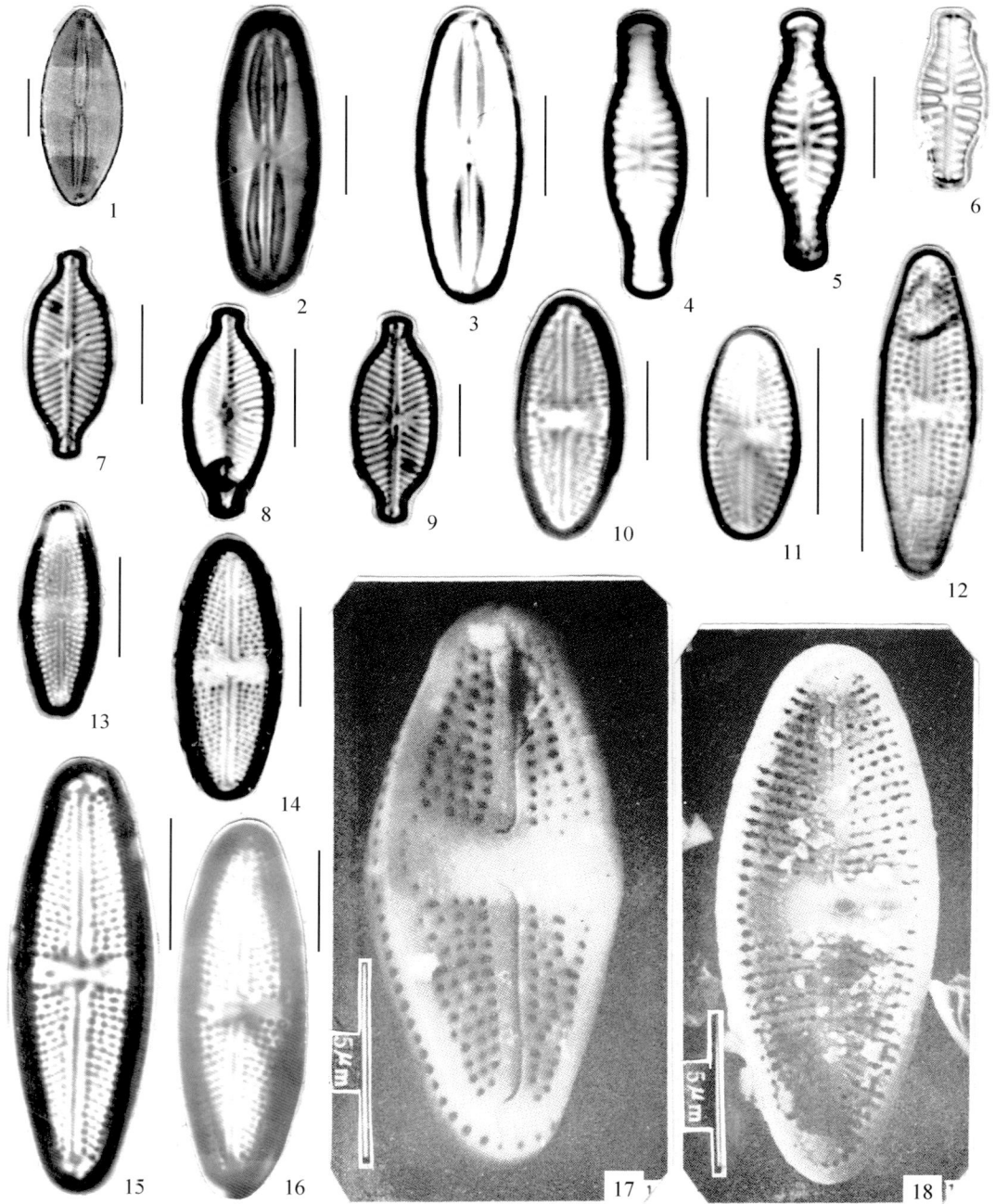

1—3. 矮小伪形藻 *Fallacia pygmaea*（Kütz.）Stickle & Mann；4—6. 头端蹄形藻 *Hippodonta capitata*（Ehr.）Lange –Bert.& Witk.；7—9. 美容盖斯勒藻 *Geissleria decussis*（Hust.）Lange-Bert. & Metz.；10—11. 科恩泥栖藻 *Luticola cohnii*（Hilse）Mann；12—18. 钝泥栖藻原变种 *L. mutica*（Kütz.）Mann var. *mutica*；10. 外壳面观，示壳缝和孔纹；11. 内壳面观，示孔纹；17，18. SEM

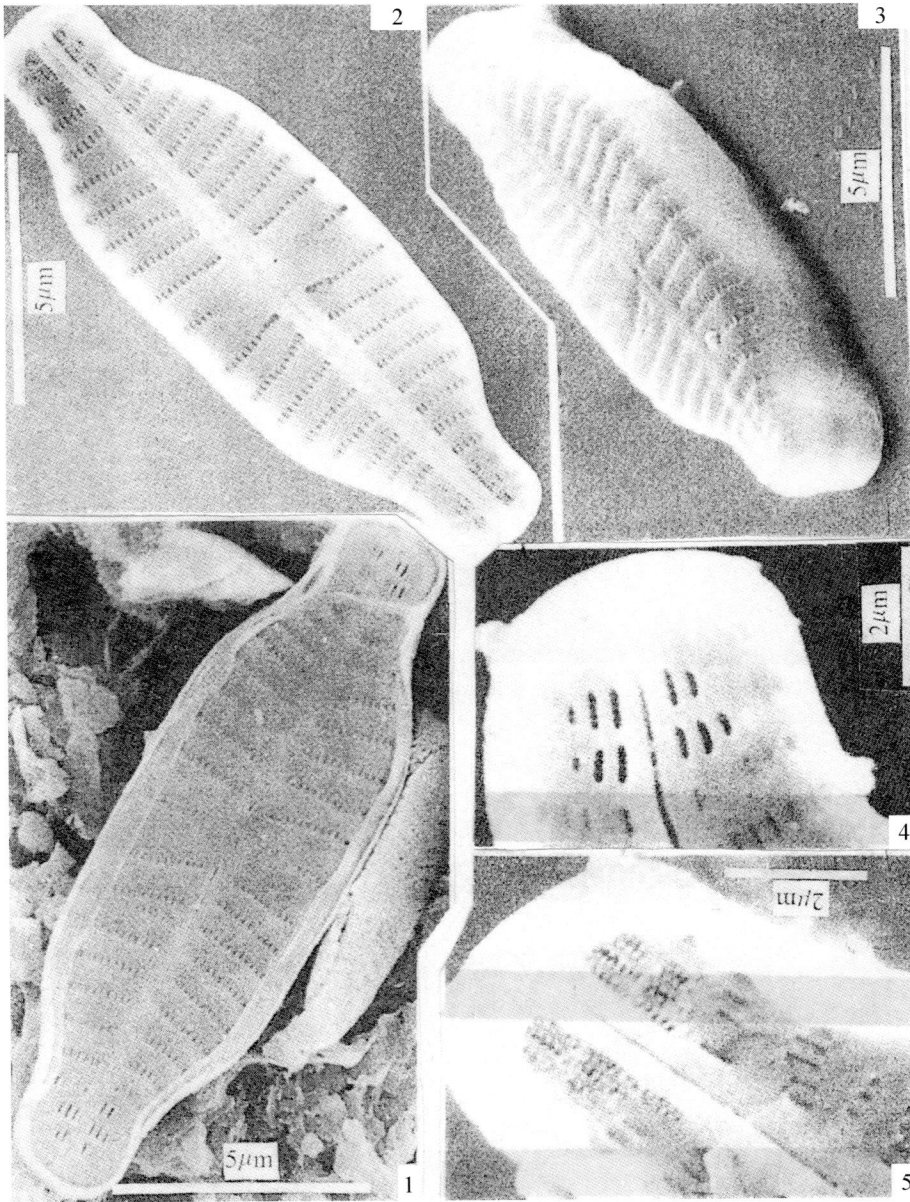

1—5. 泰山盖斯勒藻 *Geissleria taishanica*（Guo et Xie）Li et Qi；SEM，1. 示外壳面；2. 示内壳面；3. 示壳体斜面，示环带；4. 示外壳面末端细微构造；5. 示内壳面末端细纹构造

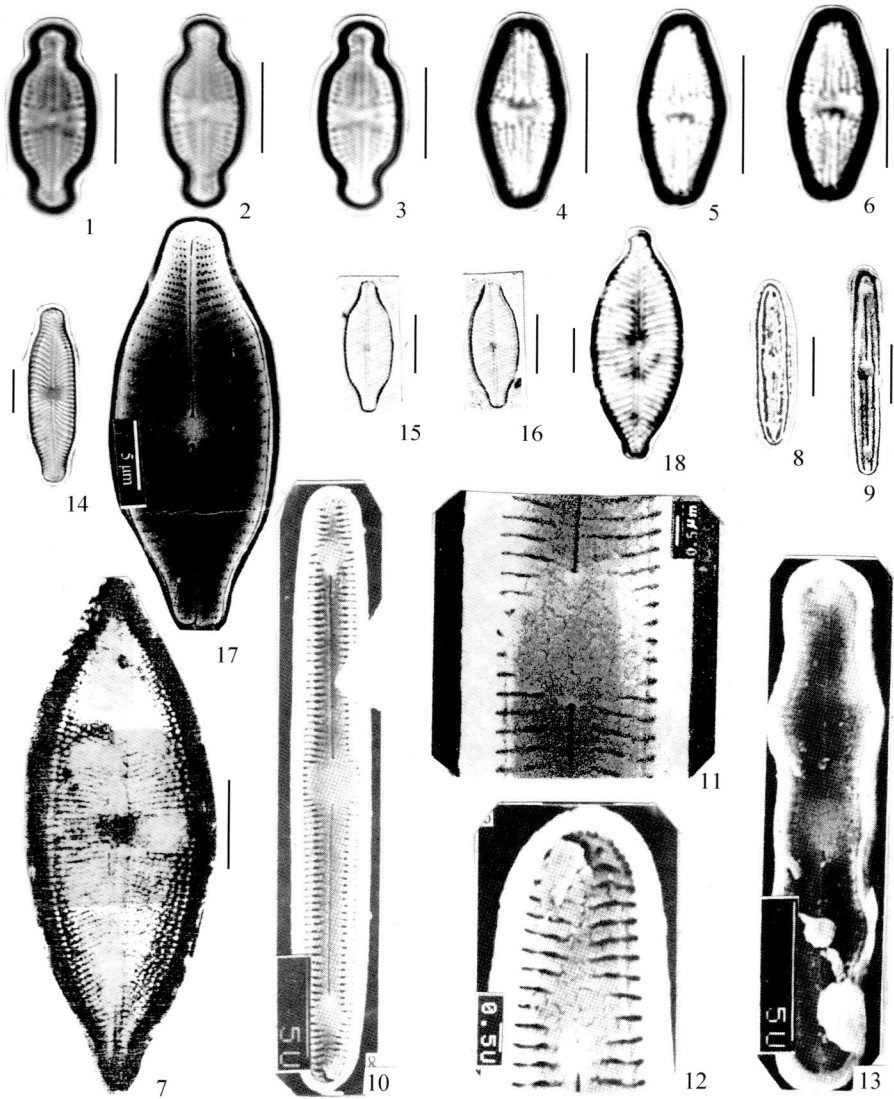

1—3. 偏凸泥栖藻 *Luticola ventricosa*（Kütz.）Mann；4—6. 雪白泥栖藻 *L. nivalis*（Ehr.）Mann；7. 近群生泥栖藻 *L. pseudodemerarae*（Hust.）Li et Qi；8—12. 布雷卡全链藻原变种 *Diadesmis brekkaensis*（Peter.）Mann var. *brekkaensis*；10—12. SEM；10. 内壳面观，示内壳缝和内孔纹列；11. 内壳面中部，示近缝端和中心区；12. 内末端，示端缝和纹饰；13. 布雷卡全链藻双凸变种 *D. brekkaensis* var. *bigibba*（Hust.）Li et Qi；SEM，内壳面观；14. 双头盘状藻原变种 *Placoneis dicephala*（W. Smith）Meresch. var. *dicephala*；15—17. 平截盘状藻 *P. explanata*（Hust.）Lange-Bert.，17. SEM. 壳面观，示壳缝和壳面纹；18. 胃形盘状藻原变种 *P. gastrum*（Ehr.）Meresch. var. *gastrum*

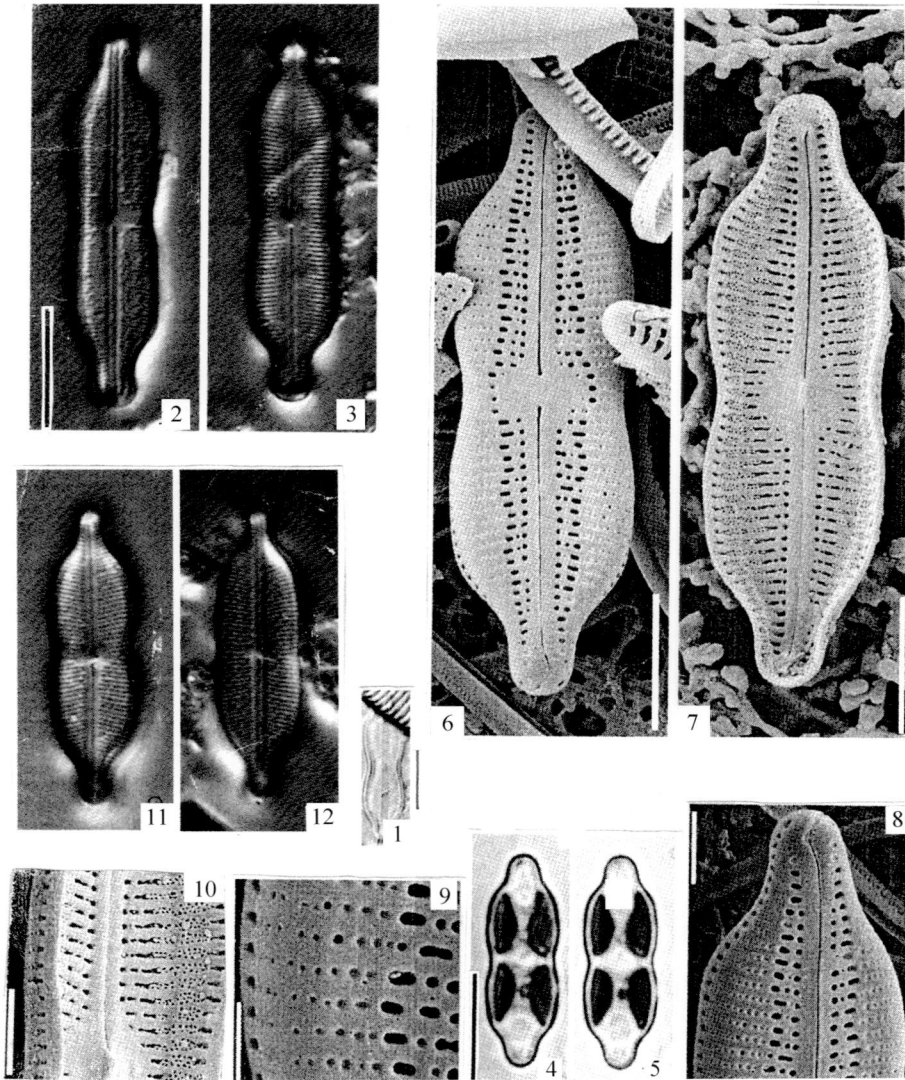

1—10. 双结形长篦形藻 *Neidiomorpha binodiformis*（Krammer）Cantonati，Lange-Bert. & Angeli；4，5 示两个半圆形的色素体（引自 Cantonati *et al.*，2010）；6—10. SEM；6. 外壳面观，示外壳缝构造和孔纹特征；7. 内壳面观，示内壳缝构造和孔纹特征；8. 壳面末端，示远端缝（沟）和单列孔纹；9. 壳面外边缘与壳套结合；10. 壳面内边观，示近缝端，喇叭舌形硅质增厚与中央节一致（图 6—10 引自 Cantonati *et al.*，2010）；11，12. 双结长篦形藻 *N. binodis*（Ehr.）Cantonati，Lange-Bertalot & Angeli

图版 XXXII

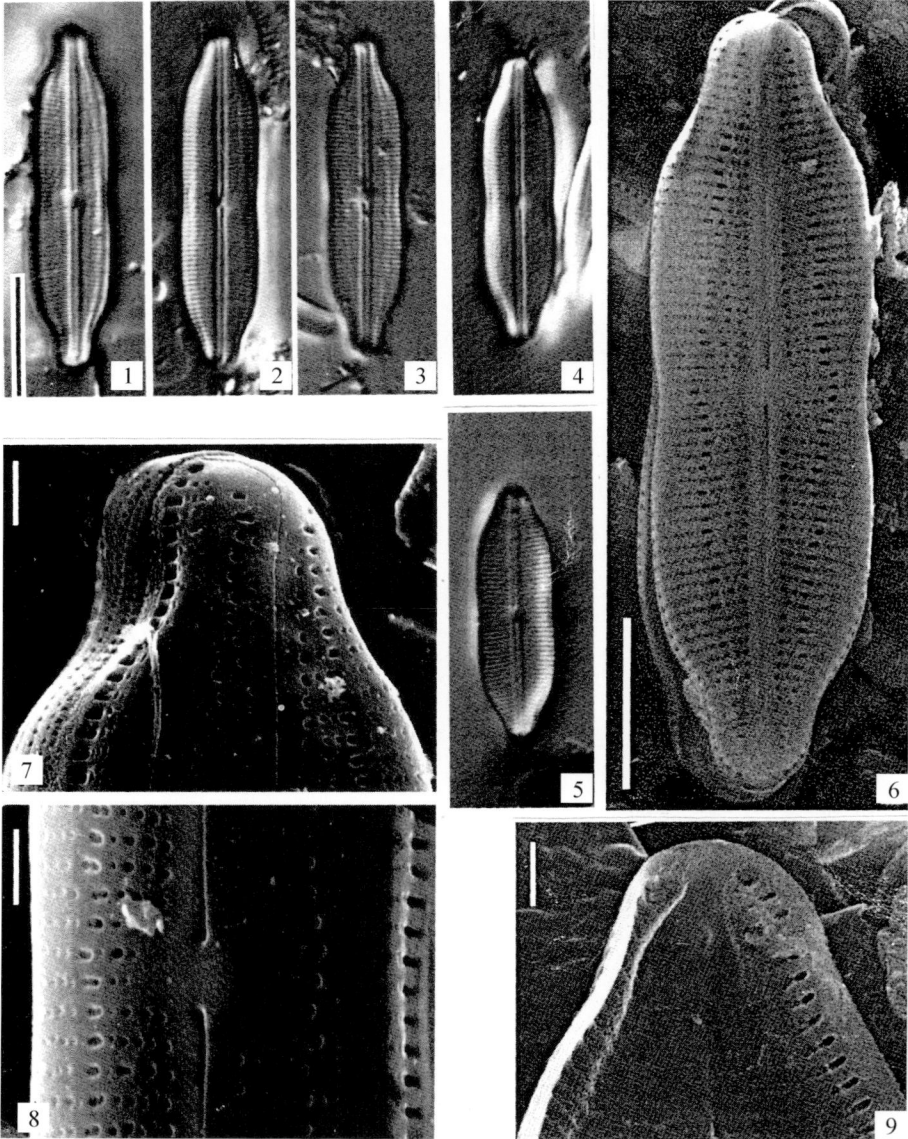

1—9. 四川长篦形藻 *Neidiomorpha sichuaniana* Liu，Wang & Kociolek；6—9. SEM；6. 示壳面观，示外壳缝和孔纹构造；7. 壳面末端，示远端缝和单列孔纹；8. 壳面中部，示偏斜的近缝端；9. 示另一标本的内壳面末端

1. 平截盘状藻 *Placoneis explanata* (Hust.) Lange-Bert.；2—4. 胃形盘状藻原变种 *P. gastrum* (Ehr.) Meresch. var. *gastrum*；5. 小胎座盘状藻原变种 *P. placentula* (Ehr.) Heinz. var. *placentula*；6—8. 小胎座盘状藻宽圆变种 *P. placentula* var. *latiuscula* (Grun.) Li et Qi；7—8. SEM. 内壳面观，示内可缝和内孔纹；9—10. 小胎座盘状藻耶尼塞变种 *P. placentula* var. *jenisseyensis* (Grun.) Meresch.；11. 双头盘状藻原变种 *P. dicephala* (W. Smith) Meresch. var. *dicephala*，SEM，内壳面观，示内壳缝和内孔纹

图版 XXXIV

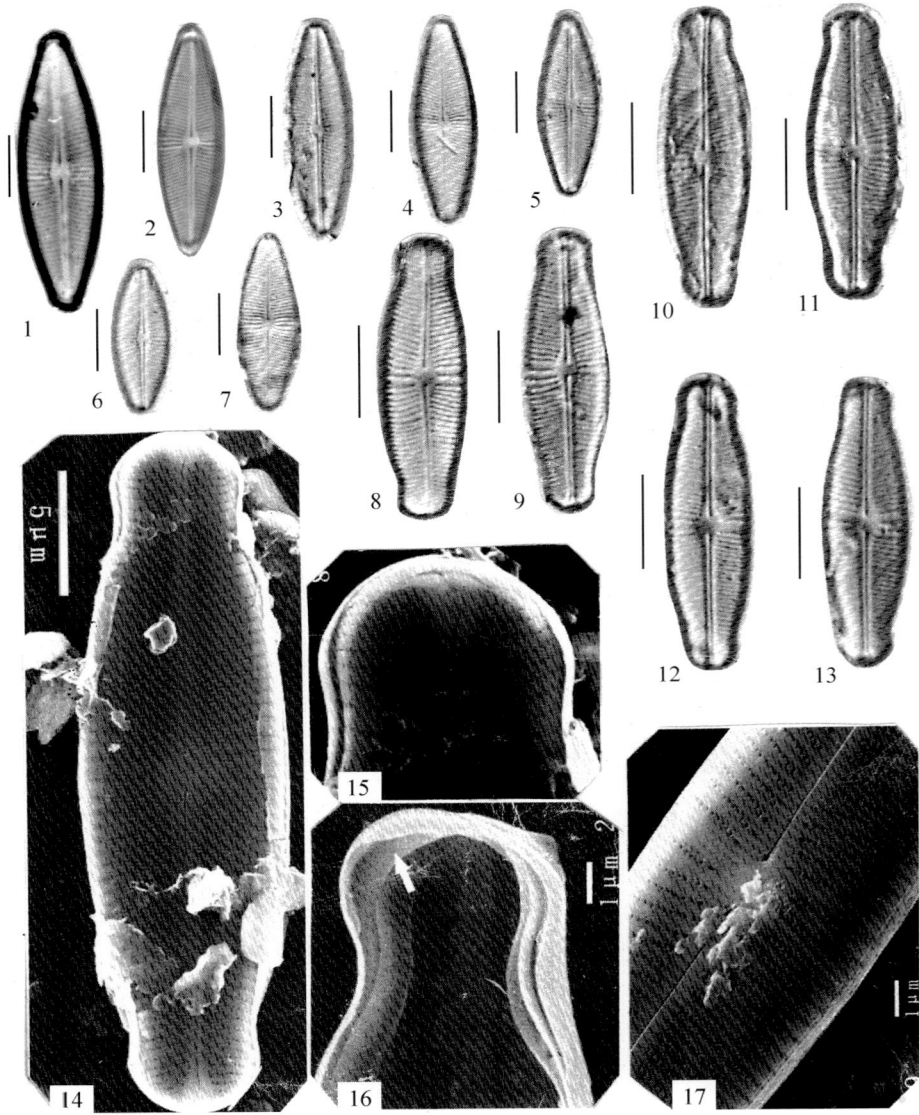

1—7. 浅洼前辐节藻 *Prestauroneis nenwai* Liu，Wang & Kociolek；8—17. 咯巍前辐节藻 *P. lowei* Liu，Wang & Kociolek；14—17 SEM；14. 外壳面观，示外壳缝构造和单列线纹；15. 外远缝端和延长的裂缝状的网孔（隙）；16. 内远缝端，示小的螺旋舌和一条短假隔片；17. 外壳面中心区，示略扩大的近缝端和围绕中央有粗的线纹

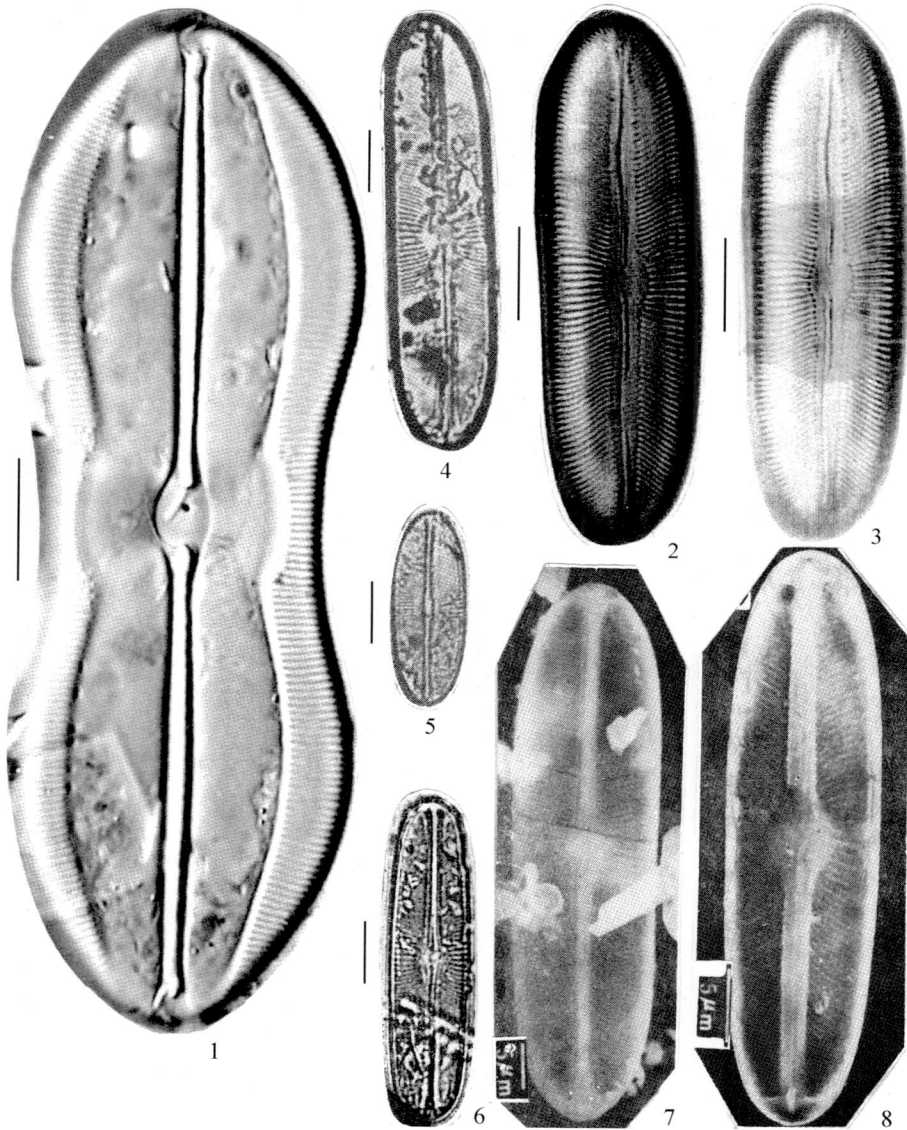

1. 水管鞍型藻 *Sellaphora aquaeductae*（Krasske）Li et Qi；2—3. 美利坚鞍型藻莫斯特变种 *S. americana* var. *moesta*（Temp. et Perag.）Lange-Bert.et Metz.；4—6. 杆状鞍型藻 *S. bacillum*（Ehr.）Mann；7—8. 杆状鞍型藻 *S. bacillum*（Ehr.）Mann，SEM. 7. 外壳面观，示裂缝和孔纹；8. 内壳面观，示内壳缝末端（喇叭舌）

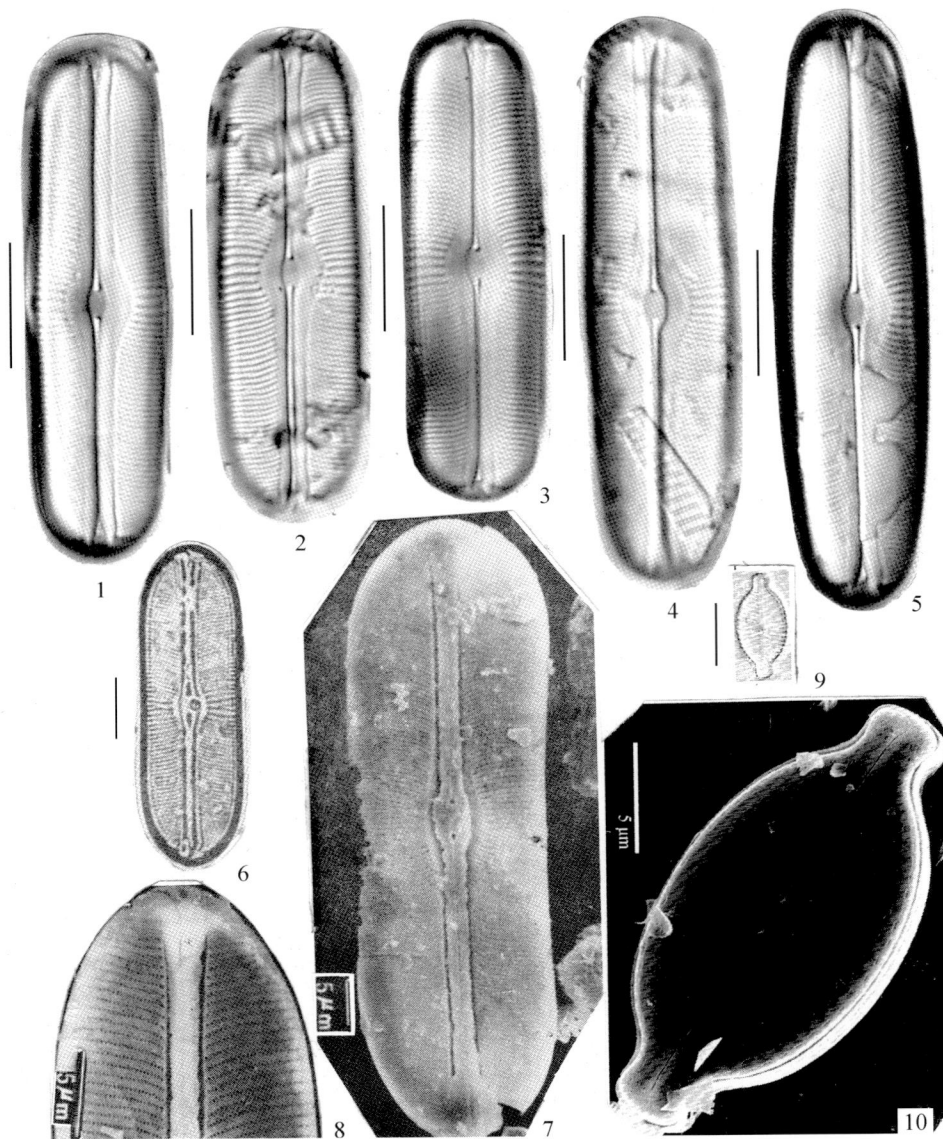

1—5. 波尔斯鞍型藻 *Sellaphora boltziana* Metz.，Lange-Bert. & Nergui；6—8. 格氏鞍型藻 *S. gregoryana* (Cl. et Grun.) Metz. & Lange-Bert.；7—8. SEM. 7. 壳面观，示壳缝和纹饰，8. 末端观，示端缝；9—10. 类冰川盘状藻 *Placoneis interglacialis* (Hust.) Cox，10. SEM. 壳面观，示壳缝和孔纹

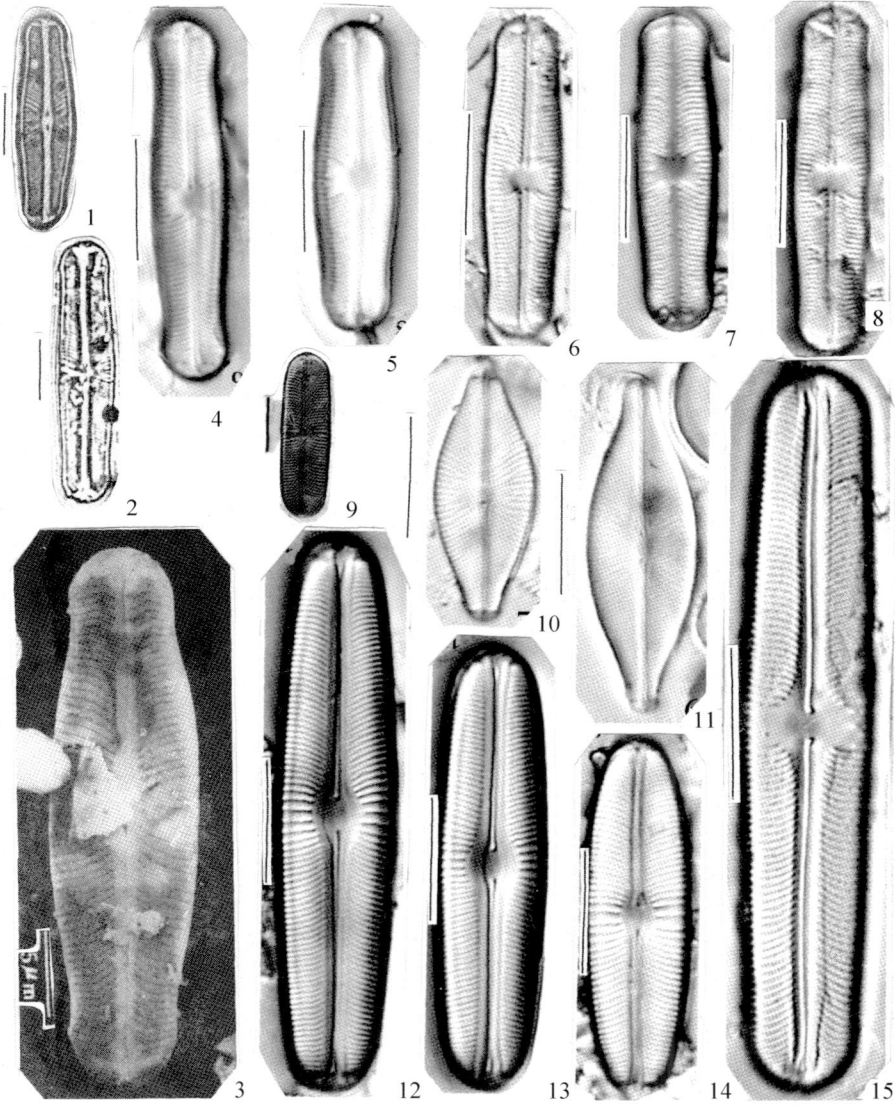

1—3. 头状鞍型藻 *Sellaphora capitata* Mann & McDonald，3. SEM. 壳面观，示壳缝和孔纹；4—8. 库斯伯鞍型藻 *S. kusberi* Metz. Lange-Bert.et Nergui；9. 光滑鞍型藻 *S. laevissima*（Kütz.）Mann；10—11. 波动鞍型藻 *S. permutata* Metz.；12—14. 蒙古鞍型藻 *S. mongolcollegarum* Metz.，Lange-Bert. et Nergui；15. 克莱斯鞍型藻 *S. kretschmeri* Metz.，Lange-Bert.et Nergui

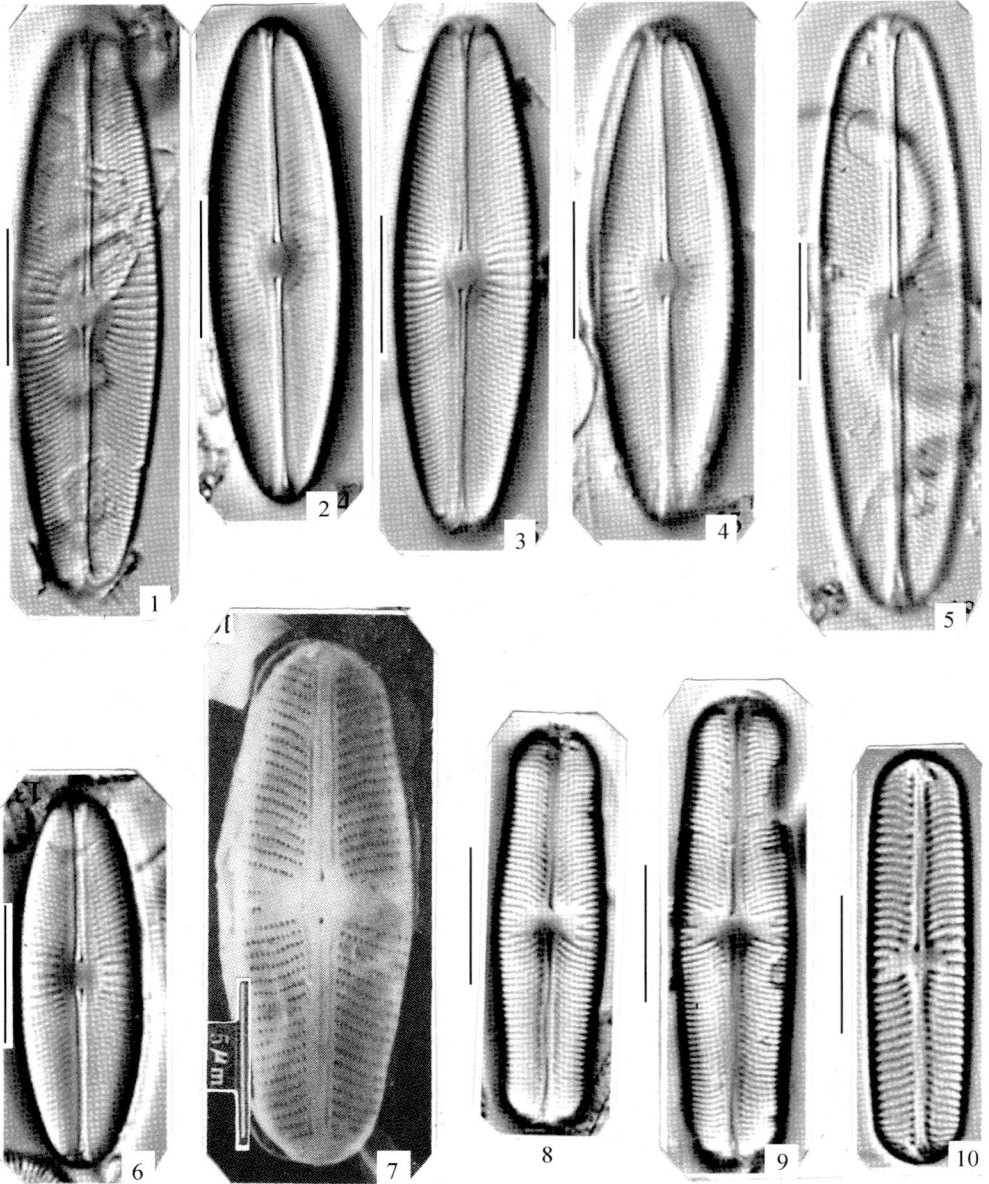

1—6. 奥赫里德鞍型藻 *Sellaphora ohridana* Levkov et Krstic；7. 瞳孔鞍型藻原变种 *S. pupula*（Kütz.）Meresch. var. pupula, SEM，壳面观，示壳缝和孔纹；8—9. 施罗西鞍型藻 *S. schrothiana* Metz，Lange-Bert. et Nergui；10. 全光滑鞍型藻 *S. perlaevissima* Metz，Lnage-Bertalot et Nertgul

1—8. 长圆舟形藻原变种 *Navicula oblonga* Kütz. var. *oblonga*；9—10. 长圆舟形藻披针变种 N. *oblonga* var. *lanceolata* Grun.

图版 XXXIX

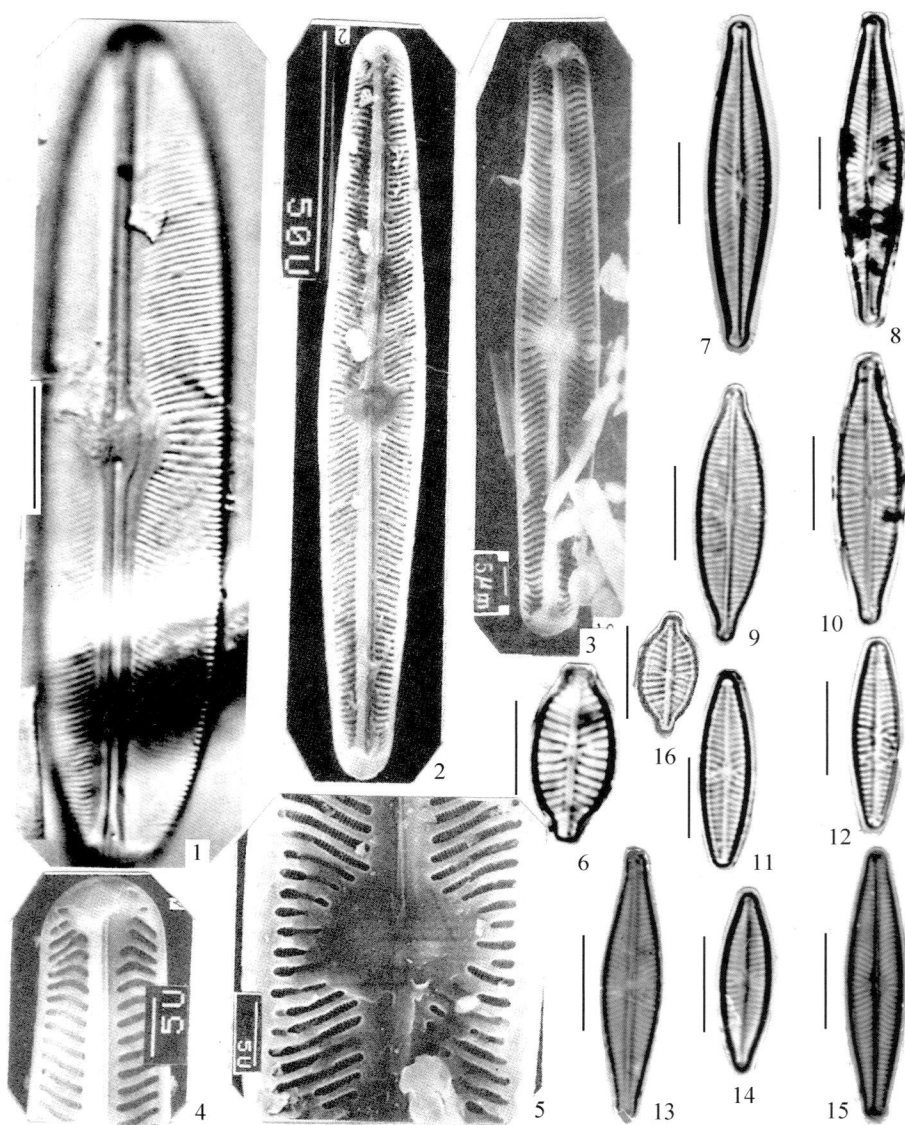

1. 克瑞斯蒂鞍型藻 *Sellaphora kristicii* Lavkov，Nakov et Metz.；2—5. 长圆舟形藻原变种 *Navicula oblonga* Kütz. var. *oblonga*，SEM，2—3. 内壳面观，示内壳缝和孔纹；4. 内壳面末端，示缝端和端纹列；5. 内壳面中部，是中心区和近缝端；6，16. 英吉利舟形藻 *N. anglica* Ralfs；7—15. 隐头舟形藻 *N. cryptocephala* Kütz.

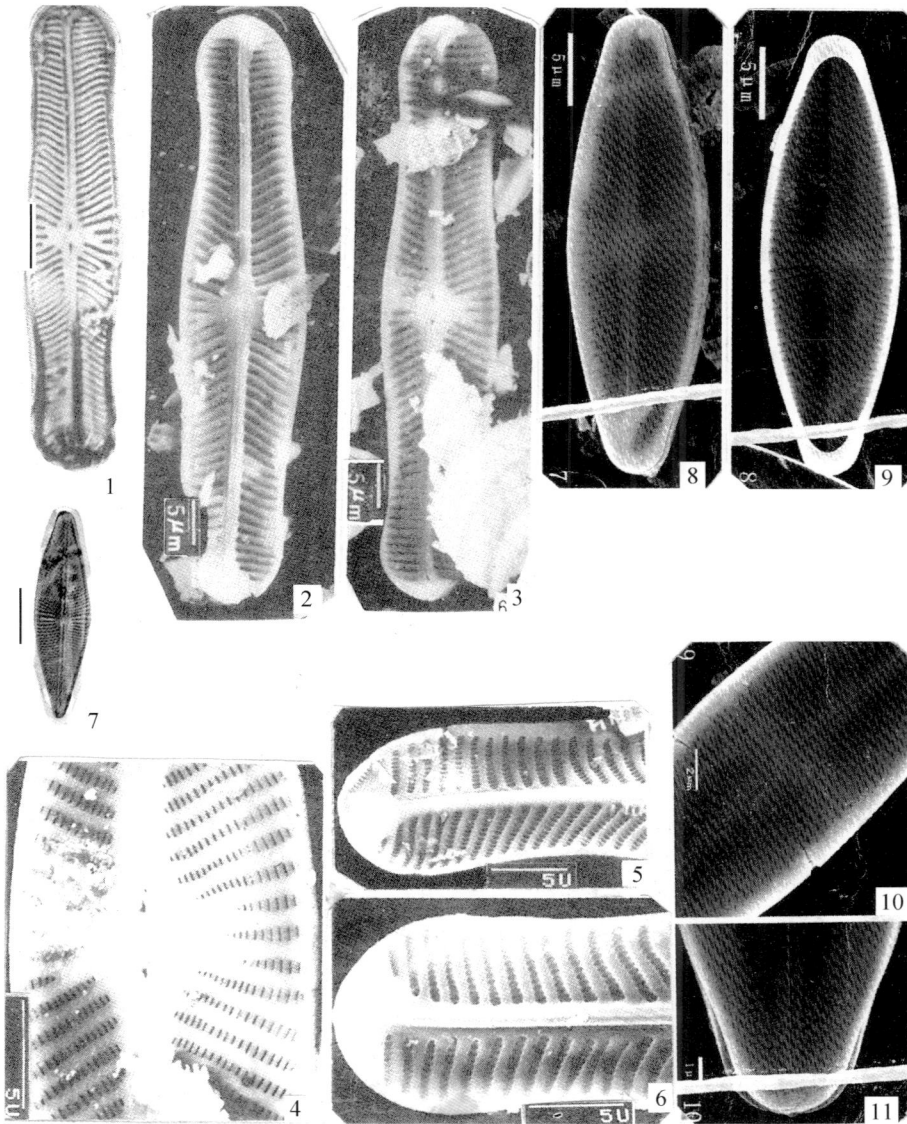

1—6. 田洋舟形藻 *Navicula tianyangensis* Huang；SEM；2. 外壳面观；3. 内壳面观，示单列线纹；4. 为 3 中部局部放大，示近缝端和线纹构造；5—6. 示壳面末端；7—11. 浅洼前辐节藻 *Prestauroneis nenwai* Liu，Wang & Kaciolek；SEM. 8. 外壳面观，示外壳缝构造和单列线纹；9. 内壳面观，示假隔片；10. 壳面中部，示椭圆披针形中心区和其间隔线纹；11. 示外壳缝末端和延长的裂缝隙。

1. 近隐蔽舟形藻 Navicula subocculta Hust.；2. 绣纹舟形藻 N. spriata Hust.；3—6. 披针形舟形藻 N. lanceolata (Aga-dh) Kütz.；6. 内壳面观 (SEM)，示内壳缝和孔纹列；7. 多维舟形藻 N. vitabunda Hust.；8—9. 孟加拉舟形藻 N. bengelonsis Grun.；10. 中华舟形藻 N. chinensis Skv.；11. 华美舟形藻 N. elegans W. Smith；12. 似美丽舟形藻 N. elegantoides Hustedt；13. 隆状舟形藻 N. gibbula Cl.；14. 细长舟形藻 N. graciloides Mayer；15. 阿比斯库舟形藻 N. abiskoensis Hust；16. 胃形盘状藻（原变种）Placoneis gastrum (Ehr.) Meresch. var. gastrum；17. 弯曲舟形藻 Navicula inflexa (Greg.) Ralfs

图版 XLIII

1—6. 弯月形舟形藻 Navicula menisculus Schum.，6. 内壳面观（SEM），示内壳缝和端显列；7—10. 乌普萨舟形藻 N. upsaliensis（Grun.）Peraga.；11. 羽状舟形藻 N. pinna Chin et Chen；12—13. 具孔舟形藻 N. porifera Hust.，13. 内壳面观（SEM），示内壳缝和线纹；14—15. 莱茵哈尔德舟形藻原变种 N. reinhardtii Grunow var. reinhardtii，15. 内壳面观（SEM），示内壳缝和线纹

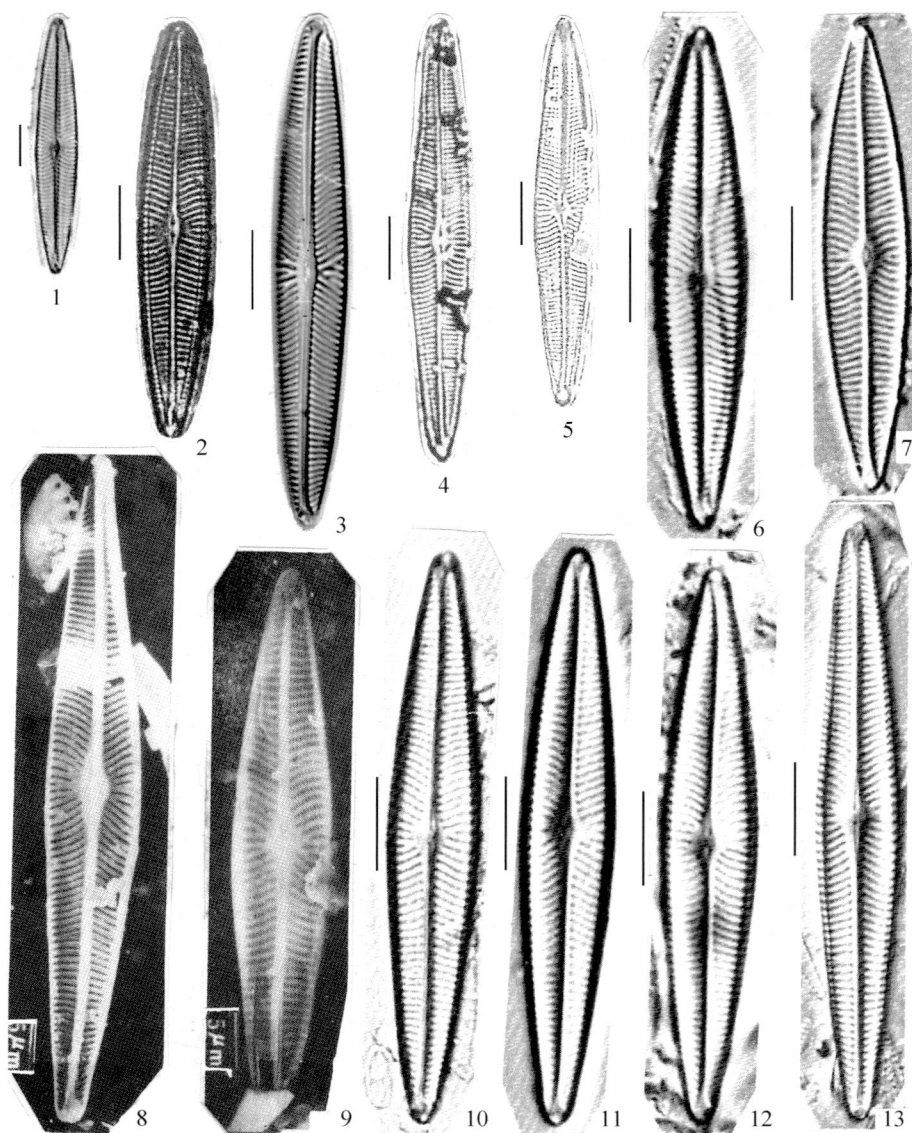

1—13. 放(辐)射舟形藻原变种 *Navicula radiosa* Kütz. var. *radiosa*，9. 壳面观(SEM)，8. 内壳面观，示中节和内纹列；9. 外壳面观，示外壳缝和纹列

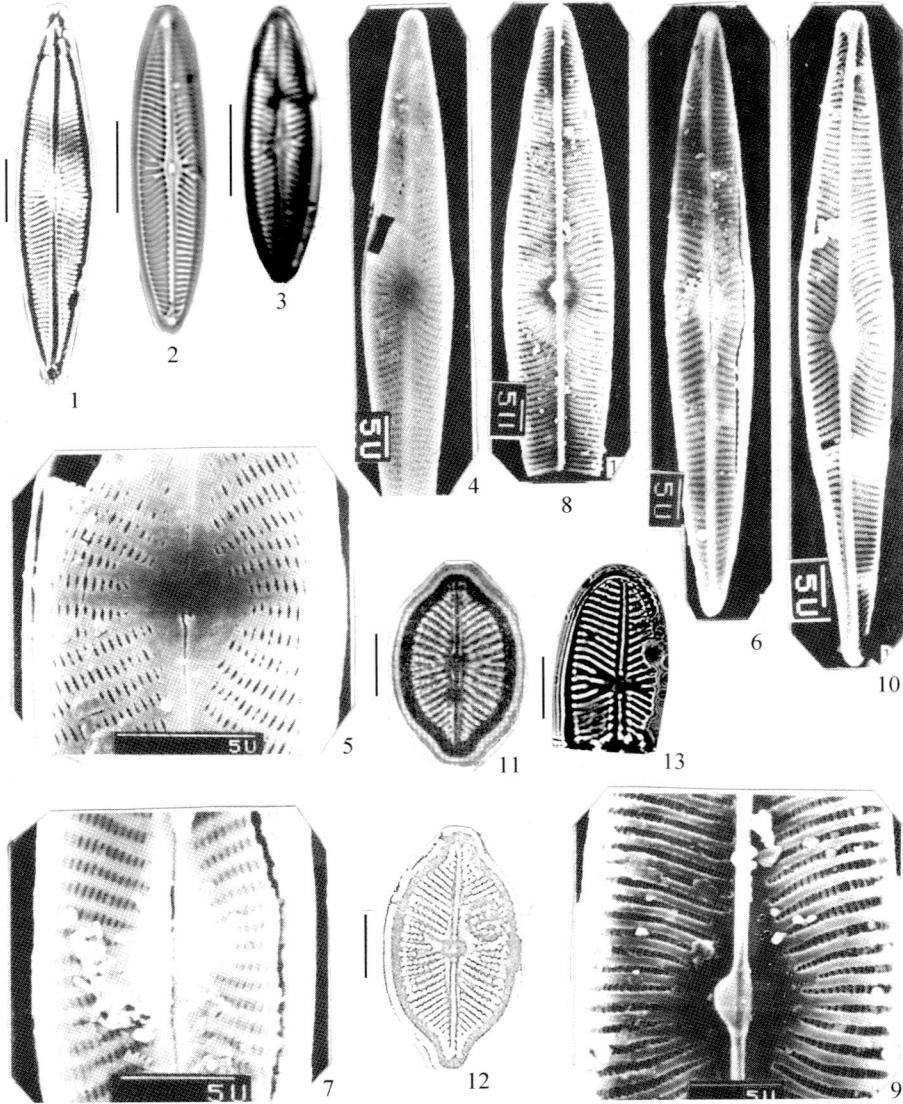

1—10. 放（辐）射舟形藻原变种 *Navicula radiosa* Kütz. var. *radiosa*，4—10（SEM），4—5. 外壳面观，示壳面纹河近壳缝端；6—7. 外壳面观，示壳面纹河中心区；8—9. 内壳面观，示内线纹和中央节；11. 圆形舟形藻 *N. rotunda* And.；12. 两球盘状藻原变种 *Placoneis amphibola*（Cl.）Cox var. *amphibola*；13. 莱茵哈尔德舟形藻椭圆变种 *Navicula reinhardtii* var. *elliptica* Héribaud

图版 XLVI

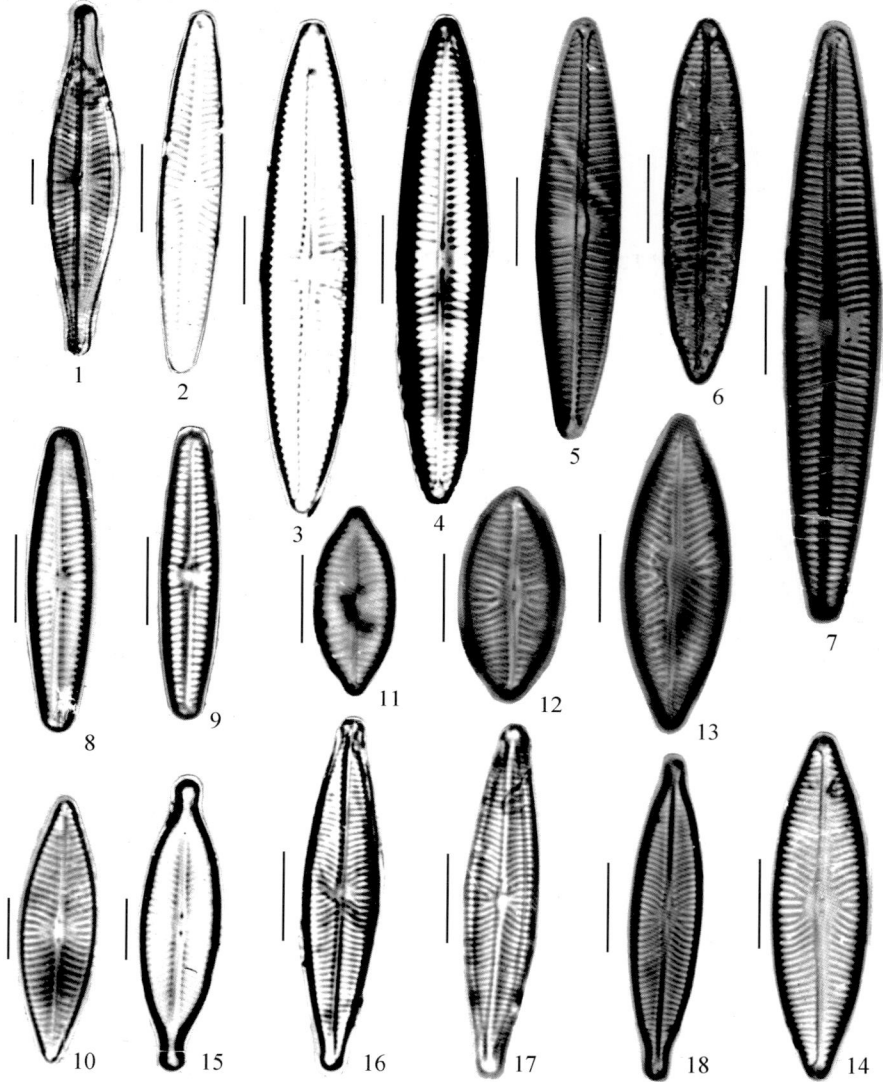

1. 喙状舟形藻原变种 *Navicula rhynchocephala* Kütz. var. *rhynchocephala*；2. 放（辐）射舟形藻微细变种 *N.radiosa* var. *parva* Wallace；3—9. 三斑点舟形藻 *N. tripunctata* (Muller) Bory；10. 隐头舟形藻原变种 *N. cryptocephala* Kütz. var. *cryptocephala*；11. 相似盖斯勒藻原变种 *Geissleria similis* (Kütz.) Lange-Bert. & Metz.var. *similis*；12—14. 弯月形舟形藻 *Navicula menisculus* Schum.；15—18. 盐生舟形藻原变种 *N. salinarum* Grun. var. *salinarum*

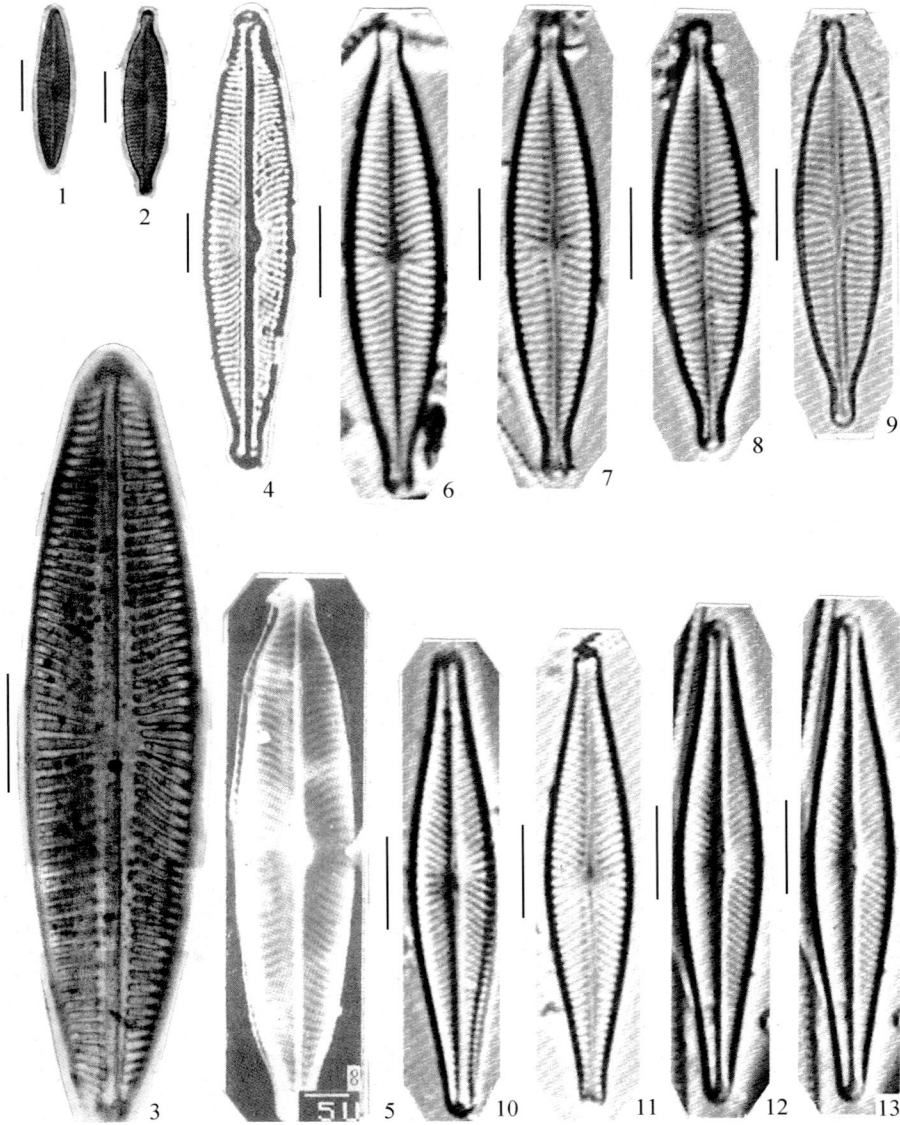

1，4，5. 淡绿舟形藻原变种 *Navicula viridula* (Kütz.) Ehr. var. *viridula*；5. (SEM) 壳面观示壳面和中节；
2. 淡绿舟形藻头端变型 *N. viridula* f. *capitata* (Mayer) Hust.；3. 亚拉舟形藻 *N. yarrensis* Grun.；6—9. 头辐射
舟形藻 *N. capitatoradiata* Germain；10—13. 喙头舟形藻原变种 *N. rhynchocephala* Kütz. var. rhynchocephala

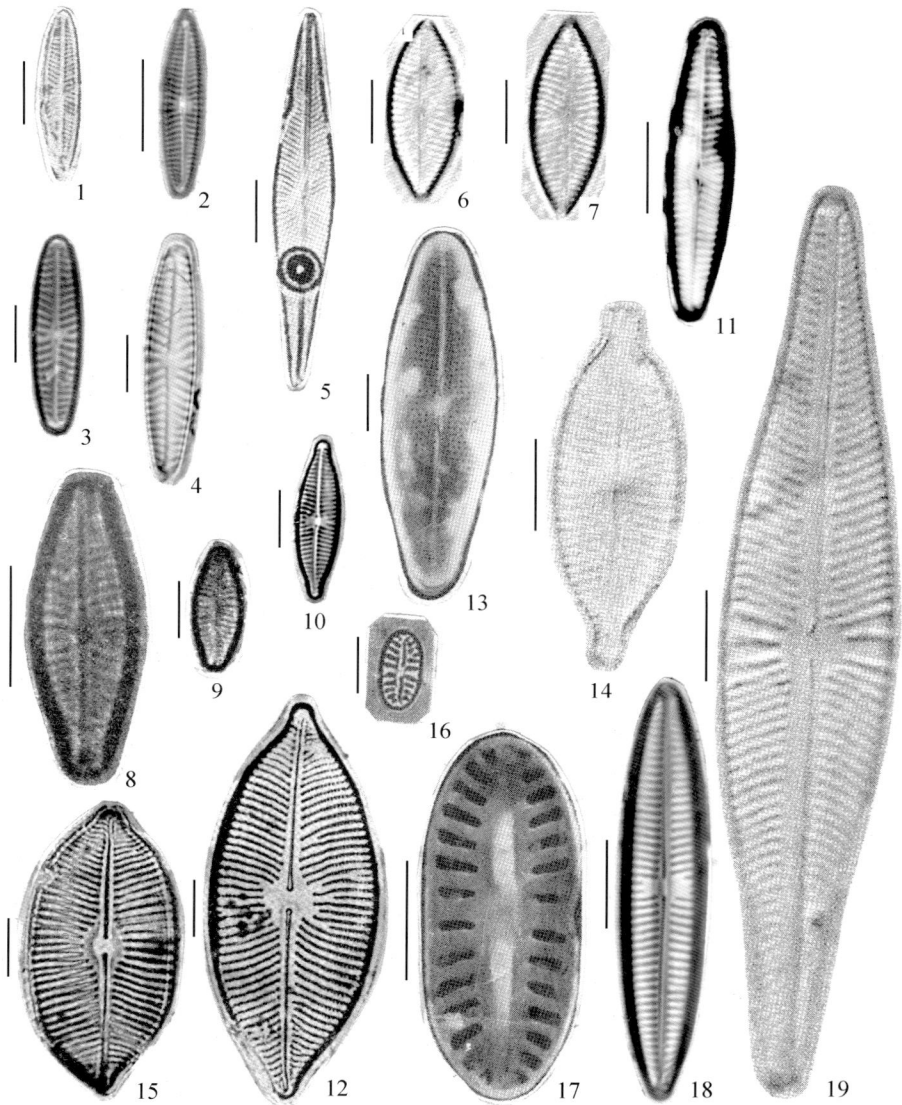

1—2. 系带舟形藻原变种 Navicula cincta（Ehr.）Kütz. var. cincta；3. 系带舟形藻休弗变种 N. cincta var. heufleri（Grunow）Grunow；4 系带舟形藻微小变种 N. cincta var. minuta Skv.；5. 戟形舟形藻 N. hasta Pant.；6—7. 乌普萨舟形藻 N. upsaliensis（Grun.）Perag.；8—9. 洪积舟形藻 N. diluviana Krasske；10. 双头盘状藻近头状变种 Placoneis dicephala var. subcapitata（Grun.）Mereschr.；11. 斯利夫舟形藻 Navicula slesvicensis Grun.；12. 小胎盘状藻喙头变型 Placoneis placentula f. rostrata（Mayer）Li et Qi；13. 斯潘古尔舟形藻 Navicula shipangulensis Li；14. 舟形盖斯勒藻 Geissleria tectissima（Lange-Bertalot）Lange- Bertalot；15. 三旺舟形藻 Navicula shanwanggensis Li；16—17. 纳木舟形藻 N. namensis Li，17. SEM，内壳面观，示壳缝和线纹；18. 似隐头状舟形藻 N. cryptocephaloides Hust.；19. 瑞克舟形藻 N. rakowskae Lange-Bert.